大学软件学院软件开发系列教材

Oracle数据库开发实用教程

赵 宁 吕 鹏 李晓娜 编著

清华大学出版社
北 京

内 容 简 介

Oracle 数据库系统是数据库领域最优秀的数据库之一，本书以 Oracle 11g 为蓝本，面向数据库管理人员和数据库开发人员，从实用角度出发，系统地介绍了数据库和 Oracle 的相关概念及原理、Oracle 数据库的管理(如安装和启动、用户权限、备份与恢复等)，以及 Oracle 的应用开发基础，并通过一个完整项目来介绍基于 JSP 和 Oracle 数据库进行案例开发的详细过程。本书对初学者是一本很好的入门教程，对 Oracle 管理员和应用程序开发人员也有很好的学习和参考价值。

全书结构合理、内容翔实、示例丰富、语言简洁。不仅适合作为高等院校本/专科计算机科学、软件工程、信息系统、电子商务等相关专业的数据库课程教材，同时还适合作为各种数据库技术培训班的教材以及数据库开发人员的参考资料。

图书在版编目(CIP)数据

Oracle 数据库开发实用教程/赵宁，吕鹏，李晓娜编著. --北京：清华大学出版社，2014 (2020.8 重印)
(大学软件学院软件开发系列教材)
ISBN 978-7-302-37173-1

Ⅰ. ①O… Ⅱ. ①赵… ②吕… ③李… Ⅲ. ①关系数据库系统—高等教育—教材 Ⅳ. ①TP311.138

中国版本图书馆 CIP 数据核字(2014)第 152053 号

责任编辑：杨作梅 桑任松
装帧设计：杨玉兰
责任校对：周剑云
责任印制：丛怀宇

出版发行：清华大学出版社
网 址：http://www.tup.com.cn, http://www.wqbook.com
地 址：北京清华大学学研大厦 A 座 邮 编：100084
社 总 机：010-62770175 邮 购：010-62786544
投稿与读者服务：010-62776969, c-service@tup.tsinghua.edu.cn
质量反馈：010-62772015, zhiliang@tup.tsinghua.edu.cn
课件下载：http://www.tup.com.cn, 010-62791865
印 装 者：北京建宏印刷有限公司
经 销：全国新华书店
开 本：185mm×260mm 印 张：26.25 字 数：636 千字
版 次：2014 年 8 月第 1 版 印 次：2020 年 8 月第 2 次印刷
定 价：48.00 元

产品编号：045179-01

前　　言

信息技术的飞速发展大大推动了社会的进步，也逐渐改变了人们的生活、工作和学习方式。数据库技术随着社会信息化进程的不断加深，应用越来越广，发展越来越快，已经成为信息技术中的重要支柱。当今各行各业，从工、农、商业到服务业，从商务办公到人们的学习、生活和娱乐，都离不开数据库技术强有力的支持。

Oracle 数据库系统是数据库领域最优秀的数据库之一，随着版本的不断升级，功能越来越强大。用户可以使用最新版本的 Oracle 11g 建立自己的电子商务体系，从而增强对外界变化的敏捷反应能力，提高用户的市场竞争力。

本书共分 13 章，对各章的内容简要介绍如下。

第 1 章：对 Oracle 数据库的发展和特点、产品结构、应用结构进行简单介绍，并详细介绍 Oracle 11g 数据库的创新特性和 Oracle 与其他关系数据库间的比较，使初学者对 Oracle 数据库有一个清晰的认识和了解。

第 2 章：讲解 Oracle 11g 数据库在 32 位系统结构的 Windows 平台上的安装、配置和卸载过程，详细介绍 Oracle 11g 数据库服务器的安装过程和步骤及安装结果的检查。

第 3 章：介绍 Oracle 11g 中数据库创建的两种方式，详细介绍在 Oracle 11g 数据库系统中手动创建数据库的步骤及数据库服务器初始化参数文件。

第 4 章：介绍 SQL*Plus 工具的使用与配置，包括 SQL*Plus 的启动与关闭、SQL*Plus 常用命令的使用，为后面章节中使用 SQL*Plus 工具进行数据库管理与开发奠定基础。

第 5 章：介绍 Oracle 11g 数据库的物理存储结构，包括数据文件、控制文件、重做日志文件和对这些文件的管理以及数据库的归档。在详细介绍各种物理文件的特点、作用和管理策略的基础上，介绍数据库的归档过程和归档管理。

第 6 章：主要从逻辑存储结构的角度，介绍 Oracle 11g 数据库的构成，包括表空间、段、区和数据块及对它们的管理。

第 7 章：首先介绍 Oracle 数据库实例的构成及其工作方式；然后介绍在 Windows 平台上利用 SQL*Plus 和 OEM 数据库控制台如何启动和关闭数据库，以及数据库在不同状态之间如何转换；同时还将介绍数据库的启动过程、关闭过程和不同状态下的特点。

第 8 章：简要介绍 Oracle 11g 数据库模式对象的概念、功能及其管理，包括表、索引、视图、序列等；重点讲解表、索引、视图、序列这些模式对象的特点和对这些模式对象的管理。

第 9 章：主要介绍 Oracle 11g 数据库的安全控制策略，详细介绍用户管理、用户对数据库存储空间的使用控制、权限管理、角色管理和用户资源限制等安全机制。

第 10 章：主要介绍数据库备份与恢复的概念、类型，重点介绍使用 SQL*Plus 和 RMAN 两种工具进行物理备份、逻辑备份、完全恢复、不完全恢复的方法与实现以及利用闪回技术进行数据库自动备份与恢复的方法。

第 11 章：介绍 SQL 语句的应用，重点介绍数据查询语句、数据操纵语句(数据的插入、修改、删除)、事务控制语句等 SQL 语句的语法和示例，以及 SQL 提供的基本函数。

第 12 章：主要讲述 PL/SQL 程序设计语言的特点和功能、PL/SQL 程序设计基础，在此基础上，还介绍使用存储过程、函数、包和触发器等进行 PL/SQL 程序设计的应用开发等内容。

第 13 章：通过一个网上购物系统案例，介绍如何利用 JSP 技术进行基于 Oracle 数据库的应用程序开发。通过该章的学习，不仅有利于读者了解一个完整的基于 Oracle 数据库的应用程序的设计和实现过程，还能加深对以前所学知识的理解和运用。

本书按照循序渐进的原则组织内容，由浅入深、层层深入、理论与实践相结合，从入门到提高讲解 Oracle 11g 的数据库管理以及应用开发。本书采用先介绍后实现的方法描述 Oracle 11g 数据库，并通过示例来介绍各个知识点，读者不仅可以通过示例来学习，而且还可以自己动手管理、开发。每章都配备了一定量的习题和实训题，可以帮助读者加深对知识点的理解。

本书结构合理、内容翔实、示例丰富、语言简洁，不仅适合作为高等院校本/专科计算机科学、软件工程、信息系统、电子商务等相关专业的数据库课程教材，还适合作为各种数据库技术培训班的教材以及数据库开发人员的参考资料。

本书由赵宁、吕鹏、李晓娜编著，另外，参与本书编写的还有张伟、孙更新、王向辉、李秀芳、朱玉敏等。由于水平有限，书中难免存在疏漏之处，欢迎读者斧正。

编　者

目　录

第 1 章

Oracle 数据库概述

学习目的与要求：

Oracle 数据库是当前应用最广泛的大型关系数据库管理系统。其中 Oracle 11g 数据库具有良好的体系结构、强大的数据处理能力、丰富实用的功能和许多创新的特性，并根据用户对象需求的不同，设置了不同的版本。本章主要介绍 Oracle 数据库系统的发展和特点、产品结构、创新特性及应用架构等。通过本章的学习，读者可以了解 Oracle 数据库产品及其应用。

1.1 Oracle 数据库系统

1.1.1 Oracle 数据库简介

Oracle 数据库系统是 Oracle 公司于 1979 年发布的世界上第一个关系数据库管理系统。经过 30 多年的发展，Oracle 数据库系统的应用已经遍布世界的各个领域，Oracle 公司也成为当今世界上最大的数据库厂商。

Oracle 公司又称甲骨文公司，是仅次于微软公司的世界第二大软件公司，成立于 1977 年 6 月，其前身是 Larry Ellison 与 Bob Miner 和 Ed Oates 在硅谷共同创办的一家名为软件开发实验室(Software Development Laboratories，SDL)的计算机公司。1979 年，SDL 更名为关系软件有限公司(Relational Software Inc.，RSI)，并发布了世界上第一个商业关系数据库管理系统，命名为 Oracle，因为 Ellison 和 Miner 相信，Oracle(字典里的解释有“神谕，预言”之意)是一切智慧的源泉。1983 年，为了突出公司的核心产品，RSI 再次更名为 Oracle。Oracle 从此正式走入人们的视野。

目前，Oracle 数据库产品是当前市场占有率最高的数据库产品，根据 Gartner 于 2011 年 3 月发布的 2010 年关系数据库市场的调查报告显示，Oracle 的市场份额已经占到 48.1%，位居第一，其市场份额超过了之后的 5 个竞争对手的总和。在企业群体中，全球 500 强中有 98%在使用 Oracle 技术；全球十大银行均采用了 Oracle 应用系统。在中国，排名前 20 位的银行都在使用 Oracle 技术；在通信领域，全球 20 家顶级通信公司全部都在使用 Oracle 产品。中国的所有电信运营商(如中国移动、中国电信、中国联通等)都在使用 Oracle 技术；在电力、保险、证券、政府部门及大量高科技制造业，Oracle 技术处于绝对的优势地位。在 IT 服务公司中，前 100 强 IT 公司(如 HP、IBM、毕博、埃森哲、东软、宝信等)都在使用 Oracle 相关技术。

1.1.2 Oracle 数据库的发展史

Oracle 数据库的发展历程如表 1.1 所示。

表 1.1 Oracle 数据库的发展历程

时 间	Oracle 数据库版本	描 述
1979 年	Oracle 2	RSI 发布的世界上第一个商用的关系数据库系统。此系统使用汇编语言开发，可用于 DEC 公司的 PDP-11 计算机，数据库产品整合了比较完整的 SQL 实现，其中包括子查询、连接及其他特性。但是，软件不是很稳定，并且缺少事务处理等重要功能

续表

时　间	Oracle 数据库版本	描　述
1983 年	Oracle 3	采用 C 语言开发，具有了可移植性，可以在小型机和大型机上运行。并且推出了 SQL 语句和事务处理的“原子性”，引入了非阻塞查询
1984 年	Oracle 4	产品的稳定性得到了一定的增强，增加了读取一致性(Read Consistency)，可以确保用户在查询期间看到的数据是一致的
1985 年	Oracle 5.0	第一个可以在 Client/Server 模式下运行的 RDBMS 产品，这意味着运行在桌面 PC 机上的商务应用程序能够通过网络访问数据库服务器。1986 年发布的 Oracle 5.1 版还支持分布式查询，允许通过一次性查询访问存储在多个位置的数据
1988 年	Oracle 6	引入了行级锁(Row-level Locking)特性，使执行写入的事务处理只锁定受影响的行，而不是整个表；引入不算完善的 PL/SQL 过程化语言、多处理器、联机热备份等功能
1992 年	Oracle 7	基于 Unix 版本，支持分布式事务处理功能、增强的管理功能，用于应用程序开发的新工具以及安全性方法；还包含了存储过程、触发器和说明性引用完整性等功能
1997 年	Oracle 8	支持面向对象的开发以及新的多媒体应用，为支持 Internet、网络计算等奠定了基础，具有同时处理大量用户和海量数据的特性
1998 年	Oracle 8i	添加了大量为支持 Internet 而设计的特性，为数据库用户提供全方位的 Java 支持；是第一个完全整合了本地 Java 运行时环境的数据库，用 Java 可以编写 Oracle 的存储过程；还添加了 SQLJ(一种开放式标准，用于将 SQL 数据库语句嵌入客户机或服务器的 Java 代码)和 Oracle interMedia(用于管理多媒体内容)以及 XML 等特性
2000 年	Oracle 9i	包括了 Oracle 9i 数据库、Oracle 9i 应用服务器及集成开发工具 3 个主要部分，在集群技术、高可用性、商业智能、安全性、系统管理等方面都实现了新的突破，借助于真正的应用集群技术实现了无限的可伸缩性和总体可用性，全面支持 Java 与 XML，具有集成的先进数据分析与数据挖掘功能及更自动化的系统管理功能，是第一个能够跨越多个计算机的集群系统，使用户能够以前所未有的低成本更容易地构建、部署和管理 Internet 应用，同时有效降低了系统构建的复杂性
2003 年	Oracle 10g	由 Oracle 10g 数据库、Oracle 10g 应用服务器和 Oracle 10g 企业管理器组成，是世界上第一个基于网格计算的关系数据库，可以把分布在世界各地的计算机连接在一起，进行资源集成；引入了新的数据库自动管理、自动存储管理、自动统计信息、手机自动内存管理、精细审计、物化视图和查询重写、可传输表空间等特性

续表

时　间	Oracle 数据库版本	描　述
2007 年	Oracle 11g	根据用户需求实现了信息生命周期管理等多项创新，大幅提高了系统性能和安全性，全新的 Data Guard 最大化了可用性。利用全新的高级数据压缩技术降低了数据存储的支出，明显缩短了应用程序测试环境部署及分析测试结果所花费的时间，增加了对 RFID Tag、DICOM 医学图像、3D 空间等重要数据类型的支持，加强了对 Binary XML 的支持和性能优化

1.1.3 Oracle 数据库的特点

Oracle 数据库经过 30 多年的发展，由于其优越的安全性、完整性、稳定性和支持多种操作系统、多种硬件平台等特点，得到了广泛的应用。从工业领域到商业领域，从大型机到微型机，从 Unix 操作系统到 Windows 操作系统，到处都可以找到成功的 Oracle 应用的案例。

Oracle 之所以能得到广大用户的青睐，主要在于它具有以下几个特点。

(1) 支持多用户、大事务量的事务处理

Oracle 支持多用户、大数据量的工作负荷。以 Oracle 公司公布的数据为例，Oracle 8 可以支持的并发用户数为 2 万，支持的数据量为 512PB(1024×1024GB)，并可充分利用硬件设备、支持多用户并发操作、保证数据一致性。

(2) 实施数据安全性和完整性控制

Oracle 可以通过权限设置限制用户对数据库的使用，可以通过权限控制用户对数据库的存取，实施数据库审计(Database Audit)、追踪(Trace)，以监控数据库的使用状况。

(3) 提供对于数据库操作的标准接口

Oracle 提供了应用程序、软件、高级语言、异种数据库等对于 Oracle 数据库的存取。例如，与高级语言的接口 Pro*C、Pro*Fortran、Pro*Cobol；客户端应用软件 Programmer/2000、标准接口 ODBC、JDBC、SQLJ；以及 OCI 可调用编程函数等。

(4) 支持分布式数据处理

从 Oracle 7 开始，Oracle 数据库就支持分布式数据处理。使用分布式计算环境，可以充分利用计算机网络系统，让不同地域的硬件、数据资源实现共享。将数据的处理过程分为数据库服务器端及客户应用程序端，共享的数据由数据库管理系统集中处理，而运行数据库应用的软件在客户端。

(5) 具有可移植性、可兼容性、可连接性

Oracle 数据库可以在不同的操作系统上运行，不同操作系统的 Oracle 应用软件可相互移植，从一种操作系统移植到其他操作系统，不需修改或只修改少量的代码。同时，Oracle 支持符合工业标准的操作系统，能与多种通信网络相连，支持各种网络协议。

Oracle 通过 SQL*Net、Net*8、Net8i 和 Oracle Net Services 可以允许不同类型的计算机、操作系统通过网络实现互连。

1.2　Oracle 11g 数据库产品的结构及组成

Oracle 11g 数据库共拥有 4 个版本，分别是企业版、标准版、标准版 1 和个人版。

1.2.1　企业版

Oracle 11g 数据库企业版可以运行在 Windows、Linux 和 Unix 的集群服务器或单一服务器上，它提供了全面的功能来进行相关的事务处理、商务智能和内容管理，具有业界领先的性能、可伸缩性、安全性和可靠性，适用于对数据库性能及可靠性有相当高要求的大型、超大型用户企业级、高端企业级应用。

Oracle 11g 数据库企业版的主要优点如下：

- 高可靠性。能够尽可能地防止服务器故障、站点故障和人为错误的发生，并减少计划内的宕机时间。
- 高安全性。可以利用行级安全性、细粒度审计、透明的数据加密和数据的全面回忆确保数据安全和遵守法规。
- 更好的数据管理。轻松管理最大型数据库信息的整个生命周期。
- 领先一步的商务智能。高性能数据仓库、在线分析处理和数据挖掘。

Oracle 11g 数据库企业版提供了许多选件以帮助企业发展业务，并达到用户期望的性能。这些选件包括真正应用集群、活动数据卫士、OLAP、内存数据库缓存、数据挖掘、可管理型、分区、空间管理、Database Vault、高级压缩、内容数据库、真正应用测试、全面恢复、高级安全性和标签安全性。

1.2.2　标准版

Oracle 11g 数据库标准版功能全面，可适用于多达 4 个处理器的服务器，适用于大中型用户工作组级和部门级应用。它通过应用集群服务实现了高可用性，提供了企业级性能和安全性，易于管理并可随需求的增长轻松扩展。标准版可向上兼容企业版，并随企业的发展而扩展，从而保护企业的初期投资。

标准版的主要优点如下：

- 多平台自动管理。可基于 Windows、Linux 和 Unix 操作系统运行，自动管理功能使其易于管理。
- 丰富的开发功能。借助 Oracle Application Express、Oracle SQL 开发工具和 Oracle 面向 Windows 的数据访问组件简化应用开发。
- 灵活的订制服务。用户可以仅购买现在需要的功能，并在以后通过真正应用集群轻松进行扩展。

1.2.3 标准版 1

Oracle 11g 数据库标准版 1 功能全面，可适用于最多两个处理器的服务器，适用于中小型用户入门级应用。它提供了企业级性能和安全性，易于管理，并可随需求的增长轻松扩展。与标准版一样，标准版 1 可向上兼容其他数据库版本，并随企业的发展而扩展，从而使得企业能够以最低的成本获得最高的性能，保护企业的初期投资。

标准版 1 的主要优点如下：

- 应用服务支持。以企业级性能、安全性、可用性和可伸缩性来支持所有的业务管理软件。
- 多平台自动管理。可基于 Windows、Linux 和 Unix 操作系统运行，自动管理功能使其易于管理。
- 丰富的开发功能。借助 Oracle Application Express、Oracle SQL 开发工具和 Oracle 面向 Windows 的数据访问组件简化应用开发。
- 灵活的订制服务。用户可以仅购买现在需要的功能，并在需求增长时可以轻松添加更多的功能。

1.2.4 个人版

个人版数据库只提供 Oracle 作为 DBMS 的基本数据库管理服务，它适用于单用户开发环境，与 Oracle 数据库标准版 1、标准版和企业版的单用户开发和部署完全兼容，其对系统配置的要求也比较低，主要面向开发技术人员使用。

1.3 Oracle 11g 数据库的新特性

作为 Oracle 公司迄今为止最具创新性和质量最高的产品，Oracle 11g 在 Oracle 10g 的基础上又增加了很多新的特性。本节从数据库管理、PL/SQL 开发和其他数据库相关特性三个方面对其主要的新特性进行概括性介绍。

1.3.1 数据库管理部分

在 Oracle 11g 数据库中，数据库管理部分的主要新特性如下。

1. 数据库重演(Database Replay)

这一特性可以捕捉整个数据的负载，并且传递到一个从备份或者 standby 数据库中创建的测试数据库上，然后重演负载以测试系统调优后的效果。

2. SQL 重演(SQL Replay)

与前一特性类似。但是只捕捉 SQL 负载部分，而不是全部负载。

3. 计划管理(Plan Management)

这一特性允许我们将某一特定语句的查询计划固定下来，无论统计数据变化还是数据库版本变化都不会改变它的查询计划。

4. 自动诊断知识库(Automatic Diagnostic Repository，ADR)

当 Oracle 探测到重要错误时，会自动创建一个事件(Incident)，并且捕捉到与这一事件相关的信息，同时自动进行数据库健康检查并通知 DBA。此外，这些信息还可以打包发送给 Oracle 支持团队，获得事故诊断和技术支持。

5. 事件打包服务(Incident Packaging Service)

Oracle 11g 提供了事件打包服务，如果用户需要进一步测试或者保留相关信息，这一特性可以将与某一事件相关的信息打包。并且，用户还可以将打包信息发送给 Oracle 支持团队。

6. 自动 SQL 优化(Auto SQL Tuning)

10g 的自动优化建议器可以将优化建议写在 SQL Profile 中。在 11g 中，我们可以让 Oracle 自动地将 3 倍于原有性能的 Profile 应用到 SQL 语句上。性能比较由维护窗口中一个新管理任务来完成。

7. 访问建议器(Access Advisor)

Oracle 11g 的访问建议器可以给出分区建议，包括对新的间隔分区(Interval Partitioning)的建议。间隔分区相当于范围分区(Range Partitioning)的自动化版本，可以在必要时自动创建一个相同大小的分区。范围分区和间隔分区可以同时存在于一张表中，并且范围分区可以转换为间隔分区。

8. 自动内存优化(Auto Memory Tuning)

在 9i 中，引入了自动 PGA 优化；10g 中，又引入了自动 SGA 优化。到了 11g，所有内存可以通过只设定一个参数来实现全表自动优化。只要设置 Oracle 有多少内存可用，就可以自动完成对 PGA、SGA 和操作系统进程等的内存分配。当然也可以通过设定最大、最小阈值的方法来设置可用内存的大小。

9. 资源管理器(Resource Manager)

Oracle 11g 的资源管理器不仅可以管理 CPU，还可以管理 I/O。在资源管理器中，用户可以设置特定文件的优先级、文件类型和 ASM 磁盘组。

10. ADDM

ADDM 在 10g 被引入。11g 中，ADDM 不仅可以对单个实例给出建议，还可以对整个 RAC(即数据库级别)给出建议。另外，还可以将一些指示(Directive)加入 ADDM，使之忽略一些无关紧要的信息。

11. AWR 基线(AWR Baselines)

在 11g 中，AWR 基线得到了扩展，可以为一些其他使用到的特性自动创建基线。默认会创建周基线。

1.3.2 PL/SQL 部分

PL/SQL 是一种过程化编程语言，主要用来编写包含 SQL 语句的程序，在 Oracle 11g 中，其新功能主要体现在以下几个方面。

1. 结果集缓存(Result Set Caching)

这一特性能大大提高很多程序的性能。在一些 MIS 系统或者 OLAP 系统中，需要使用到很多“select count(*)”这样的查询。在先前，如果要提高这样的查询的性能，可能需要使用物化视图或者查询重写的技术。在 11g 中，就只需要加一个/*+result_cache*/的提示，就可以将结果集缓存住，这样就能大大提高查询性能。同时在这种新特性下，因为是从缓存中的结果集中读取数据，而结果集是被独立缓存的，在查询期间，任何其他 DML 语句都不会影响结果集中的内容，因而可以保证数据的完整性。

2. 对象依赖性改进

在 11g 之前，如果有函数或者视图依赖于某张表，一旦这张表发生结构变化，无论是否涉及到函数或视图所依赖的属性，都会使函数或视图变为 invalid。而在 11g 中，对这种情况进行了调整：如果表改变的属性与相关的函数或视图无关，则相关对象状态不会发生变化。

3. 正则表达式的改进

在 10g 中，引入了正则表达式。这一特性大大方便了开发人员。Oracle 11g 再次对这一特性进行了改进。其中，增加了一个名为 regexp_count 的函数。另外，其他的正则表达式函数也得到了改进。

4. 新 SQL 语法

在调用某一函数时，可以通过=>来为特定的函数参数指定数据。而在 11g 中，SQL 语句中也可以支持这样的语法。例如：

```
select f(x=>6) from dual;
```

5. 内部单元内联(Intra Unit Inlining)

在 C 语言中，我们可以通过内联函数(Inline)或者宏实现使某些小的、被频繁调用的函数内联，编译后，调用内联函数的部分会编译成内联函数的函数体，从而可以提高函数效率。在 11g 的 PL/SQL 中，也同样可以实现这样的内联函数。

6. 触发器

在 Oracle 11g 中，触发器的能力得到了进一步的增强，主要表现为：一是对触发器的触发顺序可以进行更好的控制；二是可以定义一种新类型的触发器——混合触发器。

注意

在混合触发器中，可以包括 BEFORE STATEMENT、BEFORE EACH ROW、AFTER EACH ROW 和 AFTER STATEMENT 四个部分，将四种类型的触发器集成在一个触发器中。若需要将多个类型的触发器配合使用，则采用混合触发器会显得逻辑更加清晰，而且不容易出错。在混合触发器中定义的变量可以在不同类型的触发语句中使用，不再需要使用外部包存储中间结果，而且利用混合触发器的批量操作还可以提高触发器的性能。

7. 在非 DML 语句中使用序列(Sequence)

在 Oracle 11g 之前版本中，如果要将 Sequence 的值赋给变量，需要通过类似以下语句来实现：

```
select seq_x.next_val into v_x from dual;
```

而在 Oracle 11g 中，不需要使用 SQL 语句，通过如下的赋值语句就可以实现：

```
v_x := seq_x.next_val;
```

8. PL/SQL 的可继承性

可以在 Oracle 对象类型中通过 super(与 Java 中类似)关键字来实现继承性。

9. 增加了 continue 关键字

在 PL/SQL 的循环语句中可以使用 continue 关键字(功能与其他高级语言中的 continue 关键字相同)。

10. 新的 PL/SQL 数据类型——simple_integer

Oracle 11g 引入了新的数据类型 simple_integer，这是一个比 pls_integer 效率更高的整数数据类型。

11. 细粒度权限控制

在先前的版本中，Oracle 通过细粒度权限控制(Fine Grained Access Control，FGAC)可以实现对数据库对象行级别的权限控制。在 Oracle 11g 中，增加了对 TCP 包的 FGAC 安全控制。

1.3.3 其他部分

Oracle 11g 提供了高性能、伸展性、可用性、安全性，并能更方便地在低成本服务器和存储设备组成的网格上运行。

1. 自助式管理和自动化能力

Oracle 11g 的各项管理功能可以帮助企业轻松管理企业网格，并满足用户对服务级别的要求。Oracle 11g 引入了更多的自助式管理和自动化功能，将帮助客户降低系统管理成本，同时提高客户数据库应用的性能、可扩展性、可用性和安全性。Oracle 11g 数据库新的管理功能包括：自动 SQL 和存储器微调；新的划分顾问组件自动向管理员建议如何对表和索引分区以提高性能；增强的数据库集群性能诊断功能。另外，Oracle 11g 还具有新的支持工作台组件，其易于使用的界面可以向管理员呈现与数据库健康有关的差错以及如何迅速消除差错的信息。

2. Oracle Data Guard

Oracle 11g 的 Oracle Data Guard 组件可以帮助客户利用备用数据库，以提高生产环境的性能，并保护生产环境免受系统故障和大面积灾难的影响。Oracle Data Guard 组件可以同时读取和恢复单个备用数据库，因此 Oracle Data Guard 组件可用于对生产数据库的报告、备份、测试和“滚动”升级。通过将工作量从生产系统卸载到备用系统，Oracle Data Guard 组件还有助于提高生产系统的性能，并组成一个更经济的灾难恢复解决方案。

3. 数据划分和压缩功能

Oracle 11g 具有极新的数据划分和压缩功能，可实现更经济的信息生命周期管理和存储管理。很多原来需要手工完成的数据划分工作在 Oracle 11g 中都实现了自动化，Oracle 11g 还扩展了已有的范围、散列和列表划分功能，增加了间隔、索引和虚拟卷划分功能。

另外，Oracle 11g 还具有一套完整的复合划分选项，可以实现以业务规则为导向的存储管理。

Oracle 11g 以成熟的数据压缩功能为基础，可在事务处理、数据仓库和内容管理环境中实现先进的结构化和非结构化数据压缩。采用 Oracle 11g 中先进的压缩功能，所有数据都可以实现 2 倍至 3 倍或更高的压缩比。

4. 全面回忆数据变化

Oracle 11g 具有 Oracle 全面回忆(Oracle Total Recall)组件，可以帮助管理员查询在过去某些时刻指定表格中的数据。管理员可以用这种简单实用的方法给数据增加时间维度，以跟踪数据变化、实施审计并满足法规要求。

5. 闪回事务和“热修补”

在 Oracle 11g 中，数据库管理员现在可以更轻松地达到用户的可用性预期。新的可用性功能包括：Oracle 闪回事务(Oracle Flashback Transaction)，可以轻松撤消错误事务以及任何相关事务；并行备份和恢复功能可改善非常大数据库的备份和存储性能；“热修补”功能不必关闭数据库就可以进行数据库修补，提高了系统可用性。另外，一种新的顾问软件——数据恢复顾问，可自动调查问题、充分智能地确定恢复计划并处理多种故障情况，从而可以极大地缩短数据恢复所需的停机时间。

6. Oracle 快速文件

Oracle 11g 具有在数据库中存储大型对象的下一代功能，这些对象包括图像、大型文本对象或一些先进的数据类型，如 XML、医疗成像数据和三维对象。Oracle 快速文件(Oracle Fast Files)组件使得数据库应用的性能完全比得上文件系统的性能。通过存储更广泛的企业信息并迅速轻松地检索这些信息，企业可以对自己的业务了解得更深入，并更快地对业务做出调整以适应市场变化。

7. 更快的 XML

在 Oracle 11g 中，XML DB 的性能获得了极大的提高，XML DB 是 Oracle 数据库的一个组件，可以帮助客户以本机方式存储和操作 XML 数据。Oracle 11g 增加了对二进制 XML 数据的支持，现在客户可以选择适合自己特定应用及性能需求的 XML 存储选项。

XML DB 还可以通过支持 XQuery、JSR-170、SQL/XML 等标准的业界标准接口来操作 XML 数据。

8. 嵌入式 OLAP 行列

Oracle 11g 在数据仓库方面也引入了创新。OLAP 行列现在可以在数据库中像物化图那样使用，因此开发人员可以用业界标准 SQL 实现数据查询，同时仍然受益于 OLAP 行列所具有的高性能。新的连续查询通知(Continuous Query Notification)组件在数据库数据发生重要变化时，会立即通知应用软件，不会出现由于不断轮询而加重数据库负担的情况。

9. 连接池和查询结果高速缓存

Oracle 11g 中增加了查询结果高速缓存等新功能。通过高速缓存和重用经常调用的数据库查询以及数据库和应用层的功能，查询结果高速缓存功能改善了应用的性能和可扩展性。数据库驻留连接池(Database Resident Connection Pooling)功能通过为非多线程应用提供连接池，提高了 Web 系统的可扩展性。

10. 增强应用开发

Oracle 11g 提供了多种开发工具供开发人员选择，它提供的简化应用开发流程可以充分利用 Oracle 11g 的关键功能，这些关键功能包括客户端高速缓存、提高应用速度的二进制

XML、XML 处理以及文件存储和检索。另外，Oracle 11g 还具有新的 Java 实时编译器，无需第三方编译器就可以更快地执行数据库 Java 程序；为开发在 Oracle 平台上运行的.NET 应用，实现了与 Visual Studio 2005 的本机集成；与 Oracle 快捷应用配合使用的 Access 迁移工具；SQL Developer 可以轻松建立查询，以便快速地编制 SQL 和 PL/SQL 例程代码。

1.4 常见的关系数据库管理系统比较

目前市场上常见的关系数据库管理系统包括 Oracle、DB2、Sybase 和 SQL Server 等。

1. Oracle

Oracle 是世界上第一个商品化的关系型数据库管理系统，也是当前应用广泛、功能强大的数据库管理系统。Oracle 作为一个通用的数据库管理系统，不仅具有完整的数据管理功能，还是一个分布式数据库系统，支持各种分布式功能，特别是支持 Internet 应用。

Oracle 数据库采用完全开放策略，完全支持所有的工业标准，能在所有主流平台上运行，包括 Windows、Unix、VMS、OS/2 等，使客户可以选择最适合的解决方案，并对开发商全力支持。在可伸缩性、并行性方面，Oracle 平行服务器通过使一组节点共享同一簇中的工作来扩展 Windows NT 的能力，提供高可用性和高伸缩性的簇的解决方案。如果 Windows NT 不能满足需要，用户可以把数据库移到 Unix 中。在安全性方面，Oracle 获得了最高认证级别的 ISO 标准认证。在性能上，Oracle 性能最高，保持开放平台下的 TPC-D 和 TPC-C 的世界记录。在客户端支持及应用模式方面，Oracle 支持多层次网络计算，支持多种工业标准，可以用 ODBC、JDBC、OCI 等网络客户连接。在操作方面，Oracle 同时提供 GUI 和命令行，在 Windows NT 和 Unix 下操作相同。在使用风险方面，Oracle 完全向下兼容，可以安全地进行数据库的升级，在企业、政府中得到广泛的应用。

Oracle 公司的软件产品主要包括 3 部分：Oracle 服务器产品、Oracle 开发工具和 Oracle 应用软件。其中服务器产品包括数据库服务器和应用服务器。Oracle 的最新版本为 Oracle 12C，但发布时间短，其安全性和可靠性等还有待于在应用中检验。目前，使用最广的产品为 Oracle 11g。

2. DB2

DB2 是 IBM 公司于 1983 年推出的一个商业化的关系数据库管理系统，它是基于 System R 项目实现的。

20 世纪 80 年代初期，DB2 主要运行在大型主机平台，到 90 年代初，DB2 发展到中型机、小型机及微型机平台。DB2 能在所有主流平台上运行(如 Windows、Unix、VMS、OS/2 等)，最适于海量数据。DB2 具有很好的并行性，DB2 把数据库管理扩充到了并行的、多节点的环境，但 DB2 伸缩性有限。在安全方面，DB2 获得最高认证级别的 ISO 标准认证。在性能上能适用于数据仓库和在线事务处理。在客户端支持及应用模式方面，DB2 支持跨平台、多层结构，支持 ODBC、JDBC 等客户，操作简单，同时提供 GUI 和命令行方式，在 Windows NT 和 Unix 下操作相同。DB2 在巨型企业得到广泛的应用，向下兼容性好，风险小。

3. Sybase

Sybase 是美国 Sybase 公司研制的一种关系型数据库系统，Sybase 公司成立于 1984 年，1987 年推出公司第一个关系数据库产品 Sybase SQL Server 1.0。Sybase 首先提出 Client/Server 数据库体系结构的思想，并率先在 Sybase SQL Server 中实现。

Sybase 能在所有主流平台上运行，如 Unix、VMS、Windows、Netware 等，使用 Client/Server 结构，可以用 ODBC、jConnect、CT-Library 等与网络客户连接。但由于早期 Sybase 与操作系统集成度不高，因此 Version 11.9.2 以下版本需要较多的操作系统和数据库级补丁，在多平台的混合环境中，会有一定的问题。Sybase 新版本具有较好的并行性，速度快，对巨量数据无明显影响，但是技术实现复杂，需要程序支持，伸缩性有限。虽然有 DB Switch 来支持其并行服务器，但 DB Switch 在技术层面还不成熟，且只支持版本为 12.5 以上的 ASE Server。DB Switch 技术需要一台服务器充当 Switch，从而带来一些麻烦。在安全方面，Sybase 获得最高认证级别的 ISO 标准认证，其性能接近于 SQL Server，但在 Unix 平台上的并发性要优于 SQL Server。在操作上，同时提供 GUI 和命令行，但 GUI 较差，建议使用命令行。Sybase 向下兼容，但是 CT-Library 程序不易移植。

4. Microsoft SQL Server

Microsoft SQL Server 是微软公司推出的应用于 Windows 操作系统上的关系数据库产品，它是微软公司使用 Sybase 技术开发的基于 OS/2 平台的关系型数据库产品，与 Sybase 数据库完全兼容，支持客户机-服务器结构。

Microsoft SQL Server 只能在 Windows 操作系统上运行，没有丝毫的开放性。它不提供直接的用户开发工具和平台，只提供了 ODBC 和 DB-Library 两个接口。Microsoft SQL Server 并行实施和共存模型并不成熟，很难处理日益增多的用户数和数据，伸缩性有限。在安全方面，Microsoft SQL Server 没有获得任何安全证书。在客户端支持 C/S 结构，只支持 Windows 客户，可以用 ADO、DAO、OLEDB、ODBC 连接。

Microsoft SQL Server 操作简单，但只有图形界面。在兼容性方面，完全重写的代码延迟较大，且不完全兼容早期产品。

1.5　Oracle 数据库应用结构

随着网络技术的发展，Oracle 数据库在各个领域得到了广泛的应用。基于 Oracle 数据库的应用系统结构主要分为客户端-服务器结构、终端-服务器结构、浏览器-服务器结构和分布式数据库系统结构等。

1. 客户端-服务器结构

客户-服务器(Client/Server，C/S)结构是两层结构，如图 1.1 所示。在 C/S 结构中，需要在前端客户机上安装应用程序，通过网络连接访问后台数据库服务器。用户信息的输入、逻辑处理和结果的返回都在客户端完成，后台数据库服务器接受客户端对数据库的操作请求并执行。

这种结构的优点是客户机与服务器可采用不同软、硬件系统，应用与服务分离，安全性高、执行速度快；缺点是维护升级不方便。

2. 终端-服务器结构

终端-服务器结构类似于客户-服务器结构，与客户-服务器结构的不同之处在于，所有的软件安装、配置、运行、通信及数据存储等都在服务器端完成，终端只作为输入、输出的设备，直接运行服务器上的应用程序，在终端没有处理能力。终端把鼠标和键盘输入传递到服务器上集中处理，服务器把信息处理结果传回到终端。

终端-服务器结构的优点是便于实现集中管理、系统安全性高、网络负荷低、终端设备要求低。其缺点是对服务器性能要求较高。

3. 浏览器-服务器结构

浏览器-服务器(Browser/Server，B/S)结构是 3 层结构，如图 1.2 所示。在 B/S 结构中，客户端只需要安装浏览器即可，不需要安装具体的应用程序，客户端只需处理用户输入及显示处理结果；中间的 Web 服务器层是连接前端客户机与后台数据库服务器的桥梁，所有的数据计算和应用逻辑处理都是在此层实现。用户通过浏览器输入请求，到达 Web 服务器后进行处理，如果需要，Web 服务器与数据库服务器进行交互，将处理结果返回给用户。

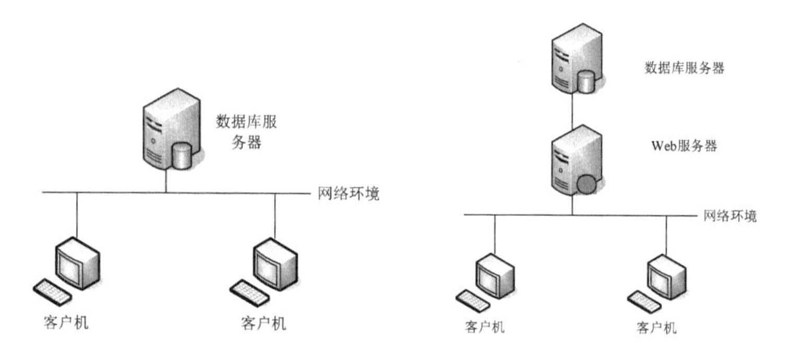

图 1.1　客户-服务器结构　　图 1.2　浏览器-服务器结构

B/S 结构的优点是通过 Web 服务器处理应用程序逻辑，方便了应用程序的维护和升级。通过增加 Web 服务器的数量，可以增加支持客户机的数量。其缺点是增加了网络连接，降低了执行效率，同时降低了系统的安全性。

4. 分布式数据库系统结构

数据库系统按照数据分布方式的不同，可以分为集中式数据库和分布式数据库。集中

式数据库是将数据库集中在一台数据库服务器中，而分布式数据库是由分布于计算机网络上的多个逻辑相关的数据库组成的集合，每个数据库都具有独立的处理能力，可以执行局部应用，也可以通过网络执行全局应用，如图 1.3 所示。

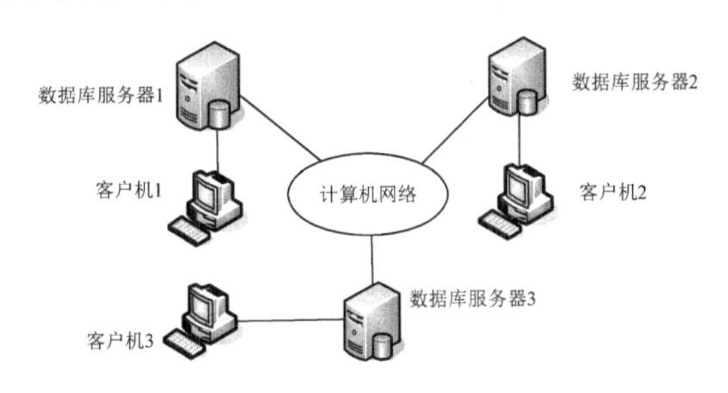

图 1.3　分布式数据库系统的结构

分布式数据库系统具有以下特点。

- 数据分布：数据分布于计算机网络的不同数据库中，这些数据库在物理上相互独立，但是在逻辑上集中，是一个统一的整体。
- 数据共享：数据库用户既可以访问本地的数据库，也可以访问远程的数据库。
- 兼容性好：各个分散的数据库服务器的软、硬件平台可以互不相同。
- 网络扩展性好：可以实现异构网络的互连。

本 章 习 题

1. 填空题

(1) __________数据库是世界上第一个基于网格计算的关系数据库。

(2) __________数据库首先实现了 Client/Server 数据库体系结构的思想。

(3) 基于 Oracle 数据库的应用系统结构主要分为____________、____________、____________、____________等。

2. 问答题

(1) 简述 Oracle 数据库的发展历程。

(2) 简述 Oracle 数据库的特点。

(3) 列举 Oracle 11g 数据库的新特性。

第2章

Oracle 11g在Windows平台上的安装与卸载

学习目的与要求：

Oracle 11g可以在Windows、Linux和Unix系统下运行。虽然每个操作系统都有各自的优点，但最终一些外部因素(比如IT策略)将会决定究竟选择哪个操作系统。本章将介绍Oracle 11g数据库服务器在32位系统结构的Windows平台上的安装、配置与卸载，以及数据库服务器在安装配置过程中出现的问题和解决方法。

2.1　安装前的准备

安装 Oracle 11g 数据库服务器之前，必须完成一些必要的准备工作，否则可能会导致安装失败或者安装后系统内部信息丢失等。

安装前的主要准备工作介绍如下。

(1) 启动操作系统，以管理员身份登录，以便对计算机的文件夹有完全的访问权限并能执行所需的任意修改。

(2) 检查服务器系统是否满足软、硬件要求，相关指标如表 2.1 和表 2.2 所示。若要为系统添加一个 CPU，则必须在安装数据库服务器之前进行，否则数据库服务器无法识别新的 CPU。

表 2.1　安装 Oracle 11g 的硬件配置需求

硬件需求	说　明
物理内存(RAM)	最小为 1GB，建议 2GB 以上
虚拟内存	物理内存的两倍
硬盘(NTFS 格式)	基本安装时：总计 4.55GB(Oracle 主目录 2.95GB，数据文件 1.60GB)
	高级安装时：总计 4.92GB(Oracle 主目录 2.96GB，数据文件 1.96GB)
TEMP 临时空间	200MB
视频适配器	65536 色
处理器主频	1GHz 以上

表 2.2　安装 Oracle 11g 的软件配置需求

软件需求	说　明
操作系统	Windows 2000 SP4 或更高版本
	Windows Server 2003 的所有版本
	Windows XP Professional SP3 以上
	Windows Vista 的所有版本
	(注：Oracle 11g 不支持 Windows NT)
网络协议	TCP/IP、支持带 SSL 的 TCP/IP、命名管道
浏览器	Microsoft IE 6.0 以上版本

(3) 对服务器进行正确的网络配置，并记录 IP 地址、域名等网络配置信息，如果采用动态 IP，必须先将 Microsoft LoopBack Adapter 配置为系统的主网络适配器。

(4) 关闭 Windows 防火墙和某些杀毒软件。

(5) 如果服务器上运行有其他 Oracle 服务，必须在安装前将它们全部停止。

(6) 如果服务器上运行有以前版本的 Oracle 数据库，则必须对其数据进行备份。

(7) 决定数据库服务器的安装类型、安装位置及数据库的创建方式。可以在安装数据库服务器的同时创建数据库，也可以在数据库服务器安装完成后，单独创建数据库。

(8) 准备好要安装的 Oracle 11g 数据库服务器软件产品。Oracle 11g 数据库各种版本的软件产品可以到 Oracle 官方网站下载。

注意

服务器的计算机名称对于安装完 Oracle 11g 后登录到数据库非常重要。如果在安装完数据库后，再修改计算机名称，可能会导致无法启动服务，也就不能在浏览器中使用 OEM。此外，在用 Oracle Net Manager 配置 Oracle 服务器端的监听程序时，也会用到计算机全名。因此，最好在安装 Oracle 数据库前，就配置好计算机。

2.2　安装 Oracle 11g 数据库服务器

2.2.1　安装过程

Oracle Universal Installer(OUI)是基于 Java 技术的图形界面安装工具，利用它可以很方便地完成在不同操作系统平台上不同类型、不同版本的 Oracle 数据库软件的安装。

(1) 将下载的 Oracle 11g 数据库服务器软件解压后，执行 setup.exe 文件启动 OUI。OUI 首先对监视器配置进行检查，并输出检查结果，然后进入如图 2.1 所示的“配置安全更新”界面。

(2) 取消选中“我希望通过 My Oracle Support 接收安全更新”复选框，单击“下一步”按钮，在出现的信息提示框中单击“是”按钮，进入如图 2.2 所示的“选择安装选项”界面。在该界面中，有 3 种配置供用户选择：

- 创建和配置数据库。
- 仅安装数据库软件。
- 升级现有的数据库。

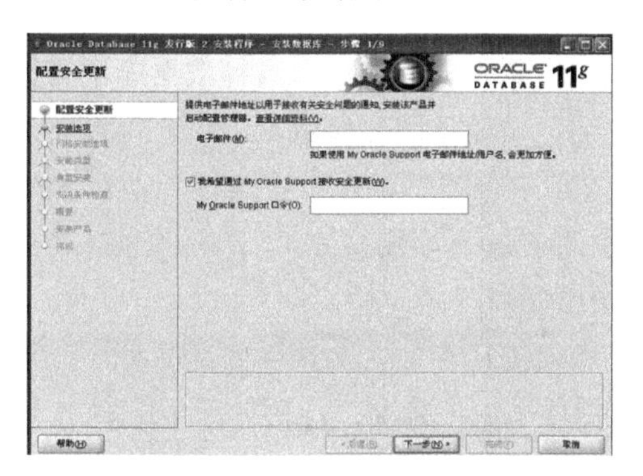

图 2.1　“配置安全更新”界面

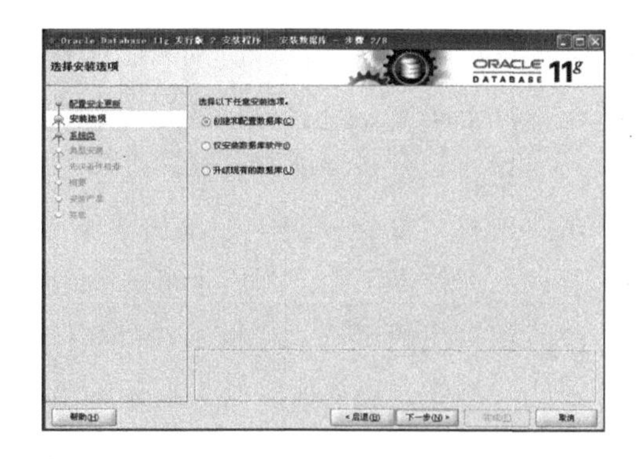

图 2.2　“选择安装选项”界面

(3) 默认选择“创建和配置数据库”，单击“下一步”按钮，进入如图 2.3 所示的

“系统类”界面，选择安装环境。在该界面中，有两种安装环境供用户选择。

- 桌面类：在笔记本或桌面类系统中安装选择，包括启动数据库并且允许采用最低配置。
- 服务器类：在服务器系统中进行安装选择，允许使用更多的高级配置。

(4) 如果在 Windows Server 操作系统上安装，就选择服务器类。选择“服务器类”，单击“下一步”按钮，进入如图 2.4 所示的“网格安装选项”界面。

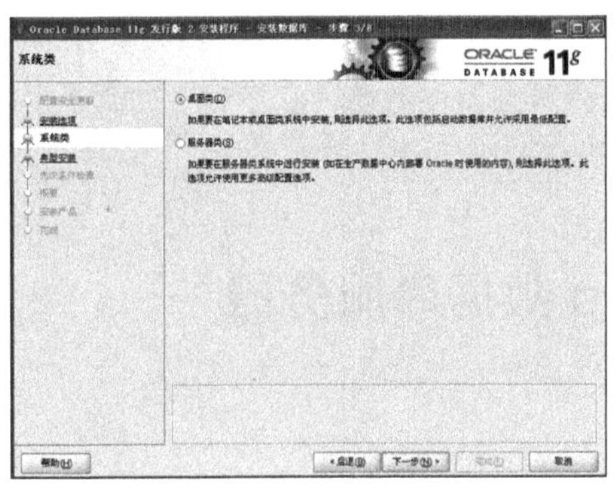

图 2.3 “系统类”界面

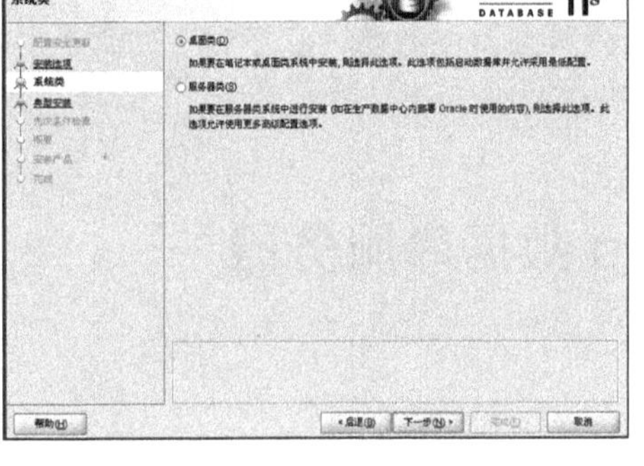

图 2.4 “网格安装选项”界面

在该界面中，有两种数据库安装类型。

- 单实例数据库安装：用于单机环境下的数据库。
- Real Application Clusters 数据库安装：用来在群机环境下实现多机共享的数据库，以保证应用的高可用性。

(5) 默认选择“单实例数据库安装”。若将服务器配置为 RAC(应用程序集群)，则选择“Real Application Clusters 数据库安装”安装配置。单击“下一步”按钮，进入如图 2.5 所示的“选择安装类型”界面。

Oracle 11g 数据库服务器提供了两种安装类型。

- 典型安装：用户只需进行 Oracle 主目录位置、安装类型、全局数据库名及数据库口令等设置，由系统自动进行安装。
- 高级安装：用户可以为不同的数据库账户设置不同的口令，选择数据库字符集、产品语言、进行自动备份设置、定制安装、设置备用存储选项。用户可以灵活设置、安装数据库服务器。

(6) 选择“高级安装”，单击“下一步”按钮，进入如图 2.6 所示的“选择产品语言”界面。在该界面中，列出了可选的语言和选中的语言。

(7) 将列出的可选语言框中的“简体中文”和“英语”加入到选中的语言框中，单击“下一步”按钮，进入如图 2.7 所示的“选择数据库版本”界面。在该界面中，有 4 种数据库服务器安装版本。

- 企业版：适用于对安全性要求较高并且任务至上的联机事务处理(OLTP)和数据仓库环境。

- 标准版：适用于工作组或部门级应用，也适用于中型企业，为其提供核心的关系数据库管理服务和选项，包括真正的应用集群和自动工作负载管理功能。
- 标准版 1：适应于中小型企业，为其提供核心的关系数据库管理服务和选项。
- 个人版：只提供基本数据库管理服务，适用于单用户开发环境，对系统配置的要求也比较低，主要面向开发技术人员。

(8) 选择“企业版”，单击“下一步”按钮，进入如图 2.8 所示的“指定安装位置”界面，在这里设置基目录和主目录。

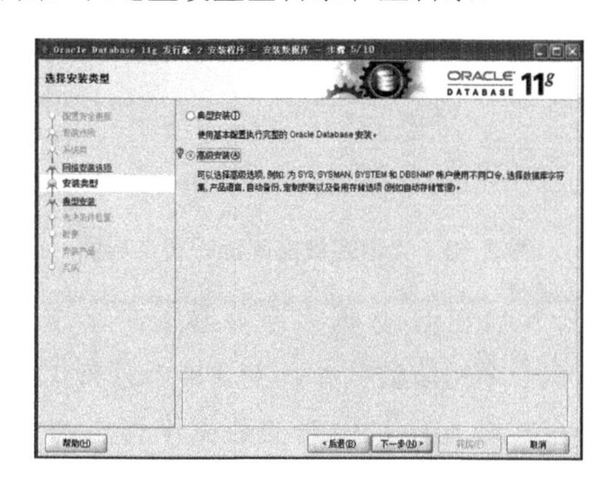

图 2.5　“选择安装类型”界面

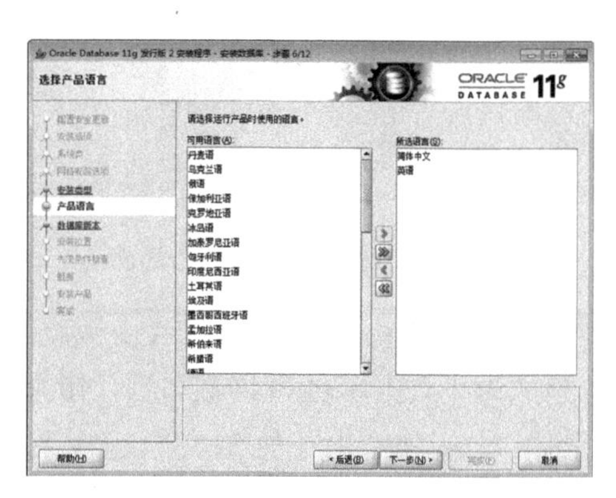

图 2.6　“选择产品语言”界面

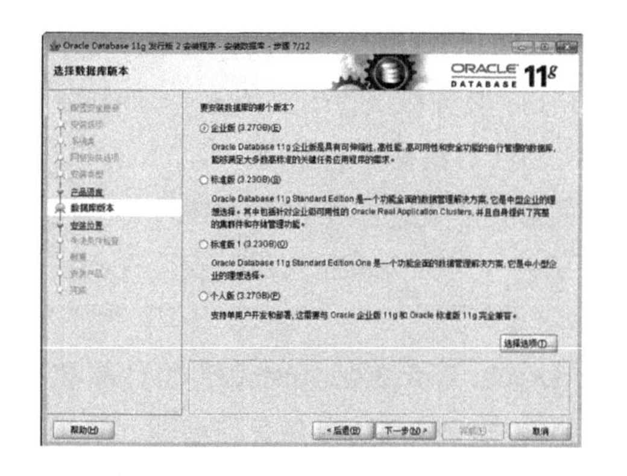

图 2.7　“选择数据库版本”界面

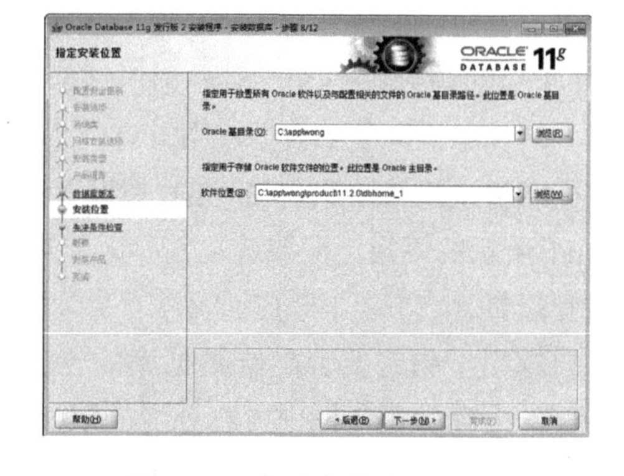

图 2.8　“指定安装位置”界面

Oracle 基目录用于指定放置所有 Oracle 软件以及与配置相关的文件的 Oracle 基目录路径，其值保存在 DB_BASE 初始化参数中。Oracle 主目录用于指定存储 Oracle 软件文件的位置，其值保存在 DB_HOME 初始化参数中。

(9) 单击“下一步”按钮，进入如图 2.9 所示的“选择配置类型”界面，选择要创建的数据库类型。在该界面中，有两种数据库类型供用户选择。

- 一般用途/事务处理：用于创建为一般用途或高级事务处理应用而设计的数据库，可以支持大量并发用户的事务处理，又能快速地对大量历史数据进行复杂的数据扫描和处理。
- 数据仓库：用于创建针对特定主题进行大量复杂查询的数据库。

(10) 选择“一般用途/事务处理”后，单击“下一步”按钮，进入如图 2.10 所示的“指定数据库标识符”界面，对全局数据库名和 Oracle 服务标识符进行设置。

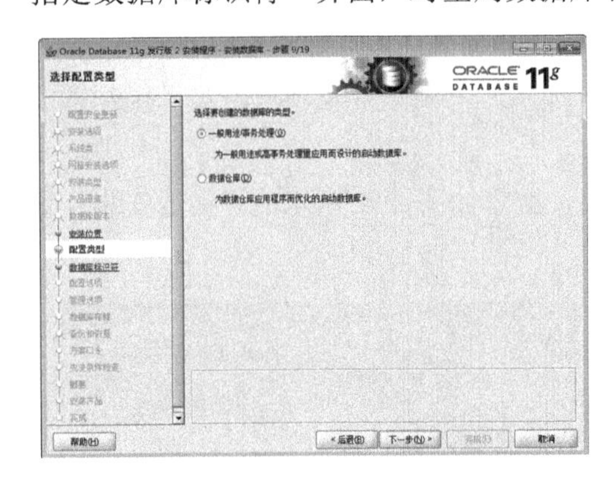

图 2.9 “选择配置类型”界面

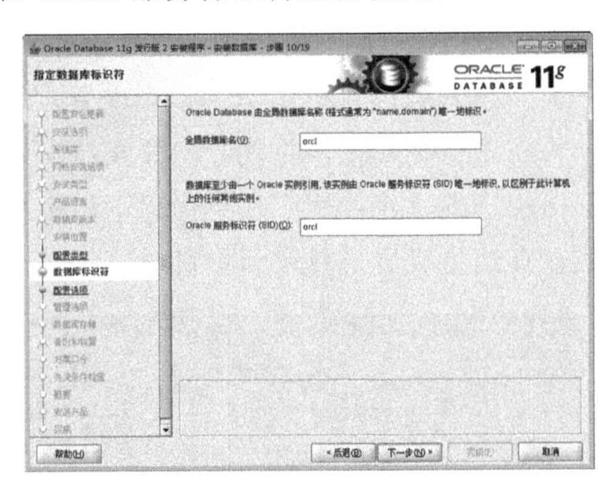

图 2.10 “指定数据库标识符”界面

数据库命名：全局数据库名由数据库名(DB_NAME)与数据库服务器所在的域名组成，格式为“数据库名.网络域名”，用来唯一标识一个网络数据库，主要用于分布式数据库系统中。例如，对于全国交通运政系统的分布式数据库，山东的数据库可以命名为 orcl.shandong.jtyz，北京的数据库可以命名为 orcl.beijing.jtyz。虽然数据库名都是 orcl，但由于其所在域名不同，因此可以在网络中进行区分。数据库名是一个长度不超过 8 个字符的字符串，数据库域名是一个长度不超过 128 个字符的字符串，可以包含字母、数字、下划线(_)、#和美元符号($)，且必须以字母开头。Oracle 服务标识符(SID)是一个 Oracle 实例的唯一名称标识，如果数据库中只有一个实例，则 SID 与数据库名相同。

(11) 将全局数据库名和 SID 都设置为“orcl”后，单击“下一步”按钮，将会进入如图 2.11 所示的“指定配置选项”界面，对数据库的内存、数据库字符集、安全性和示例方案进行配置。

内存用于指定要分配给数据库的物理内存。Oracle Universal Installer 将计算和显示“分配的内存”调节框中内存分配的默认值。如果选中启用自动内存管理选项，系统全局区(SGA)与程序全局区(PGA)的内存之间将采用动态分配。字符集用于确定在数据库中要支持哪些语言组。数据库字符集决定了字符数据在数据库中的存储方式，默认为操作系统语言字符集。安全性用于指定是否要在数据库中禁用默认安全设置。示例方案用于指定是否在数据库中包含示例方案。

(12) 在“示例方案”选项卡中选择“创建具有示例方案的数据库”，OUI 会在数据库中创建 HR、OE、SH 等的范例方案，便于今后使用 HR 示例方案学习数据库的基本操作。单击“下一步”按钮，进入如图 2.12 所示的“指定管理选项”界面，可以从中选择数据库的管理方式。只有安装了 Oracle 管理档案库、Oracle 管理服务和代理服务，并且安装程序检测到代理服务时，才可以使用 Grid Control 管理数据库，来指定对数据库进行集中管理的管理服务。使用 Data Control 管理数据库，对数据库进行本地管理，可以启动电子邮件通知，当数据库发生问题时，Oracle 会将错误信息发送到指定的电子邮件中。

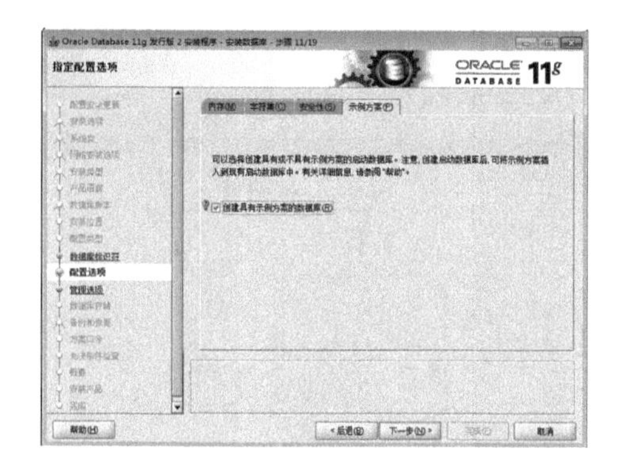

图 2.11　“指定配置选项”界面

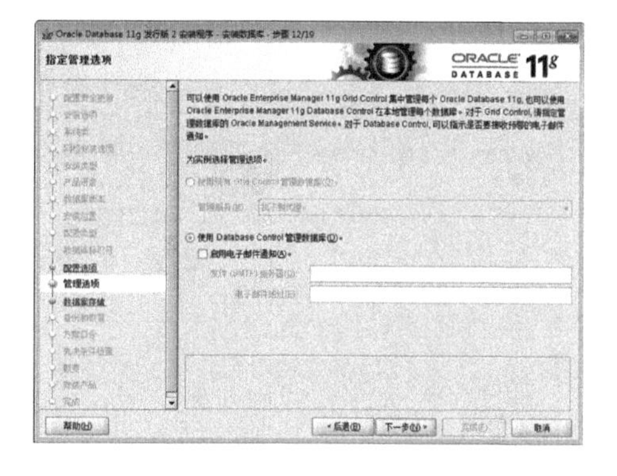

图 2.12　“指定管理选项”界面

(13) 选择“使用 Data Control 管理数据库”，单击“下一步”按钮，进入如图 2.13 所示的“指定数据库存储选项”界面，设置数据库的存储机制。

文件系统存储机制是把数据文件、联机日志文件、控制文件等存放到常规文件系统中，可以获得最佳的数据库结构和性能。自动存储管理机制是把数据文件、联机日志文件、控制文件等存放到自动存储管理器(ASM)，自动完成存储管理。

(14) 选择“文件系统”，指定数据库文件存储位置后，单击“下一步”按钮，进入如图 2.14 所示的“指定恢复选项”界面，选择是否启动数据库的自动备份功能。

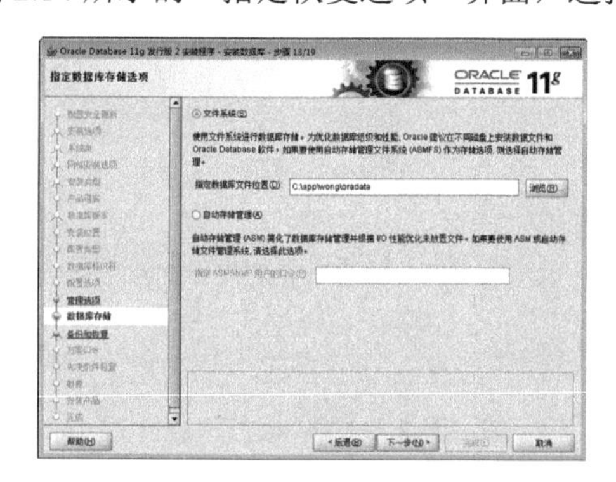

图 2.13　“指定数据库存储选项”界面

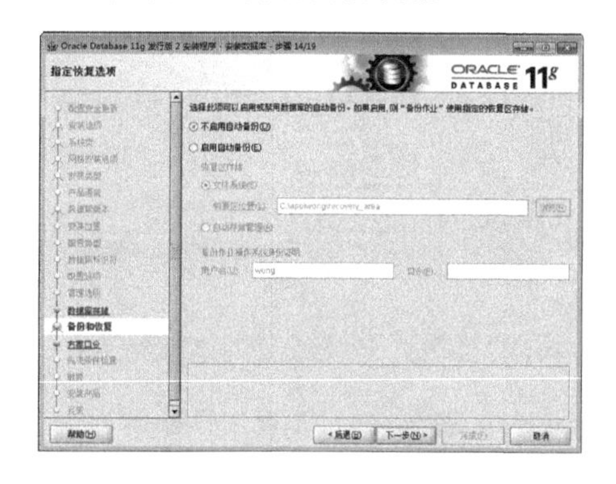

图 2.14　“指定恢复选项”界面

如果选择“启用自动备份”，系统将创建一个备份作业，使用 Oracle Database Recovery Manager(RMAN)工具对数据库进行周期备份，第一次进行完全备份，以后进行增量备份。利用该自动备份，系统可以将数据库恢复到 24 小时内的任何状态。

(15) 选择“不启用自动备份”后，单击“下一步”按钮，进入如图 2.15 所示的“指定方案口令”界面，设置数据库预定义的 4 个账户(SYS、SYSTEM、SYSMAN、DBSNMP)的口令。这些账户可以使用不同的口令，也可以使用同一个口令。

注意

用户口令不能以数字开头，不能使用 Oracle 保留字。此外，SYS 用户的口令不能为 CHANGE_ON_INSTALL，SYSTEM 用户的口令不能为 MANAGER，SYSMAN 用户的口令不能为 SYSMAN，DBSNMP 用户的口令不能为 DBSNMP。

(16) 选择“对所有账户使用相同的口令”，设置账户口令后，单击“下一步”按钮，进入如图 2.16 所示的“执行先决条件检查”界面，进行安装先决条件的检查。

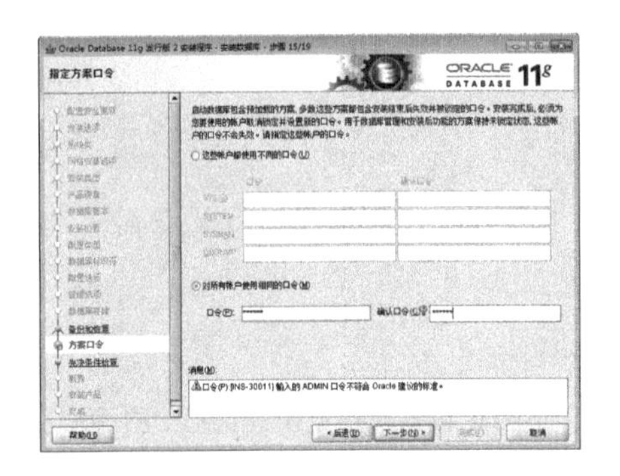

图 2.15　“指定方案口令”界面

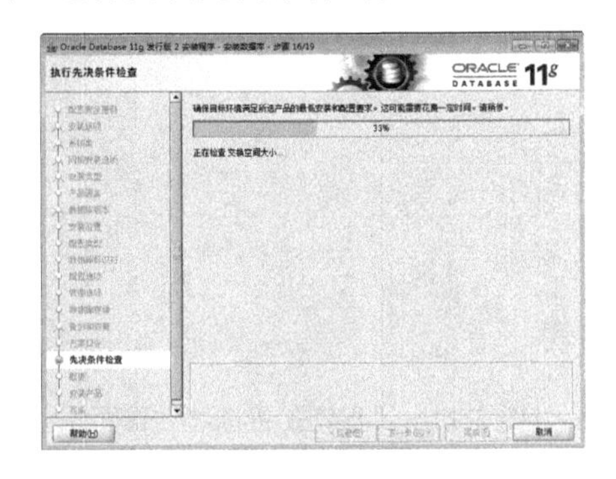

图 2.16　“执行先决条件检查”界面

(17) 先决条件检查通过后，进入如图 2.17 所示的“概要”界面，显示了前面所做的安装设置。

(18) 单击“完成”按钮，开始 Oracle 的安装。在安装过程中，会自动出现显示安装进度的几个窗口，如图 2.18～2.20 所示。

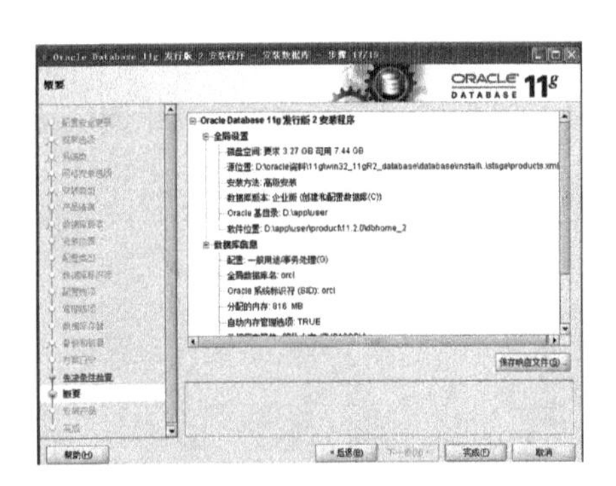

图 2.17　“概要”界面

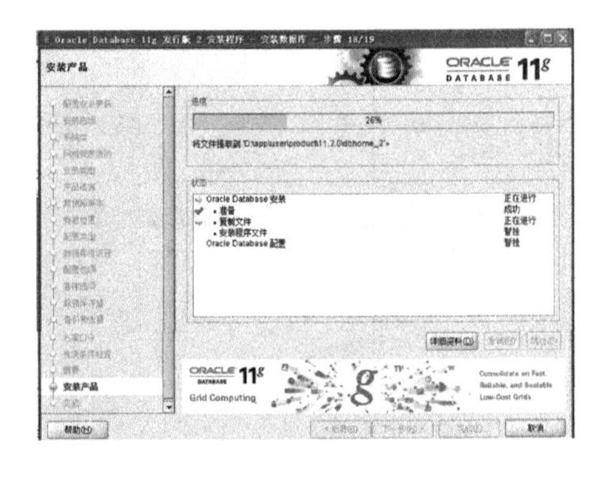

图 2.18　安装过程(1)

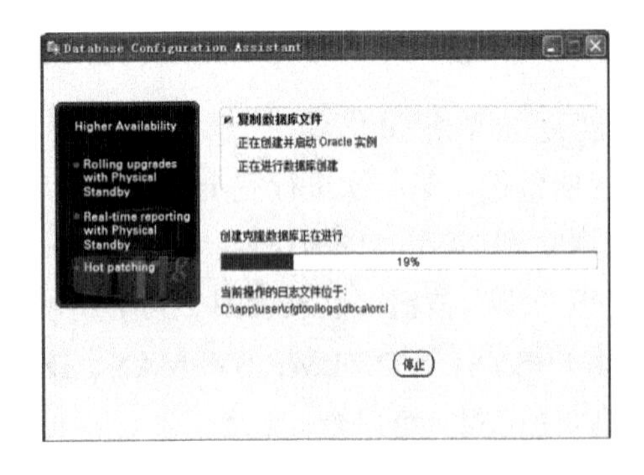

图 2.19　安装过程(2)

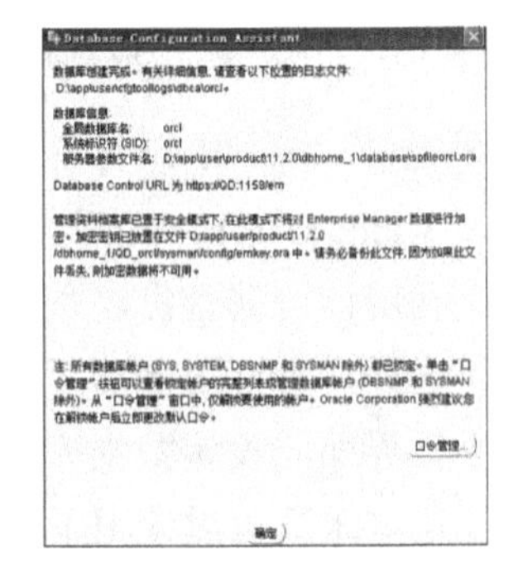

图 2.20　安装过程(3)

(19) 在弹出的 Database Configuration Assistant(配置助手)窗口中可以单击口令管理按钮进入 “口令管理”窗口，可以进行用户账户口令的设置及账户锁定及解锁状态的设置。

(20) 在 Database Configuration Assistant 窗口中单击“确定”按钮，进入如图 2.21 所示的“完成”界面。其中，https://localhost:1158/em 是在浏览器中运行 Oracle Enterprise Manager 时需要的 URL 地址。“1158”是 Oracle Enterprise Manager 的 HTTP 端口号，“em”是 Enterprise Manager 的简称。单击“关闭”按钮，结束 Oracle 11g 数据库服务器软件的安装。

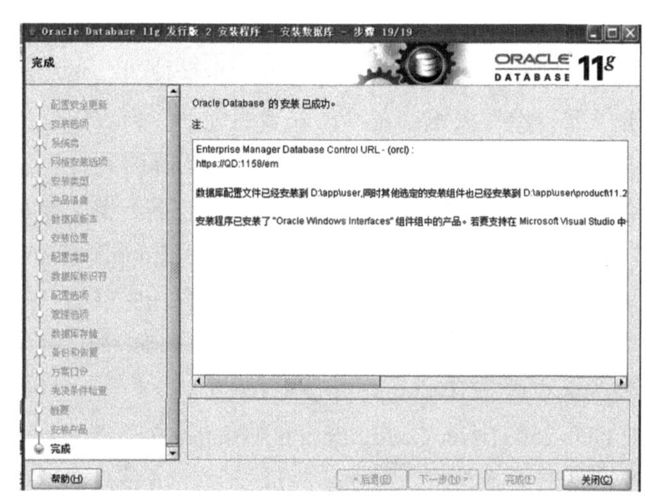

图 2.21　“完成”界面

注意

在安装过程中，OUI 将安装过程自动记录在一个日志文件中，该文件通常位于 C:\Program Files\Oracle\Inventory\logs 目录下，命名方式为 installActionstimestamp.log，如 installActions2012-10-21_08-22-34AM.log。

2.2.2　安装问题解析

Oracle 11g 数据库服务器在安装过程中由于各种原因，可能会导致安装失败。下面对安装过程中的几种常见的情况进行解析。

(1)　在安装 Oracle 11g 的过程中，“检查操作系统要求”时，结果为“失败”。

原因：Win7 的版本号为 6.1，而 Oracle 11g 支持的最高版本号是 6.0(Vista)。解决方法：修改安装文件的 refhost.xml 文件(位于 database\stage\prereq\db)。打开 refhost.xml 配置文件并找到<CERTIFIED_SYSTEMS>节点，接着在节点后面添加以下内容并保存即可：

```
<!--Microsoft Windows 7-->
<OPERATING_SYSTEM>
    <VERSION VALUE="6.1"/>
</OPERATING_SYSTEM>
```

(2)　在安装 Oracle 11g 的过程中，进行“先决条件检查”时，“正在检查网络配置要求”的检查结果为“失败”。

原因：当前系统的 IP 地址采用的是 DHCP 动态分配的 IP 地址。虽然 Oracle 11g 支持动态 IP，但要求安装前必须将 Microsoft LoopBack Adapter 配置为系统的主网络适配器。

解决方法 1：将系统的 IP 地址从 DHCP 动态分配改为指定的固定 IP 地址。

解决方法 2：如果确信当前系统网络配置没有问题，可以选中“全部忽略”栏的复选框，此时检查状态变为忽略。安装可以继续进行。在数据库服务器安装完成后，将 Microsoft LoopBack Adapter 配置为系统的主网络适配器。其方法为打开“控制面板”，双击“添加硬件”，在“添加硬件向导”中单击“下一步”按钮；然后选择“是，我已经连接了此硬件”，单击“下一步”按钮；在“已安装的硬件”列表中选择“添加新的硬件设备”，单击“下一步”按钮；选择“安装我手动从列表选择的硬件”，单击“下一步”按钮；从“常见硬件类型”中选择“网络适配器”，单击“下一步”按钮；在“厂商”列表中选择“Microsoft”，在“网络”列表中选择“Microsoft LoopBack Adapter”，单击“下一步”按钮；进行 Microsoft LoopBack Adapter 的添加。添加完成后，打开“控制面板”中的“网络连接”，会发现新添加的“Microsoft LoopBack Adapter”网络适配器。将该网络适配器的 IP 地址设置为一个静态 IP 地址，如 192.168.0.1/。

(3) 安装时出现 OUI-25031(Net Configuration Assistant 配置失败)。

不理会配置失败，单击“下一步”按钮，完成安装。然后将未设置成功的 ORACLE_HOME 环境变量(环境变量中显示值为空)设置为正确的 Oracle 主目录，然后再单独运行 Oracle Net Configuration Assistant、Database Configuration Assistant 工具来完成没有配置成功的数据库和网络的配置。

2.2.3 安装结果检查

Oracle 11g 数据库服务器安装完成后，可以检查系统的安装情况。

1. 检查安装的数据库服务器产品及相关目录信息

选择“开始”→“所有程序”→“Oracle-OraDb11g_home1”→“Oracle Installation Products”→“Universal Installer”命令，弹出“Universal Installer：欢迎使用”对话框，单击“已安装产品”按钮，弹出如图 2.22 所示的“产品清单”对话框，在该对话框的“内容”选项卡中列出了已经安装的 Oracle 产品。选择一个产品后，单击“详细资料”按钮，可以查看该产品的详细信息；单击“删除”按钮，可以删除该产品。在“环境”选项卡中列出了 Oracle 产品清单目录和主目录信息，如图 2.23 所示。

2. 检查系统服务

在 Windows 各种版本的操作系统中，安装好的 Oracle 11g 数据库产品都是通过系统服务来管理的。

选择“开始”→“控制面板”→“管理工具”→“服务”命令，弹出系统的“服务”窗口，其中与 Oracle 有关的服务如图 2.24 所示。

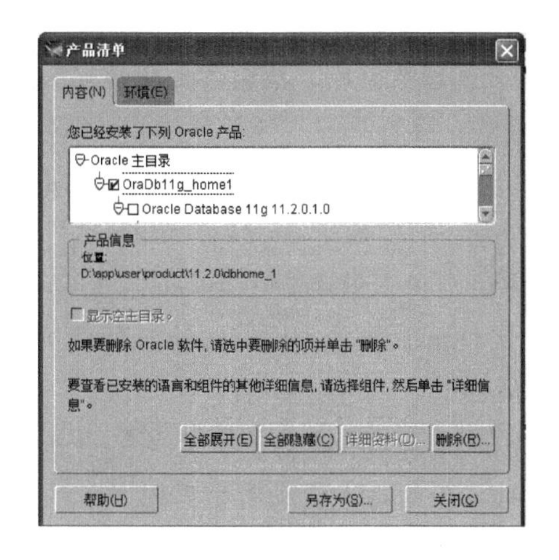

图 2.22　“产品清单”对话框

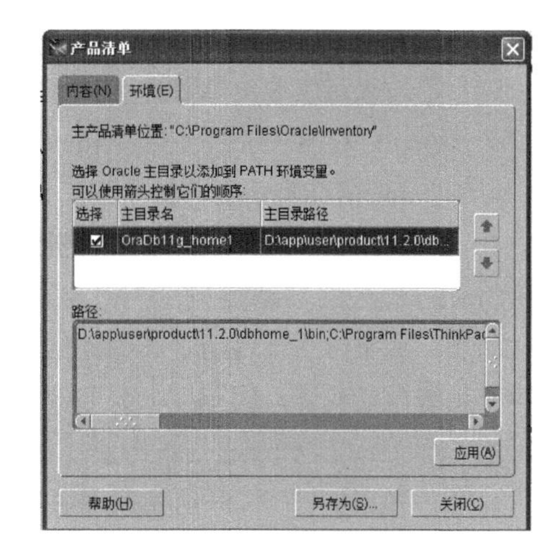

图 2.23　“环境”标签页

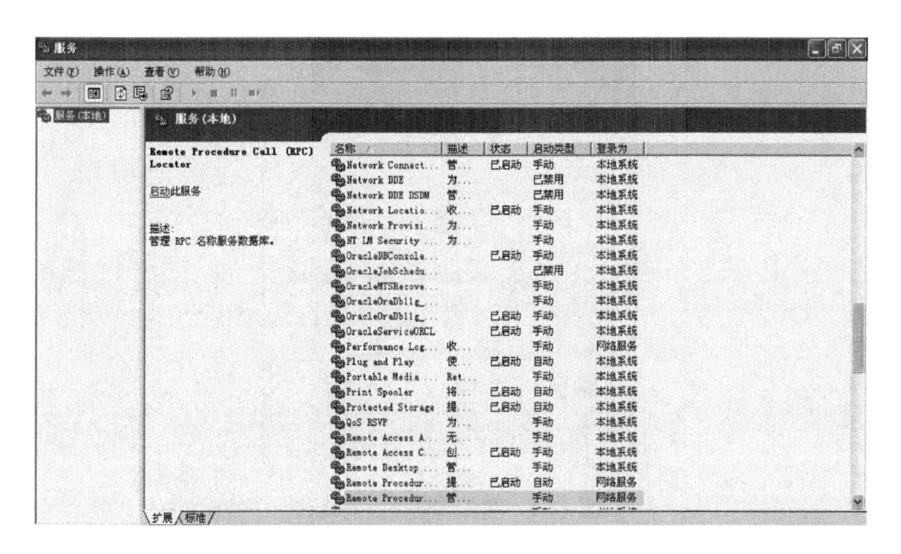

图 2.24　与 Oracle 有关的服务

Oracle 服务随着数据库服务器安装与配置的不同而有所不同，主要包括以下服务。

- OracleServiceORCL：数据库服务(数据库实例)，是 Oracle 的核心服务，是数据库启动的基础，只有该服务启动，Oracle 数据库才能正常启动。该服务必须启动。
- OracleOraDb11g_home1TNSListener：监听器服务，该服务只有在远程访问数据库时才需要(无论是远程计算机还是本地计算机，凡是通过 Oracle Net 网络协议连接数据库的访问都属于远程访问)。该服务必须启动。
- OracleOraDb11g_home1ConfigurationManager：配置 Oracle 启动时的参数的服务，该服务并非必须启动。
- OracleOraDb11g_home1ClrAgent：提供对.NET 支持的 Oracle 数据库扩展服务，该服务并非必须启动。
- OracleJobSchedulerORCL：提供数据库作业调度服务，该服务并非必须启动。

- OracleDBConsoleorcl：Oracle 控制台服务，即企业管理器服务。只有该服务启动了，才可以使用 Web 方式的企业管理器来管理数据库。该服务并非必须启动。
- OracleVssWriterORCL：Oracle 对 VSS 提供支持的服务。该服务并非必须启动。
- OracleMTSRecoveryService：允许数据库充当一个微软事务服务器、COM/COM+对象和分布式环境下的事务资源管理器的服务。

Oracle 服务的启动类型分为“自动”、“手动”和“禁用”三类，如果启动类型为“自动”，则操作系统启动时该服务也启动。由于 Oracle 服务占用较多的内存资源，会导致操作系统启动变慢，因此，如果不经常使用 Oracle，可以把这些服务由“自动”启动改为“手动”启动。方法是：右击要修改启动类型的服务，从弹出的快捷菜单中选择“属性”命令，弹出如图 2.25 所示的服务属性对话框，在此将“启动类型”由“自动”改为“手动”。需要注意：对于改为“手动”启动方式的服务，在使用前，必须手动启动该服务。启动方法是：右击要启动的服务名称，从弹出的属性对话框中选择“启动”命令。

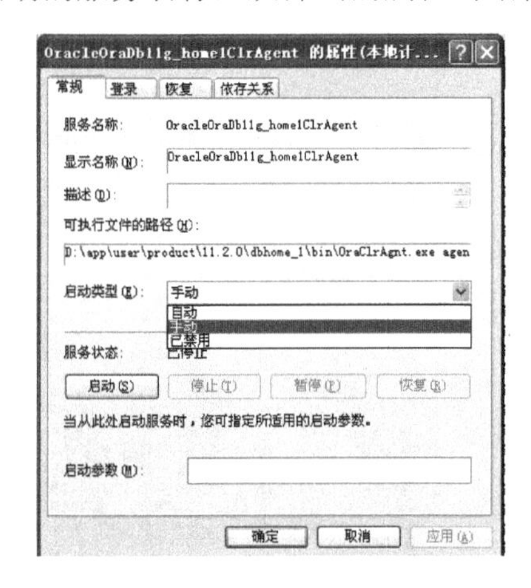

图 2.25　服务启动类型的修改

3. 检查文件体系结构

Oracle 11g 数据库服务器软件、数据库的数据文件、目录的命名及存储位置都遵循一定的规则，按这种规则建立的文件体系结构被称为 Oracle 最佳灵活体系结构，即 OFA (Optimal Flexible Architecture)。利用 OFA 体系结构，可以将 Oracle 系统的管理文件、数据文件、跟踪文件等完全分离，从而简化数据库系统的管理工作。

Oracle 11g 数据库服务器安装完后的文件目录结构如图 2.26 所示。在 D:\app\user 目录(称为 Oracle 基目录，ORACLE_BASE)下，有 7 个子目录。

- admin：以数据库为单位，主要存放数据库运行过程中产生的跟踪文件，包括后台进程的跟踪文件、用户 SQL 语句跟踪文件等。
- cfgtoollogs：存放运行 dbca、emca 和 netca 图形化配置程序时产生的日志信息。
- checkpoints：存放与数据库检查点相关的信息。
- diag：以组件为单位，集中存储数据库中各个组件运行的诊断信息。

- flash_recovery_area：以数据库为单位，当数据库启动自动备份功能时，存放自动备份的文件以及数据库的闪回日志文件。
- oradata：以数据库为单位，存放数据库的物理文件，包括数据文件、控制文件和重做日志文件。
- product：存放 Oracle 11g 数据库管理系统相关的软件，包括可执行文件、网络配置文件和脚本文件等。

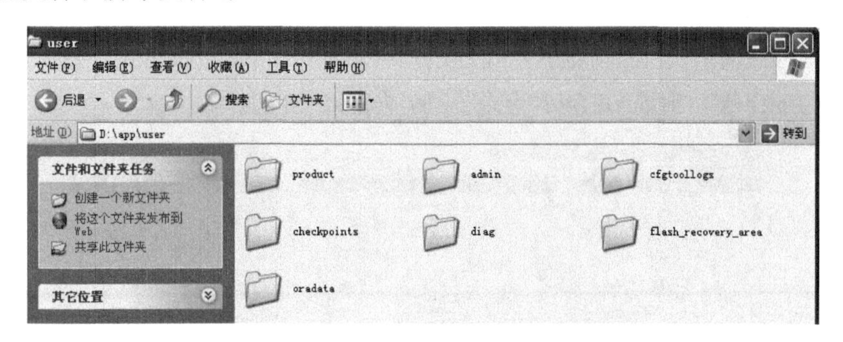

图 2.26 Oracle 11g 的文件目录结构

此外，在 Oracle 清单目录 C>:\Program Files\Oracle\Inventory 中保存了已经安装的 Oracle 软件的列表清单。在下次安装其他 Oracle 组件时，Oracle 会读取这些信息。该目录中的内容是由 Oracle 自动维护的，用户不能对其进行操作。

4. 查看 Oracle 11g 数据库服务器的网络配置

安装好数据库服务器后，可以查看网络配置情况、测试与数据库的连接是否正常等。选择“开始”→“所有程序”→“Oracle-OraDb11g_home1”→“配置和移植工具”→“Net Manager”命令，进入如图 2.27 所示的 Oracle Net Manager 窗口。

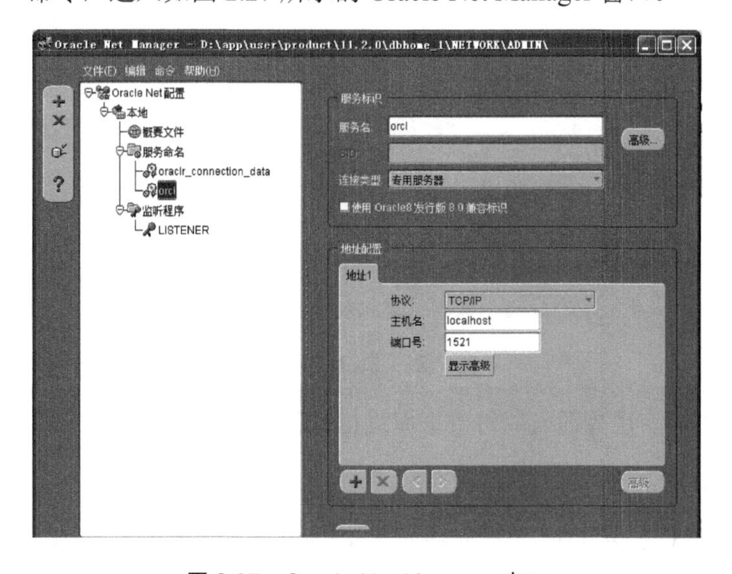

图 2.27 Oracle Net Manager 窗口

在该窗口中可以进行数据库服务器的网络配置，包括查看和修改概要文件、服务命名、监听程序的配置信息，以及测试与数据库的连接情况等。

5. 利用企业管理器登录数据库

Oracle 11g 企业管理器(Oracle Enterprise Manager，OEM)是一个图形化的集成管理工具，该工具通过 IE 浏览器与数据库服务器进行交互。

(1) 选择“开始”→“所有程序”→“Oracle-OraDb11g_home1”→“Database Control-orcl”，或者打开 IE 浏览器，在地址栏中输入“https://localhost:1158/em”(1158 为端口号)并按 Enter 键，出现 OEM 的登录界面，如图 2.28 所示。

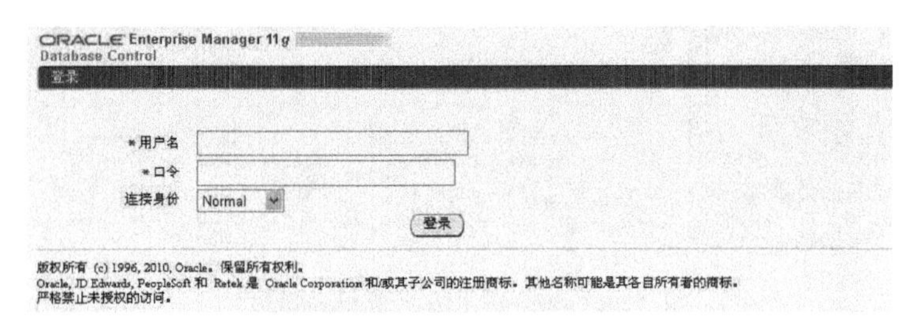

图 2.28 OEM 的登录界面

(2) 输入用户名、口令，选择连接身份后，单击“登录”按钮，进入如图 2.29 所示的 OEM 主界面。如果是第一次启动 OEM，则会在单击“登录”按钮后出现“Oracle Database 11g 许可授予信息”界面，单击“我同意”按钮后才能进入 OEM 主界面。

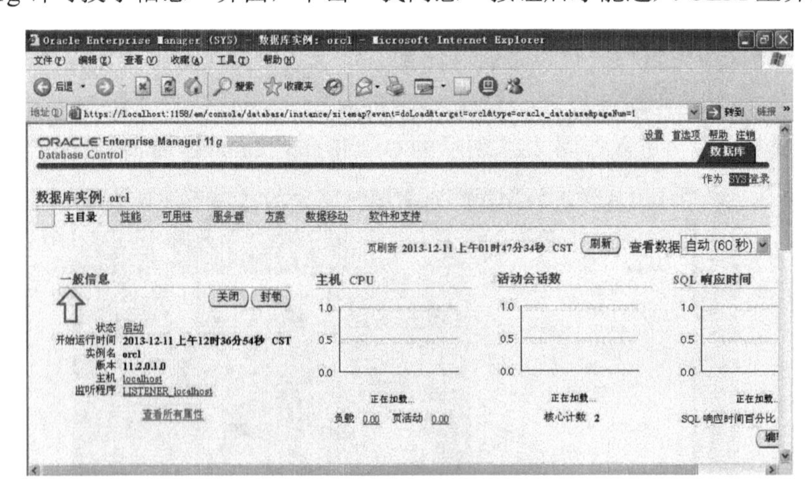

图 2.29 OEM 主界面

(3) 利用 OEM 管理界面可以对数据库进行管理和维护。

6. 利用 SQL*Plus 访问数据库

SQL*Plus 是 Oracle 11g 数据库内置的命令行工具，利用它可以执行 SQL 语句与 PL/SQL 程序。选择“开始”→“所有程序”→“Oracle-OraDb11g_home1”→“应用程序

开发”→“SQL*Plus”命令，打开 SQL*Plus 的登录对话框，在其中输入用户名、口令来建立与数据库服务器的连接，如图 2.30 所示。

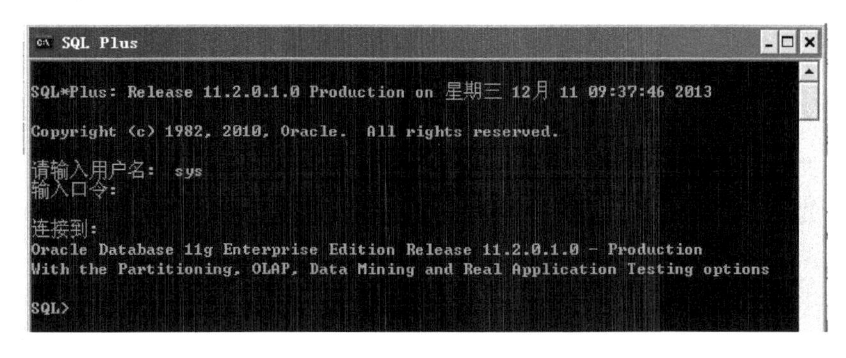

图 2.30　SQL*Plus 界面

2.3　卸载 Oracle 11g 数据库服务器

有时 Oracle 数据库服务器会出现故障，无法恢复，或者由于某些特殊原因，这时可能需要卸载数据库服务器产品。

从 Oracle 11g 的 11.2.0.1 版本开始，Oracle 提供了一个用于卸载数据库产品的工具 deinstall，它位于 Oracle 主目录的 deinstall 目录中(ORACLE_HOME\deinstall)，单击可执行程序 deinstall.exe，运行该工具，提示卸载完毕自动退出后，重启系统后删除安装目录，就完成了 Oracle 11g 数据库的卸载。

先前版本的 Oracle 11g 数据库服务器的卸载可以按照下面的步骤进行。

(1) 停止所有与 Oracle 相关的服务。

打开如图 2.24 所示的 Oracle 相关服务对话框，选定想要停止的服务，右击，从弹出的快捷菜单中选择“停止”命令即可。

(2) 卸载 Oracle 11g 数据库服务器组件。

选择“开始”→“所有程序”→“Oracle-OraDb11g_home1”→“Oracle 安装产品”→“Universal Installer”命令，在弹出的“欢迎使用”窗口中，单击“卸装产品”按钮，出现卸载组件选择对话框。选择要删除的 Oracle 组件，然后单击“删除”按钮。

(3) 删除系统安装磁盘中的 Program Files\Oracle 目录(如 C:\Program Files\Oracle)。每次安装完 Oracle 产品后，相关信息都会记录在该目录中。如果忘记删除，则再次安装数据库时会出现错误。

(4) 手工删除注册表中与 Oracle 相关的内容。

选择“开始”→“运行”命令，输入“regedit”，单击“确定”按钮，打开注册表编辑器。删除 HKEY_LOCAL_MACHINE\SOFTWARE 下的 Oracle 选项。

删除 HKEY_LOCAL_MACHINE\SYSTEM\CurrentControlSet\Services 下与 Oracle 服务相关的选项。

删除 HKEY_LOCAL_MACHINE\SYSTEM\CurrentControlSet\Services\Eventlog\Application 下以 Oracle 开始的项，即删除事件日志。

(5) 删除 Oracle 环境变量。

右击“我的电脑”，选择“属性”命令，进入“系统属性”窗口，切换到“高级”选项卡，单击“环境变量”按钮，在弹出的“环境变量”对话框中先后选中 PATH 和 TEMP 变量，单击“编辑”按钮，弹出“编辑用户变量”对话框，分别删除 PATH 变量和 TEMP 变量中记录的 Oracle 相关路径。然后删除系统变量中的 Oracle_Home、Oracle_SID 等与 Oracle 相关的环境变量。

(6) 选择“开始”→“所有程序”命令，查看是否存在 Oracle 程序组，如果存在，则删除。

(7) 重新启动系统后，删除 Oracle 安装目录(如 D:\app\Oracle)。

上 机 实 训

(1) 安装 Oracle 11g 数据库服务器程序，并创建一个名为“ORACLE11”的数据库。

(2) 将当前数据库服务器更名为“Oracle11g_server”，为保证 Oracle 数据库服务器的正常运行，对数据库服务器的配置进行修改。

本 章 习 题

1. 填空题

(1) __________是一个 Oracle 实例的唯一名称标识。

(2) 在 Oracle 数据库安装组件中可以使用__________对数据库服务器进行网络配置。

(3) __________是 Oracle 软件存放的目录，安装数据库服务器时，相关软件自动保存到该目录下。

(4) 要启动 Oracle Enterprise Manager，假设数据库服务器名为“oracle11g_server”，在浏览器地址栏中输入__________可打开 OEM 的登录界面。

2. 问答题

(1) 安装 Oracle 数据库服务器使用的是什么用户身份?

(2) Oracle Home 和 Oracle Base 目录分别是什么?

(3) 要启动 Oracle 11g 数据库，必须启动的服务有哪些?

第3章 创建 Oracle 11g 数据库

学习目的与要求：

安装完 Oracle 11g 数据库服务器软件后，就可以根据需要在数据库服务器中创建数据库了。本章主要介绍 Oracle 11g 中数据库创建的两种方式：利用 Oracle 11g 提供的数据库配置助手(DBCA)创建数据库和手动创建数据库。此外还要介绍数据库服务器初始化参数文件。通过本章的学习，读者可以了解 Oracle 11g 数据库的创建方法。

3.1 创建数据库前的准备

一个 Oracle 11g 数据库通常包括物理结构、内存结构和后台进程等部分，它们之间相互联系，组成一个有机的整体。在 Oracle 11g 中，创建数据库，就是预先确定创建的数据库类型、数据存储机制、数据库管理方式等，并按照一定的规则，在操作系统中建立一系列的文件，并将这些文件交给 Oracle 数据库服务器进行管理，以便启动相应的进程、服务，存储和管理数据。并将这些设置提交给 Oracle 数据库管理系统软件，从而创建出一个完整的数据库系统结构。

在创建数据库之前，必须做好创建的准备工作，对数据库进行详细的规划和设计。否则，后期对数据库的管理和维护可能会花费更大的代价，甚至会导致创建数据库的失败。创建数据库时，有下列准备工作。

1. 对数据库进行规划

对新建数据库的规划包括以下方面。

(1) 确定新建数据库的类型。在 Oracle 11g 中，数据库的类型包括一般用途类型、事务处理(OLTP)类型、数据仓库(DSS)类型等。

(2) 确定数据库的管理方式。Oracle 11g 中，数据库的管理方式包括使用 Grid Control 的集中管理方式和使用 Data Control 的本地管理方式。只有预先安装了 Oracle Enterprise Manager Grid Control，才可以选择使用 Grid Control 进行集中管理。

(3) 确定数据的存储机制。Oracle 11g 数据库的存储机制包括文件系统、自动存储管理(ASM)、裸设备。如果采用文件系统，还需要对组成数据库的操作系统文件进行规划，考虑它们在硬盘中的存放位置，以便适当地均衡磁盘 I/O 操作，改善数据库性能。如果采用自动存储管理，则需要预先安装配置 ASM。

(4) 确定新建数据库的全局名称和 Oracle 系统标识符(SID)。

2. 对系统资源和配置进行检查

在创建数据库之前，还需要检查 Oracle 11g 数据库服务器的资源和配置是否满足数据库创建的条件。系统和资源配置应该满足如下条件：

- 已经安装 Oracle 11g 数据库服务器软件，并设置各种必要的环境参数。
- 当前操作系统用户应该是系统管理员，具有足够的操作系统权限。
- 系统必须保证足够的物理内存，以保证 Oracle 数据库实例的正常启动。
- 系统必须有足够的硬盘空间，以保证各种物理文件的成功创建。

3. 选择数据库的创建方式

在 Oracle 11g 中，创建数据库的方式有两种。

(1) 用数据库配置助手(DBCA)创建数据库

DBCA(Data Configuration Assistant)是 Oracle 提供的图形界面工具，用于创建、配置、删除数据库，管理模板及配置自动存储管理。利用 DBCA，用户只需进行少量的参数设置，即可利用已有模板快速创建数据库。

(2) 手动创建数据库

使用 Oracle 中的 CREATE DATABASE 语句和 Oracle 预定义脚本手动创建数据库。该方式比使用 DBCA 创建数据库有更大的灵活性和效率，但对用户要求高，用户需要掌握 Oracle 11g 数据库的创建语法和参数。

3.2　使用 DBCA 创建数据库

DBCA 提供了典型数据库类型的标准模板，使得用户创建和配置数据库的过程简单化，用户选择需要的模板，然后进行少量的设置，即可完成新数据库的创建工作。整个创建过程如下。

(1) 选择“开始”→“所有程序”→“Oracle-OraDB11g_home1”→“配置和移植工具”→“Database Configuration Assistant”命令，启动 DBCA，出现如图 3.1 所示的“Database Configuration Assistant：欢迎使用”界面。

(2) 单击“下一步”按钮，进入如图 3.2 所示的“操作”界面，选择要执行的操作。

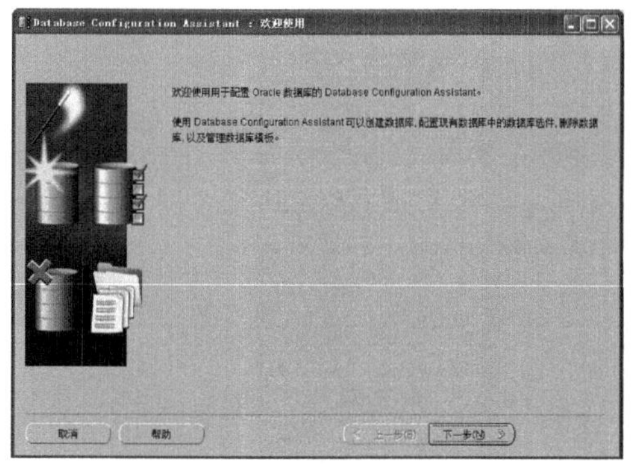

图 3.1　DBCA 欢迎界面

图 3.2　选择操作的界面

在该界面中，可选择的操作如下。

- 创建数据库：完成数据库的创建或模板的创建。
- 配置数据库选项：调整已创建的数据库选项设置。
- 删除数据库：删除已经创建的数据库。
- 管理模板：数据库模板的创建与管理。
- 配置自动存储管理：对自动存储管理进行配置。

(3) 选择“创建数据库”，单击“下一步”按钮，出现如图 3.3 所示的“数据库模板”界面，界面中提供了几种数据库模板，与 Oracle 11g 数据库服务器安装过程中的“选择数据库配置”窗口中的“一般用途”、“事务处理”、“高级”和“数据仓库”对应。

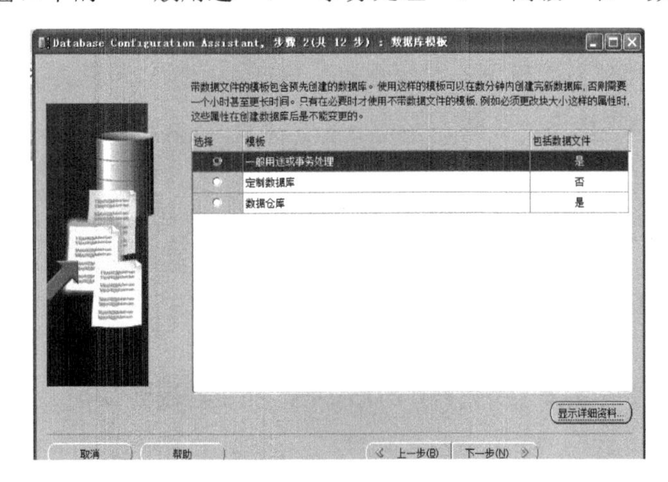

图 3.3 “数据库模板”界面

每种数据库模板又可以选择是否包含数据库文件。如果选择包括数据文件，那么创建的数据库既包含数据库的结构，也包含数据库物理文件；如果选择不包含数据文件，那么创建的数据库只包含数据库结构，而不包含数据库物理文件。用户需要运行脚本来创建用户方案。

(4) 选择“一般用途或事务处理”，单击“下一步”按钮，进入如图 3.4 所示的“数据库标识”界面。

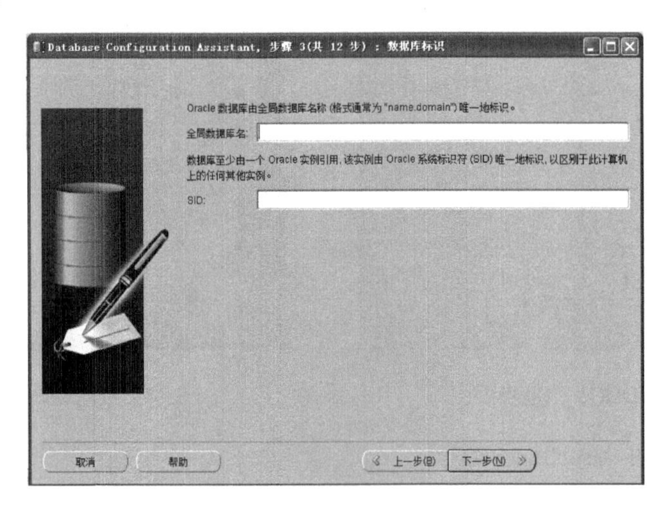

图 3.4 “数据库标识”界面

(5) 设置完“全局数据库名”和“SID”后，单击“下一步”按钮，进入如图 3.5 所示的“管理选项”界面。

(6) 选择使用 Enterprise Manager 配置数据库和使用 Database Control 管理数据库后，单击“下一步”按钮，进入如图 3.6 所示的“数据库身份证明”界面，进行 4 个内置账户口令的设置。

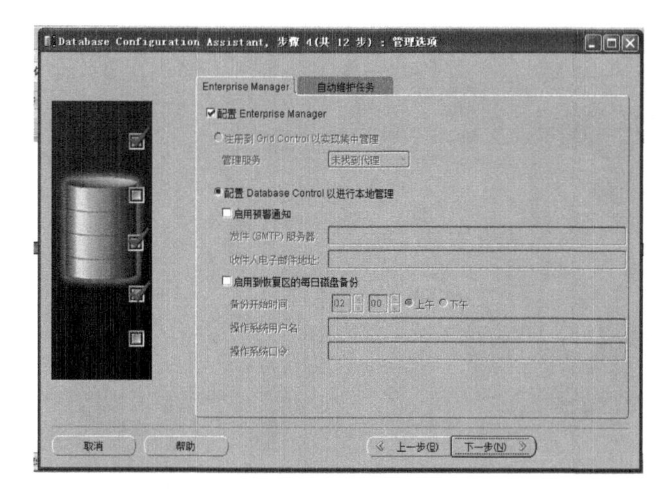

图 3.5　“管理选项”界面

图 3.6　“数据库身份证明”界面

(7) 可以分别为每个账户设置口令，也可以为所有账户指定同一个口令，设置完成后，单击“下一步”按钮，进入如图 3.7 所示的“数据库文件所在位置”界面，从中选择数据库的存储类型和存储位置。

其中可选的“文件系统”、“自动存储管理”选项分别与 Oracle 11g 数据库服务器安装过程中的“指定数据库存储选项”中的选项含义相同。“裸设备”存储选项表示会绕过操作系统，由 Oracle 直接对存放在裸设备上的数据进行读/写操作，但这要求必须为数据库中的每个数据文件、控制文件和日志文件创建一个裸设备。

在该界面中，提供了 3 种指定数据库文件位置的方法。

- 使用模板中的数据库文件位置：使用数据库模板预定的位置来存放数据库文件。
- 所有数据库文件使用公共位置：指定一个公共位置来存放所有的数据库文件。
- 使用 Oracle 管理的文件：使用的数据库文件由 Oracle 管理，例如：当删除一个表空间时，Oracle 自动删除与其对应的操作系统中的数据文件。

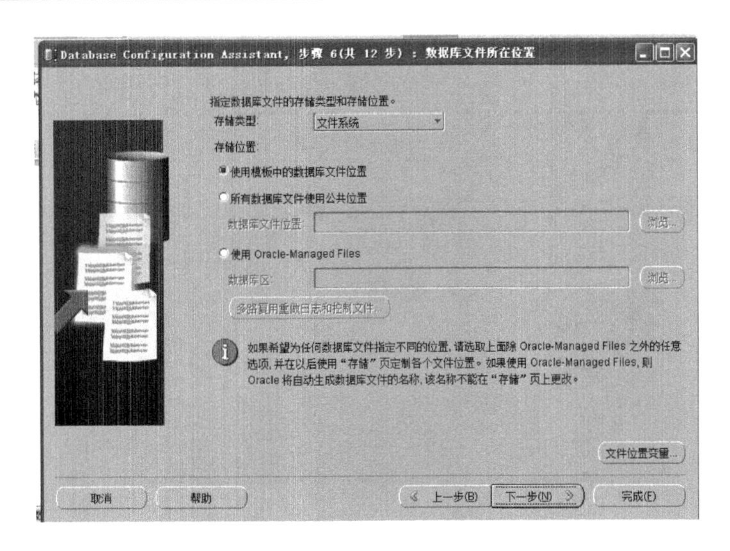

图 3.7 “数据库文件所在位置”界面

(8) 选择存储类型为“文件系统”，存储位置为“使用模板中的数据库文件位置”，单击“下一步”按钮，进入如图 3.8 所示的“恢复配置”界面。

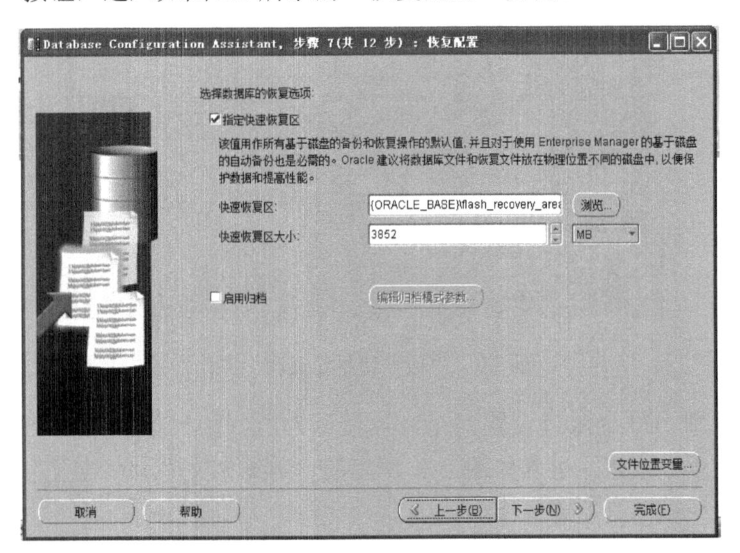

图 3.8 “恢复配置”界面

在该界面中，用户需要选择两个恢复配置的选项。

- 指定快速恢复区：选择该选项，数据库将支持快速恢复(闪回)，当发生故障时，可以将数据库快速恢复到以前的某个状态。
- 启动归档：选择该项，数据库将运行在归档模式。单击“编辑归档模式参数”按钮，可以设置是否自动归档、归档日志文件格式、归档目标等。

(9) 选中“指定快速恢复区”复选框，对快速恢复区的位置和大小进行设置后，单击“下一步”按钮，进入如图 3.9 所示的“数据库内容”界面。在“示例方案”选项卡中选择是否将示例方案添加到数据库中，在“定制脚本”选项卡中选择数据库创建完成后是否运行

SQL 脚本，如果需要，则对要运行的脚本文件进行设置。

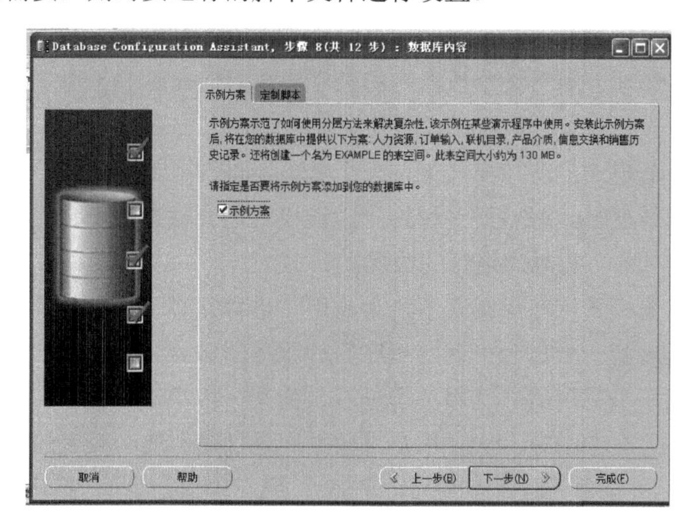

图 3.9　“数据库内容”界面

(10) 选中“示例方案”复选框，单击“下一步”按钮，进入如图 3.10 所示的“初始化参数”界面，进行初始化参数设置。可以进行“内存”、“调整大小”、“字符集”和“连接模式”的设置。

“内存”选项卡用于对新建数据库实例的内存区大小进行设置，可以选择“典型”和“定制”两种方式进行。

“调整大小”选项卡用于设置数据库标准数据块大小和同时连接数据库的操作系统用户进程的最大数量。

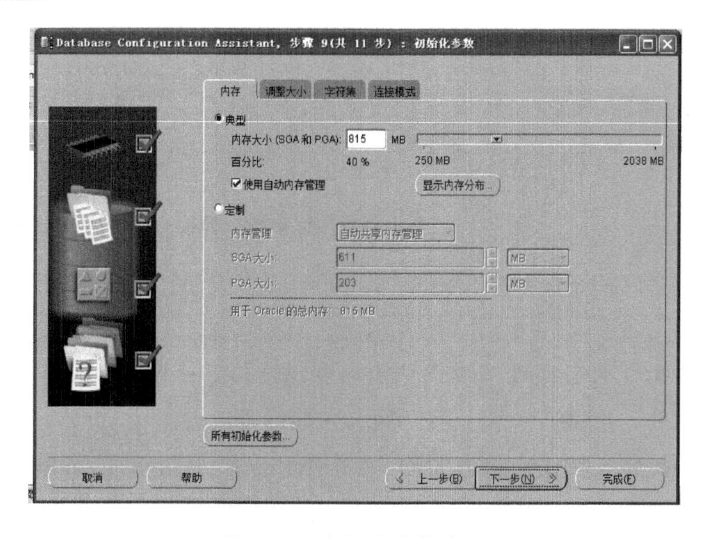

图 3.10　初始化参数窗口

注意

如果您使用了模板，可以不指定块的大小。

“字符集”选项卡用于设置新建数据库所使用的字符集。字符集是在计算机屏幕上显示字符时所使用的编码方案。

“连接模式”选项卡用于设置数据库的工作模式，Oracle 11g 数据库的工作模式可以选择专用服务器模式和共享服务器模式两种。

- 专用服务器模式：在该模式下，一个服务器进程只对一个用户进程提供服务，当用户进程结束时，服务器进程终止。该模式适合数据仓库应用和少量用户对数据库建立持久的、长时间运行的情况。
- 共享服务器模式：在该模式下，大量用户进程共享一个服务器进程。每个用户进程首先连接到一个称为“调度程序”的服务器进程。调度程序从服务器进程共享池中分配一个空闲的共享服务器进程，为某个用户进程提供服务。该模式适合于联机事务处理(OLTP)和大量用户对数据库进行短暂的、频繁的操作的情况。

设置完 4 个标签页中的各个参数后，单击“所有初始化参数”按钮，可以查看当前数据库的参数设置情况，如图 3.11 所示。

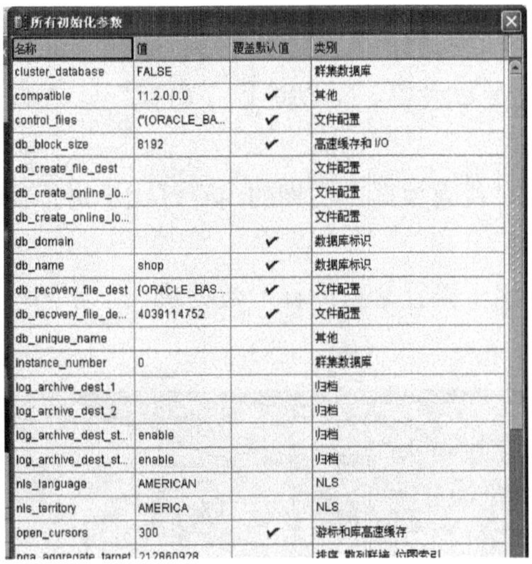

所有初始化参数

名称	值	覆盖默认值	类别
cluster_database	FALSE		群集数据库
compatible	11.2.0.0.0	✔	其他
control_files	("(ORACLE_BA...	✔	文件配置
db_block_size	8192	✔	高速缓存和 I/O
db_create_file_dest			文件配置
db_create_online_lo...			文件配置
db_create_online_lo...			文件配置
db_domain		✔	数据库标识
db_name	shop	✔	数据库标识
db_recovery_file_dest	{ORACLE_BAS...	✔	文件配置
db_recovery_file_de...	4039114752	✔	文件配置
db_unique_name			其他
instance_number	0		群集数据库
log_archive_dest_1			归档
log_archive_dest_2			归档
log_archive_dest_st...	enable		归档
log_archive_dest_st...	enable		归档
nls_language	AMERICAN		NLS
nls_territory	AMERICA		NLS
open_cursors	300	✔	游标和库高速缓存
pga_aggregate_target	212860928		排序, 散列联接, 位图索引

图 3.11 “所有初始化参数”窗口

(11) 设置完数据库初始化参数后，单击“下一步”按钮，进入如图 3.12 所示的“数据库存储”界面。

在该界面中，可以对数据库的物理结构和逻辑结构进行设置，可以查看或修改数据库控制文件、数据文件、重做日志组、表空间、回滚段等设置。

(12) 单击“下一步”按钮，进入如图 3.13 所示的“创建选项”界面，选择创建数据库或者将当前设置保存为数据库模板，还可以指定是否生成数据库创建脚本。

(13) 选择“创建数据库”，单击“完成”按钮，弹出新建数据库的信息确认对话框，如图 3.14 所示，确认要安装的选项后，单击“确定”按钮，开始数据库的创建。后续过程与 Oracle 11g 数据库服务器安装过程中数据库的创建相同。

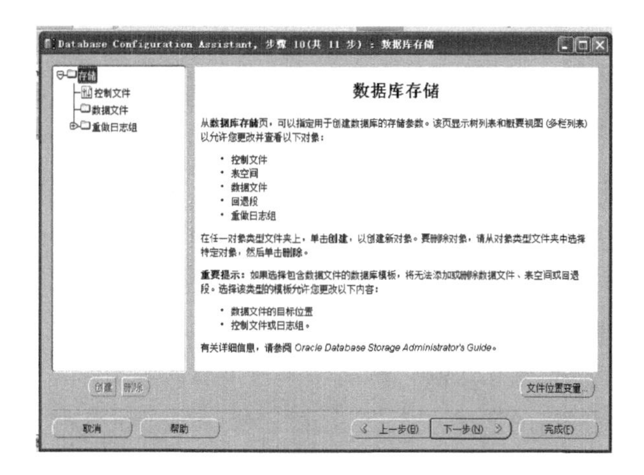

图 3.12　“数据库存储”界面

图 3.13　“创建选项”界面

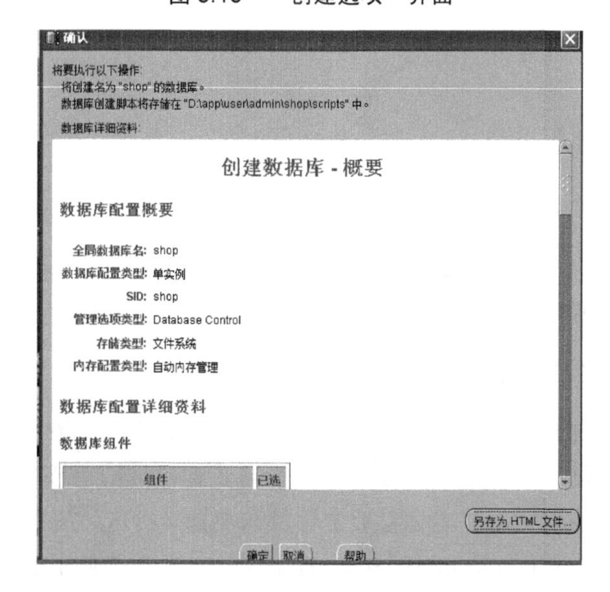

图 3.14　新建数据库的信息确认对话框

3.3 手动创建数据库

Oracle 除了可以用自带的 DBCA 便捷地创建数据库以外，还有另外一种创建方法，就是 Oracle 手动创建数据库。这种创建方法提供了更大的灵活性，可以完全根据需要进行数据库的创建。但是这种创建方法要求数据库管理员对 Oracle 数据库具有较深的理解和掌握。下面介绍手动创建数据库的步骤。

(1) 确定新建数据库名称和实例名称。

(2) 确定数据库管理员的认证方式。

(3) 创建目录和初始化参数文件。

(4) 创建实例。

(5) 连接并启动实例。

(6) 使用 create database 语句创建数据库。

(7) 创建附加的表空间。

(8) 运行脚本创建数据字典视图。

(9) 创建服务器初始化参数。

(10) 备份数据库。

下面以创建一个名为“orcl1”的数据库为例，详细介绍上述步骤。

1. 确定新建数据库名称和实例名称

在手工创建数据库之前，首先需要确定新建的数据库的名称和数据库实例名称(SID)，并设定操作系统的环境变量 ORACLE_SID。本例的数据库名称和实例名称都是“orcl1”。

设置操作系统的环境变量 ORACLE_SID 的方法是在“命令提示符”界面执行下面的命令：

```
C:\set ORACLE_SID=orcl1
```

2. 选择数据库管理员的认证方法

在 Oracle 11g 数据库中，数据库管理员的认证方式包括操作系统认证和口令认证两种，本示例采用基于操作系统的认证，即用 ORA_DBA 用户连接数据库。

3. 创建目录和初始化参数文件

Oracle 数据库实例在启动时，首先要读取一个文本初始化参数文件，该文件对 Oracle 数据库参数进行了设置。当手工创建数据库时，需要管理员创建该文本初始化参数文件。在 Oracle 11g 中，创建的文本初始化参数文件默认放置于<ORACLE_HOME>\dbs，默认名称为 init<SID>.ora。当使用 startup 命令启动数据库时，不需要使用 PFILE 参数指定，系统将自动打开并读取该文本初始化参数文件。

在 Oracle 11g 的文本初始化参数文件中，可以对下列初始化参数进行设置。

(1) 设置数据库名相关参数。

- db_name：设置数据库的名字，与 ORACLE_SID 环境变量的值相同，最多为 8 个字符。
- db_unique_name：指定全局唯一数据库名。
- db_domain：指定数据库的域名。
- instance_name：指定实例的名称，在单一实例中，instance_name 与 db_name 具有相同的值；在 RAC 中，可以给单个数据库服务分配多个实例。
- service_name：数据库服务名，通常它是数据库名和数据库域的组合。
- compatible：设置数据库的版本。
- instance_type：指定实例是一个数据库实例还是自动存储管理实例。
- nls_date_format：设置 Oracle 默认的日期格式。

(2) 设置文件相关参数。

- cotfrol_file：指定控制文件。控制文件的最小数目为 1，Oracle 建议，至少每个实例有两个控制文件。
- control_file_record_keep_time：指定 Oracle 保留控制文件中记录的天数。

(3) 与管理的文件有关的参数。

如果决定使用 OMF(Oracle Managed File，Oracle 管理文件)这个特性时，需要用两个参数来定义其格式，分别如下。

- db_create_file_dest：此参数指定管理文件的默认目录。
- db_create_online_log_dest_n：此参数指定 OMF 联机重做日志文件和控制文件的默认位置。

(4) 进程和会话参数。

- processes：此参数设置并发连接到数据库进程数据的上限。
- db_writer_processed：此参数指定实例数据库写进程的初始数目。
- open_cursor：此参数设置单个会话在给定时间内可具有打开游标的数目限制。

(5) 内在配置参数。

- memory_target：在使用自动内存管理给 Oracle 实例分配内存时，用此参数指定分配给 Oracle 的内存。
- memory_max_target：此参数设置 memory_target 参数设置的上限。
- db_cache_size：此参数设置那些具有基本块大小(由 db_block_size 定义块大小)的缓存区的默认缓存池大小。
- db_keep_cache_size：设置保存池的大小。
- db_recycle_cache_size：指定缓冲区高速缓冲回收池的大小。
- db_nk_cache_size：指定非标准大小的缓冲区高速缓冲。
- large_pool_size：设置大型池的大小。

(6) 归档日志参数。

- log_archive_dest_n：此参数用来指定归档日志的位置。数据库仅在归档模式下才使用此参数。
- log_archive_format：此参数用来指定归档重做日志文件名的默认格式。格式参数为：%t 代表线程号，%s 代表日志序列号，%r 代表重做日志 ID。

(7) 撤销空间参数。

- undo_management：如果将 undo_management 设置为 auto，则表示使用撤销空间来存储撤销记录。Oracle 将自动管理撤销段。
- undo_tablespace：此参数指定撤销记录的默认表空间，如果没有撤销表空间，则 Oracle 将把 system 回退段用于撤销存储。如果创建数据库时没有指定此参数，并且选择了 AUM(Automatic Undo Management)，Oracle 将创建一个名为 undotbs 的默认表空间，此默认表空间具有一个 10MB 的数据文件，该文件会自动扩展，没有最大限制。

也可以对 Oracle 提供的文本初始化参数文件样本进行复制修改，来创建自己的文本初始化参数文件。Oracle 提供的文本初始化参数样本文件就是<ORACLE_HOME>\admin\sample\pfile 目录中的 initsmpl.ora 文件。本例中要创建的初始化参数文件为 initorcl1.ora，存放于<ORACLE_HOME>\dbs 目录中，内容设置如下：

```
# specific hardware and needs. You may also consider using Database
Configuration Assistant
# tool (DBCA) to create INIT file and to size your initial set of
tablespaces based on the user input.
# ###########################################################################
# Change '<ORACLE_BASE>' to point to the oracle base (the one you
specify at install time)
db_name='orcl1'
   memory_target=400M
   processes = 150
   audit_file_dest=' /app/oracle/product/11.2.0/admin/orcl1/adump'
   audit_trail ='db'
   db_block_size=8192
   db_domain=''

db_recovery_file_dest='/app/oracle/product/11.2.0/flash_recovery_area'
   db_recovery_file_dest_size=2G
   diagnostic_dest='/app/oracle/product/11.2.0'
   dispatchers='(PROTOCOL=TCP) (SERVICE=ORCLXDB)'
   open_cursors=300
   remote_login_passwordfile='EXCLUSIVE'
   undo_tablespace='UNDOTBS1'
   # You may want to ensure that control files are created on separate
```

```
physical
   # devices
   control_files = (
   '/app/oracle/product/11.2.0/oradata/orcl1/control01.ctl',
   '/app/oracle/product/11.2.0/oradata/orcl1/control02.ctl',
   '/app/oracle/product/11.2.0/oradata/orcl1/control03.ctl')
   compatible ='11.2.0'
```

4. 创建并连接 Oracle 实例

命令如下：

```
c:\>oradim -new -sid orcl1;
c:\>SQLPLUS /NOLOG
SQL>CONNECT / as sysdba
```

5. 启动实例

命令如下：

```
SQL>STARTUP NOMOUNT
```

6. 使用 CREATE　DATABASE 语句创建数据库 orcl1

具体如下：

```
SQL>CREATE DATABASE "orcl1"
   USER SYS identified by oracle
   USER SYSTEM identified by oracle
   CHARACTER SET AL32UTF8
   NATIONAL CHARACTER SET AL16UTF16
   CONTROLFILE REUSE
   MAXDATAFILES 20
   MAXINSTANCES 2
   MAXLOGFILES 5
   MAXLOGMEMBERS 5
   MAXLOGHISTORY 100
   LOGFILE
   GROUP 1 ('/app/oracle/product/11.2.0/oradata/orcl1/redo01.log')
   size 50M BLOCKSIZE 512,
   GROUP 2 ('/app/oracle/product/11.2.0/oradata/orcl1/redo02.log')
   size 50M BLOCKSIZE 512,
   GROUP 3 ('/app/oracle/product/11.2.0/oradata/orcl1/redo03.log')
   size 50M BLOCKSIZE 512
   EXTENT MANAGEMENT LOCAL
   DATAFILE '/app/oracle/product/11.2.0/oradata/orcl1/system01.dbf'
   size 500M REUSE
   SYSAUX DATAFILE
```

```
'/app/oracle/product/11.2.0/oradata/orcl1/sysaux01.dbf'
size 500M REUSE
DEFAULT TEMPORARY TABLESPACE temporcl1
TEMPFILE '/app/oracle/product/11.2.0/oradata/orcl1/temp01.dbf'
size 100M REUSE
UNDO TABLESPACE UNDOTBS1
DATAFILE '/app/oracle/product/11.2.0/oradata/orcl1/undotbs01.dbf'
size 100M REUSE
AUTOEXTEND ON MAXSIZE UNLIMITED
DEFAULT TABLESPACE users
DATAFILE '/app/oracle/product/11.2.0/oradata/orcl1/users01.dbf'
size 500M REUSE
AUTOEXTEND ON MAXSIZE UNLIMITED;
```

7. 运行创建数据字典视图的脚本

上面已经创建完一个数据库，但是还需要做一些创建数据字典等的工作，数据库才能正常工作。

分别执行下面的脚本：

```
SQL>@D:\app\user\product\11.2.0\db_1\RDBMS\ADMIN\catalog.sql
SQL>@ D:\app\user\product\11.2.0\db_1\RDBMS\ADMIN\cataproc.sql
```

执行 SQL> conn system/密码，切换到 system 用户下，执行下面的脚本：

```
SQL> start D:\app\user\product\11.2.0\db_1\sqlplus\admin\pupbld.sql
```

- catalog.sql：用于创建数据字典。
- cataproc.sql：用于建立对 PL/SQL 程序设计的支持。
- pupbld.sql：创建 SYSTEM 模式中的 PRODUCT_USER_PROFILE 表。

成功执行完这 3 个脚本文件后，就创建了数据字典视图，数据库就可以正常使用了。

8. 切换到 sys 用户，创建服务器初始化参数文件

Oracle 11g 建议用户在数据库中创建服务器初始化参数文件，而不是使用文本初始化参数文件。可以利用已经存在的文本初始化参数文件创建服务器初始化参数文件。为 orcl1 数据库创建服务器初始化参数文件的语句如下：

```
SQL>CREATE  SPFILE  FROM  PFILE;
```

执行语句后，将在<ORACLE_HOME>\database 目录下创建名为 SPFILEORCL1.ORA 的服务器初始化参数文件。

上 机 实 训

(1) 创建一个文本初始化参数文件，并将其转换为服务器初始化参数文件。

(2) 将当前数据库的服务器初始化参数文件导出为文本初始化参数文件。

(3) 利用 DBCA 创建一个名为 STUDENT 的数据库。

(4) 手工创建一个名为 TEACHER 的数据库。

本章习题

1. 填空题

(1) 修改服务器初始化参数文件中的参数使用的语句为__________。

(2) 在 Windows 操作系统下安装的 Oracle 11g 数据库中，默认的文本初始化参数文件名为__________。

(3) 如果希望修改服务器初始化参数文件中的参数即时生效，但修改结果不保存到服务器初始化参数文件中，SCOPE 子句应该设置为__________。

2. 问答题

(1) 简述创建数据库之前的准备工作。

(2) 在 Oracle 11g 中，创建数据库的方式有哪些？分别有什么优缺点？

(3) 说明手动创建数据库的基本步骤。

(4) 说明 Oracle 11g 数据库中文本初始化参数文件与服务器初始化参数文件的区别。

第4章 SQL*Plus 工具

学习目的与要求：

SQL*Plus 是 Oracle 提供的一个重要的交互式管理工具，可以完成 Oracle 数据库大部分的管理与开发任务。本章将介绍 SQL*Plus 工具的使用与配置，包括 SQL*Plus 的启动与关闭、SQL*Plus 常用命令的使用，使用 SQL*Plus 显示与设置环境变量，格式化查询结果等，为后面章节中使用 SQL*Plus 工具进行数据库管理与开发奠定基础。

4.1　进入和退出 SQL*Plus 环境

SQL*Plus 是一个被系统管理员和开发人员广泛使用的功能强大而且很直观的 Oracle 工具，是 Oracle 数据库服务器最主要的接口，它提供了一个功能强大但易于使用的查询、定义和控制数据的环境。SQL*Plus 可以执行输入的 SQL*Plus 命令、SQL 语句和包含 SQL 语句的文件及 PL/SQL 语句。通过 SQL*Plus，用户可以与数据库进行“对话”。在 Oracle 11g 中，SQL*Plus 是以命令方式启动的，没有单独的登录界面，也没有 GUI 界面。

4.1.1　启动 SQL*Plus

启动 SQL*Plus 有如下两种方式。

1. 从菜单命令中启动 SQL*Plus

可依次执行下列操作。

(1) 选择“开始”→“程序”→“Oracle-OraDb11g_home1”→“应用程序开发”→“SQL Plus”命令，如图 4.1 所示。

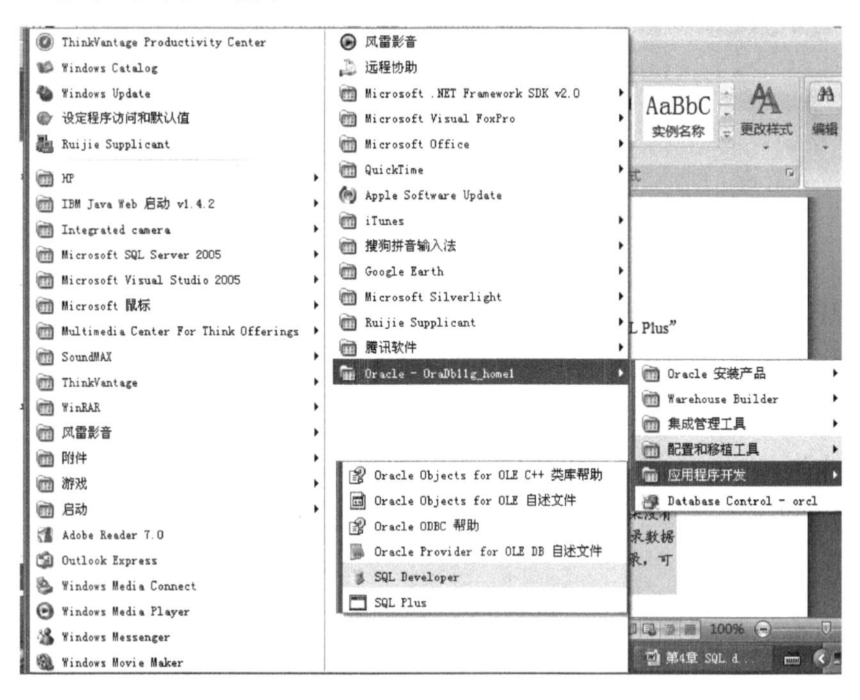

图 4.1　从菜单命令中启动 SQL*Plus

(2) 出现 SQL*Plus 界面，如图 4.2 所示。

(3) 根据提示，输入相应的用户名和口令，就开始与数据库服务器连接，连接成功后出现提示符“SQL>”，表明 SQL*Plus 已经启动。

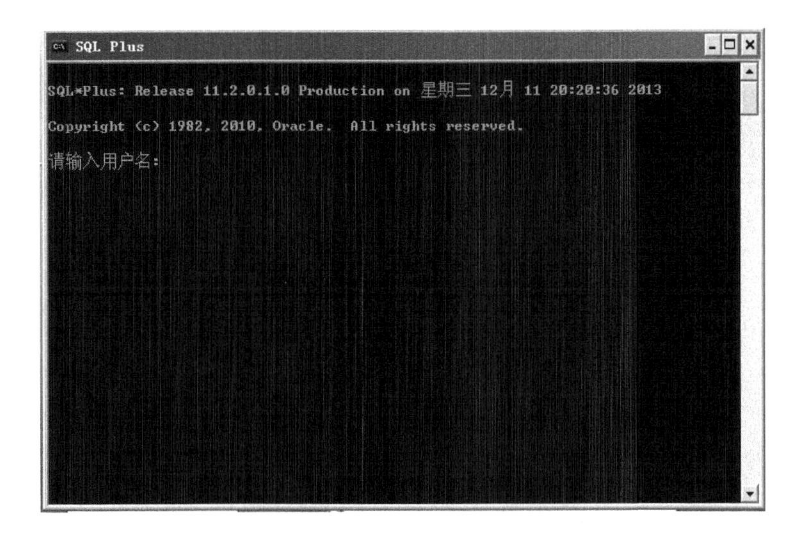

图 4.2　SQL*Plus 界面

注意

用户也可以在“请输入用户名：”后输入“username/password@[connect_identifier]”来直接登录连接到数据库，@后面是连接描述符(数据库的网络服务名)；如果用户没有指定连接描述符，则连接到系统环境变量 ORACLE_SID 所指定的数据库；如果没有设定 ORACLE_SID，则连接到默认的数据库；如果要以 sys dba 用户身份登录数据库，则需要明确指出，可以输入“/ as sysdba”；如果要以无连接的方式登录，可以输入“nolog”。

2. 从 Windows 的“运行”窗口中启动

(1) 选择“开始”→“运行”命令，出现“运行”窗口，如图 4.3 所示。

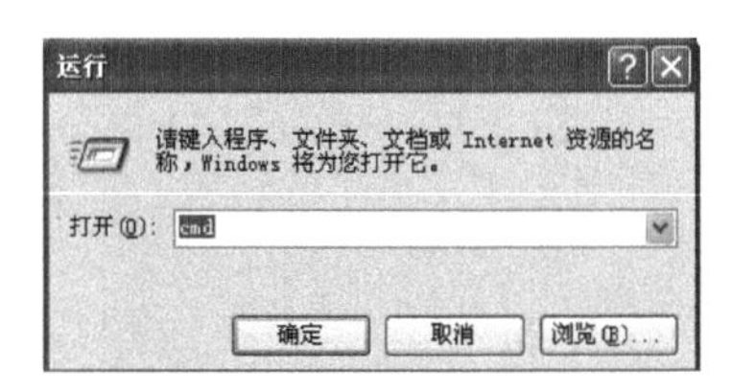

图 4.3　Windows 的运行窗口

(2) 在“打开”文本框中按照如下语法格式进行输入后，单击“确定”按钮，即可启动 SQL*Plus：

```
sqlplus  [username]/[password][@connect_identifier]|[nolog]
```

4.1.2　创建 SQL*Plus 快捷方式

为了避免每次启动都需要输入用户名、口令和连接字符串，可以通过快捷方式来启动、登录并连接到数据库。需要注意的是，使用快捷方式易暴露用户名和口令。创建 SQL*Plus 快捷方式的步骤如下。

(1) 在路径<ORACLE_HOME>\BIN 目录中找到 sqlplus.exe。

(2) 单击鼠标右键，从弹出的快捷菜单中选择“创建快捷方式”命令，同意将快捷方式创建到桌面。

(3) 在桌面上，右击创建好的“sqlplus 快捷方式”图标，从弹出的快捷菜单中选择“属性”命令。

(4) 弹出“SQL Plus 属性”对话框，在“快捷方式”标签页的“目标”文本框内添加参数“D:\app\Administrator\product\11.2.0.1\db_1\bin\sqlplus.exe sys/oracle as sysdba”，其中路径、用户名和密码等根据情况进行修改。

(5) 单击“确定”按钮，然后双击桌面上的“SQL Plus 快捷方式”图标，便可以以 sys 用户启动、登录并连接到数据库了。

4.1.3 退出 SQL*Plus 环境

当不再使用 SQL*Plus 时，如果希望返回到操作系统，则在提示符“SQL>”后面输入 exit 或者 quit 命令后按 Enter 键，即可退出 SQL*Plus 环境。

4.2 SQL*Plus 命令

用户启动 SQL*Plus 并登录数据库后，就可以在 SQL*Plus 环境中执行 SQL*Plus 命令、SQL 语句和 PL/SQL 程序了。本节主要介绍 SQL*Plus 的管理功能，主要包括：

- 连接命令。
- 编辑命令。
- 文件操作命令。
- 交互命令。
- 设置 SQL*Plus 环境。
- 格式化查询结果。
- 其他命令。

4.2.1 连接命令

用户连接到数据库后，可以使用 CONNECT 命令连接到新数据库或切换用户；可以使用 DISCONNECT 命令断开与数据库的连接。

1. CON[NECT]

该命令先断开当前连接，然后建立新连接。命令的语法格式为：

```
CONN[ECT] [username]/[password][@connect_identifier]
```

例如：

```
SQL>CONN scott/tiger@orcl
```

2. DISC[ONNECT]

该命令的作用是断开与数据库的连接，但不退出 SQL*Plus 环境，例如：

```
SQL>DISC
```

4.2.2　编辑命令

在详细介绍 SQL*Plus 管理命令之前，首先介绍 SQL*Plus 命令、SQL 语句和 PL/SQL 程序之间的区别。

(1) SQL*Plus 命令：主要用来与数据库建立/断开连接，编辑、存储 SQL 命令，进行文件操作，设置 SQL*Plus 环境，格式化查询结果等。当输入完 SQL*Plus 命令后，按 Enter 键，则立即执行该命令。

(2) SQL 语句：以数据库为操作对象的语言，主要包括数据定义语言 DDL、数据操纵语言 DML、数据控制语言 DCL 和数据存储语言 DSL。当输入 SQL 语句后，SQL*Plus 将其保存在内部缓冲区中，当 SQL 语句输入结束时，有三种方法可以结束 SQL 命令：

- 在语句最后加分号(;)并按 Enter 键，则立即执行该语句。
- 在语句输入结束后按 Enter 键回车换行，再按 Enter 键，则结束 SQL 语句输入，但不执行该语句。
- 语句输入结束按 Enter 键，换行后按斜杠(/)，则立即执行该语句。

(3) PL/SQL 程序：是 Oracle 在标准 SQL 语言基础上进行过程性扩展后形成的程序设计语言，引入了变量、程序结构、函数、过程、包、触发器等一系列数据库对象，为进行复杂数据库应用程序开发提供了可能。当输入完 PL/SQL 程序，回车换行后，如果输入点号(.)，则结束输入，但不执行；如果输入斜杠(/)，则立即执行。

当在 SQL*Plus 中执行 SQL 语句、PL/SQL 程序时，输入的 SQL 语句、PL/SQL 程序代码会暂存到 SQL 缓冲区中。当执行新的 SQL 语句或 PL/SQL 程序时，会自动清除 SQL 缓冲区中的内容，将新的 SQL 语句或 PL/SQL 程序放入缓冲区。因此，在缓冲区被清除之前，可以显示、编辑缓冲区中的内容。

SQL*Plus 有自己内嵌的命令行编辑器，它允许在 SQL*Plus 中编辑已经保存在缓冲区中的语句。SQL*Plus 的行编辑命令如表 4.1 所示。

表 4.1　SQL*Plus 的行编辑命令

命　令	说　明
A[PPEND] text	在当前行的末尾添加指定文本
C[HANGE] /old /new	将当前行中的文本 old 替换成文本 new

续表

命　令	说　明
C[HANGE] /text	从当前行删除 text
CL[EAR] BUFF[ER]	清除缓冲区内容
DEL	删除当前行
DEL n	删除第 n 行
DEL m n	将第 m 行到第 n 行删除
I[NPUT] text	在缓冲区当前行后面新增一行文本，内容为 text
L[IST] [*]	列出所有行
L[IST] n	列出第 n 行，并将其设置为当前行
L[IST] m n	列出第 m 行到第 n 行
RUN 或/	执行缓冲区中的 SQL 语句或 PL/SQL 程序

表 4.1 中，有很多的编辑命令是对当前行进行编辑修改的，当前行表示 SQL*Plus 目前正在编辑的行，当我们输入 List 命令时，会列出在缓冲区中 SQL 语句的所有行，但要注意，前面带有*的行是“当前行”。

4.2.3 文件操作命令

在 SQL*Plus 中 ，可以将经常执行的 SQL*Plus 命令、SQL 语句或 PL/SQL 程序存储到 SQL 脚本文件中。然后就可以对保存的脚本文件进行提取、编辑和运行了。使用 SQL 脚本文件，既可以降低命令的输入量，也可以避免输入错误。SQL*Plus 对 SQL 脚本文件的操作包括脚本文件的创建、文件的装载、编辑和执行。

1. 脚本文件的创建

可以使用 SAVE 命令将 SQL 缓冲区中的内容直接保存到一个 SQL 脚本文件中。语法格式如下：

```
SAVE filename [CREATE]|[REPLACE]|[APPEND]
```

如果 filename 指定的文件不存在，则创建该文件，默认参数为 CREATE；如果要覆盖已经存在的文件，使用参数 REPLACE；如果在已存在的文件末尾进行内容的追加，则使用参数 APPEND。例如：

```
SQL>save d:\testscript.sql
已创建文件 testscript.sql
SQL>save d:\testscript.sql
sp2-0540:文件“d:\testscript.sql”已经存在。
使用“SAVE filename[.ext] REPLACE”.
SQL>save d:\testscript.sql replace
已写入文件 d:\testscript.sql
```

SQL 语句和 PL/SQL 块会保存到 SQL 缓冲区中，而 SQL*Plus 命令不会自动保存到缓冲区中，可以使用 INPUT 命令，将 SQL*Plus 命令输入到缓冲区，然后使用 SAVE 命令保存包含 SQL*Plus 命令在内的查询语句到指定的文件。例如：

```
SQL>clear buffer
buffer 已清除
SQL>INPUT
   1 COLUMN sal HEADING 'MONTHLY SALARY'
   2 SELECT ename,job,sal from scott.emp
   3
SQL>save d:\testscript replace
已写入 file d:\testscript.sql
```

注意

此时缓冲区中的内容是无法予以执行的，因为包含了 SQL*Plus 命令，但可以执行脚本文件。

2. 脚本文件的装载和编辑

如果需要将 SQL 脚本文件装载到 SQL*Plus 的 SQL 缓冲区中进行编辑，可以使用 GET 命令，该命令的语法格式为：

```
GET filename [L[IST]]|[NOL[LIST]]
```

当使用 LIST 参数时，把脚本文件装载到缓冲区时同时显示文件的内容；使用 NOLIST 参数时，把脚本文件装载到缓冲区时不显示文件内容，默认是 LIST。例如：

```
SQL>get d:\sqlscript
1* SELECT *FROM scott.emp WHERE empno=7844
SQL>get d:\sqlscript nolist
SQL>
```

3. 脚本文件的执行

使用 START 或“@”命令可以执行 SQL 脚本文件。语法格式为：

```
START filename[.sql] [arg1 arg2] 或者 @filename
```

例如：

```
SQL>@ d:\testscript.sql;
```

执行结果如图 4.4 所示。

SQL*Plus 在当前目录下查找具有在 START 命令中指定的文件名和扩展名的文件。如果没有找到符合条件的文件，SQL*Plus 将在 SQLPATH 环境变量定义的目录中查找该文件。filename 也可以包括文件的全路径名。

参数部分代表用户希望传递给脚本文件中的参数的值，脚本文件中的参数必须使用如下格式声明：&1、&2。如果输入一个或多个参数，SQL*Plus 使用这些值替换脚本文件中的参数，第一个参数替代所有的&1，第二个参数替代所有的&2，以此类推。

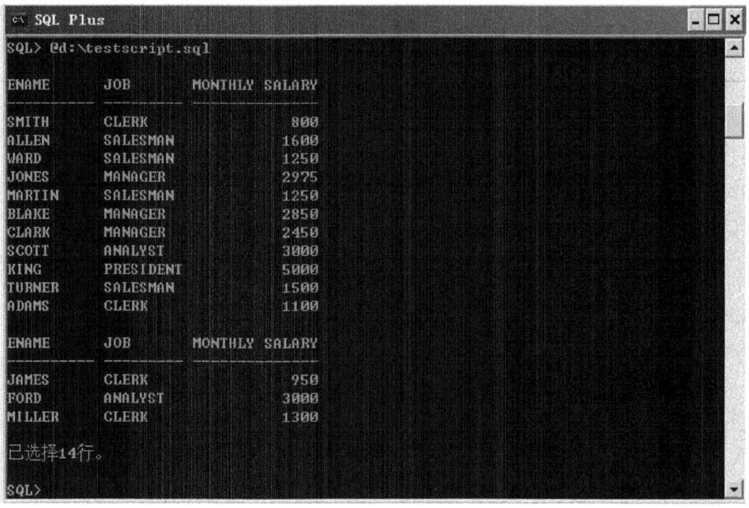

```
SQL> @d:\testscript.sql

ENAME      JOB       MONTHLY SALARY
---------- --------- --------------
SMITH      CLERK                800
ALLEN      SALESMAN            1600
WARD       SALESMAN            1250
JONES      MANAGER             2975
MARTIN     SALESMAN            1250
BLAKE      MANAGER             2850
CLARK      MANAGER             2450
SCOTT      ANALYST             3000
KING       PRESIDENT           5000
TURNER     SALESMAN            1500
ADAMS      CLERK               1100

ENAME      JOB       MONTHLY SALARY
---------- --------- --------------
JAMES      CLERK                950
FORD       ANALYST             3000
MILLER     CLERK               1300

已选择14行。

SQL>
```

图 4.4　执行脚本文件的结果

@命令的功能与 START 命令非常类似，唯一的区别在于@命令既可以在 SQL*Plus 会话内部运行，也可以在启动 SQL*Plus 的命令行级别运行，而 START 命令只能在 SQL*Plus 会话内部运行。

4. 脚本文件的注释

在脚本文件中加入注释可以增加语句的可读性，可以使用 3 种方式在脚本文件中添加注释。

- REMARK：单行注释，放在一行语句的头部，表示该行为注释。
- --：单行注释。
- /* ... */：多行注释。

例如，下面的脚本文件 script.sql 中包含了三种注释形式：

```
/*Commission Report
to be run monthly.*/
COLUMN last_name HEADING 'LAST_NAME';
COLUMN salary HEADING 'MONTHLY SALARY' FORMAT $99,999;
COLUMN commission_pct HEADING 'COMMISSION %' FORMAT 90.90;
REMARK Includes only salesmen;
SELECT last_name,salary,commission_pct FROM EMP_DETAILS_VIEW
--Include only salesmen.
WHERE job_id='SA_MAN';
```

4.2.4　交互命令

为了使数据处理更加灵活，在 SQL*Plus 中可以使用变量。SQL*Plus 中的变量在 SQL*Plus 中的整个启动期间一直有效，这些变量可以用在 SQL 语句、PL/SQL 块以及脚本文件中。在执行这些代码时，先将变量替换为变量的值，然后再执行。

1. 用户自定义的变量

用户可以根据需要自己定义变量。有两种类型的自定义变量，第一类变量为直接使用变量，不需要事先定义，在执行代码时 SQL*Plus 将提示用户输入变量的值。第二类变量为事先定义变量，只有定义才能使用，并且需要赋初值后才能使用。

(1) 直接使用变量

这种变量不需要事先定义，在 SQL 语句、PL/SQL 块以及脚本文件中可以直接使用。这类变量的特点是在变量名前面有一个“&”符号。当执行代码时，如果发现有这样的变量，SQL*Plus 将提示用户逐个输入变量的值，用变量值代替变量后，才执行代码。例如，假设用户构造了一条 SELECT 语句，在语句中使用了两个变量：

```
SQL>SELECT emp_no,ename FROM scott.emp WHERE deptno=&no AND job='&v_job';
输入 no 的值：10
输入 v_job 的值：MANAGER
原值 1：SELECT emp_no,ename FROM scott.emp WHERE deptno=&no AND
job='&v_job';
新值 1：SELECT emp_no,ename FROM scott.emp WHERE deptno=10 AND
job='MANAGER';
EMPNO   ENAME
-----   --------
7782    CLARK
```

其中，数值 10 和字符串“MANAGER”是用户输入的变量值。在 SQL*Plus 中首先用变量值代替变量，生成一个标准的 SQL 语句，然后再执行这条语句。当为所有的变量都提供了变量值后，这条语句才能执行。在构造这样的 SQL 语句时要注意，使用变量和不使用变量的语句在形式上是一致的。例如，job 列的值为字符型，应该用一对单引号限定，使用了变量以后，仍然要用一对单引号限定。

上述语句如果需要再次执行，系统将提示用户再次逐个输入变量的值。为了使用户在每次执行代码时不需要多次输入变量的值，可以在变量名前加上“&&”符号。使用这种形式的变量，只需要在第一次遇到时赋值一次，变量值将保存下来，可以在当前的 SQL*Plus 环境中一直使用。例如：

```
SQL>SELECT empno,ename from scott.emp WHERE deptno=&&dno;
输入 dno 的值：10
原值 1：SELECT empno,ename from scott.emp WHERE deptno=&&dno
新值 1：SELECT empno,ename from scott.emp WHERE deptno=10
...
SQL>SELECT empno,ename from scott.emp WHERE deptno=&dno;
原值 1：SELECT empno,ename from scott.emp WHERE deptno=&dno
新值 1：SELECT empno,ename from scott.emp WHERE deptno=10
```

(2) 事先定义变量

这种变量需要事先定义，而且需要提供初值。定义变量的命令是 DEFINE。定义变量的格式为：

```
define 变量名=变量值
```

变量经定义后，就可以直接使用了。实际上，用 DEFINE 命令定义的变量和使用“&”的变量在本质上是一样的。用 DEFINE 命令定义变量以后，由于变量已经有值，所以在使用变量时不再提示用户输入变量的值。例如：

```
SQL> DEFINE salary=3000
SQL> SELECT ename FROM scott.emp WHERE sal>&salary;
原值 1: SELECT ename FROM scott.emp WHERE sal>&salary
新值 1: SELECT ename FROM scott.emp WHERE sal>3000
ENAME
-----
KING
```

(3) 查看所有已定义的变量

如果执行不带参数的 DEFINE 命令，系统将列出所有已经定义的变量，包括系统定义的变量和用“&”定义的变量，以及即将提到的参数变量。例如：

```
SQL> define
DEFINE _CONNECT_IDENTIFIER = "ORCL" (CHAR)
DEFINE _SQLPLUS_RELEASE = " 1001000200" (CHAR)
DEFINE _EDITOR = "NOTEPAD" (CHAR)
...
DEFINE DNO ="10" (CHAR)
DEFINE SALARY= "3000" (CHAR)
```

(4) 删除已定义变量

当一个变量不再使用时，可以将其删除。UNDEFINE 命令用于取消一个变量的定义。其语法格式为：

```
UNDEFINE 变量名
```

例如：

```
SQL>UNDEFINE DNO
```

2. 绑定变量

还有一类变量可以在 SQL*Plus 中定义，在 PL/SQL 程序中使用，这类变量称为绑定变量。利用绑定变量可以将 PL/SQL 程序的运行情况在 SQL*Plus 中显示出来。绑定变量的定义是通过 VARIABLE 命令来实现的，其语法格式为：

```
VARIABLE 变量名 变量类型
```

对绑定变量的赋值是通过 EXECUTE 命令来实现的，其语法格式为：

```
EXECUTE  : 变量名:=变量值
```

例如：

```
SQL> VARIABLE v_sal  NUMBER
SQL>EXECUTE  :v_sal:=10;
PL/SQL 过程已成功完成。
SQL>BEGIN
   2  :v_sal:=20;
   3  END;
   4  /
PL/SQL 过程已成功完成。
SQL>PRINT v_sal
   V_SAL
   -----
   20
```

注意

① 在 PL/SQL 程序中引用绑定变量时，必须在变量名前加冒号(:)。

② 在 SQL*Plus 中，显示绑定变量的值使用 PRINT 命令。

3. 与用户通信

在 SQL*Plus 中，可以使用 PROMPT、PAUSE、ACCEPT 这 3 个命令与用户进行通信，完成灵活的输入输出。

(1) PROMPT 命令

PROMPT 命令用来在屏幕上显示指定的字符串。这条命令的格式为：

```
PROMPT 字符串
```

注意这里的字符串不需要单引号限定，即使是用空格分开的几个字符串。prompt 命令只是简单地把其后的所有内容在屏幕上显示。例如：

```
SQL> PROMPT I'm a programmer
I'm a programmer
```

(2) ACCEPT 命令

ACCEPT 命令的作用是接收用户的键盘输入，并把用户输入的数据存放到指定的变量中，它一般与 PROMPT 命令配合使用。ACCEPT 命令的格式为：

```
ACCEPT 变量名 变量类型  PROMPT 提示信息  选项
```

其中，变量名是指存放数据的变量，这个变量不需要事先定义，可直接使用。变量类型是指输入的数据的类型，目前 SQL*Plus 只支持数字型、字符型和日期型数据的输入。PROMPT 用来指定在输入数据时向用户显示的提示信息。选项指定了一些附加的功能，可以使用的选项包括 hide 和 default。hide 功能使用户的键盘输入不在屏幕上显示，这在输入保密信息时非常有用。default 为变量指定默认值，在输入数据时如果直接按 Enter 键，则使用该默认值。

例如，希望从键盘输入一个数字型数据到变量 xyz，在输入之前显示指定的提示信息，还为变量指定默认值，这样，如果在输入数据时直接按 Enter 键，那么变量的值就是这个默认值。对应的 ACCEPT 命令的形式为：

```
SQL> ACCEPT xzy number PROMPT 请输入变量xyz的值： default 0
请输入变量xyz的值：100
```

(3) PAUSE 命令

PAUSE 命令的作用是使当前的执行暂时停止，在用户按 Enter 键后继续。一般情况下 PAUSE 命令用在文本文件的两条命令之间，使第一条命令执行后出现暂停，待用户按 Enter 键后继续执行。PAUSE 命令的格式为：

```
PAUSE 文本
```

其中文本是在暂停时向用户显示的提示信息。

现在，我们通过一个脚本文件，来演示这几条命令的用法。脚本文件 escript.sql 的功能是统计某个部门的员工工资，部门号需要用户从键盘输入。脚本文件的内容如下：

```
prompt 工资统计现在开始
accept dno number prompt 请输入部门号： default 0
pause 请输入回车键开始统计...
SELECT ename,sal FROM emp WHERE deptno=&dno;
这个脚本文件的执行过程为：
SQL> @escript.sql
工资统计现在开始
请输入部门号：10
请输入回车键开始统计...
原值 1: SELECT ename,sal FROM emp WHERE deptno=&dno
新值 1: SELECT ename,sal FROM emp WHERE deptno= 10
ENAME SAL
----- -----
CLARK  2450
KING   5000
MILLER 1300
```

4.2.5 环境变量的显示与设置

SQL*Plus 有一组系统变量，可以对 SQL*Plus 的操作环境进行设置，通过设置这些环境变量的值，可以控制 SQL*Plus 的运行环境，如设置每行最多显示多少个字符、每页最多显示多少行、是否自动提交、是否允许服务器输出等。

在 Oracle 数据库中，用于维护 SQL*Plus 系统变量的命令包括 SHOW 和 SET。

1. SHOW 命令

SHOW 命令可以用来显示当前 SQL*Plus 环境中的系统变量，还可以显示错误信息、初始化参数、当前用户等信息。该命令的语法格式为：

```
SHOW option
```

其中，option 包含的选项有：

```
system_variable,ALL,BTITLE,ERRORS[{FUNCTION|PROCEDURE|PACKAGE|PACKAGE
BODY|TRIGGER|VIEW|TYPE|TYPE  BODY}[schema.]name],PARAMETERS[parameter_name],
RELEASE,REPFOOTER,REPHEADER,SGA,SPOOL,SQLCODE,TTITLE,USER
```

例如，要显示 SQL*Plus 的所有设置信息，执行“show all”命令，命令执行的结果类似于以下形式：

```
SQL> show all
appinfo 为 OFF 并且已设置为"SQL*Plus"
arraysize 15
autocommit OFF
autoprint OFF
...
```

表 4.2 列出了 SQL*Plus 中主要的设置信息及意义。

表 4.2　SQL*Plus 中主要的设置信息及意义

设置信息	意　义
ARRAYSIZE	设置从数据库中一次提取的行数，默认值 15
AUTOCOMMIT	设置是否自动提交 DML 语句，默认值为 OFF
AUTOTRACE	设置是否为成功执行的 DML 语句产生一个执行报告，默认值为 OFF
COLSEP	设置选定列之间的分隔符，默认值为空格
ECHO	设置是否显示脚本文件中正在执行的 SQL 语句，默认值为 OFF
EDITFILE	设置使用的编辑器的文件名
FEEDBACK	设置反馈行信息的最低行数，默认值为 6
HEADING	设置是否显示列标题，默认值为 ON
LINESIZE	设置行长度，默认值为 80
LONG	设置 LONG、CLOB、NCLOB 和 XML 类型列的显示长度，默认值 80
PAGESIZE	设置每页所显示的行数，默认值 24
SERVEROUTPUT	设置是否显示执行 DBMS_OUTPUT.PUT_LINE 命令的输出结果，默认值为 OFF
SQLPROMPT	设置 SQL*Plus 的命令提示符，默认为“SQL>”
TIME	设置是否在 SQL*Plus 命令提示符之前显示时间，默认值为 OFF
TIMING	设置是否显示 SQL 语句的执行时间，默认值为 OFF

如果要显示某个具体的设置信息，可以在 show 命令之后跟上相关的关键字，例如：

```
SQL> show timing
timing OFF
```

如果要显示数据库服务器的参数设置信息，可以使用“show parameter”命令，并在命令之后指定要显示的参数名称。由于这些信息是从参数文件中读取的，因此只有特权用户可以查看这样的信息。例如，要查看当前数据库的名称，执行如下命令：

```
SQL> show parameter db_name
NAME        TYPE        VALUE
db_name     string      ORCL
```

在命令执行的结果中包含参数的名称、类型和参数值。

2. SET 命令

SET 命令用于设置系统变量的值，以便于更改 SQL*Plus 的环境设置。该命令的语法格式为：

```
SET 系统变量 系统变量值
```

通过 SET 命令设置的系统变量很多，可以在 SQL*Plus 中使用 HELP SET 命令来查看 SET 命令的功能，还可以设置所有的系统变量。

例如，SQL*Plus 的默认提示符是“SQL>”，如果要将提示符改为“SQL*Plus>>”，可以执行以下命令：

```
SQL>set sqlprompt "SQL*Plus>>"
```

需要注意的是，改变后的设置信息只对 SQL*Plus 的当前会话环境起作用。

如果对设置好的 SQL*Plus 环境比较满意，可以使用 STORE SET 命令将当前的设置信息保存到一个脚本文件中，以后就可以使用 START 命令来运行该脚本文件，将 SQL*Plus 环境设置为合适的值。

例如，可以使用下面的语句将 SQL*Plus 环境设置保存到脚本文件 mysqlplus.sql 中：

```
SQL>STORE SET mysqlplus.sql
Created file mysqlplus.sql
```

当需要对 SQL*Plus 环境进行设置时，只需要执行 mysqlplus.sql 脚本文件即可：

```
SQL>start mysqlplus.sql
```

4.2.6 用 SQL*Plus 进行格式化输出

SQL*Plus 具有一个强大的功能，就是能够根据用户的设计，格式化查询结果，生成美观的报表。格式化查询结果的命令主要包括：

- 格式化列。
- 数据分组显示。
- 统计列。
- 设置报表的标题。
- 存储和打印结果。

1. 格式化列

通过 SQL*Plus 的 COLUMN 命令，可以设计某一列的显示格式，包括列标题的文字和对齐方式、列数据的宽度和显示格式等。COLUMN 命令的语法格式为：

```
COLUMN 列名  选项
```

COLUMN 命令的主要选项有以下几个。

- heading：指定列标题的显示文字。
- format：指定列数据的显示格式。
- justify：指定列标题的对齐方式，包括左(left)、居中(center)、右(right)。
- null：当列数据为空时，将显示指定的文本。
- wrapped | truncated：规定当列标题或数据超出规定的宽度时如何显示。wrapped 为默认值，表示换一行继续显示。truncated 表示截断余下的数据。

(1) heading 选项

heading 选项用来规定列的标题。默认情况下，列的标题就是列的名字。用户可以定制自己喜欢的列标题。如果列标题中有空格，要用双引号限定。还可以把列标题中的文字分成两行显示，格式是：“第一行文字 | 第二行文字”。例如，通过下面的命令为 ename 列定义标题为“姓名”，为 sal 列定义标题为“工资”：

```
column ename heading 姓名
column sal heading 工资
```

那么，在执行下列 SELECT 语句时：

```
SQL>SELECT ename,sal FROM emp WHERE empno=7902;
```

显示的结果为：

```
姓名    工资
----- ----------
FORD   3000
```

(2) format

format 选项指定数据的显示格式，主要用来设置字符型、数字型和日期型数据的格式。常用的格式字符串如表 4.3 所示。

例如，如果通过下列命令为 sal 列设置了显示格式：

```
column sal heading 工资
format $999,999.00
```

那么再次执行上面的 SELECT 语句，执行结果为：

```
姓名     工资
------ ------------
FORD   $3,000.00
```

表 4.3 报表中的格式字符串

数据类型	格式字符串	举 例	说 明
数字型	9999.99	123.40	每个 9 代表一位数字，如果数据长度超过指定的长度，则显示“#”
数字型	999 999.00	12,345.00	同上，并且每三位一组
数字型	$999 999.00	$12,345.00	在数字前加上“$”符号
数字型	0000.00	0123.40	每个 0 代表一位数字，如果数据长度超过指定的长度，则显示“#”，如果长度不足，则在前后填充 0
字符型	axx		其中 xx 为正整数，指定数据的宽度为 xx 个字符，如果超过这个长度，则换行显示或截断
日期型	yyyy-mm-dd hh24:mi:ss	2012-04-26 15:25:30	yyyy 表示 4 位的年，也可以用 yy 表示两位的年，mm 表示 2 位的月份，dd 表示 2 位的日。hh24 表示 24 小时制的时，mi 表示分钟，ss 表示秒。这些格式也可以用其他分隔符隔开，如/

(3) justify

justify 选项用来指定列标题的对齐方式，可选的对齐方式有左对齐、居中和右对齐三种方式。注意这种对齐方式仅对列标题起作用，并不影响列的数据的对齐方式。

(4) null

null 选项用来指定当列的数据为空时，应该显示什么样的数据。例如，在显示奖金信息时，如果没有奖金，可以显示为 0。例如：

```
COLUMN bonus null 0
SQL>SELECT ename,sal FROM emp WHERE empno=7902;
```

2. 数据分组显示

在制作报表时，如果希望属于同一部门的员工数据集中在一起显示，可以将部门号作为分组的标准，将数据分组显示。如果部门号变化了，可以跳过几行或一页，继续显示另一部门的数据。

BREAK 命令的作用就是根据指定的列作为分组标准，将数据分组显示。其语法格式如下：

```
BREAK ON 列名 选项
```

其中列名就是被指定为分组标准的列，凡是该列数据相同的数据集中在一起显示。可以选择的选项有以下两个：

- skip 行数 | PAGE
- noduplicates | duplicates

skip 选项规定当指定列的值发生变化时，怎样显示后面的数据。可以跳过指定的行数，或者跳过一页，继续显示后面的数据。当以一个正整数 n 作为 skip 的参数时，跳过 n 行；当以 PAGE 作为 skip 的参数时，跳过一页，二者可选其一。

noduplicates(或 nodup)和 duplicates(或 dup)选项规定了是否显示重复的列值。当所有的行以指定的列为标准分组显示时，这个列有许多重复的值。如果使用了 nodup 选项，将不显示重复值，这是默认的选项，如果使用了 dup，将显示重复值。例如，如果以部门号为标准进行分组，那么所有的部门号为 10 的行集中在一起显示，在这些行中，可以只在第一行显示部门号 10，其余行均不显示。当部门号为 10 的行显示完后，跳过若干行后或一页后，继续显示部门号为 20 的数据。

如果希望检索工资大于 2000 的员工，并且按部门分组显示。构造的 BREAK 命令和 SELECT 语句如下所示：

```
SQL>break on deptno skip 1 nodup
SQL>SELECT deptno,ename,sal FROM emp  WHERE sal>2000  ORDER BY deptno
```

这条 SELECT 语句执行的结果为：

```
deptno        ename       sal
---------- ---------- -----------
10           CLARK       2,450.00
KING        5,000.00
20           JONES       2,975.00
FORD        3,000.00
30           BLAKE       2,850.00
```

应该注意的是，当使用 break 命令指定了分组标准后，系统是按照被检索的顺序对行进行分组显示的，而不是将数据按照分组标准集中在一起后再显示。所以在 SELECT 语句中附加 ORDER BY 子句对行进行排序是必要的。

下面的例子把 column 和 break 命令结合使用，查询员工工资和奖金，并按照部门进行分组显示：

```
column dname heading 部门名称
column ename heading 姓名
column sal format $999,999.00 heading 工资 justify center
column comm heading 奖金
column loc format a10 heading 部门地址
break on dname skip 1 nodup
SELECT dname,ename,sal,comm,loc
FROM emp,dept
WHERE emp.deptno=dept.deptno
ORDER BY emp.deptno;
```

将这段代码保存到脚本文件中，然后执行，结果如图 4.5 所示。

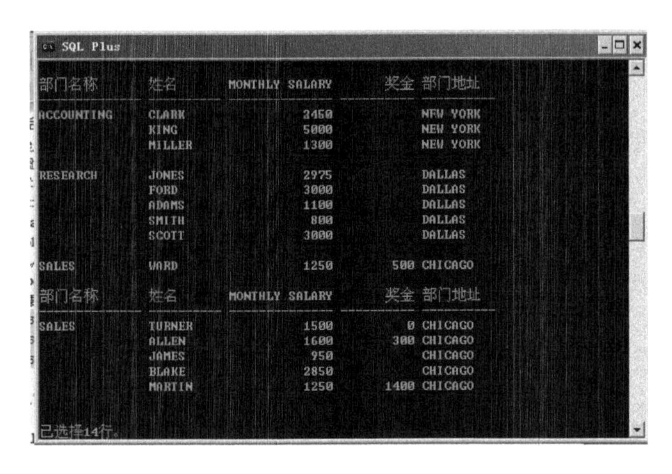

图 4.5 查询结果

3. 统计列

如果要对报表中的数据进行统计，就要借助于 SQL*Plus 的 COMPUTE 命令。一般情况下，对报表的统计不外乎两种形式，即水平统计和垂直统计。水平统计是对一行中的几个列的值进行计算，例如，求公司中每个员工的工资和奖金之和，通过 SELECT 语句就可以实现。例如，下列 SELECT 语句将计算每个员工的工资和奖金之和：

```
SELECT sal+nvl(comm,0) AS 收入 FROM emp;
```

垂直统计是对报表中某个特定列的值进行某种计算。例如公司所有员工的工资总和，或者某个部门中所有员工的奖金之和。这种统计是比较复杂的，通过 SQL*Plus 的 COMPUTE 命令可以实现这种统计。

COMPUTE 命令的格式为：

```
COMPUTE 函数 label 标签文字 of 列名 on 列名
```

其中函数指定对数据进行什么样的统计。COMPUTE 命令可以实现的统计有 SUM(求和)、AVG(求平均值)、MIN(求最小值)、MAX(求最大值)和 COUNT(计数)。

label 选项指定了一个字符串，用来在计算所得的数据之前显示。例如，对某列进行 SUM 统计的数据之前可以显示“总计”，在 AVG 统计的数据之前可以显示“平均”等。默认情况下显示的信息是所使用的函数名称，如 sum、avg。

of 选项指定了一个列名，COMPUTE 命令对这个列的数据进行计算，计算的结果显示在这个列的正下方。需要注意的是，这个列的数据类型必须能够进行指定的计算。

on 选项之后也指定了一个列名。COMPUTE 命令根据这个列对数据进行分组统计。COMPUTE 命令通常是和 break 命令配合使用的，break 命令对数据进行分组显示，而 COMPUTE 命令对分组后的数据分别进行计算。

例如，我们可以将员工的数据按照部门号进行分别显示，然后按照分组的结果对各部门分别进行统计。

例如，要对各部门员工的工资分别求和，相应的命令为：

```
SQL>break on deptno skip page nodup
SQL>compute sum label 总计 of sal on deptno
```

计算的结果显示在每个部门员工数据之后，被计算列的正下方。

4. 设置报表的标题

报表的标题是利用 SQL*Plus 的两个命令来设计的，即 TTITLE 和 BTITLE。其中 TTITLE 命令用来设计报表的头部标题，而 BTITLE 用来设计报表的尾部标题。

头部标题显示在报表每页的顶部。设计头部标题时，要指定显示的信息和显示的位置，还可以使标题分布在多行中。TTITLE 命令有以下几种执行格式。

- ttitle on | off：打开或关闭头部标题的显示，默认为 on。
- ttitle 头部标题信息：设计头部标题信息。
- ttitle：获得当前的标题设置信息。

其中 ttitle on 用来打开头部标题的显示功能，而 ttitle off 用来关闭这个功能，在默认情况下，这个功能是可用的。

用 ttitle 命令设计头部标题的语法格式为：

```
ttitle format 显示格式 显示位置 显示信息
```

其中 format 参数用来规定标题的显示格式，这个参数是可选的。显示位置规定标题在一行中的位置，可选的位置有 3 个：CENTER(中间)、LEFT(左边)和 RIGHT(右边)。显示信息指定了标题的内容。一般情况下，标题可以指定为以下内容：

- 指定的文本。
- SQL.LNO：当前的行号。
- SQL.PNO：当前的页号。
- SQL.RELEASE：当前 Oracle 的版本号。
- SQL.USER：当前登录的用户名称。

例如，设计一个显示在正中的标题，命令格式为：

```
ttitle center 公司员工工资统计表
```

如果在标题中要分开显示多条信息，例如制表人、当前页号等，可以在 title 命令中分别设置不同信息的显示格式、显示位置和显示内容。如果这些信息要在多行中显示，可以在两条信息之间使用 SKIP 选项。这个选项使后面的信息跳过指定的行数再显示，它需要一个整型参数，单位是行数。

例如，在刚才设计的标题的基础上，增加制表人和当前页号，作为副标题。副标题在主标题之下两行处显示。如果命令太长，一行容纳不下时，可以用“-”符号分行，将命令分为多行书写。满足上述要求的语法格式为：

```
ttitle center 员工工资统计表 skip 2 left -
制表人： sql.user right 页码： sql.pno
```

BTITLE 命令的用法与 TTITLE 命令是一样的，区别在于 BTITLE 命令用来设计尾部标题，显示的位置在报表每页的底部。

5. 存储和打印结果

SPOOL 命令可以用来把一条或多条 SQL 语句的输出信息保存到一个操作系统文件中，或者发送到打印机打印。SPOOL 命令的语法格式为：

```
SPOOL file_name [CREATE]|[REPLACE]|[APPEND]|OFF|OUT
```

其中，后面选项的含义如下。

- file_name[.txt]：保存查询结果集的路径和文件名。如果没有指定后缀名，默认名一般为.lst 或.lis。如果指定系统文件为/dev/null and /dev/stderr，则不会添加后缀名。
- OFF：停止 SPOOL。
- OUT：停止 SPOOL，并且将文件输出到终端设备上，如打印机(可能有些操作系统不支持)。
- CREATE：创建指定文件名的文件；如指定文件存在，则报“文件存在”错误。
- REPLACE：如果指定文件存在，则覆盖替换；如指定文件不存在，则创建，REPLACE 为 SPOOL 的默认选项。
- APPEND：向指定文件名中追加内容；如指定文件不存在，则创建。

例如，要将 emp 表中的数据存储到 employees.txt 中，使用如下命令：

```
SQL>SPOOL /app/oracle/data/employees.txt
SQL>select * from scott.emp;
SQL>SPOOL OFF;
```

4.2.7 其他常用命令

1. DESCRIBE 命令

使用 DESCRIBE 或者 DESC 命令可以显示任何数据库对象的结构信息。例如：

```
SQL>DESCRIBE DEPT
名称          是否为空        类型
---------- ---------- -----------
DEPTNO     NOT NULL   NUMBER(2)
DNAME                 VARCHAR2(14)
LOC                   VARCHAR2(13)
```

2. STORE 命令

将当前 SQL*Plus 会话中所有环境变量的设置保存到一个操作系统文件中，需要时可以利用该文件还原 SQL*Plus 环境。

STORE 命令的语法格式为：

```
STORE SET filename [CREATE|REPLACE|APPEND]
```

如果没有为文件指定路径，则默认存放到<ORACLE_HOME>\BIN 目录下，扩展名为 sql。例如：

```
SQL>STORE SET mysqlplus.sql
Created file mysqlplus.sql
```

打开该文件，可以查看当前 SQL*Plus 所有环境变量的设置。当需要对 SQL*Plus 环境进行还原时，只需要执行 mysqlplus.sql 脚本文件，即可恢复到保存时的设置。

```
SQL>start mysqlplus.sql
```

3. PASSWORD 命令

使用该命令可以修改用户口令。任何用户都可以使用该命令修改自身的口令，但是如果要修改其他用户的口令，则必须以 DBA 身份登录。在 SQL*Plus 中可以使用该命令取代 ALTER USER 语句修改用户口令。例如，修改 scott 用户口令的过程如下：

```
SQL>CONNECT scott/tiger@ORCL
已连接。
SQL>PASSWORD SCOTT;
更改 SCOTT 的口令
旧口令：*****
新口令：*****
重新键入新口令：*****
口令已更改
```

4. HELP 命令

可以使用 HELP 命令来查看 SQL*Plus 命令的帮助信息。例如使用 help index 命令可以看到 SQL*Plus 中所有可以使用的命令列表，如图 4.6 所示。

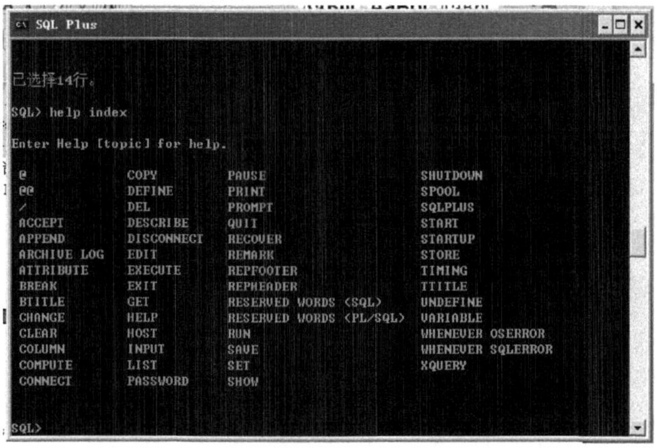

```
SQL Plus

已选择14行。

SQL> help index

Enter Help [topic] for help.

@             COPY          PAUSE                     SHUTDOWN
@@            DEFINE        PRINT                     SPOOL
/             DEL           PROMPT                    SQLPLUS
ACCEPT        DESCRIBE      QUIT                      START
APPEND        DISCONNECT    RECOVER                   STARTUP
ARCHIVE LOG   EDIT          REMARK                    STORE
ATTRIBUTE     EXECUTE       REPFOOTER                 TIMING
BREAK         EXIT          REPHEADER                 TTITLE
BTITLE        GET           RESERVED WORDS (SQL)      UNDEFINE
CHANGE        HELP          RESERVED WORDS (PL/SQL)   VARIABLE
CLEAR         HOST          RUN                       WHENEVER OSERROR
COLUMN        INPUT         SAVE                      WHENEVER SQLERROR
COMPUTE       LIST          SET                       XQUERY
CONNECT       PASSWORD      SHOW

SQL>
```

图 4.6　SQL*Plus 中的所有命令

HELP 命令也可以查看某个 SQL*Plus 命令的功能及选项，具体的语法格式为：

```
HELP 命令
```

例如：

```
SQL>HELP  DESCRIBE
DESCRIBE
--------
Lists the column definitions for a table, view, or synonym, or the
specifications for a function or procedure.
DESC[RIBE] {[schema.]object[@connect_identifier]}
```

5. CLEAR SCREEN 命令

可以使用 CLEAR SCREEN 命令清除屏幕上的所有内容，也可以使用 Shift 与 Delete 组合键同时清空缓冲区和屏幕上所有的内容。

上 机 实 训

(1) 启动 SQL*Plus 工具，用 system 用户连接到 ORCL 数据库。

(2) 创建一个脚本文件 sqlcript.sql，脚本文件的内容为对 HR 数据库中的员工姓名、工资、部门名称，按照部门进行分组显示，前面正中显示标题“员工工资统计表”，在每个部门员工数据的下面显示计算结果。然后执行这个脚本文件，并将显示结果保存到文本文件中。

(3) 查看 SQL*Plus 的环境变量，并将变量 SERVEROUTPUT 的值设置为 ON，使用命令“EXEC DBMS_OUPUT.PUT_LINE(“hello world”)”查看输出结果。然后保存当前设置到文件 myenv.sql。

本 章 习 题

(1) 以无连接的方式登录 SQL*Plus 的命令为__________。

(2) 在 SQL*Plus 中定义 CHAR 类型的替换变量 empname，值为“Clark”的命令为__________。

(3) 用于设置是否显示 SQL 语句执行时间的 SQL*Plus 环境变量为__________，用于设置是否为成功执行的 DML 语句产生一个执行报告的 SQL*Plus 环境变量为__________。

(4) 要显示 emp 表的表结构，命令为__________。

第 5 章

Oracle 11g 数据库的物理结构

学习目的与要求：

Oracle 数据库的存储结构分为物理存储结构和逻辑存储结构。物理存储结构描述了 Oracle 数据库中的数据在操作系统中的组织和管理；逻辑存储结构则描述了 Oracle 数据库内部数据的组织和管理。本章主要介绍 Oracle 11g 数据库的物理存储结构，包括数据文件、控制文件、重做日志文件和对这些文件的管理以及数据库的归档。

5.1 Oracle 数据库的系统结构

Oracle 11g 数据库系统由数据库实例和物理存储结构组成，如图 5.1 所示。其中，实例包括内存结构与后台进程，当启动 Oracle 数据库服务器时，在内存中创建了一个 Oracle 实例，然后由这个 Oracle 实例来执行对数据库的操作；物理存储结构是由存储在磁盘上的一系列操作系统文件组成，这些文件有数据文件、控制文件、重做日志文件、跟踪文件、初始化参数文件等。

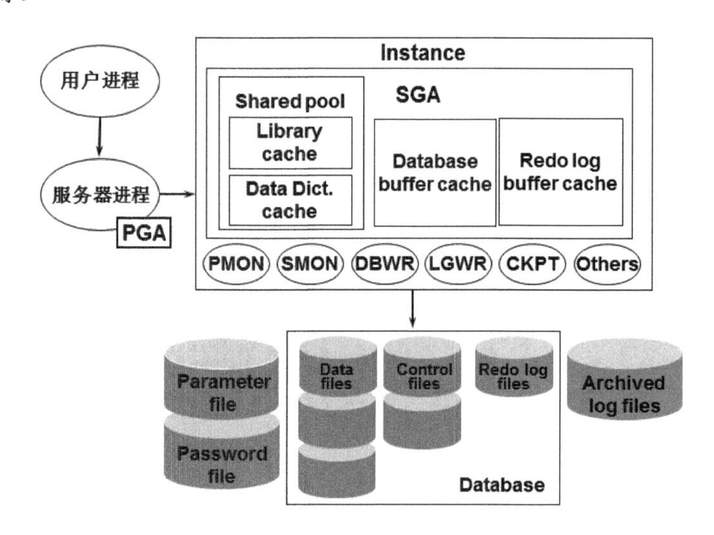

图 5.1 Oracle 11g 数据库的系统结构

在 Oracle 11g 数据库中，数据的存储结构可以分为物理存储结构和逻辑存储结构两种。物理存储结构主要用于描述 Oracle 数据库外部数据的存储，即在操作系统中如何组织和管理数据，与具体的操作系统有关；逻辑存储结构主要描述在 Oracle 数据库内部数据是如何组织和存储的，与操作系统没有关系。物理存储结构是逻辑存储结构在物理上的、可见的、可操作的、具体的体现形式。

从物理角度看，数据库由数据文件构成，数据存储在数据文件中，对数据的操作最终反映到物理文件中，但 Oracle 数据库在执行操作时，并不是以数据文件为单位，而是从逻辑上定义出一组结构，操作的数据可以一步步被细分为不同的存储单元。这组逻辑上定义的存储结构包括表空间、段、区和块 4 种。

Oracle 数据库物理存储结构是指存储在服务器磁盘上的操作系统文件，包括数据文件、控制文件、重做日志文件、归档文件、初始化参数文件、跟踪文件、口令文件、警告文件、备份文件等。

Oracle 数据库物理存储结构中各种文件的功能为：

- 数据文件——用于存储数据库中的所有数据。
- 控制文件——用于记录和描述数据库的物理存储结构信息。

- 重做日志文件——用于记录外部程序(用户)对数据库的改变操作。
- 归档文件——用于保存已经写满的重做日志文件。
- 初始化参数文件——用于设置数据库启动时的参数初始值。
- 跟踪文件——用于记录用户进程、数据库后台进程等的运行情况。
- 口令文件——用于保存有 SYSDBA、SYSOPER 权限的用户名和 SYS 用户口令。
- 警告文件——用于记录数据库的重要活动及发生的错误。
- 备份文件——用于存放对数据库备份所产生的文件。

通常，数据库物理存储结构主要是指数据文件、控制文件和重做日志文件。

5.2　数据文件

5.2.1　数据文件概述

Oracle 数据库的数据文件(扩展名为 DBF 的文件)是用于保存数据库中数据的文件，系统数据、数据字典数据、临时数据、索引数据、应用数据等都物理地存储在数据文件中。

Oracle 数据库所占用的空间主要就是数据文件所占用的空间。用户对数据库的操作，例如数据的插入、删除、修改和查询等，其本质都是对数据文件进行操作。当数据库实例需要读取表或索引的数据时，除了数据已经缓存在内存中外，都是从磁盘中的数据文件读取的，类似的，数据库对表或索引数据的更新实际都是写到磁盘上的数据文件来获得永久的存储。

Oracle 数据库中有一种特殊的数据文件，其内容是临时性的，在一定条件下自动释放，这种文件称为临时数据文件。

在 Oracle 数据库中，数据文件是依附于表空间而存在的。一个表空间可以包含几个数据文件，但一个数据文件只能从属于一个表空间。从逻辑角度讲，数据库对象都存放在表空间中，实质上是存放在表空间所对应的数据文件中。

在 Oracle 数据库中，数据文件的数量、文件大小及存储位置的设置也有一定的限制。数据库中数据文件的最大数量受操作系统的限制，取决于操作允许同时读取的文件数。在数据库内部，使用初始化参数 DB_FILES 和控制文件中的 Maxdatafiles 参数限制数据文件的数量。

数据文件的大小受数据块数量限制。每个数据文件在最多的情况下只能包含 $2^{22}-1$ 个数据块。在块大小为 2KB 时，数据文件最大只能达到约 8GB，当块大小为 32KB 时，Oracle 数据文件最大只能达到约 16×8GB 的大小。为了扩展数据文件的大小，从 Oracle 10g 开始引入了大文件表空间。

由于对数据库的操作最终将会转换为对数据文件的操作，因此在数据库运行过程中，对数据文件会进行频繁的读写操作。为了提高 I/O 效率，应该合理地分配数据文件的存储位置。

(1) 把不同存储内容的数据文件放置在不同的硬盘上，可以并行访问数据，提高系统读写的效率。

(2) 初始化参数文件、控制文件、重做日志文件最好不要与数据文件存放在同一个磁盘上，以免在数据库发生介质故障时，无法恢复数据库。

5.2.2 数据文件的管理

1. 创建数据文件

由于在 Oracle 数据库中，数据文件是依附于表空间而存在的，因此创建数据文件的过程实质上就是向表空间添加文件的过程。在创建数据文件时应该根据文件数据量的大小确定文件的大小和文件的增长方式。

可以使用下列 SQL 语句来创建数据文件。

- CREATE TABLESPACE：创建表空间的同时创建数据文件。
- CREATE TEMPORARY TABLESPACE：创建本地管理的临时表空间，同时创建临时数据文件。
- CREATE DATABASE：创建数据库和相关的数据文件。
- ALTER DATABASE ... CREATE DATAFILE：数据库恢复操作时，新建一个空数据文件取代出现故障的数据文件。
- ALTER TABLESPACE ... ADD DATAFILE：向表空间创建并且添加数据文件。
- ALTER TABLESPACE ... ADD TEMPFILE：向临时表空间创建并且添加临时数据文件。

在数据库运行与维护时，通常采用后两种方法创建数据文件，即向永久表空间或临时表空间中添加数据文件或临时数据文件。

注意

新添加的数据文件不能与原有的数据文件重名，否则原有的数据文件内容会被覆盖。如果创建数据文件的语句执行失败，数据库会删除产生的操作系统文件，但文件系统可能发生一些其他的错误，那就需要手工清除产生的操作系统文件。

例 5.1 向 ORCL 数据库的 USERS 表空间中添加一个大小为 20MB 的数据文件：

```
SQL>ALTER  TABLESPACE  USERS
   ADD DATAFILE '/u01/app/oracle/oradata/orcl/users02.dbf' size 20M;
```

例 5.2 向 ORCL 数据库的 TEMP 表空间中添加一个大小为 5MB 的临时数据文件：

```
SQL>ALTER TABLESPACE TEMP
   ADD TEMPFILE '/u01/app/oracle/oradata/orcl/temp02.dbf' size 5M ;
```

注意

若所指定的数据文件已经存在，可以使用 REUSE 子句进行覆盖。

2. 修改数据文件的大小

在 Oracle 11g 数据库中，随着数据库中数据容量的变化，可以调整数据文件的大小。改变数据文件大小的方法有下列两种。

(1) 设置数据文件为自动扩展方式

在创建数据文件时或在数据文件被创建后，都可以将数据文件设置为自动扩展方式。如果数据文件是自动扩展的，那么当数据文件空间被填满时，系统可以对文件空间进行自动扩展。

数据文件采用自动扩展方式具有两个优势：一是 DBA 无需过多干涉数据库存储空间的分配问题；二是可以保证应用程序不会因为分配空间不足而停机或挂起。

设置数据文件为自动扩展方式的方法，是在使用 CREATE DATABASE、ALTER DATABASE、CREATE TABLESPACE、ALTER TABLESPACE 等 SQL 语句来创建数据文件时可以使用 AUTOEXTEND ON 子句。

AUTOEXTEND ON 子句的使用是添加到在上面的 SQL 语句后面，语句格式为：

```
AUTOEXTEND ON|OFF NEXT 数据文件增量大小 MAXSIZE  数据文件最大值
```

其中：

- ON：表示数据文件采用自动扩展方式。
- OFF：表示数据文件不自动扩展。
- NEXT：该参数指定数据文件每次自动增长的大小。
- MAXSIZE：该参数指定数据文件的极限大小，如果没有限制，则可以设定为 UNLIMITED。

如果数据文件已经创建，可以使用 ALTER DATABASE 语句将该数据文件修改为自动增长方式或取消自动增长方式。

例 5.3 为 ORCL 数据库的 USERS 表空间添加一个自动增长的数据文件：

```
SQL>ALTER  TABLESPACE  USERS
    ADD DATAFILE '/u01/app/oracle/oradata/orcl/users03.dbf'  size 20M
    AUTOEXTEND ON
NEXT 512K
MAXSIZE 50M;
```

例 5.4 修改 ORCL 数据库 USERS 表空间数据文件 USERS02.DBF 的自动增长方式：

```
SQL>ALTER  DATABASE
    DATAFILE  '/u01/app/oracle/oradata/orcl/users02.dbf'
    AUTOEXTEND ON NEXT 1M MAXSIZE UNLIMITED;
```

例 5.5 取消 ORCL 数据库 USERS 表空间数据文件 USERS02.DBF 的自动增长方式：

```
SQL>ALTER DATABASE DATAFILE '/u01/app/oracle/oradata/orcl/users02.dbf'
    AUTOEXTEND OFF;
```

(2) 手动改变数据文件的大小

在 Oracle 数据库中，可以在创建数据文件时指定数据文件大小，以后也可以手动修改数据文件的大小。尤其是对于一个大文件表空间来说，是不允许增加数据文件的，只能修改数据文件的大小。对数据文件大小的修改是通过 ALTER DATABASE DATAFILE 语句的 RESIZE 子句实现的。

例 5.6 将 ORCL 数据库 USERS 表空间的数据文件 USERS02.DBF 大小设置为 8MB：

```
SQL>ALTER DATABASE DATAFILE '/u01/app/oracle/oradata/orcl/users02.dbf'
    RESIZE 8M;
```

注意

不能随意减小数据文件的大小，因为数据文件中包含的数据可能超过设定的数值，这样数据库就会发生错误。

3. 改变数据文件的可用性

可以通过将数据文件联机或脱机来改变数据文件或临时数据文件的可用性。处于脱机状态的数据文件对数据库来说是不可用的，直到它们被恢复为联机状态。

需要改变数据文件的可用性的情况有：

- 要进行数据文件的脱机备份时，需要先将数据文件脱机。
- 重命名数据文件或改变数据文件的位置时，需要先将数据文件或数据文件所在的表空间脱机。
- 如果 Oracle 在写入某个数据文件时发生错误，会自动将该数据文件设置为脱机状态，并且记录在警告文件中。解决问题后，需要以手动方式重新将该数据文件恢复为联机状态。
- 数据文件丢失或损坏，需要在启动数据库之前将数据文件脱机。

(1) 归档模式下改变数据文件的可用性

在归档模式下，可以使用 ALTER DATABASE DATAFILE … ONLINE | OFFLINE 来设置数据文件的联机与脱机状态，使用 ALTER DATABASE TEMPFILE … ONLINE | OFFLNE 来设置临时数据文件的联机与脱机状态。

例 5.7 在数据库处于归档模式时，将 ORCL 数据库 USERS 表空间的数据文件 USERS02.DBF 脱机：

```
SQL>ALTER DATABASE DATAFILE '/u01/app/oracle/oradata/orcl/users02.dbf'
OFFLINE;
```

例 5.8 将上述数据文件联机：

```
SQL>ALTER DATABASE DATAFILE'/u01/app/oracle/oradata/orcl/users02.dbf'
ONLINE;
```

(2) 非归档模式下数据文件脱机

由于数据库处于非归档模式，数据文件脱机后，会导致信息的丢失，从而使该数据文件无法再联机，即无法使用了。因此，在非归档模式下，通常不能将数据文件脱机。

如果由于数据文件的损坏，需要将数据文件脱机，然后重新启动数据库，那么需要使用 ALTER DATABASE DATAFILE ... OFFLINE FOR DROP 语句。例如：

```
SQL>ALTER DATABASE DATAFILE '/u01/app/oracle/oradata/orcl/users02.dbf'
OFFLINE FOR DROP;
```

这个操作不会实际删除数据文件，数据文件还留在数据字典中，必须使用下列方法之一来删除。

- 使用 ALTER TABLESPACE ... DROP DATAFILE 语句：在 OFFLINE FOR DROP 操作之后，这个方法只对字典管理的表空间起作用。
- 使用 DROP TABLESPACE ... INCLUDING CONTENTS AND DATAFILES 语句。
- 如果上述方法都失败了，那么使用操作系统命令来删除数据文件。这种方法会在数据字典和控制文件中留下数据文件的引用。

(3) 改变表空间中所有数据文件的可用性

在归档模式下，可以使用 ALTER TABLESPACE ... DATAFILE ONLINE | OFFLINE 语句将一个永久表空间中的所有数据文件联机或脱机，可以使用 ALTER TABLESPACE ... TEMPFILE ONLINE | OFFLINE 语句将一个临时表空间中的所有临时数据文件联机或脱机，但是不改变表空间本身的可用性。

例 5.9 在归档模式下，将 USERS 表空间中所有的数据文件脱机，但 USERS 表空间不脱机。然后再将 USERS 表空间中的所有数据文件联机。命令如下：

```
SQL>ALTER TABLESPACE USERS DATAFILE OFFLINE;
SQL>RECOVER TABLESPACE USERS;
SQL>ALTER TABLESPACE USERS DATAFILE ONLINE;
```

注意

如果数据库处于打开状态：则不能将 SYSTEM 表空间、UNDO 表空间和默认的临时表空间中所有的数据文件或临时文件同时设置为脱机状态。而数据库处于装载而未打开状态时，ALTER TABLESPACE ... DATAFILE ... 语句不可用。

4. 改变数据文件的名称或位置

在数据文件建立之后，还可以改变它们的名称或位置。通过重命名或移动数据文件，可以在不改变数据库逻辑存储结构的情况下，对数据库的物理存储结构进行调整。

改变数据文件的名称或位置操作分为两种情况：

- 如果要改变的数据文件属于同一个表空间，则使用 ALTER TABLESPACE ... RENAME DATAFILE ... TO 语句来实现。
- 如果要改变的数据文件属于多个表空间，则使用 ALTER DATABASE RENAME

FILE ... TO 语句来实现。

注意

改变数据文件的名称或位置时，Oracle 只是改变记录在控制文件和数据字典中的数据文件信息，并没有改变操作系统中数据文件的名称和位置，因此还需要 DBA 手动更改操作系统中数据文件的名称和位置。

(1) 改变同一个表空间的数据文件的名称和位置

下面以更改 ORCL 数据库 USERS 表空间的 USERS02.DBF 和 USERS03.DBF 文件名为 USERS002.DBF 和 USERS003.DBF 为例，说明重命名数据文件的方法。

① 将包含数据文件的表空间置为脱机状态，并且数据库必须是打开的：

```
SQL>ALTER TABLESPACE USERS OFFLINE;
```

② 在操作系统中重命名数据文件或移动数据文件到新的位置。将 USERS02.DBF 和 USERS03.DBF 文件重命名为 USERS002.DBF 和 USERS003.DBF。

③ 使用 ALTER TABLFSPACE ... RENAME DATAFILE ... TO 语句进行操作，以修改控制文件中的信息：

```
SQL>ALTER TABLESPACE USERS RENAME DATAFILE
    '/u01/app/oracle/oradata/orcl/users02.dbf',
    '/u01/app/oracle/oradata/orcl/users03.dbf'
TO '/u01/app/oracle/oradata/orcl/users002.dbf',
    '/u01/app/oracle/oradata/orcl/users003.dbf' ;
```

④ 备份数据库，并将表空间联机：

```
SQL>ALTER TABLESPACE USERS ONLINE;
```

(2) 改变属于多个表空间的数据文件

下面以更改 ORCL 数据库 USERS 表空间中的 USERS002.DBF 文件位置和修改 EXAMPLE 表空间中的 example01.DBF 文件名为例，说明改变多个表空间数据文件的方法。

① 关闭数据库：

```
SQL>SHUTDOWN IMMEDIATE
```

② 在操作系统中，将要改动的数据文件复制到新位置或改变它们的名称。将 USERS 表空间中的 USERS002.DBF 文件复制到一个新的位置，如 D:\ORACLE\PRODUCT\10.2.0\ORADATA，修改 EXAMPLE 表空间数据文件 example01.DBF 的名为 example001.DBF。

③ 启动数据库到 MOUNT 状态：

```
SQL>STARTUP MOUNT
```

④ 执行 ALTER DATABASE RENAME FILE ... TO 语句更新数据文件名称或位置：

```
SQL>ALTER DATABASE RENAME FILE
    '/u01/app/oracle/oradata/orcl/users002.dbf',
    '/u01/app/oracle/oradata/orcl/example01.dbf'
```

```
TO '/u01/app/oracle/oradata/users002.dbf',
   '/u01/app/oracle/oradata/orcl/example001.dbf';
```

⑤　打开数据库，并对数据库进行备份：

```
SQL>ALTER DATABASE OPEN;
```

注意

如果对系统表空间、默认临时表空间或活动的撤消表空间中的数据文件或临时数据文件进行重命名或改变位置，必须使用 ALTER DATABASE 语句，因为这些表空间不能置为脱机状态。

5. 删除数据文件

可以使用 ALTER TABLESPACE ... DROP DATAFILE 语句删除某个表空间中的某个空数据文件，使用 ALTER TABLESPACE ... DROP TEMPFILE 语句删除某个临时表空间中的某个空的临时数据文件。所谓空数据文件或空临时数据文件，是指为该文件分配的所有区都被回收。删除数据文件或临时数据文件的同时，将删除控制文件和数据字典中与该数据文件或临时数据文件相关的信息，同时相应的物理文件也会从操作系统中删除。

例如，删除 USERS 表空间中的数据文件 USERS003.DBF 和删除 TEMP 临时表空间中的临时数据文件 TEMP03.DBF：

```
SQL>ALTER TABLESPACE USERS
   DROP DATAFILE '/u01/app/oracle/oradata/orcl/users003.dbf';
SQL>ALTER TABLESPACE TEMP
   DROP TEMPFILE '/u01/app/oracle/oradata/orcl/temp03.dbf';
```

对于临时数据文件的删除，还可以使用 ALTER DATABASE TEMPFILE ... DROP 语句来实现。例如，删除临时数据文件 TEMP03.DBF 还可以表示为：

```
SQL>ALTER DATABASE TEMPFILE
   '/u01/app/oracle/oradata/orcl/temp03.dbf' DROP
   INCLUDING DATAFILES;
```

删除数据文件或临时数据文件时受到以下约束：

- 数据库必须运行在打开状态。
- 如果数据文件或临时数据文件不空，则不能删除。
- 不能删除表空间的第一个或唯一的一个数据文件或临时数据文件。
- 不能删除只读表空间中的数据文件。
- 不能删除 SYSTEM 表空间的数据文件。
- 不能删除采用本地管理的处于脱机状态的数据文件。

6. 查询数据文件信息

使用数据字典视图和动态性能视图可以查看数据库数据文件信息。包含数据文件相关信息的数据字典视图和动态性能视图如表 5.1 所示。

表 5.1　包含数据文件信息的视图

视　图	描　述
DBA_DATA_FILES	包含数据库中所有数据文件的信息，包括数据文件所属的表空间、数据文件编号等
DBA_TEMP_FILES	包含数据库中所有临时数据文件的信息
DBA_EXTENTS USER_EXTENTS	DBA 视图描述了包含所有表空间中已分配的区的信息；用户视图描述了包含当前用户所拥有的对象在所有表空间中已分配的区的信息
DBA_FREE_SPACE USER_FREE_SPACE	DBA 视图列出了所有表空间中的空闲区，包括包含这些区的数据文件的编号；用户视图列出了当前用户可访问的表空间的中空闲区
V$DATAFILE	从控制文件中获取的数据文件信息
V$DATAFILE_HEADER	从数据文件头部获取的信息

(1)　查询数据文件动态信息

查询 V$DATAFILE 视图可以获取数据库所有数据文件的动态信息，在不同时间查询的结果是不同的。例如，查询当前数据库中所有数据文件的信息，语句为：

```
SQL> SELECT NAME,FILE#, STATUS, CHECKPOINT_CHANGE#  'CHECKPOINT'
FROM  V$DATAFILE;
NAME                                        FILE#   STATUS    CHECKPOINT
- - - - - - - - - - - - - - - - - - - - - - - - - - - - - - - - - - - -
'/u01/app/oracle/oradata/orcl/system01.dbf   1      SYSTEM      3839
'/u01/app/oracle/oradata/orcl/temp01.dbf     2      ONLIN        3782
'/u01/app/oracle/oradata/orcl/users03.dbf    3      OFFLINE     3782
```

在该视图中，FILE#为数据文件编号，CHECKPOINT_CHANGE#为数据文件的同步号，同步号随着系统的运行自动修改，以维持所有数据库文件的同步。

FILE#列出了每个数据文件的文件编号，随数据库创建的系统表空间的第一个数据文件的编号总是 1。STATUS 列出了一个数据文件的其他信息。系统表空间中的数据文件的状态都是 SYSTEM。其他非系统表空间的数据文件如果是处于联机状态，那么其状态都是联机，若处于脱机状态，那么其状态要么是脱机的，要么是恢复。

注意

Oracle 数据库中的每个数据文件都具有两个文件号，称为绝对文件号和相对文件号，用于唯一地确定一个数据文件。其中，绝对文件号用于在整个数据库范围内唯一标识一个数据文件；相对文件号用于在表空间范围内唯一标识一个数据文件。通常，查询各种数据字典或动态性能视图时，所得到的文件号都是绝对文件号。

(2)　查询数据文件的详细信息

如果要查询数据文件的详细信息，包括数据文件的名称、所属表空间、文件号、大小以及是否自动扩展等信息，可以查询 DBA_DATA_FILES 视图。例如，查询当前数据库所有数据文件的详细信息，语句为：

```
SQL>SELECT  TABLESPACE__NAME, AUTOEXTENSIBLE, FILE__NAME
    FROM DBA__DATA__FIIES;
TABLESPACE   AUT   FILE_NAME
-------------------------------------
USERS        YES   /u01/app/oracle/oradata/orcl/USERS01.DBF
SYSAUX       YES   /u01/app/oracle/oradata/orcl/SYSAUX01.DBF
UNDOTBS1     YES   /u01/app/oracle/oradata/orcl/UNDOTBS01.DBF
...
```

(3)　查询临时数据文件信息

查询 DBA_TEMP_FILES 视图可以获取临时数据文件信息。例如，查询当前数据库所有临时数据文件信息，语句为：

```
SQL>SELECT  TABIESPACE_NAME, FILE_NAME, AUTOEXTENSIBLE
    FROM  DBA_TEMP_FILES;
TABLESPACE   FILE_NAME                              AUT
-----------------------------------------------------
TEMP    /u01/app/oracle/oradata/orcl/TEMP01. DBF    YES
TEMP    /u01/app/oracle/oradata/orcl/TEMP02. DBF    NO
```

7. 利用 OEM 管理数据文件

以管理员身份启动并登录 OEM 数据库控制台，打开“服务器”属性页，单击“存储”标题下的“数据文件”链接，进入“数据文件”管理界面，如图 5.2 所示。通过该界面，可以完成数据文件的创建、编辑、查看、删除等管理操作。

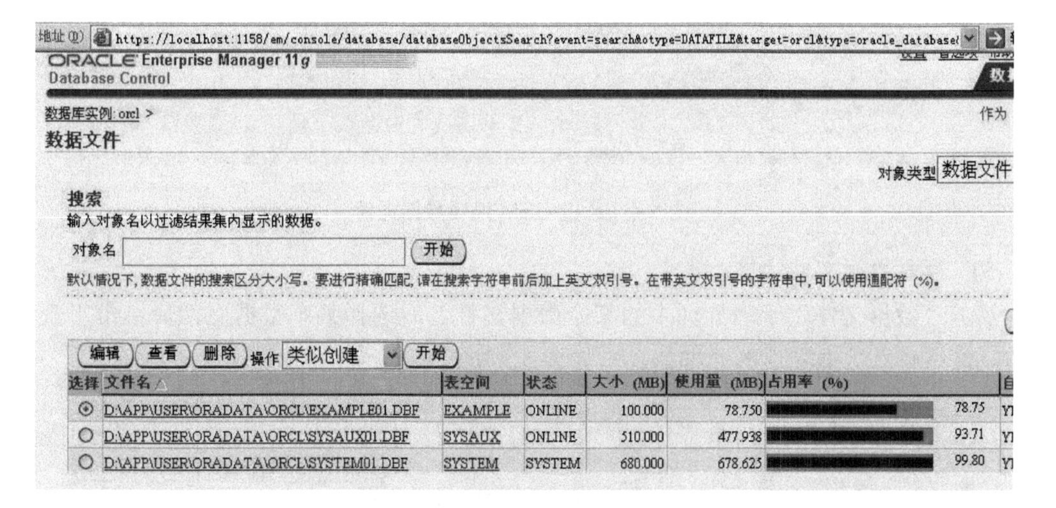

图 5.2　OEM 数据文件管理界面

(1)　创建数据文件

单击“数据文件”界面中的“创建”按钮，进入“创建数据文件”界面，如图 5.3 所示，可以进行数据文件的创建工作。完成各种信息的设置后，单击“确定”按钮，完成数据文件的创建。

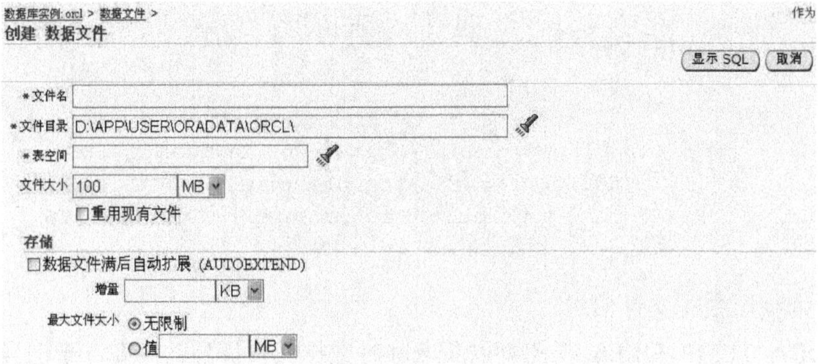

图 5.3　通过 OEM 创建数据文件

(2) 编辑数据文件

选择“数据文件”管理界面中某个文件前的单选按钮后，单击“编辑”按钮，进入“编辑数据文件”界面，如图 5.4 所示，可以进行数据文件的修改，包括文件大小的修改、可用性的修改、扩展方式的修改等。

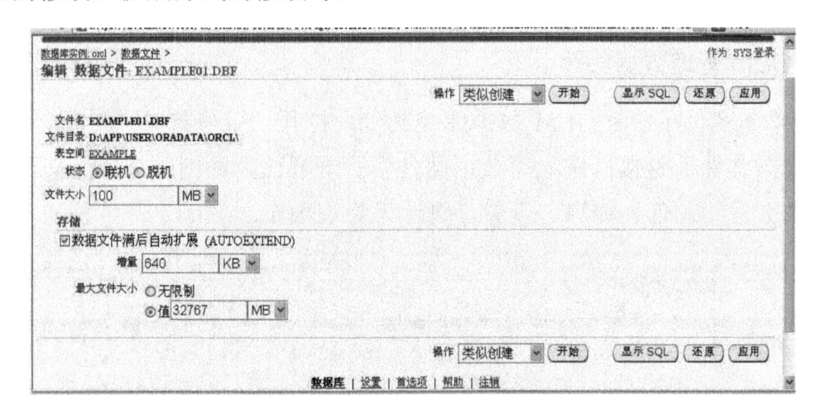

图 5.4　通过 OEM 编辑数据文件

(3) 查看数据文件信息

双击“数据文件”管理界面中的某个数据文件名或选择某个数据文件后单击“查看”按钮，可以查看数据文件的详细信息，如图 5.5 所示。

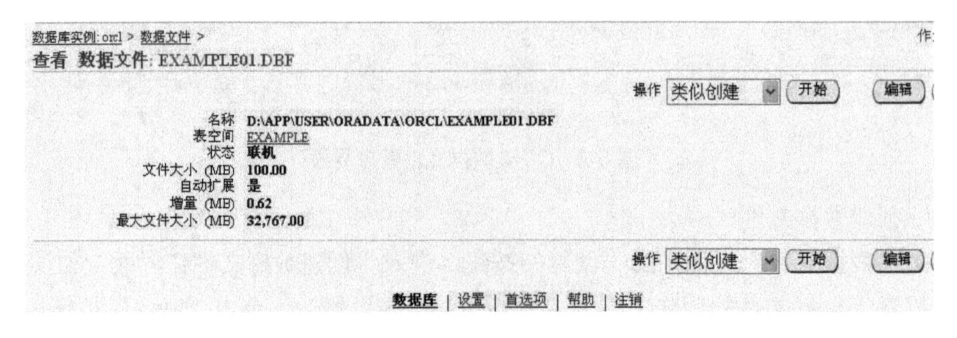

图 5.5　通过 OEM 查看数据文件

(4) 删除数据文件

在“数据文件”管理界面中选择某个要删除的数据文件(须满足数据文件的删除条件)后，单击“删除”按钮，可以删除该数据文件。

5.3 控 制 文 件

5.3.1 控制文件概述

1. 什么是控制文件

控制文件是 Oracle 数据库最重要的物理文件，描述了整个数据库的物理结构信息。控制文件在创建数据库时创建，每个数据库至少有一个控制文件。在数据库启动时，数据库实例依赖初始化参数定位控制文件，然后根据控制文件的信息加载数据文件和重做日志文件，最后打开数据文件和重做日志文件。

控制文件是一个二进制文件，DBA 不能直接修改，只能由 Oracle 进程读/写其内容。在数据库运行与维护阶段，数据文件与重做日志文件的结构变化信息都记录在控制文件中。当数据库处于打开状态时，Oracle 数据库服务器必须具有写控制文件的权限。如果没有控制文件，数据库就不能装载，且难于恢复。

2. 控制文件的内容

控制文件主要存储与数据库结构相关的一些信息，包括：

- 数据库名称和标识。
- 数据库创建的时间。
- 表空间名称。
- 数据文件和重做日志文件的名称和位置。
- 当前重做日志文件序列号(Log Sequence Number)。
- 数据库检查点的信息。
- 回退段的开始和结束。
- 重做日志的归档信息。
- 备份信息。
- 数据库恢复所需要的同步信息。

当数据库的物理结构发生变化时，如增加、删除、修改数据文件或重做日志文件时，Oracle 数据库服务器进程会自动更新控制文件以及记录数据库物理结构的变化。LGWR 进程负责将当前的重做日志文件序列号写入控制文件。CKPT 进程负责将检查点信息写入控制文件。ARCH 进程负责将归档信息写入控制文件。

此外，在控制文件中还存储了一些决定数据库规模的最大化参数，这些参数限制了数据库中相关参数的取值范围，同时也决定了控制文件的大小。通常这些参数的值是在

CREATE DATABASE 语句中设置的，数据库创建后，被写入控制文件中存储。控制文件中的最大化参数包括：

- MAXLOGFILE——重做日志文件组的最大数量。
- MAXLOGMEMBERS——重做日志文件组中最大成员的数量。
- MAXLOGHISTORY——历史重做日志文件的最大数量。
- MAXDATAFILES——数据文件的最大数量。
- MAXINSTANCES——可同时访问的数据库实例的最大个数。

注意

在 Oracle 10.2.0 之前的版本中，如果某种文件的数量超过了该最大值，则需要重新创建控制文件，而在 Oracle 10.2.0 及其之后的版本中，当某种文件的数量超过了该最大值时，控制文件可以自动扩展。例如，如果控制文件中 MAXLOGFILES 的值为 3，要使用 ALTER DATABASE 语句添加第 4 个重做日志文件组，那么在 Oracle 10.2.0 之前的版本中会出错，必须重新创建控制文件，将该参数设置为 4；而在 Oracle 10.2.0 及其之后的版本中，可以直接添加第 4 个重做日志文件组，控制文件会自动进行扩展。

3. 控制文件管理策略

Oracle 建议最少有两个控制文件，通过多路镜像技术，将多个控制文件分散到不同的磁盘中。如果相应的重做日志文件也是多路镜像的，那么这样做可以减少由于一个磁盘出现故障导致所有控制文件和所有的重做日志文件组丢失的风险。实施多路镜像控制文件要求在数据库运行过程中，始终从初始化参数文件中的 CONTROL_FILES 参数指定的第一个控制文件读取信息，并同时写 CONTROL_FILES 参数指定的所有控制文件。如果其中一个控制文件不可用，则必须关闭数据库并进行恢复。

此外，每次对数据库结构进行修改后(如添加、修改、删除数据文件和重做日志文件，添加、删除表空间或改变表空间的可用性)，应该及时备份控制文件。

5.3.2 控制文件管理

控制文件的管理主要包括创建、备份、删除控制文件和多路镜像控制文件的实现等。

1. 创建控制文件

创建控制文件主要有以下几种方式：

- 创建初始的控制文件。
- 创建额外的备份，重命名控制文件，控制文件改变位置。
- 创建新的控制文件。

(1) 创建初始控制文件

使用 CREATE DATABASE 语句可以创建 Oracle 数据库的初始控制文件。在数据库创建过程中使用初始化参数文件中的 CONTROL_FILES 参数设定控制文件，并且文件名必须

是使用带路径的全文件名。例如：

```
CONTROL_FILES=(/u01/oracle/orcl/control01.ctl,
              /u02/oracle/orcl/control02.ctl,
              /u03/oracle/orcl/control03.ctl)
```

如果特定的文件名在数据库创建时已经存在，必须在 CREATE DATABASE 语句中使用 CONTROLFILE REUSE 子句，否则会产生错误。另外，原有的控制文件的大小如果与新建的控制文件的 SIZE 参数不同，也不能使用 REUSE 子句。

在不同版本的 Oracle 数据库中，控制文件的大小可能会不同。此外，当控制文件中设置的文件数量变化时，也会使得控制文件的大小发生变化。像 MAXLOGFILES、MAXLOGMEMBERS、MAXLOGHISTROY、MAXDATAFILES 和 MAXINSTANCES 等参数的设置也会影响控制文件的大小。

(2)　控制文件多路镜像，对控制文件重命名和改变存储位置

为了保证数据库控制文件的可用性，Oracle 建议对控制文件实行多路镜像，即复制一个控制文件到一个新的存储位置，并在控制文件列表中增加文件。类似地，也可以重命名已有的控制文件。在这两种情况下，为了确保控制文件在操作过程中不会修改，在进行控制文件复制之前，先关闭数据库。

控制文件多路镜像或重命名的步骤如下。

①　关闭数据库。

②　在操作系统中，复制一个已有控制文件到新目录中，并重新命名。

③　在数据库参数文件列表中编辑 CONTROL_FILES 参数，添加一个新的控制文件名或改变已有的控制文件名。

④　重启数据库。

(3)　创建新的控制文件

在数据库创建完成后，如果发生下面几种情况，则需要手动创建新的控制文件：

- 控制文件全部丢失或损坏。
- 需要修改数据库名称。
- 在 Oracle 10.2.0 之前的版本中，需要修改某个最大化参数(如 MAXLOGFILES、MAXLOGMEMBERS、MAXDATAFIlES、MAXINSTANCES 等)。Oracle 10.2.0 之后的版本控制文件会根据需要自动扩展。

可以使用 CREATE CONTROLFILE 语句为数据库创建一个新的控制文件。该语句的语法为：

```
CREATE CONTROLFIIE [REUSE]
 [SET] DATABASE database
 [LOGFILE logfile_clause]
RESETLOGS | NORESETLOGS
 [DATAFILE file_specification]
 [MAXLOGFILES]
 [MAXLOGMEMBERS]
```

```
[MAXLOGHISTORY]
[MAXDATAFIIES]
[MAXINSTANCES]
[ARCHIVELOG | NOARCHIVELOG]
[FORCE LOGGING]
[CHARACTER SET character_set]
```

参数说明：

- REUSE：如果 CONTROL_FILES 参数指定的控制文件已经存在，则覆盖已有控制文件。如果新建控制文件与原有控制文件大小不一样，将产生错误。
- DATABASE：指定数据库名称。
- SET DATABASE：重命名数据库。
- LOGFILE：指定联机重做日志文件。
- RESETLOGS：如果重命名数据库或丢失部分联机重做日志文件，则需要指定该参数。
- NORESETLOGS：如果需要对数据库进行完全恢复，则需要指定该参数。
- DATAFILE：指定数据库的数据文件。
- ARCHIVELOG：指定数据库启动后运行在归档模式。
- NOARCHIVELOG：指定数据库启动后运行在非归档模式。
- FORCE LOGGING：指定数据库启动后，所有变更操作都记录到日志文件。
- CHARACTER SET：指定数据库的字符集。

新建控制文件的基本步骤如下。

① 制作数据库中所有的数据文件和重做日志文件列表。

如果数据库还可以打开，则可以通过查询下列数据字典视图获得数据文件和重做日志文件信息：

```
SQL>SELECT  MEMBER  FROM  V$LOGFIIE;
SQL>SELECT  NAME  FROM  V$DATAFIIE;
SQL>SELECT  VALUE  FROM V$PARAMETER WHERE NAME='control_files';
```

若数据库已经无法打开，则可以查看警告文件中的内容。如果 DBA 已经将控制文件备份到跟踪文件中，就能够很容易地获取数据文件和重做日志文件信息；如果没有备份控制文件，则只能手工查询操作系统，获得数据库数据文件和重做日志文件信息。如果漏掉了任何文件，将导致该文件无法恢复；如果漏掉了属于 SYSTEM 表空间的数据文件，那么数据库将无法恢复。

② 如果数据库仍然处于运行状态，则关闭数据库：

```
SQL>SHUTDOWN IMMEDIATE
```

③ 在操作系统级别备份所有的数据文件和联机重做日志文件。

④ 启动数据库到 NOMOUNT 状态：

```
SQL>STARTUP NOMOUNT
```

⑤　执行 CREATE CONTROLFILE 命令创建一个新的控制文件。

利用步骤①中获得的文件列表，创建新的控制文件。注意，如果除控制文件外，还丢失了某些重做日志文件，则需要使用 RESETLOGS 参数；如果数据库重新命名，也需要使用 RESETLOGS 选项；否则使用 NORESETLOGS 选项。例如下面的语句为 orcl 数据库重命名为 prod，并创建新的控制文件：

```
SQL>CREATE  CONTROLFILE  REUSE
   SET  DATABASE  prod
   LOGFILE
   GROUP 1  ' /u01/oracle/ prod /redo01_01.log '
         ' /u01/oracle/ prod /redo01_02.log ')
   GROUP 2  ' /u01/oracle/ prod /redo02_01.log '
         '/u01/oracle/ prod /redo02_02.log')
   GROUP 3  ' /u01/oracle/ prod /redo03_01.log '
         ' /u01/oracle/ prod /redo03_02.log ')
   RESETLOGS
   DATAFIIE
   ' /u01/oracle/ prod /SYSTEM01. DBF ',
   ' /u01/oracle/ prod /UNDOTBS01.DBF ' ,
   ' /u01/oracle/ prod /SYSAUX01.DBF' ,
   ' /u01/oracle/ prod /temp01.DBF' ,
   NOARCHIVELOG
   MAXLOGFILES 50
   MAXLOGMEMBERS 3
   MAXDATAFILES 200
   MAXINSTANCES  6
   MAXLOGHISTORY 400
   CHARACTER SET ZHS16GBK;
```

⑥　在操作系统级别对新建的控制文件进行备份。

⑦　检查步骤⑤中创建的控制文件是否与数据库的 CONTROL_FILES 初始化参数一致。如果数据库重命名，则编辑 DB_NAME 参数来指定新的数据库名称。

⑧　如果数据库需要恢复，则进行恢复数据库操作；否则直接进入步骤⑨。

- 如果创建控制文件时指定了 NORESTLOGS，就可以完全恢复数据库。例如：

```
SQL>RECOVER DATABASE;
```

- 如果创建控制文件时指定了 RESETLOGS，则必须在恢复时指定 USING BACKUP CONTROLFILE。例如：

```
SQL>RECOVER DATABASE USING BACKUP CONTROLFILE;
```

⑨　重新打开数据库。

- 如果数据库不需要恢复或已经对数据库进行了完全恢复，则可以使用下列语句正常打开数据库：

```
SQL>ALTER DATABASE OPEN;
```

- 如果在创建控制文件时使用了 RESETLOGS 参数，则必须指定以 RESETLOGS 方式打开数据库：

```
SQL>ALTER DATABASE OPEN  RESETLOGS;
```

这样数据库就打开并可以使用了。

2. 备份控制文件

为了避免由于控制文件的损坏或丢失而导致数据库系统崩溃，需要经常对控制文件进行备份。特别是对数据库物理存储结构做出修改之后，如数据文件的添加、删除或重命名，表空间的添加、删除，表空间读/写状态的改变，以及添加或删除重做日志文件和重做日志文件组等，都需要重新备份控制文件。

可以使用 ALTER DATABASE BACKUP CONTROLFILE 语句来备份控制文件。根据备份生成的控制文件类型的不同，控制文件备份分为两种方法。

(1) 将控制文件备份为二进制文件：

```
ALTER DATABASE BACKUP CONTROLFILE TO ' /u01/oracle/backup/control.bkp';
```

(2) 将控制文件备份为文本文件：

```
ALTER  DATABASE  BACKUP  CONTROLFILE  TO  TRACE;
```

此时将控制文件备份到<ORACLE_BASE>/admin/<SID>/udump 目录下的跟踪文件中，在跟踪文件中生成一个 SQL 脚本，可以利用它重建新的控制文件。

在控制文件备份之后，如果控制文件丢失或损坏，则只需修改 CONTROL_FILES 参数指向备份的控制文件，重新启动数据库即可。

3. 删除控制文件

如果控制文件的位置不合适，或当某个控制文件损坏时，可以删除该控制文件。删除控制文件的过程与创建多路镜像控制文件的过程相似，具体步骤如下。

(1) 关闭数据库。

(2) 编辑 CONTROL_ FILES 初始化参数，使其不包含要删除的控制文件。

(3) 在操作系统中删除控制文件。

(4) 重新启动数据库。

4. 查看控制文件信息

如果要获得控制文件信息，可以查询与控制文件相关的数据字典视图。与控制文件相关的数据字典视图如表 5.2 所示。

表 5.2 包含控制文件信息的数据字典视图

视 图	描 述
V$DATABASE	从控制文件中获取的数据库信息

续表

视　图	描　述
V$CONTROLFILE	包含所有控制文件名称与状态信息
V$CONTROLFILE_RECORD_SECTION	包含控制文件中各记录文档段信息
V$PARAMETER	描述从初始化参数 CONTROL_FILES 列出的控制文件名

例如，查询当前数据库中所有控制文件的信息：

```
SQL>SELECT  NAME  FROM  V$CONTROLFILE;
NAME
--------------------------------
/u01/app/user/oradata/orcl/control01.ctl
/u01/app/user/oradata/orcl/control02.ctl
/u01/app/user/oradata/orcl/control03.ctl
```

5. 利用 OEM 管理控制文件

以管理员身份启动并登录 OEM 数据库控制台，打开“服务器”属性页，单击“存储”标题下的“控制文件”链接，出现“一般信息”属性页，如图 5.6 所示。在该页面中，可以查看控制文件的个数、位置、名称、状态等信息。单击“备份到跟踪文件”按钮，将控制文件信息以文本方式写入跟踪文件中。

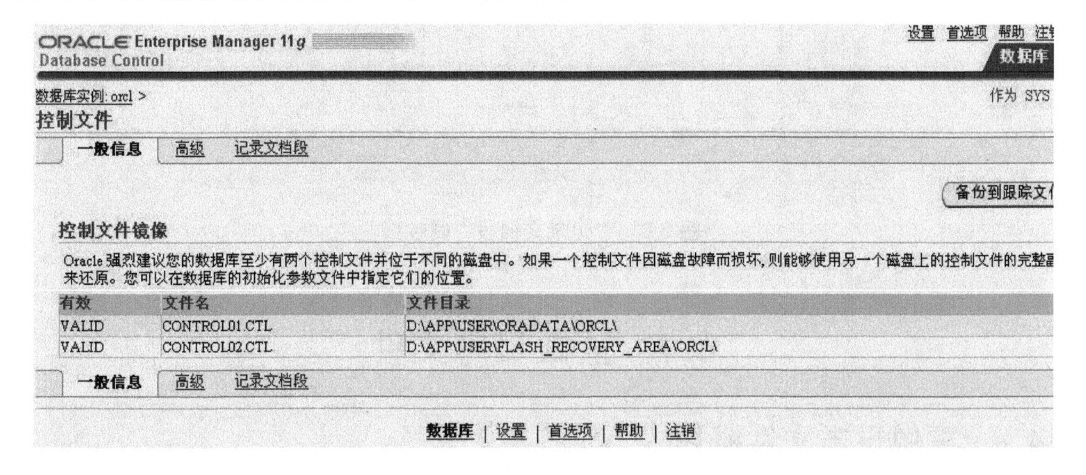

图 5.6　“一般信息”属性页

单击“高级”标签，进入“高级”属性页，如图 5.7 所示。可以查看控制文件内部的信息，包括数据库的物理存储结构信息、控制文件类型、控制文件创建日期、控制文件序列号等信息。

单击“记录文档段”标签，进入“记录文档段”属性页，如图 5.8 所示，可以查看控制文件记录信息，包括控制文件中的记录类型、记录大小、记录总计及已使用的记录等。

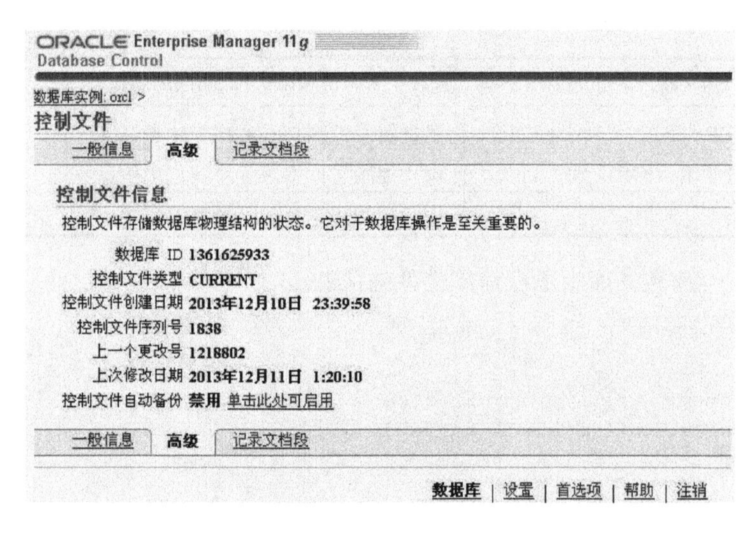

图 5.7 “高级”属性页

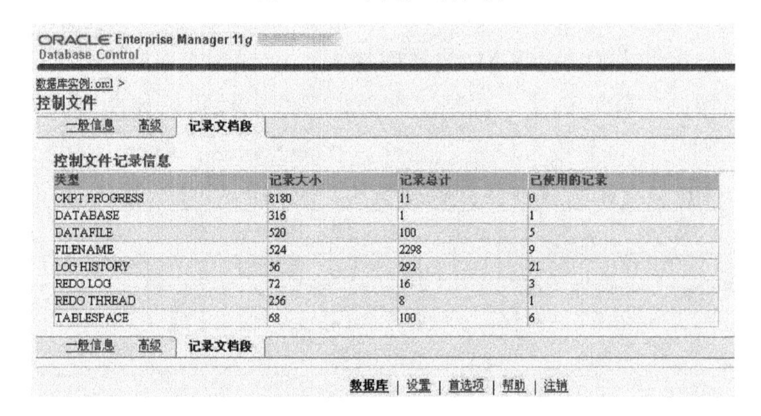

类型	记录大小	记录总计	已使用的记录
CKPT PROGRESS	8180	11	0
DATABASE	316	1	1
DATAFILE	520	100	5
FILENAME	524	2298	9
LOG HISTORY	56	292	21
REDO LOG	72	16	3
REDO THREAD	256	8	1
TABLESPACE	68	100	6

图 5.8 “记录文档段”属性页

5.4 重做日志文件

5.4.1 重做日志文件概述

1. 重做日志文件的概念

在数据库的恢复操作中，最重要的部分就是重做日志文件。每个数据库至少需要两个重做日志文件，重做日志文件以重做记录的形式记录、保存用户对数据库所进行的变更操作，包括用户执行 DDL、DML 语句的操作。如果用户只对数据库进行查询操作，那么查询信息是不会记录到重做日志文件中的。

重做日志文件是由重做记录构成的，每个重做记录由一组修改向量组成。修改向量记录了对数据库中某个数据块所做的修改，包括修改对象、修改之前对象的值、修改之后对象的值、该修改操作的事务号以及该事务是否提交等信息。因此，当数据库出现故障时，

利用重做日志文件可以恢复数据库。

在 Oracle 中，用户对数据库所做的变更操作产生的重做记录先写入 SGA 中的重做日志缓冲区，最终由 LGWR 进程写入重做日志文件。当用户提交一个事务时，与该事务相关的所有重做记录被 LGWR 进程写入日志文件，并同时为每个已提交事务产生一个“系统变更号”(System Change Number，SCN)，以标识事务的重做记录。只有当某个事务所产生的全部重做记录都写入重做日志文件后 Oracle 才认为这个事务已经成功提交。

利用重做日志文件恢复数据库是通过事务的重做(REDO)或回退(UNDO)实现的。

所谓的重做，是指由于某些原因导致事务对数据库的修改在写入数据文件之前丢失了，此时就可以利用重做日志文件重做该事务对数据库的修改操作。

所谓回退，是指如果用户在事务提交之前要撤消事务，Oracle 将通过重做记录中的回退信息撤消事务对数据库所做的修改。

2. 写重做日志文件的过程

每个数据库至少需要两个重做日志文件，这样就能保证，当一个重做日志文件在进行归档时，还有另一个重做日志文件可用。后台进程 LGWR 对重做日志文件采用循环写的方式进行工作，当一个重做日志文件被写满后，后台进程 LGWR 开始写入下一个重做日志文件，即日志切换，同时产生一个“日志序列号”(Log Sequence Numbers)，并将这个号码分配给即将开始使用的重做日志文件。当最后一个日志文件被写满后，LGWR 进程再重新转到第一个日志文件进行写入，图 5.9 描述了重做日志文件的循环写的过程。

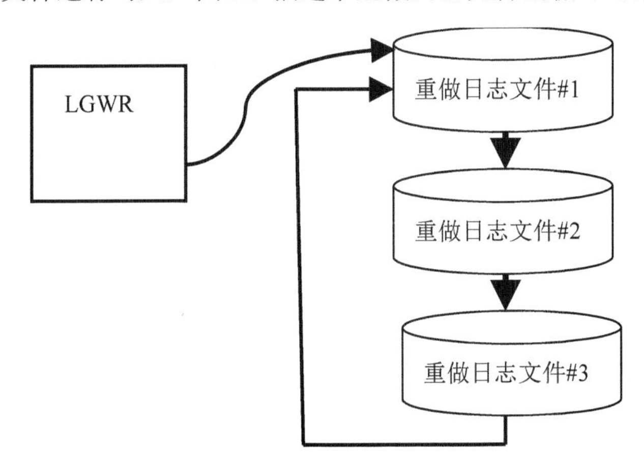

图 5.9　写重做日志文件的过程

通常，LGWR 进程在开始写入下一个重做日志文件之前，必须先确定这个即将被覆盖的重做日志文件已经完成下列工作。

(1) 如果数据库处于非归档模式，则该重做日志文件中的所有重做记录所对应的修改结果必须全部写入到数据文件中。

(2) 如果数据库处于归档模式，则该重做日志文件中的所有重做记录所对应的修改结果必须全部写入到数据文件中，且归档进程(ARCH)已经对该重做日志文件进行了归档。

Oracle 数据库在一个时刻只使用一个重做日志文件来存储来自于重做日志缓冲区中的重做记录。LGWR 进程正在写入的重做日志文件成为当前重做日志文件。需要用来进行实例恢复的重做日志文件称为活动的重做日志文件(Active Redo Log Files)，不再用来进行实例恢复的重做日志文件称为不活动的重做日志文件(Inactive Redo Log Files)。如果数据库运行在归档模式下，不能重用或覆盖一个活动的联机日志文件，除非一个归档进程 ARCn 对其内容进行了归档。如果数据库运行在非归档模式下，当最后一个重做日志文件写满后，LGWR 进程重新转到第一个活动文件进行写入。

3. 多路复用重做日志文件

为了保证 LGWR 进程的正常进行，通常采用重做日志文件组(GROUP)，在安装 Oracle 11g 时，默认创建三组重做日志文件。每个组中包含若干个完全相同的重做日志文件成员(MEMBER)，这些成员文件相互镜像。在数据库运行时，LGWR 进程同时向当前的联机重做日志文件组中的每个成员文件写信息。通常，将一组文件成员分散在不同的磁盘上，这样，一个磁盘的损坏不会导致日志文件组中所有成员的丢失，从而保证了数据库的正常运行。另外，如果需要对重做日志文件进行归档，将重做日志组的成员分布到不同的磁盘上，可以减少 LGWR 与 ARCn 进程之间的 I/O 冲突。

如果条件允许，最好也能够将数据文件和日志文件分别存放在不同的磁盘中，避免 LGWR 进程与 DBWR 进程之间的 I/O 冲突。

在采用多路复用的联机重做日志文件时，同一组的所有成员必须拥有同样的大小。不同组中的成员可以具有不同的大小。但是，组之间拥有不同大小的文件并不会带来任何好处。反而在没有设置基于时间的检查点时，检查点将在日志切换时发生。因此，如果所有的重做日志文件都具有相同的大小，就可以保证有规律地执行检查点。一个重做日志文件大小最小可以设置为 4MB。

在为数据库实例确定合理的重做日志文件时，往往要经过反复的试验和测试。理想的情况是，在保证 LGWR 进程永远不会出现等待的前提下，尽量使用最少的重做日志文件。如果 LGWR 进程经常因为检查点未完成而等待，就需要添加更多的重做日志文件组。在设置或更改数据库实例的重做日志文件组之前，需要考虑数据库对联机重做日志文件的限制。参数 MAXLOGFILES 为数据库指定重做日志文件的最大组数，参数 MAXLOGMEMBER 为每个组指定成员的最大数量。

5.4.2 重做日志文件的管理

数据库重做日志文件的管理主要包括创建重做日志组及成员、修改重做日志文件的名称和位置、删除重做日志组及成员、清空重做日志文件和查看重做日志文件信息等。

1. 创建重做日志文件组及成员

如果发现 LGWR 经常处于等待状态，就要考虑为其添加重做日志文件组及其成员。

要创建新的重做日志组和成员时，用户必须具有 ALTER DATABASE 系统权限。一个数据库最多可以拥有日志组的数量受到参数 MAXLOGFILES 的限制。

(1) 创建重做日志组

要创建联机重做日志文件组，可以使用带 ADD LOGFILE 子句的 ALTER DATABASE 语句。下面的例子向数据库添加一个新的重做日志组：

```
SQL>ALTER DATABASE ADD LOGFILE
     ('/oracle/dbs/log1c.rdo','/oracle/dbs/log2c.rdo')
    size 10M;
```

注意

新的日志成员使用全路径名来确定其位置。否则文件会根据操作系统的设定放到数据库服务器的默认路径或当前目录中。

新增的重做日志组具有两个成员，每个成员文件的大小均为 10MB。一般情况下，日志文件的大小在 10MB 到 50MB 之间，Oracle 默认的日志文件大小为 50MB。

在上述示例中没有为 ALTER DATABASE ADD LOGFILE 语句指定 GROUP 子句，这时 Oracle 会自动为新建的重做日志组设置编号，一般在当前组号之后递增。也可以显式地利用 GROUP 子句来指定新建的重做日志组的编号。例如，创建新的日志组，并将新的日志组指定为第 4 组：

```
SQL> ALTER DATABASE ADD LOGFILE
    group 4 ('/oracle/dbs/log1c.rdo','/oracle/dbs/log2c.rdo')
    size 10M;
```

使用组号可以更加方便地管理重做日志组，但是对日志组的编号必须连续，不能跳跃式地指定日志组编号。也就是说，不要将组号编为 10、20、30 等这样不连续的数，否则会耗费数据库控制文件中的空间。

如果要创建的日志文件已经存在，则必须在 ALTER DATABASE 语句中使用 REUSE 子句，覆盖已有的操作系统文件。在使用 REUSE 的情况下，不能再使用 SIZE 子句设置重做日志文件的大小，重做日志文件的大小将由已存在的日志文件的大小决定。

(2) 创建日志成员文件

在某些情况下，不需要为数据库创建一个新的重做日志组，只需要为已经存在的重做日志组添加新的成员日志文件。例如，由于某个磁盘发生物理损坏，导致日志组丢失了一个成员日志文件，这时就需要通过手工方式为日志组添加一个新的日志成员文件。为重做日志组添加新的成员，需要使用带 ADD LOGFILE MEMBER 子句的 ALTER DATABASE 语句。例如向第 2 组添加了一个新的成员日志文件的 SQL 语句为：

```
SQL>ALTER DATABASE ADD LOGFILE MEMBER 'oracle/dbs/log2b.rdo' to GROUP 2;
```

此外，也可以通过指定重做日志组中的其他成员的名称，来确定要添加的成员所属的重做日志组。例如：

```
SQL>ALTER DATABASE ADD LOGFILE MEMBER 'oracle/dbs/log2c.rdo'
   TO ('oracle/dbs/log2a.rdo','oracle/dbs/log2b.rdo');
```

注意

新建日志成员的状态显示为 invalid，只有其被第一次使用后才会改为 active。

2. 重新定义和重命名日志成员

在重做日志文件创建后，有时还需要改变它们的名称和位置。例如，原来系统中只有一个磁盘，因此重做日志组中的所有成员都存放在同一个磁盘上：而后来为系统新增了一个磁盘，这时就可以将重做日志组中的一部分成员移动到新的物理磁盘中。

注意

只能更改处于 inactive 或 unused 状态的重做日志文件组的成员文件的名称或位置。

例如，将重做日志文件 D:\app\user\oradata\orcl\redo03.log，重命名为该路径下的 redo003.log，将 D:\app\user\oradata\orcl\redo02.log 移到 E:\app\user\oradata\orcl 目录下。

修改重做日志文件的名称和位置的具体操作步骤如下。

(1) 关闭数据库：

```
SQL>SHUTDOWN
```

(2) 在操作系统中重新命名重做日志文件，或者将重做日志文件复制到新的位置，然后再删除原来位置上的文件。

(3) 重新启动数据库实例，加载数据库，但是不打开数据库：

```
SQL>CONNECT /AS SYSDBA
SQL>STARTUP MOUNT
```

(4) 使用带 RENAME FILE 子句的 ALTER DATABASE 语句重新设置重做日志文件的路径和名称，使用的语句如下：

```
SQL>ALTER DATABASE RENAME FILE
    'D:\app\user\oradata\orcl\redo03.log',
    'D:\app\user\oradata\orcl\redo02.log'
TO 'D:\app\user\oradata\orcl\redo003.log'
    'E:\app\user\oradata\orcl\redo02.log'
```

(5) 打开数据库：

```
SQL>ALTER DATABASE OPEN;
```

(6) 备份控制文件。

重新启动数据库后，对联机重做日志文件的修改将生效。

通过查询数据字典 V$LOGFILE 可以获知数据库现在所使用的重做日志文件：

```
SQL>SELECT MEMBER FROM v$LOGFILE;
```

3. 删除重做日志文件组及其成员

在某些情况下，DBA 也许希望删除重做日志的某个完整的组，或减少某个日志组中的成员使其更加对称。如果存放日志文件的磁盘损坏，就需要删除该损坏磁盘的日志文件，以防止 Oracle 将重做记录写入到不可访问的文件中。

(1) 删除成员日志文件

如果要删除重做日志文件组中的某个成员文件，需要注意以下事项：

- 删除成员日志文件后，可能会导致各个重做日志组所包含的成员数不一致。在删除某个日志组中的一个成员后，数据库仍然可以运行，但是如果一个日志组只有一个成员文件，而这个成员文件被破坏，数据库将会崩溃。
- 每个重做日志组中至少要包含一个可用的成员。那些处于无效状态的成员日志文件对于 Oracle 来说都是不可用的。可以通过查询 v$LOGFILE 数据字典视图来查看各个成员日志文件的状态。
- 只能删除状态为 INACTIVE 的重做日志组中的成员文件。如果要删除的成员日志文件所属的重做日志组处于 CURRENT 状态，则必须执行一次手工日志切换。
- 如果数据库处于非归档模式下，在删除成员日志文件之前，必须确定它所属的重做日志组已经被归档。

要删除一个成员日志文件，只需要使用带 DROP LOGFILE MEMBER 子句的 ALTER DATABASE 语句。

例如，下面的语句删除了 4 号日志组的 redo02.log 文件：

```
SQL>ALTER DATABASE DROP LOGFILE MEMBER
 D:\app\user\oradata\log\redo02.log';
```

需要说明的是，上述语句只是在数据字典和控制文件中将重做日志成员的信息删除，并不会在操作系统中物理地删除相应的文件，这需要确认删除成功后再手工在操作系统中删除文件。

(2) 删除整个日志组

如果某个重做日志组不再需要使用，可以将整个日志组删除。删除一个日志组时，其中的成员文件也将被删除。在删除日志组时，需要注意如下限制：

- 无论日志组中有多少个成员，一个数据库至少需要两个日志组。
- 只能删除处于 INACTIVE 状态的日志组。如果要删除 CURRENT 状态的重做日志组，必须执行一个手工切换日志，将它切换到 INACTIVE 状态。
- 如果数据库处于归档模式下，在删除重做日志组之前必须确定它已经被归档。可以查询 V$LOG 数据字典视图，查看是否已经对日志组进行归档：

```
SQL>SELECT GROUP#,ARCHIVED,STATUS FROM V$LOG;
```

要删除一个重做日志组，需要使用带有 DROP LOGFILE 子句的 ALTER DATABASE 语句。

例如，删除 4 号重做日志组的语句为：

```
SQL>ALTER DATABASE DROP LOGFILE GROUP 4;
```

4. 重做日志文件切换

当 LGWR 进程结束对当前重做日志文件组的使用，开始写入下一个重做日志文件组时，称发生了一次“日志切换”。通常，只有当前的重做日志文件组写满后才自动进行日志切换，但是可以通过设置参数 ARCHIVE LAG TARGET 控制日志切换的时间间隔，在必要时也可以采用手工强制进行日志切换。例如，如果要删除当前处于 CURRENT 状态的重做日志文件组或该文件组中的成员文件，则需要采用手动日志切换，将该重做日志文件组切换到 INACTIVE 状态。

进行手工日志切换时必须拥有 ALTER SYSTEM 权限。强制日志切换是通过 ALTER SYSTEM SWITCH LOGFILE 语句实现的：

```
SQL>ALTER SYSTEM SWITCH LOGFILE;
```

当发生日志切换时，系统将为新的重做日志文件产生一个日志序列号，在归档时该日志序列号一同被保存。日志序列号是在线日志文件和归档日志文件的唯一标识。

5. 清除重做日志文件组

在数据库运行过程中，联机重做日志文件可能会因为某些原因而损坏，导致数据库最终由于无法将损坏的重做日志文件归档而停止。如果发生这种情况，可以在不关闭数据库的情况下，手工清除损坏的重做日志文件内容，避免出现数据库停止运行的情况。

清除重做日志文件就是将重做日志文件中的内容全部清除，相当于删除该重做日志文件，然后再重新建立它。清除重做日志文件组将该文件组中的所有成员文件全部清空。

使用 ALTER DATABASE CLEAR LOGFILE 语句可以实现清除重做日志文件组。例如，清除 4 号重做日志文件组：

```
SQL>ALTER DATABASE CLEAR  LOGFILE GROUP 4;
```

如果要清空的重做日志文件组尚未归档，则必须使用 UNARCHIVED 子句，以避免对这个重做日志文件组进行归档。例如：

```
SQL>ALTER  DATABASE  CIEAR UNARCHIVED  LOGFILE GROUP  4;
```

如果清除一个未归档的重做日志文件，应该对数据库进行备份。

要清除一个未归档的重做日志文件，需要将一个联机的表空间脱机，可以使用带 UNRECOVERABLE DATAFILE 子句的 ALTER DATABASE CLEAR LOGFILE 语句。

6. 查看重做日志文件信息

对于 DBA 而言，可能需要经常查询日志文件，以了解使用的情况。在 Oracle 11g

中，可以通过数据字典视图查询数据库重做日志文件的相关信息。包含重做日志文件信息的数据字典视图如表 5.3 所示。

表 5.3 包含重做日志文件信息的数据字典视图

数据字典视图	包含信息
V$LOG	包含从控制文件中获取所有重做日志文件组的基本信息
V$LOGFILE	包含重做日志文件组及其成员文件的信息
V$LOG_HISTORY	包含关于重做日志文件的历史信息

(1) 查询重做日志文件组的信息

通过查询 V$LOG 视图，可以获得数据库所有的日志文件组信息，包括每个组的状态、成员数量、日志序列号和是否已经归档等。

例如：

```
SQL> SELECT  GROUP#, SEQUENCE#, MEMBERS, STATUS, ARCHIVED   FROM  V$LOG;
GROUP#   SEQUENCE#    MEMBERS    STATUS      ARC
-----------------------------------------------------------------------
   1          41            2     INACTIVE     NO
   2          42            1     CURRENT      NO
   3          40            1     INACTIVE     NO
   4          39            3     INACTIVE     NO
```

重做日志文件组的状态有下列 4 种。

- CURRENT：当前正在被 LGWR 进程写入的重做日志文件组。
- ACTIVE：当前用于实例恢复的重做日志文件组，如正在归档。
- INACTIVE：当前没有用于实例恢复的重做日志文件组。
- UNUSED：新创建当前还没有被使用的重做日志文件组。

(2) 查询重做日志文件的信息

通过查询 V$LOGFILE 数据字典视图，可以获得数据库所有重做日志文件的名称、状态及是否处于联机状态等信息：

```
SQL>SELECT * FROM V$LOGFILE
GROUP#   STATUS  TYPE     MEMBER
--------------------------------------------------------------
1          ONLINE   D:\app\user\oradata\orcl\redo04.log
2          ONLINE   D:\app\user\oradata\orcl\redo03.log
3          ONLINE   D:\app\user\oradata\orcl\redo02.log
4          ONLINE   D:\app\user\oradata\orcl\redo01.log
```

重做日志文件的状态有下列 3 种。

- VALID：当前可用的重做日志文件。
- INVALID：当前不可用的重做日志文件。
- STALE：产生错误的重做日志文件。

7. 利用 OEM 管理重做日志文件

以管理员身份启动并登录 OEM 数据库控制台，打开“服务器”属性页，单击 “存储”标题下的“重做日志组”链接，进入如图 5.10 所示的“重做日志组”管理界面，可以进行重做日志组的创建、编辑、查看、删除及清空等操作。

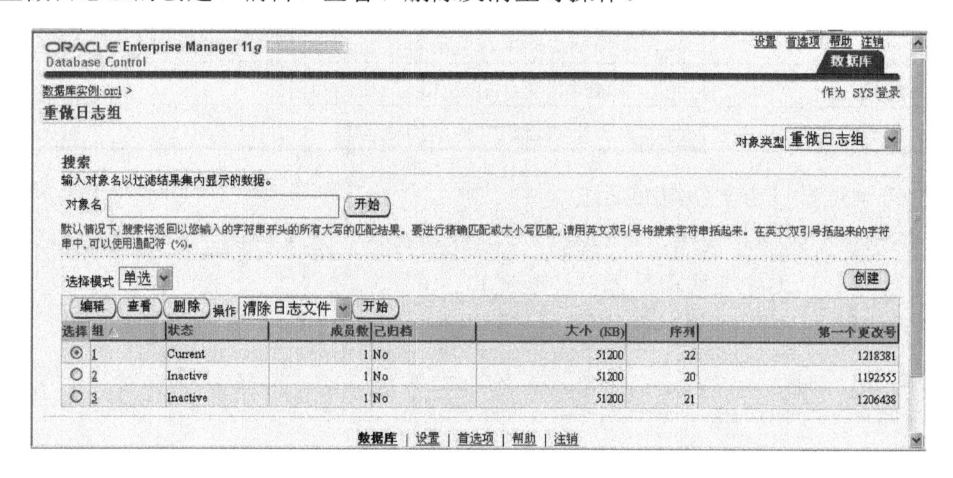

图 5.10 “重做日志组”管理界面

(1) 创建重做日志组

单击“重做日志组”管理界面中的“创建”按钮，进入“创建重做日志组”界面，如图 5.11 所示。

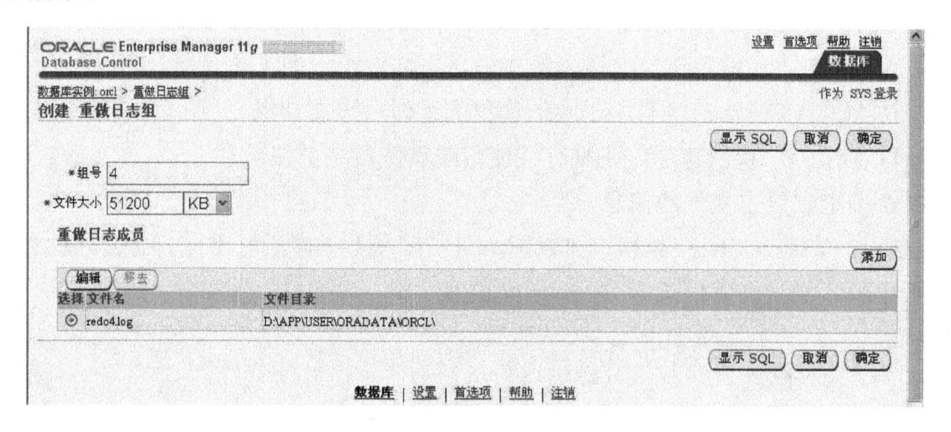

图 5.11 “创建重做日志组”界面

设置完组号和文件大小后，可以进行重做日志成员的添加、删除和修改操作。

单击“添加”按钮，进入“添加重做日志成员”界面，如图 5.12 所示，可以为重做日志组添加成员文件。

在“重做日志组”管理界面中选择一个重做日志成员文件后，单击“编辑”按钮，进入编辑重做日志成员界面，如图 5.13 所示，可以对选择的重做日志组成员文件的名称和位置进行修改。

图 5.12　“添加重做日志成员”界面

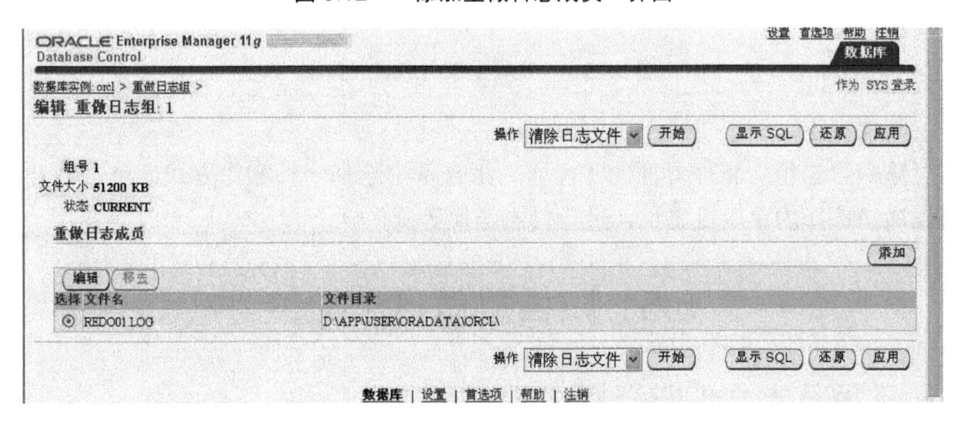

图 5.13　编辑重做日志成员界面

(2) 编辑重做日志组

在“重做日志组”管理界面中选择一个要编辑的重做日志组后，单击“编辑”按钮，进入“编辑重做日志组”界面，如图 5.14 所示，可以对重做日志组中的成员文件进行添加、删除和编辑操作。

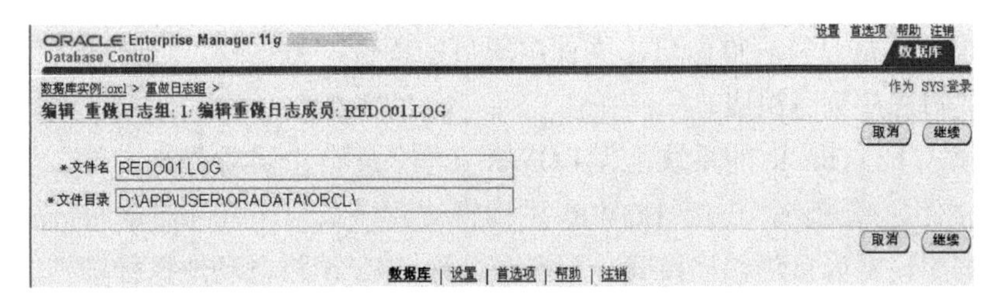

图 5.14　“编辑重做日志组”界面

(3) 查看重做日志组

在“重做日志组”管理界面中选择一个要查看的重做日志组后，单击“查看”按钮，进入“查看重做日志组”界面，如图 5.15 所示，可以查看重做日志组成员的组成情况。

(4) 删除重做日志组

在“重做日志组”管理界面中选择一个要删除的重做日志组后，单击“删除”按钮，可以删除 INACTIVE 状态的重做日志组。

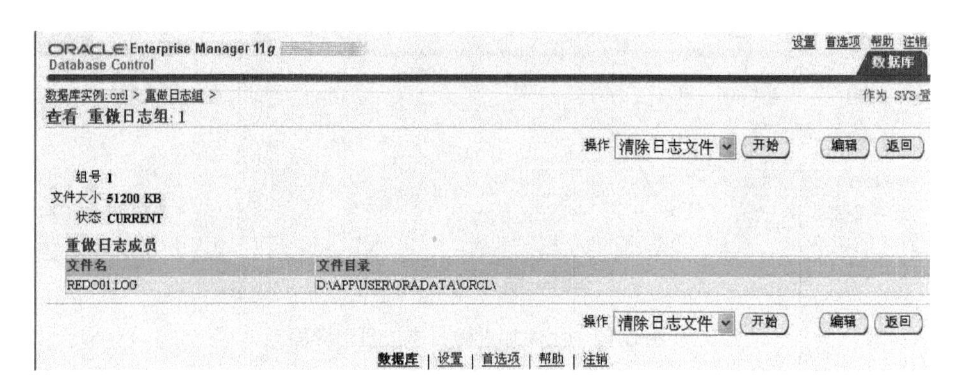

图 5.15 “查看重做日志组”界面

(5) 其他操作

在“重做日志组”管理界面的“操作”组合框中选择一种操作方式，单击“开始”按钮，可以清空选择的重做日志组，进行日志切换等操作。

5.5 归档重做日志文件

5.5.1 重做日志文件归档概述

Oracle 数据库能够把已经写满了的重做日志文件组保存到指定的一个或多个脱机位置，被保存的重做日志文件的集合称为归档重做日志文件，将重做日志文件保存为归档重做日志文件的过程称为归档。根据是否进行重做日志文件归档，数据库运行可以分为归档模式(ARCHIVELOG)和非归档模式(NOARCHIVELOG)。数据库只有运行在归档模式下，归档操作才会进行。归档操作可以由数据库后台进程 ARCn 自动完成，也可以手动完成。

归档日志文件是已写满重做日志文件组成员的备份，由重做日志文件和标识重做日志文件的唯一的日志序列号组成。

在归档模式下，Oracle 的系统进程 LGWR 在写入下一个重做日志文件之前，必须等待该重做日志文件完成归档，否则 LGWR 进程将被暂停执行，直到对重做日志文件归档完成。如果数据库设置为自动归档模式，则后台进程 ARCn 将自动地执行归档操作。数据库会启动多个归档进程，来确保归档日志一旦被写满会立即归档。

归档重做日志可以用于数据库的恢复。由于归档日志记录了数据库运行于归档模式后用户对数据库所进行的所有修改操作，因此在数据库出现故障时，即使是介质故障，利用数据库备份、归档重做日志文件和联机重做日志文件也可以完全恢复数据库。而在非归档模式下，由于没有保存过去的重做日志文件，数据库只能从实例崩溃中恢复，而无法进行介质恢复。同时，在非归档模式下不能执行联机表空间备份操作，不能使用联机归档模式下建立的表空间备份进行恢复，而只能使用非归档模式下建立的完全备份来对数据库进行恢复。因此，在非归档模式下，只能将数据库恢复到最近一次进行完全备份的状态。因

此，如果数据库运行于非归档模式下，DBA 必须经常定时地对数据库进行完全备份。

此外，在归档模式和非归档模式下进行日志切换的条件也不同。在非归档模式下，日志切换的前提条件是已写满的重做日志文件在被覆盖之前，其所有重做记录所对应的事务的修改操作结果全部写入到数据文件中。在归档模式下，日志切换的前提条件是已写满的重做日志文件在被覆盖之前，不仅所有重做记录所对应的事务的修改操作结果全部写入到数据文件中，还需要等待归档进程完成对它的归档操作。

对重做日志文件进行归档具有如下优势：

- 如果发生磁盘物理损坏，则可以使用数据库备份与归档重做日志恢复已经提交的事务，保证不会发生任何数据丢失。
- 利用归档日志文件，可以实现使用数据库打开状态下创建的备份文件来进行数据库恢复。
- 如果为当前数据库建立一个数据库备份，通过持续地为备份数据库备份应用归档重做日志，可以保证源数据库与备份数据库的一致性。
- 可以使用 LogMiner 获取数据库的历史信息。

5.5.2　数据库归档管理

安装 Oracle 11g 时，数据库是运行在非归档模式下，从而避免对创建数据库的过程中生成的重做日志进行归档。当数据库开始正常运行后，就可以将它切换到归档模式下，从而保证数据库中数据的完全恢复。这时需要将数据库从归档模式切换到非归档模式，使用带有 ARCHIVELOG 或 NOARCHIVELOG 子句的 ALTER DATABASE 语句。对数据库进行归档管理主要包括数据库归档模式的切换、归档模式下归档方式的选择、归档进程数设置和归档路径的设置等。

1. 设置数据库归档/非归档模式

在创建数据库时，可以通过在 CREATE DATABASE 语句中指定 ARCHIVELOG 或 NOARCHIVELOG 子句将数据库的初始模式设置为归档模式或非归档模式。

数据库创建后，可以通过 ALTER DATABASE ARCHIVELOG 或 ALTER DATABASE NOARCHIVELOG 语句来修改数据库的模式，只有 SYSDBA 用户才能改变数据库的归档模式。切换数据库归档模式的基本步骤如下。

(1) 关闭数据库：

```
SQL>SHUTDOWN IMMEDIATE
```

(2) 启动数据库到 MOUNT 状态：

```
SQL>STARTUP MOUNT
```

(3) 使用 ALTER DATABASE ARCHIVELOG 语句将数据库设置为归档模式：

```
SQL>ALTER DATABASE ARCHLVELOG;
```

或使用 ALTER DATABASE NOARCHIVELOG 语句将数据库设置为非归档模式：

```
SQL>ALTER DATABASE  NOARCHIVELOG;
```

(4) 打开数据库：

```
SQL>ALTER  DATABASE  OPEN;
```

2. 归档模式下归档方式的选择

数据库在归档模式下运行时，可以采用自动或手动两种方式归档重做日志文件。但自动归档模式更加方便快捷。如果选择自动归档方式，那么在重做日志文件被覆盖之前，ARCH 进程将重做日志文件内容归档；如果选择了手动归档，那么在重做日志文件被覆盖之前，需要 DBA 手动将重做日志文件归档，否则系统将处于挂起状态。自动归档日志的过程如图 5.16 所示。

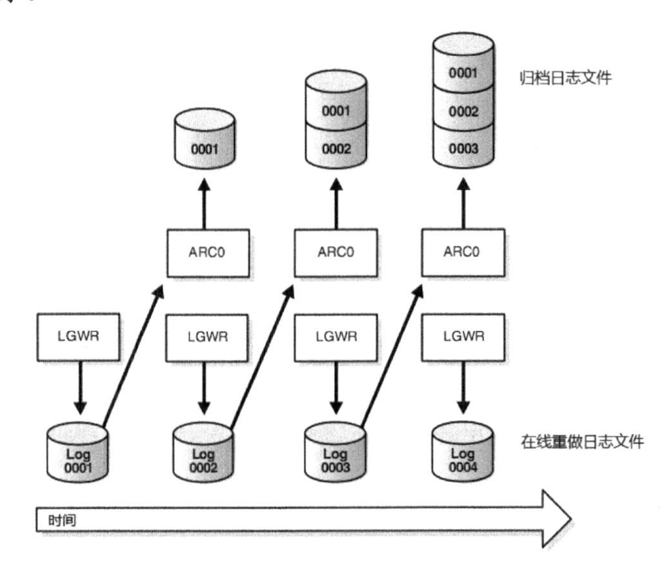

图 5.16　自动归档日志的过程

LGWR 进程向联机重做日志文件写入日志信息，一旦重做日志组被写满，则由 ARC0 进行归档。

(1) 自动归档方式的设置

从 Oracle 10g 开始，只要把数据库设置为归档模式，Oracle 会自动启动归档进程，即进入自动归档方式。

可以通过 ALTER SYSTEM ARCHIVE LOG 语句启动或关闭归档进程。

① 启动归档进程：

```
SQL>ALTER SYSTEM ARCHIVE LOG START;
```

② 关闭归档进程：

```
SQL>ALTER SYSTEM ARCHIVE LOG STOP;
```

(2) 手动归档

如果数据库处于归档模式，无论是否启动了归档进程，DBA 都可以执行手动归档操作。如果没有启动归档进程，那么 DBA 必须定时对处于 INACTIVE 状态的已写满的重做日志文件进行手动归档，否则数据库将处于挂起状态；如果启动了归档进程，那么 DBA 也可以对处于 INACTIVE 状态的已被写满的重做日志文件进行手动归档。为了执行手工归档，需要用户以管理员身份连接数据库，并使数据库进入 MOUNT 或 OPEN 状态。

可以使用下面的命令将数据库设置为手动归档模式：

```
ALTER DATABASE ARCHIVELOG MANUAL;
```

对已满的重做日志文件进行手工归档，可以使用 ALTER SYSTEM ARCHIVE LOG 语句来实现。

① 对所有已经写满的重做日志文件(组)进行归档：

```
SQL>ALTER SYSTEM  ARCHIVE LOG ALL;
```

② 对当前的联机日志文件(组)进行归档：

```
SQL>ALTER SYSTEM ARCHIVE LOG CURRENT;
```

如果采用手动归档，则归档目标不能为远程备用数据库。

3. 归档目标设置

在归档重做日志之前，需要指定归档目标，即归档的重做日志文件存储的位置。在 Oracle 11g 中，开启归档模式时，默认归档目录由数据库初始化参数 db_recovery_file_dest 指定。例如：

```
db_recovery_file_dest='/u01/app/oracle/flash_recovery_area'
```

在 Oracle 11g 中，可以选择将重做日志文件保存到一个目标，也可以保存到多个目标。如果指定多个归档目标，那么归档时就会在每个目标处都存一份每个已写满的重做日志文件的备份，这些冗余备份在其中一个目标出现故障时能确保归档日志仍然可用。

若归档到一个目标，可使用 LOG_ARCHIVE_DEST 初始化参数；若归档到多个目标，可选择归档到两个或更多的存储位置，使用 LOG_ARCHIVE_DEST_n 初始化参数；若只归档到一个主归档目标和一个次归档目标，可使用 LOG_ARCHIVE_DEST 和 LOG_ARCHIVE_DUPLEX_ DEST 这两个初始化参数。

(1) 使用初始化参数 LOG_ARCHIVE_DEST 设置单一归档目标：

```
SQL>ALTER SYSTEM SET LOG_ARCHIVE_DEST='D:\ORACLE\BACKUP' SCOPE=SPFILE;
```

(2) 使用初始化参数 LOG_ARCHIVE_DEST 和 LOG_ARCHIVE_DUPLEX_DEST 设置两个归档目标。

这种方法最多只能设置两个归档目标，LOG_ARCHIVE_DEST 参数指定主归档目标，LOG_ARCHIVE_ DUPLEX_ DEST 指定次归档目标，而且只能进行本地归档。例如：

```
SQL>ALTER SYSTEM SET LOG_ARCHIVE_DEST='D:\ORACLE\BACKUP' SCOPE=SPFILE;
SQL>ALTER SYSTEM SET LOG_ARCHIVE_DUPLEX_DEST='E:\ORACLE\BACKUP'
   SCOPE=SPFILE;
```

(3) 使用初始化参数 LOG_ARCHIVE_DEST_n 设置多个归档目标。

其中 n 是一个 1~31 的整数，归档目标 1~10 可以是本地系统的目录，也可以是远程的数据库系统，而归档目标 11~31 只能是远程的。如果在参数设置中使用了 LOCATION 子句，则归档目标可以是本地系统目录、Oracle ASM 磁盘组或快速恢复区。例如：

```
SQL>ALTER SYSTEM SET LOG_ARCHIVE_DEST_1='LOCATION=D:\BACKUP\ARCHIVE';
SQL>ALTER SYSTEM SET LOG_ARCHIVE_DEST_2='LOCATION=+DGGROUP1';
SQL>ALTER SYSTEM SET LOG_ARCHIVE_DEST_3='LOCATION=
   USE_DB_RECOVERY_FILE_DEST';
```

如果在参数设置中使用了 SERVICE 子句，则归档目标为网络服务名所对应的远程备用数据库。例如：

```
SQL>ALTER SYSTEM SET LOG_ARCHIVE_DEST_2='SERVICE=QDUTEST';
```

其中 QDUTEST 为一个远程备用服务器的服务名。

使用参数 LOG_ARCHIVE_DEST_n 设置归档路径的方法、步骤与使用 LOG_ARCHIVE_DEST 和 LOG_ARCHIVE_DUPLEX_DEST 参数值指定归档路径相似。

注意

归档目标设置的 3 组参数中一次只能使用一组设置归档路径，而不能同时使用两组。

(4) 设置归档文件命名方式。

通过设置初始化参数 LOG_ARCHIVE_FORMAT 可以指定归档文件命名方式，在参数值中可以包含%s、%S、%t、%T、%r 和%R，其含义如下。

- %s：代表日志文件序列号(Log Sequences Number)。
- %S：代表日志文件序列号，不足 3 位的以 0 补齐。
- %t：代表线程号(Thread Number)。
- %T：代表线程号，不足 3 位的以 0 补齐。
- %r：代表重做日志的 ID(Resetlogs ID)。
- %R：代表重做日志的 ID，不足 3 位的以 0 补齐。

例如：

```
SQL>ALTER SYSTEM SET  LOG_ARCHIVE_FORMAT='arch_%t_%S_%r.arc'
   SCOPE=SPFILE;
```

假设对线程 1，日志序列号为 100、101、102，重做日志的 ID 为 509210197，上述语句产生的归档日志如下：

```
/disk1/archive/arch_1_100_509210197.arc
/disk1/archive/arch_1_101_509210197.arc
/disk1/archive/arch_1_102_509210197.arc

/disk2/archive/arch_1_100_509210197.arc
/disk2/archive/arch_1_101_509210197.arc
/disk2/archive/arch_1_102_509210197.arc

/disk3/archive/arch_1_100_509210197.arc
/disk3/archive/arch_1_101_509210197.arc
/disk3/archive/arch_1_102_509210197.arc
```

4. 设置启动最大归档进程数

通过设置初始化参数 LOG_ARCHIVE_MAX_PROCESSES，可以指定数据库启动时启动归档进程的最大数目，默认值为 4。通常不需要修改该参数的默认值，因为在系统运行过程中 LGWR 进程会根据需要自动启动归档进程。为避免启动过多的归档进程产生开销，可以通过设置该参数来确定实例启动时启动的归档进程数是否达到 30 个。这个参数是动态的，可以通过 ALTER SYSTEM 语句修改 LOG_ARCHIVE_MAX_PROCESSES 的值。例如，如果将启动的归档进程数设置为 6 个：

```
SQL>ALTER SYSTEM SET LOG_ARCHIVE_MAX_PROCESSES=6;
```

该语句会对当前运行的实例立即产生效力，会将当前运行的归档进程数调整为 6 个。

5. 设置最小成功归档目标数

当数据库运行在自动归档模式下时，偶尔归档目标也会失败，产生问题。Oracle 数据库提供了一些方法来尽量减小由此带来的问题，其中的一个方法就是设置最小成功归档目标数。即指定至少有多少个归档目标应成功完成，也可以指定哪些归档目标是强制归档目标(必须归档成功)，哪些归档目标是可选的。

(1)　设置最小成功归档目标数

通过设置参数 LOG_ARCHIVE_MIN_SUCCESS_DEST 可以指定最小成功归档数目。

(2)　设置强制归档目标和可选归档目标

使用 LOG_ARCHIVE_DEST_n 参数时，通过使用 OPTIONAL 或 MANDATORY 关键字指定可选或强制归档目标。例如：

```
SQL>ALTER SYSTEM  SET LOG_ARCHIVE_DEST_1='LOCATION=D:\BACKUP\ARCHIVE'
   MANDATORY;
SQL>ALTER SYSTEM SET LOG_ARCHIVE_DEST_2='SERVICE=QDUTEST' OPTIONAL;
```

注意

如果强制归档目标不可用，将导致数据库停止运行；如果可选归档目标不可用，则不会影响数据库的运行。

6. 归档信息查询

获取数据库归档信息的方法有两种，执行 ARCHIVE LOG LIST 命令或查询数据字典视图与动态性能视图。

(1) 执行 ARCHIVE LOG LIST 命令

通过执行 SQL*Plus 命令 ARCHIVE LOG LIST 可以获取当前连接的数据库实例的归档信息。例如：

```
SQL> ARCHIVE  LOG  LIST
数据库日志模式          归档模式
自动归档                启用
存档终点                D:\oracle\oradata\archive
最早的联机日志序列          50
下一个归档日志序列          53
当前日志序列                53
```

(2) 查询数据字典视图或动态性能视图

Oracle 11g 数据库中包含归档信息的数据字典视图和动态性能视图，如表 5.4 所示。

表 5.4　包含数据库归档信息的数据字典视图

数据字典视图	包含信息
V$DATABASE	用于查询数据库是否处于归档模式
V$ARCHIVED_LOG	包含从控制文件中获取的所有已归档日志的信息
V$ARCHIVED_LOG	包含从控制文件中获取的所有已归档日志的信息
V$ARCHIVE_DEST	包含所有归档目标信息，如归档目标的位置、状态等
V$ARCHIVE_PROCESSES	包含已启动的 ARCH 进程的状态信息
V$BACKUP REDOLOG	包含已备份的归档日志信息

例如，查询哪些重做日志文件组需要归档：

```
SELECT GROUP#,ARCHIVED FROM SYS.V$LOG;
       GROUP#    ARC
   ------------------
          1       YES
          2       NO
```

可以使用下面的语句查询数据库的所有归档目标信息：

```
SQL>SELECT DESTINAION BINDING  FROM V$ARCHIVE_DEST:
   DESTINATION                         BINDING
   ----------------------------------------------
   C:\ORACLE\ADMIN\ORCL                MANDATORY
   C:\ORACLE\ORA11\RDBMS               OPTIONAL
```

上 机 实 训

(1) 查询数据库中 USERS 表空间的数据文件信息，并在该表空间中添加一个数据文件 USERS04.dbf，大小为 50MB。

(2) 向数据库的 TEMP 临时表空间中添加一个大小为 5MB 的临时数据文件 temp04.dbf。

(3) 修改 USERS 表空间中的 USERS04.dbf 为自动扩展方式，每次扩展 5MB，最大为 100MB。

(4) 将 USERS 表空间中的数据文件 USERS04.dbf 重命名为 users004.dbf。

(5) 删除 TEMP 临时表空间中的临时数据文件 temp04.DBF。

(6) 将数据库的控制文件备份成一个二进制文件，文件的命名方式为“CONTROL + YYMMDD.bkp”，存储到目录 d:\backup_controlfile 下。

(7) 为数据库添加一个重做日志文件组，该重做日志文件组包含两个成员文件 redo04a.log 和 redo04b.log，大小均为 10MB。

(8) 查询数据库的归档模式，如果数据库运行在非归档模式，则切换到归档模式，并采用自动归档方式，归档路径设置为 D:\oracle\oradata\archive。

本 章 习 题

1. 填空题

(1) Oracle 数据库的物理存储结构是由存储在服务器磁盘上的操作系统文件组成的，主要包括__________、__________和__________。

(2) _____________是 Oracle 的重要文件，主要存放有关数据文件、日志文件及数据库的基本信息，一般在数据打开时访问。

(3) 创建一个数据库至少需要__________个控制文件，创建控制文件时，数据库应该处于__________状态。

(4) __________文件记录保存了用户对数据库所进行的变更操作，当数据库出现故障时，利用该文件可以进行实例恢复。

(5) __________是为了长期保存日志文件而由归档进程将联机日志文件读出并写到一个路径上的文件。

(6) 若想得知数据库运行在何种模式下，需要查询的数据字典视图为__________。

2. 问答题

(1) 简述数据库物理存储结构的组成和各部分之间的关系。

(2) 列举 Oracle 中控制文件记录的内容。

(3) 简述 Oracle 记录重做日志的过程。

(4) 简述归档模式和非归档模式下数据库运行的差别。

(5) 简述 Oracle 数据库中切换数据库归档模式的步骤。

第 6 章

Oracle 11g 数据库的逻辑结构

学习目的与要求：

Oracle 数据库的逻辑结构主要描述了数据库内部数据的组织和管理方式。本章主要从逻辑存储结构的角度，介绍 Oracle 11g 数据库的构成，包括表空间、段、区和数据块及对它们的管理。

6.1 逻辑结构概述

如果说由各种操作系统文件组成的物理存储结构为我们展现了 Oracle 数据库中数据的外部存储形式，那么逻辑存储结构则描述了 Oracle 数据库数据的内部组织和管理形式。

Oracle 数据库使用了一系列的逻辑存储结构来管理以操作系统文件形式组成的物理存储结构。在操作系统中，看不到数据库逻辑存储结构信息，只能看到组成物理存储结构的各种文件。数据库的逻辑存储结构信息存储在数据库的数据字典中，只能通过数据字典查询得到逻辑存储结构信息。

为了便于对物理存储空间进行管理，Oracle 将保存的数据划分为一个个小单元来进行存储和维护，高一级的存储单元由一个或多个低一级的存储单元组成。Oracle 11g 数据库的逻辑存储结构单元从小到大依次分为数据块、区、段和表空间 4 种。

- 数据块：由磁盘上特定数量的字节组成，是数据库中最小的逻辑存储单元，也是最小的 I/O 单元。
- 区：由两个或更多个连续的数据块组成，是数据库中最小的存储分配单元。
- 段：是由若干个区形成的，是相同类型数据的存储分配区域。
- 表空间：一个或多个数据文件的集合，通常由若干个相关联的段组成，是最大的逻辑存储单元，所有的表空间构成一个数据库。

下面将详细介绍各个部分。

6.2 表 空 间

6.2.1 表空间概述

1. 表空间的概念

Oracle 数据库在逻辑上可以划分为一系列的逻辑区域，每一个逻辑区域称为一个表空间，一个 Oracle 表空间是一个包含一个或多个物理文件的逻辑实体。表空间存储了数据库中所有的可用数据，表空间中的数据实际存储于一个或多个数据文件中。数据文件是 Oracle 格式的操作系统文件，而表空间就是一个逻辑组成，是 Oracle 数据库最基本的逻辑存储结构。表空间是 Oracle 数据库最大的逻辑存储结构，由一系列的段构成。相关的模式对象(如表)一般集中放在同一个表空间中，因此表空间也可以看作是一个存放模式对象(如表)的逻辑容器。

一个数据库由一个或多个表空间构成，不同的表空间用于存放不同的应用的数据，表空间的大小取决于表和索引以及数据库中的数据总量的大小。对于表空间的最大值和最小值没有限制。数据库中既可以有 100GB 的表空间，也可以有 1GB，甚至更小的表空间。一个表空间对应一个或多个数据文件，一个数据文件只能从属于一个表空间。所有的数据

文件包含了一个数据库的所有表空间中的数据。

表空间的大小就是包含对应表空间数据的所有数据文件大小的总和。所有表空间的大小之和，或者所有数据文件的大小之和，就是数据库的大小。所以增加数据文件的数量或者增加数据文件的大小就可以对数据库进行容量扩充。

表空间是存储模式对象的容器，一个数据库对象只能存储在一个表空间中(分区表和分区索引除外)，但可以存储在该表空间所对应的一个或多个数据文件中。若表空间只有一个数据文件，则该表空间中的所有对象都保存在该文件中；若表空间对应多个数据文件，则表空间中的对象可以分布于不同的数据文件中。

数据库、表空间、数据文件、数据库对象之间的关系如图 6.1 所示。

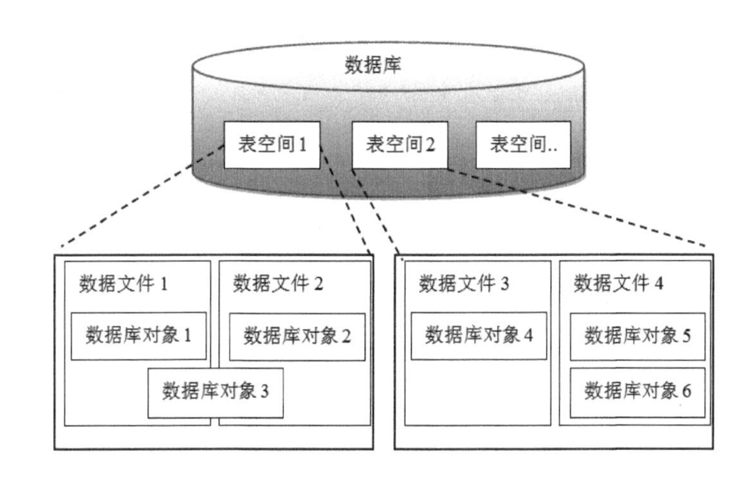

图 6.1　数据库、表空间、数据文件、数据库对象之间的关系

数据库、表空间及数据文件之间的关系如下：

- 一个 Oracle 数据库是由一个或多个被称为表空间的逻辑存储单位构成的，这些表空间共同用于存储数据库的数据。
- Oracle 数据库的每个表空间由一个或多个被称为数据文件的物理文件构成，这些文件由 Oracle 所在的操作系统管理。
- 数据库的数据实际存储在构成各个表空间的数据文件中。例如，一个最简单的 Oracle 数据库至少包含一个表空间及一个数据文件。

使用多个表空间，可以使得在执行数据库操作时非常方便灵活，主要优势如下：

- 通过控制表空间的个数和大小，可以控制整个数据库占用空间的大小。
- 通过表空间配额设置，可以控制用户所占用的存储空间的大小。
- 使得用户数据与数据字典数据分开，以减少 I/O 冲突。
- 将不同应用的数据分开，避免了因一个应用需要将表空间脱机而影响其他应用。
- 将不同表空间的数据文件存储在不同的磁盘上，以提高 I/O 效率。
- 某一个表空间脱机时其他表空间仍保持联机，可以提供更好的可用性。
- 可以对表空间进行单独备份。

2. 表空间的分类

数据库表空间分为系统表空间和非系统表空间两类。一般完成 Oracle 系统的安装并创建数据库实例后，Oracle 系统会自动建立多个表空间。

(1) 系统表空间

在 Oracle 11g 中，系统表空间包括 SYSTEM 表空间和辅助系统表空间 SYSAUX，在数据库创建时，两个系统表空间会由 Oracle 自动创建。Oracle 首先会自动创建 SYSTEM 表空间，其次是 SYSAUX 表空间。数据库创建以后，不允许对 SYSTEM 表空间和 SYSAUX 表空间进行删除和重命名。其中，SYSTEM 表空间是系统默认的表空间。

① SYSTEM

SYSTEM 表空间主要用于存储下列信息：

- Oracle 数据库的系统内部表和数据字典数据。
- PL/SQL 程序的源代码和解释代码，包括存储过程、函数、包、触发器等。
- 数据库对象的定义，如表、视图、序列、同义词等。

一般在 SYSTEM 表空间中只应该保存属于 SYS 模式的对象，而不应把用户对象存放在 SYSTEM 表空间中，以免影响数据库的稳定性与执行效率。

② SYSAUX

SYSAUX 表空间是从 Oracle 10g 开始新增的辅助系统表空间，主要用于存储多种数据库组件的数据和特征等信息，对 SYSTEM 表空间起辅助作用，能够减小 SYSTEM 表空间的负荷。

(2) 非系统表空间

除了系统表空间外，在 Oracle 11g 数据库中还可以包含多个非系统表空间，其中有两类特殊的非系统表空间，称为撤消表空间和临时表空间。

① 撤消表空间：主要存储撤消信息的表空间，这些撤消信息记录了用户对于数据库的修改，Oracle 使用这些信息来进行数据库的回滚和重做，用户不能在其中创建段(例如表或索引)。在 Oracle 11g 中，数据库实例创建后，Oracle 系统会自动创建一个名为 UNDOTBS1 的撤消表空间。每个数据库可以有多个撤消表空间，但每个数据库实例只能使用一个由参数 UNDO_TABLESPACE 设置的撤消表空间。在自动撤消管理模式下，Oracle 在撤消表空间内自动地创建和维护撤消段，对撤消数据进行管理。

② 临时表空间：指的是专门存放用户会话过程中产生的临时数据的表空间。这些临时数据在会话结束时会自动释放。在数据库实例运行过程中，执行排序、管理索引和访问视图等操作时会产生大量的临时数据，这些临时数据将保存在数据库临时表空间中。但是，临时表空间中不能创建永久性的数据库对象。临时表空间中的数据不能为所有用户所共享。

通常，在创建用户时，应该为用户指定一个默认的临时表空间，用户在操作过程中产生的临时数据就保存在该临时表空间的临时段中。如果没有为用户指定临时表空间，那么

Oracle 会自动地将系统的默认临时表空间(Default Temporary Tablespace)作为用户的临时表空间。在 Oracle 9i 之前，如果没有为数据库定义一个默认的临时表空间，则系统会自动将 SYSTEM 表空间作为默认的临时表空间。由于临时段的频繁分配与释放，导致 SYSTEM 表空间中产生大量的存储碎片，降低了磁盘的读取效率。因此，通常不使用 SYSTEM 表空间作为系统的默认临时表空间。在 Oracle 11g 数据库中，数据库默认的临时表空间为 TEMP 表空间。

相对于临时表空间，其他表空间称为永久性表空间。

③　用户表空间：Oracle 建议为每个应用创建独立表空间，这样不仅能够分离不同应用的数据，而且能够减少读取数据文件时产生的 I/O 冲突。通常可以在用户表空间上创建各种对象，如表、索引等。

(3)　其他表空间

除了上述表空间外，还有以下各种表空间。

①　大文件表空间(Bigfile Tablespace)

指的是只包含一个大数据文件的表空间，该文件的最大尺寸依据数据块的大小不同，可以为 8~128TB。大文件表空间是为超大型数据库设计的，可以简化数据文件的管理，减少 SGA 的需求，减小控制文件。

②　小文件表空间(Smallfile Tablespace)

与大文件表空间相对应，可以包含多个数据文件的表空间称为小文件表空间，如系统默认创建的 SYSTEM 表空间、SYSAUX 表空间等。小文件表空间可以包含多达 1024 个数据文件。小文件表空间的总容量与大文件表空间的容量基本相似。

③　只读表空间(Read_Only Tablespace)

只读表空间中的数据文件不允许进行写操作。可以将任何正常(能够读写)的表空间转换成一个只读的表空间，这样一方面可以保护数据，另一方面在备份和恢复大数据文件时无需转换。

采用数据库配置助手 DBCA 创建数据库时，会自动创建系统表空间 SYSTEM、辅助系统表空间 SYSAUX、临时表空间 TEMP、撤消表空间 UNDOTBS1、用户表空间 USERS、实例表空间 EXAMPLE 等。

3. 表空间的管理方式

Oracle 按照区和段空间进行表空间的管理。

(1)　区管理方式

Oracle 采用以下两种方式监控表空间内的空间的已用/可用情况。

①　字典管理方式(Dictionary-managed Tablespace，DMT)

在字典管理方式下，表空间使用数据字典来管理区的分配，当进行区的分配与回收时，Oracle 将对数据字典中的相关基础表进行更新，同时会产生回滚信息和重做信息。表空间的字典管理方式将渐渐被淘汰。

② 本地管理方式(Local-managed Tablespace，LMT)

本地管理的表空间在每个数据文件中维护一个位图，记录此数据文件内数据块的状态(可用/占用)，并据此管理表空间内的区。位图中的每一位代表一个或一组数据块。当一个区被分配或者被释放时，Oracle 负责改变位图中相应的数据块的状态。这些修改不会产生回滚信息。

Oracle 10g 开始强烈建议使用本地管理方式。从 Oracle 9i 开始，创建表空间时默认使用本地管理方式。自 Oracle Database 11g R2 版本起，字典管理方式已经被弃用。

其中，本地管理方式下区的分配方式有两种。

- 统一分配(UNIFORM)：指定表空间中所有区的大小都相同。对于小的段，可以指定区大小为 64KB，对于大的段，可以指定区大小为 64MB。默认的区大小是 1MB。
- 自动分配(AUTOALLOCATE 或 SYSTEM)：指定由 Oracle 系统来自动管理区的大小。这是默认的区管理方式，Oracle 建议除非明确知道表空间中的所有区的大小都是相同的，否则均使用自动分配方式。

(2) 段管理方式

用户创建一个本地管理的表空间时，可以设定段内的可用/已用空间如何管理。可选的方式如下。

- 手动(MANUAL)：Oracle 将使用空闲列表和一对存储参数来管理段的已用数据块和空闲数据块。这是传统的段空间管理方式，主要是为了与以前的版本兼容。
- 自动(AUTO)：Oracle 将使用位图来管理段的已用数据块和空闲数据块。通过位图中单元的取值判断段中的数据块是否可用。Oracle 建议使用自动的段管理方式，因为这种方式效率高、扩展性强。

注意

字典管理方式不存在段管理。在表空间创建时确定的段空间管理方式应用到以后在这个表空间中创建的所有段。

此外，如果在创建数据库时，将 SYSTEM 表空间设置为本地管理，那么之后将不允许创建字典管理的表空间。

与字典管理方式相比，采用本地管理方式具有下列优势：

- 由于在区分配与回收过程中不需要对数据字典进行访问，因此提高了表空间存储管理操作的速度和并发性。
- 能够避免表空间存储管理操作中的递归现象，提高了存储空间管理操作性能。
- 由于本地管理的临时表空间在使用过程中不会产生任何重做信息和撤消信息，因此即使查询操作中包含排序，对数据库来说也完全是只读操作，这样能够在保留可查询性的同时，将整个数据库设置为只读状态。这种数据库就可以作为备用数据库使用。

- 简化了表空间的存储管理，由 Oracle 自动完成存储管理操作。
- 降低了用户对数据字典的依赖性。
- 不存在磁盘碎片问题，因为必要的信息都存储在数据文件的位图中，而不是保存在数据字典中。

4. 表空间的管理策略

表空间的管理原则如下。

(1) 将数据字典与用户数据分别存放在不同的表空间中，避免同时访问一个表空间而产生访问冲突。

(2) 将不同应用的数据存放在不同的表空间，可以保证各类应用数据的独立性，从而避免由于一个表空间脱机，导致多个应用程序受到影响的情况发生。

(3) 将不同表空间放在不同的硬盘上，均衡磁盘 I/O 操作。

(4) 将 UNDO 数据与用户数据分别存储，防止由于硬盘损坏导致数据永久丢失。

(5) 当一些表空间联机时，可以将另外的表空间设为脱机，提高数据库性能。

(6) 为某种特殊用途专门设置一个表空间，比如频繁的更新操作，或者临时段的存储。专门设置的表空间可以优化表空间的使用效率。

(7) 由于某些操作系统对一个进程可以同时打开的系统文件数目有限制，从而影响同时联机的表空间数量，所以应尽量让表空间使用较少的数据文件。因此在创建表空间时，应当为表空间分配足够大的数据文件，或将数据文件设置为自动增长方式，而不要让一个表空间使用很多较小的数据文件。

6.2.2　表空间的管理

表空间管理主要包括表空间的创建、修改、删除，以及表空间内部区的分配、段的管理。下面主要介绍在 Oracle 11g 数据库的本地管理方式中表空间的管理。

1. 创建表空间

在创建本地管理方式下的表空间时，首先应该确定表空间的名称、类型，对应数据文件的名称和位置，以及区的分配方式、段的管理方式等。

表空间名称不能超过 30 个字符，必须以字母开头，可以包含字母、数字和一些特殊字符(如#、---、$)等；表空间的类型包括永久表空间、临时表空间和撤消表空间；表空间中区的分配方式包括自动扩展(AUTOALLOCATE)和定制(UNIFORM)两种；段的管理包括自动管理(AUTO)和手动管理(MANUAL)两种。

下面我们就不同种类表空间的创建逐一进行介绍。

(1) 创建永久表空间

创建表空间使用 CREATE TABLESPACE 语句来实现，该语句包含以下几个子句。

- DATAFILE：设定表空间对应的一个或多个数据文件。

- EXTENT MANAGEMENT：指定表空间的管理方式，取值为 LOCAL(默认)或 DICTIONARY。
- AUTOALLOCATE(默认)或 UNIFORM：设定区的分配方式。
- SEGMENT SPACE MANAGEMENT：设定段的管理方式，取值为 AUTO(默认)或 MANUAL。

例 6.1 为 ORCL 数据库创建一个永久性的表空间，数据文件大小为 50MB：

```
SQL>CREATE TABLESPACE ORCLTBS1
DATAFILE '/app/user/oradata/orcl/ORCLTBS1_1.DBF' SIZE 50M;
```

可以通过视图 DBA_TABLESPACES 查看新建表空间的区的管理的默认信息：

```
SQL> SELECT extent_management,allocation_type, segment_space_management
   FROM dba_tablespaces
   WHERE tablespace_name='ORCLTBS1';
```

查询结果如下：

```
EXTENT_MAN     ALLOCATIO    SEGMEN
------------   ----------  ----------
LOCAL          SYSTEM       AUTO
```

从查询结果可以看出，新建表空间采用本地管理方式，区的管理采用自动扩展方式，段采用自动管理方式。

也可以用下面的 SQL 语句来创建：

```
SQL>CREATE TABLESPACE ORCLTBS1
   DATAFILE '/app/user/oradata/orcl/ORCLTBS1_1.DBF' SIZE 50M;
   EXTENT MANAGEMENT local
   AUTOALLOCATE 50M
   SEGMENT SPACE MANAGEMENT auto;
```

例 6.2 为 ORCL 数据库创建一个永久性的表空间，区定制分配，段采用自动管理：

```
SQL>CREATE TABLESPACE ORCLTBS2
   DATAFILE  '/app/user/oradata/orcl/ORCLTBS2_1.DBF'SIZE 50M
   EXTENT MANAGEMENT LOCAL UNIFORM SIZE 512K;
```

例 6.3 为 ORCL 数据库创建一个永久性的表空间，区定制分配，段采用手动管理：

```
SQL>CREATE TABLESPACE ORCLTBS4
   DATAFILE '/app/user/oradata/orcl/ORCLTBS4_1.DBF' SIZE  100M
   EXTENT MANAGEMENT LOCAL
   UNIFORM SIZE 2M SEGMENT SPACE  MANAGEMENT  MANUAL;
```

注意

Oracle 11g 中，表空间默认是本地管理的，当创建的是自动管理段空间的表空间时，可以通过存储参数进行设置，如 INITIAL、NEXT、PCTINCREASE、MINEXTENTS 或 MAXEXTENTS，但是数据库会忽略这些设置。

(2) 创建临时表空间

每个 Oracle 11g 数据库在创建时都会默认创建一个名为 TEMP 的临时表空间，用于存储在用户会话过程中产生的各种中间数据，使得操作更加高效。如果在数据库运行过程中存在大量排序、汇总等工作，就应该为数据库创建多个临时表空间。临时表空间所对应的数据文件称为临时数据文件。

创建临时表空间使用 CREATE TEMPORARY TABLESPACE 语句，用 TEMPFILE 子句设置临时数据文件。需要注意的是，本地管理的临时表空间中区的分配方式只能是 UNIFORM，而不能是 AUTOALLOCATE，因为这样才能保证不会在临时段中产生过多的存储碎片。Oracle 默认的区的大小为 1MB，可以通过 UNIFORM SIZE 子句进行修改。

例 6.4 为 ORCL 数据库创建一个临时表空间 ORCLTEMP1：

```
SQL>CREATE TEMPORARY TABLESPACE ORCLTEMP11
   TEMPFILE '/app/user/oradata/orcl/ORCLTEMP1_1.DBF' SIZE 10M
   EXTENT MANAGEMENT LOCAL UNIFORM SIZE 2M;
```

当用户进行某次操作，例如对一个大表进行多种划分时，可能会产生一个单一的临时表空间不能存放中间的排序结果的问题，临时表空间组可以解决这一问题。所谓的临时表空间组是指，将一个或多个临时表空间构成一个表空间组。当将临时表空间组作为数据库或用户的默认临时表空间时，用户就可以同时使用该表空间组中所有的临时表空间，避免了由于单个临时表空间不足而导致数据库运行故障。同时，使用临时表空间组可以保证在一个简单并行操作中执行多个并行服务。

临时表空间组不需要显式地创建，而在为临时表空间组指定第一个临时表空间时隐式创建，当临时表空间组中最后一个临时表空间删除时隐式地删除。通过在 CREATE TEMPORARY TABLESPACE 或 ALTER TABLESPACE 语句中使用 TABLESPACE GROUP 子句创建临时表空间组。

例 6.5 为 ORCL 数据库创建一个临时表空间 ORCLTEMP2，并放入临时表空间组 temp_groupl。同时，将临时表空间 ORCLTEMP1 也放入该 temp_group1 中。

语句如下：

```
SQL>CREATE TEMPORARY TABLESPACE ORCLTEMP2
   TEMPFILE '/app/user/oradata/orcl/ORCLTEMP2_1.DBF'  SIZE 20M
   TABLESPACE GROUP group1;
SQL>ALTER TABLESPACE ORCLTEMP1 TABLESPACE GROUP temp_group1;
```

(3) 创建撤消表空间

数据库在运行过程中，会产生很多的回滚信息，这些回滚信息保存在回滚段中，由用户手动管理或系统自动管理。

在 Oracle 11g 中引入了撤消表空间的概念，专门用于回滚段的自动管理。如果数据中没有创建撤消表空间，那么使用 SYSTEM 表空间来管理回滚段。在使用 DBCA 创建数据库的同时会创建一个 UNDOTBS1 撤消表空间。

如果数据库中包含多个撤消表空间，那么一个实例只能使用一个处于活动状态的撤消表空间，可以通过参数 UNDO_TABLESPACE 来指定；如果数据库中只包含一个撤消表空间，那么数据库实例启动后会自动使用该撤消表空间。

如果要使用撤消表空间对数据库回滚信息进行自动管理，则必须将初始化参数 UNDO_MANAGEMENT 的值设置为 AUTO。

可以使用 CREATE UNDO TABLESPACE 语句创建撤消表空间，但是在该语句中只能指定 DATAFILE 和 EXTENT MANAGEMENT LOCAL 两个子句，不能指定其他子句。

例 6.6 为 ORCL 数据库创建一个撤消表空间：

```
SQL>CREATE UNDO TABLESPACE ORCLUNDO1 DATAFILE
   D:\ORACLE\ORADATA\ORCL\ORCLUNDO1_1.DBF'  SIZE 20M;
```

2. 修改表空间

无论是数据字典管理的表空间，还是本地管理的表空间，在表空间创建之后，都可以对表空间进行一些修改操作，包括表空间的扩展、可用性的修改、读/写状态的转换、重命名表空间等。

注意

不能将本地管理的永久性表空间转换为本地管理的临时表空间，也不能修改本地管理表空间中段的管理方式。

(1) 扩展表空间

表空间的大小是由其所对应的数据文件的大小决定的，因此扩展表空间可以通过为表空间添加数据文件、改变数据文件的大小和允许数据文件自动扩展来实现。

① 为表空间添加数据文件。可以使用 ALTER TABLESPACE ... ADD DATAFILE 语句为永久表空间添加数据文件，使用 ALTER TABLESPACE ... ADD TEMPFILE 语句为临时表空间添加临时数据文件。

例 6.7 为 ORCL 数据库的 ORCLTBS1 表空间添加一个大小为 10MB 的新数据文件：

```
SQL>ALTER TABLESPACE ORCLTBS1
   ADD DATAFILE '/app/user/oradata/orcl/ORCLTBS1_2.DBF' SIZE 10M;
```

例 6.8 为 ORCL 数据库的 ORCLTEMP1 表空间添加一个 10MB 的临时数据文件：

```
SQL>ALTER TABLESPACE ORCLTEMP1
   ADD TEMPFILE '/app/user/oradata/orcl/ORCLTEMP1_2.DBF' SIZE 20M;
```

② 改变数据文件的大小。可以通过改变表空间已有数据文件的大小，达到扩展表空间的目的。使用带 RESIZE 子句的 ALTER DATABASE 命令进行修改。

例 6.9 将 ORCL 数据库的 ORCLTBS1 表空间中的数据文件 ORCLTBS1_2.DBF 的大小增加到 20MB：

```
SQL>ALTER DATABASE
   DATAFILE '/app/user/oradata/orcl/ORCLTBS1_2.DBF' RESIZE 20M;
```

③　允许数据文件自动扩展。如果在创建表空间或为表空间增加数据文件时，没有指定 AUTOEXTEND ON 选项，则该文件的大小是固定的。如果为数据文件指定了 AUTOEXTEND ON 选项，则当数据文件被填满时，数据文件会自动扩展，直到扩展到某个最大值。

例 6.10 将 ORCL 数据库的 ORCLTBS1 表空间的数据文件 ORCLTBS1_2.DBF 设置为自动扩展，每次扩展 5MB 空间，文件最大为 100MB：

```
SQL>ALTER DATABASE DATAFILE
   DATAFILE '/app/user/oradata/orcl/ORCLTBS1_2.DBF'
   AUTOEXTEND ON NEXT 5M MAXSIZE 100M;
```

(2)　修改表空间的可用性

新建的表空间都处于联机状态(ONLINE)，用户可以对其进行访问。但是在某些情况下，如对表空间备份、重命名数据文件或移动数据文件等，需要限制用户对表空间的访问，此时就可以将表空间设置为脱机状态(OFFLINF)。除了 SYSTEM 表空间、存放在线回滚信息的撤消表空间和临时表空间不可以脱机外，其他的表空间都可以实现脱机操作。当表空间处于脱机状态时，其对应的所有数据文件也都处于脱机状态。可以设定表空间脱机状态的参数，如 NORMALL、TEMPORARY 或 IMMEDIATE。

可以使用 ALTER TABLESPACE ... OFFLINE | ONLINE 语句将表空间设置为脱机或联机状态。

例 6.11 将 ORCL 数据库的 ORCLTBS1 表空间设置为 OFFLINE 状态：

```
SQL>ALTER TABLESPACE  ORCLTBS1 OFFLINE;
```

例 6.12 将 ORCL 数据库的 ORCLTBS1 表空间设置为 ONLINE 状态：

```
SQL>ALTER TABLESPACE ORCLTBS1 ONLINE;
```

(3)　修改表空间读/写性

表空间可以是读/写方式，也可以是只读方式。表空间创建后的初始状态是读/写方式，任何具有配额和权限的用户都可以读/写该表空间：如果表空间处于只读方式，那么任何用户都不能对该表空间进行写操作。

将表空间设置为只读方式的主要目的是为了避免对数据库中大量的静态数据进行备份和恢复操作，此外，还可以避免用户对历史数据进行修改。

在一个只读表空间中，可以删除表或者索引等对象，但是不能创建或修改对象。可以在数据字典中执行更新文件描述的语句，例如，ALTER TABLE ... ADD 或者 ALTER TABLE ... MODIFY，但是不能使用这些新的描述，除非表空间是读写的。

只读表空间不能传输到其他的数据库。另外，因为只读表空间不能更新，所以可以存放到 CD-ROM 或 WORM 设备。

表空间只有在满足下列要求后才可以转换为只读状态：

- 表空间处于联机状态。

- 表空间中不能包含任何活动的回滚段。
- 如果表空间正在进行联机数据库备份，则不能将它设置为只读状态，因为联机备份结束时，Oracle 会更新表空间数据文件的头部信息。

如果用户需要具有管理表空间的系统权限，就可以使用 ALTER TABLESPACE ... READ ONLY | READ WRITE 来设置表空间的读/写状态。

例 6.13 将 ORCL 数据库的 ORCLTBS1 表空间设置为只读状态：

```
SQL>ALTER TABLESPACE ORCLTBS1 READ ONLY;
```

该语句执行后，不必等待表空间中的所有事务结束即可立即生效，以后任何用户都不能再创建针对该表空间的读/写事务，而当前正在活动的事务则可以继续向表空间中写入数据，直到它们结束。事务结束后表空间才真正进入只读状态。

例 6.14 将 ORCL 数据库的 ORCLTBS1 表空间设置为读/写状态：

```
SQL>ALTER TABLESPACE ORCLTBS1 READ WRITE;
```

(4) 设置默认表空间

在创建数据库用户时，如果没有使用 DEFAULT TABLESPACE 选项指定默认(永久)表空间，则该用户使用数据库的默认表空间；如果没有使用 DEFAULT TEMPORARY TABLESPACE 选项指定默认临时表空间，则该用户使用数据库的默认临时表空间。

在 Oracle 10g 之前，如果创建用户时没有为其指定一个默认的表空间，SYSTEM 表空间就是用户默认表空间。从 10g 开始，可以创建或指定一个默认的永久表空间，若创建用户时没有为其指定默认的表空间，该表空间就是用户的默认表空间。

在 Oracle 11g 数据库中，数据库的默认表空间为 USERS 表空间，默认的临时表空间为 TEMP 表空间。可以使用 ALTER DATABASE DEFAULT TABLESPACE 语句和 ALTER DATABASE DEFAULT TEMPORARY TABLESPACE 语句根据需要设置数据库的默认表空间和默认临时表空间。

例 6.15 将 ORCLTBS1 表空间设置为 ORCL 数据库的默认表空间：

```
SQL>ALTER DATABASE DEFAULT TABLESPACE ORCLTBS1;
```

例 6.16 将 TEMP 表空间设置为 ORCL 数据库的默认临时表空间：

```
SQL>ALTER DATABASE DEFAULT TEMPORARY TABLESPACE TEMP;
```

也可以将临时表空间组作为数据库的默认临时表空间。

例 6.17 将 temp_group1 临时表空间组设置为 ORCL 数据库的默认临时表空间：

```
SQL>ALTER DATABASE DEFAULT TEMPORARY TABLESPACE temp_group1;
```

(5) 表空间重命名

在 Oracle 11g 中可以使用 ALTER TABLESPACE ... RENAME TO 语句对表空间重命名，但是不能重命名 SYSTEM 表空间和 SYSAUX 表空间，不能重命名处于脱机状态或部分数据文件处于脱机状态的表空间。

例 6.18 将表空间 ORCLTBS1 重命名为 ORCLTBS1_TEST：

```
SQL>ALTER TABLESPACE ORCLTBS1 RENAME TO ORCLTBS1_TEST;
```

当重命名一个表空间时，数据库会自动更新数据字典、控制文件以及数据文件头部中对该表空间的引用。重命名表空间后，并没有修改该表空间的 ID 号，如果该表空间是数据库默认表空间，那么重命名后，仍然是数据库的默认表空间。如果对一个只读方式的表空间进行重命名，因为不能更新数据文件头部对该表空间的引用，所以会产生冲突，但数据字典和控制文件中会进行修改。

3. 表空间的备份

在数据库进行热备份(联机备份)时，需要分别对表空间进行备份。对表空间进行备份的基本步骤如下。

(1) 使用 ALTER TABLESPACE ... BEGN BACKUP 语句将表空间设置为备份模式。

(2) 在操作系统中备份表空间所对应的数据文件。

(3) 使用 ALTER TABLESPACE ... END BACKUP 语句结束表空间的备份模式。

例 6.19 备份 ORCL 数据库的 ORCLTBS1 表空间：

```
SQL>ALTER TABLESPACE ORCLTBS1 BEGIN BACKUP;
--复制 ORCLTBS1 表空间的数据文件 ORCLTBS1_1.DBF 和 RCLTBS1_2.DBF 到目标位置
SQL>ALTER TABLESPACE ORCLTBS1 END BACKUP;
```

4. 删除表空间

当表空间中的所有数据都不再需要时，可以考虑将该表空间删除。一般具有 DROP TABLESPACE 权限的用户都可以进行表空间的删除操作。删除表空间实际上就是从数据字典和控制文件中将该表空间的有关信息去掉，所以删除表空间后，还要手工用操作系统命令删除该表空间所对应的物理数据文件。如果 Oracle 系统采用 OMF(Oracle Managed Files)管理文件，Oracle 系统会自动将该表空间对应的磁盘文件删掉。除了 SYSTEM 表空间和 SYSAUX 表空间和撤消表空间外，其他表空间都可以删除。一旦表空间被删除，该表空间中的所有数据将永久性丢失。如果表空间中的数据正在被使用，或者表空间中包含未提交事务的回滚信息，则该表空间不能删除。

可以使用 DROP TABLESPACE ... INCLUDING CONTENTS 语句删除表空间及包含的数据文件。

例 6.20 删除 ORCL 数据库的 ORCLTBS1 表空间及其所有内容：

```
SQL>DROP TABLESPACE ORCLTBS1 INCLUDING CONTENTS;
```

如果要在删除表空间的同时，删除操作系统中对应的数据文件，则需要使用 INCLUDING CONTENTS AND DATAFILES 子句。

例 6.21 删除 ORCL 数据库的 ORCLUND01 表空间及其所有内容，同时删除其所对应的数据文件：

```
SQL>DROP TABLESPACE ORCLUND01 INCLUDING CONTENTS AND DATAFILES;
```

如果其他表空间中的约束(外键)引用了要删除表空间中的主键或唯一性约束，则还需要使用 CASCADE CONSTRAINTS 子句删除参照完整性约束，否则删除表空间时会报错。

例 6.22 删除 ORCL 数据库的 ORCLUND01 表空间及其所有内容，同时删除其所对应的数据文件，以及其他表空间中与 ORCLUND01 表空间相关的参照完整性约束：

```
SQL>DROP TABLESPACE ORCLUND01 INCLUDING CONTENTS AND DATAFILES
   CASCADE CONSTRAINTS;
```

5. 大文件表空间的管理

由于大文件表空间只包含一个数据文件，因此可以减少数据库中数据文件的数量，减少 SGA 中用于存放数据文件信息的内存需求，同时减小控制文件。此外，通过对大文件表空间的操作，可以实现对数据文件的透明操作，简化了对数据文件的管理。大文件表空间只能采用本地管理方式，其段采用自动管理方式。

(1) 大文件表空间的创建

使用 CREATE BIGFILE TABLESPACE 语句创建一个大文件表空间。

例 6.23 创建一个大文件表空间 ORCLTBS_BIG：

```
SQL>CREATE BIGFILE TABLESPACE ORCLTBS_BIG
   DATAFILE '/app/user/oradata/orcl/ORCLTBS_b1.DBF' SIZE 20M;
```

执行上面的语句后，系统自动创建一个 EXTENT MANAGEMENT LOCAL、SEGMENT SPACE MANAGEMENT AUTO、只包含一个数据文件的大文件表空间。

如果在数据库创建时设置系统默认的表空间类型为 BIGFILE，则使用 CREATE TABLESPACE 语句默认就是创建大文件表空间。如果要创建传统的小文件表空间，则需要使用 CREATE SMALLFILE TABLESPACE 语句。

注意

可以通过查询系统表 DATABASE_PROPERTIES 获取数据库的一些默认属性的设置，如默认表空间类型。

(2) 大文件表空间的操作

由于大文件表空间中只包含一个数据文件，因此，可以通过对表空间的操作，实现对数据文件的透明操作。例如，改变大文件表空间的大小或扩展性，可以达到改变数据文件大小及扩展性的目的。

例 6.24 将大文件表空间 ORCLTBS_BIG 的数据文件/app/user/oradata/orcl/orcltbs_b1.dbf 大小修改为 30MB：

```
SQL>ALTER TABLESPACE ORCLTBS5 RESIZE 30M;
```

例 6.25 将大文件表空间 ORCLTBS_BIG 的数据文件/app/user/oradata/orcl/orcltbs_b1.dbf 修改为可以自动扩展：

```
SQL> ALTER TABLESPACE ORCLTBS_BIG
   AUTOEXTEND ON NEXT 10M MAXSIZE UNLIMITED;
```

6. 表空间信息查询

在 Oracle 11g 中，包含表空间信息的数据字典视图和动态性能视图如表 6.1 所示。

表 6.1　包含表空间信息的数据字典视图和动态性能视图

数据字典视图和动态性能视图	包含的信息
V$TABLESPACE	从控制文件中获取的表空间名称和编号信息
DBA_TABLESPACES、USER_TABLESPACES	数据库中所有(或用户可访问)表空间的信息
DBA_ TABLESPACE_GROUPS	表空间组及其包含的表空间信息
DBA _SEGMENTS、USER_SEGMENTS	所有(或用户可访问)表空间中段的信息
DBA _EXTENTS、USER_EXTENTS	所有(或用户可访问)表空间中区的信息
DBA _FREE _SPACE、USER_FREE_SPACE	所有(或用户可访问)表空间中空闲区的信息
V$DATAFILE	所有数据文件信息，包括所属表空间名称和编号
V$TEMPFILE	所有临时文件信息，包括所属表空间名称和编号
DBA _DATA _FILES	数据文件及其所属表空间信息
DBA _TEMP _FILES	临时文件及其所属表空间信息
DBA _USERS	所有用户的默认表空间和临时表空间信息
DBA_TS_QUOTAS	所有用户的表空间配额信息
V$SORT _SEGMENT	数据库实例的每个排序段信息
V$SORT_USER	用户使用临时排序段信息

(1)　查询表空间的基本信息

要获取数据库中各个表空间的名称、区的管理方式、段的管理方式、表空间类型等基本信息，可以查询 DBA_TABLESPACES 视图。例如：

```
SQL>SELECT TABLESPACE_NAME,EXTENT_MANAGEMENT,ALLOCATION_TYPE,CONTENTS
   FROM  DBA_TABLESPACES;
```

查询结果如下：

```
TABLESPACE_NAME    EXTENT_MAN    ALLOCATIO   CONTENTS
---------------    -----------   ---------  ----------------
 SYSTEM             LOCAL          SYSTEM     PERMANENT
 UNDOTBS1           LOCAL          SYSTEM     UNDO
 SYSAUX             LOCAL          SYSTEM     PERMANENT
 TEMP               LOCAL          UNIFORM    TEMPORARY
```

(2)　查询表空间数据文件信息

要查询数据库中的数据文件名称、位置、大小及所属表空间，可以查询 DBA_DATA_FILES 视图。例如：

```
SQL>SELECT FILE_NAME,BLOCKS,TABLESPACE_NAME FROM DBA_DATA_FILES;
```

查询结果如下：

```
FILE_NAME                                  BLOCKS    TABLESPACE_NAME
-------------------------------------     --------  ----------------
D:/app/user/oradata/orcl/USERS01.DBF        6400       USERS
D:/app/user/oradata/orcl/SYSAUX01.DBF       43520      SYSAUX
D:/app/user/oradata/orcl/UNDOTBS01.DBF      4480       UNDOTBS1
D:/app/user/oradata/orcl/SYSTEM01.DBF       62720      SYSTEM
```

(3) 统计表空间的空闲空间信息

要生成数据库中各个表空间空闲区的统计信息，可以查询 DBA_FREE_SPACE 视图。例如：

```
SQL>SELECT TABLESPACE _NAME  "TABLESPACE", FILE_ID,COUNT(*) "PIECES",
   MAX(blocks) "MAXIMUM", MIN(blocks) "MINIMUM", AVG(blocks) "AVERAGE",
   SUM (blocks)  "TOTAL"
   FROM  DBA_FREE_SPACE
   GROUP  BY  TABLESPACE_NAME,FILE_ID;
```

查询结果如下：

```
TABLESPACE  FILE _ID    PIECES   MAXIMUM  MINIMUM  AVERAGE    TOTAL
----------  --------    -----    -------  -------  -------  ---------
USERS          7          1        1272     1272     1272       1272
ORCLTBS1      16          1        2552     2552     2552       2552
USERS          9          1        1272     1272     1272       1272
ORCLTBS2      11          1        6336     6336     6336       6336
```

(4) 查询表空间空闲空间的大小

要查询各个表空间的空闲区字节数，也可以通过另一种方法来查询 DBA_FREE_SPACE 视图。例如：

```
SQL>SELECT  TABLESPACE_NAME,SUM (BYTES) "FREE_SPACES"
   FROM DBA_FREE_SPACE
   GROUP  BY  TABLESPACE_NAME;
```

查询结果如下：

```
   TABLESPACE_NAME     FREE_SPACES
------------------   --------------
   ORCLTBS_BIG         31326208
   UNDOTBS1            25755648
   SYSAUX              25296896
   USERS               51707904
   ...
```

7. 利用 OEM 管理表空间

以管理员身份启动并登录 OEM 数据库控制台，打开“服务器”属性页，单击“存储”标题下的“表空间”链接，进入如图 6.2 所示的“表空间”管理界面。通过该界面，可以完成表空间的创建、编辑、查看、删除等管理操作。

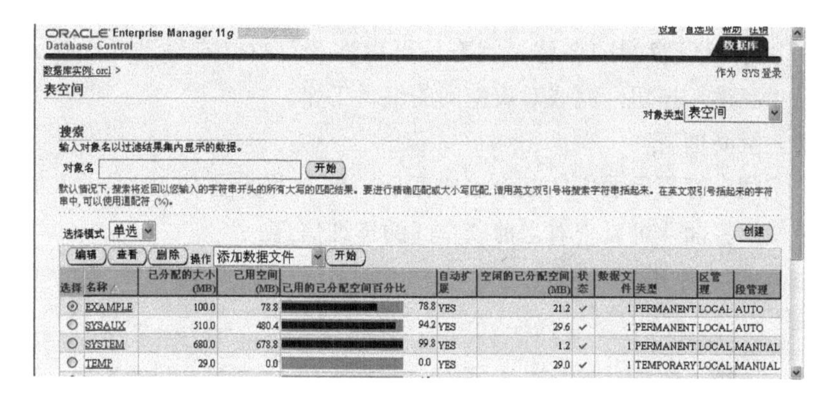

图 6.2　“表空间”管理界面

(1)　创建表空间

单击“表空间”管理界面中的“创建”按钮，进入“创建表空间”界面，如图 6.3 所示，可以进行表空间的创建工作。进行表空间名称、类型、区管理类型、初始状态、数据文件等的设置后，单击“确定”按钮，完成表空间的创建。

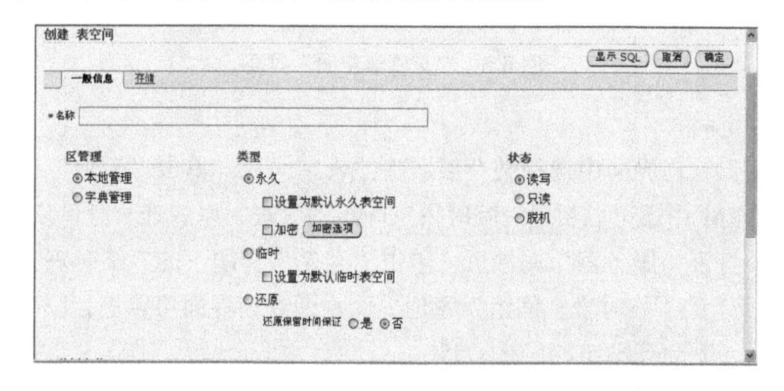

图 6.3　“创建表空间”界面

(2)　编辑表空间

选择“表空间”管理界面中的某个表空间名称后，单击“编辑”按钮，进入“编辑表空间”界面，如图 6.4 所示。

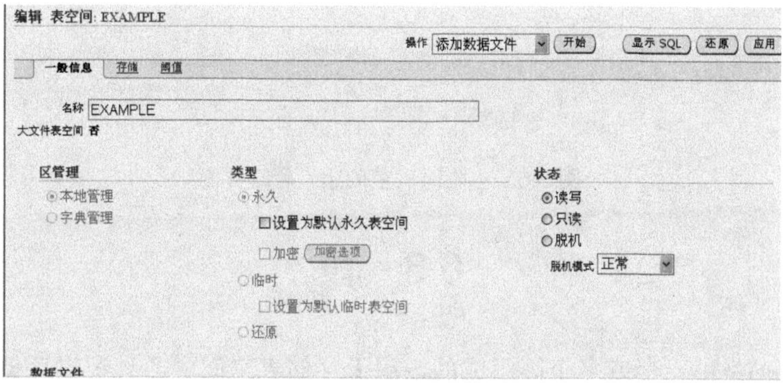

图 6.4　“编辑表空间”界面

在这里可以编辑表空间的名称、状态、可用性及对数据文件进行添加、删除、编辑等，然后单击“确定”按钮，完成对表空间的编辑工作。

(3) 查看表空间信息

选择“表空间”管理界面中的某个表空间后，单击“查看”按钮，进入如图 6.5 所示的“查看表空间”界面，可以查看当前表空间的详细信息。

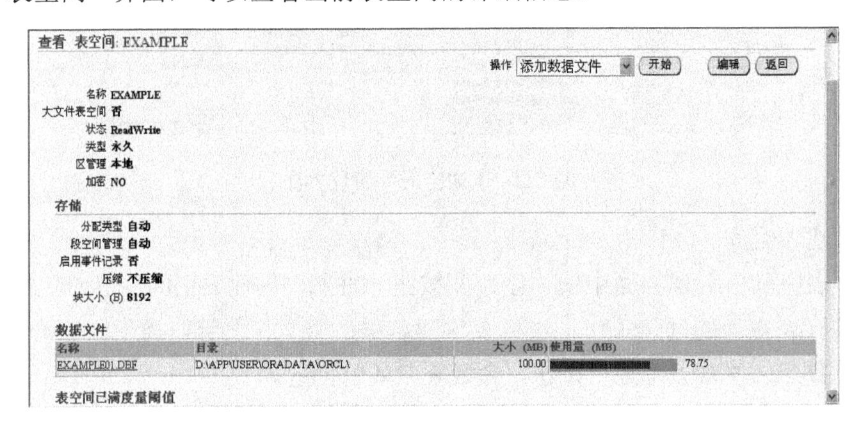

图 6.5 “查看表空间”界面

(4) 删除表空间

在“表空间”管理界面中选择某个要删除的表空间后，单击“删除”按钮，可以删除该表空间。在 OEM 中还可以实现对临时表空间组的管理。以管理员身份启动并登录 OEM 数据库控制台，打开“服务器”属性页，单击“存储”标题下的“临时表空间组”链接，进入如图 6.6 所示的“临时表空间组”管理界面。通过该界面可以进行临时表空间组的创建、编辑、查看、删除等操作。

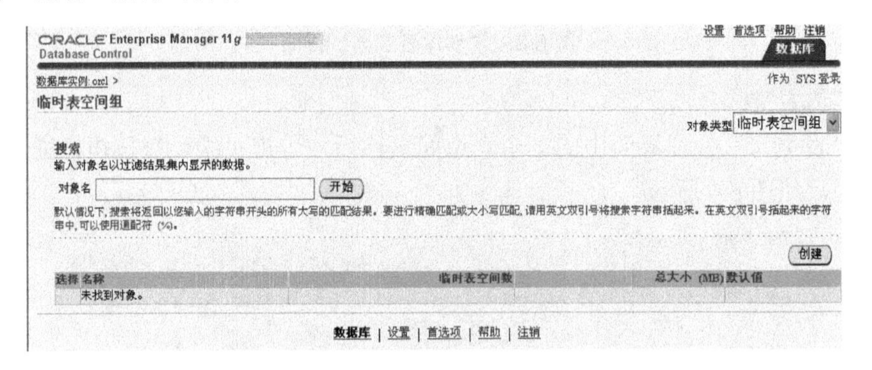

图 6.6 “临时表空间组”管理界面

6.3 段

段(Segment)是由一个或多个区组成的，用于存储表空间中各种逻辑存储结构的数据。例如，Oracle 能为每个表的数据段分配区，还能为每个索引的索引段分配区。

Oracle 以数据区为单位为段分配空间，当段的数据区已满的时候，Oracle 为段分配另一个数据区，段的数据区在磁盘上可能是不连续的。段的所有数据区都存储在一个表空间中。在表空间中，一个段可以包含来自多个文件的数据区，段可以跨越数据文件。

按照段中所存储对象类型的不同，可以将段分成数据段、索引段、临时段和回滚段几种类型。

1. 数据段(Data Segment)

数据段用于存储表中的所有数据。当某个用户创建表时，就会在该用户的默认表空间中为该表分配一个与表名相同的数据段，以便将来存储该表的所有数据。若创建的是分区表，则为每个分区分配一个数据段。显然，在一个表空间中创建了几个表，该表空间中就有几个数据段。数据段又可以细分为普通表数据段、分区表数据段和簇数据段。

数据段随着数据的增加而逐渐地变大。段的增大过程是通过增加区的个数来实现的。每次增加一个区，每个区的大小是块的整数倍。

2. 索引段(Index Segment)

索引段用于存储索引的所有数据。当用户用 CREATE INDEX 语句创建索引，或在定义约束(如主键)自动创建索引时，就会在该用户的默认表空间中为该索引分配一个与索引名相同的索引段，以便将来存储该索引的所有数据。如果创建的是分区索引，则为每个分区索引分配一个索引段。

3. 临时段(Temporary Segment)

当 Oracle 处理一个查询时，Oracle 会自动地分配被称为临时段的磁盘空间来存储 SQL 语句的解析与执行的中间结果。例如，Oracle 在进行排序操作时就需要使用临时段。用户使用 ORDER BY、GROUP BY、UNION、INTERSECT、MINUS、DISTINCT 等操作时，Oracle 会在该用户的临时表空间中自动创建一个临时段，操作结束后临时段自动消除。

4. 回滚段(Rollback Segment)

回滚段用于存储用户数据被修改之前的值，以便在特定条件下回滚用户对数据的修改。回滚段头部包含正在使用的该回滚段事务的信息。

Oracle 利用回滚段来恢复被回滚事务对数据库所做的修改，或者为事务提供读一致性保证。需要注意的是，每个数据库都将至少拥有一个回滚段。一个事务只能使用一个回滚段存放它的回滚信息，但是一个回滚段可以存放多个事务的回滚信息。回滚段可以动态创建和撤消。

利用回滚段中保存的回滚信息，可以实现下列操作。

- 事务回滚：当启动一个事务时，Oracle 把一个回滚段指定给该事务。当事务修改数据时，该数据修改前的信息会保存在该回滚段中，当用户执行事务回滚操作时，Oracle 会利用保存在回滚段中的数据将修改的数据恢复到原来的值。

- 数据库恢复：当事务正在处理时，例程失败，回滚段的信息保存在重做日志文件中，Oracle 将在下次打开数据库时利用回滚来恢复未提交的数据。
- 数据的读一致性：当一个用户对数据库进行修改，但还没有提交时，系统将用户修改的数据的原始信息保存在回滚段中，这样就可以为正在访问相同数据的其他用户提供一份该数据的原始视图，从而可以保证其他用户无法看到当前用户未提交的修改，保证了数据的读一致性。
- 闪回查询：利用闪回查询技术可以查询某个表过去某个时间点的状态。闪回查询技术是利用回滚段中的数据原始信息实现的。

回滚段的管理主要包括回滚段的创建、分配、回收和删除等。

(1) 回滚段的创建

创建回滚段的语法如下：

```
CREATE [PUBLIC] ROLLBACK SEGMENT rollback_segment
[TABLESPACE tablespace]
[STORAGE ([INITIAL integer[K|M]] [NEXT integer[K|M]]
[MINEXTENTS integer]
[MAXTENTS {integer|UNLIMITED}]
[OPTIMAL {integer[K|M]|NULL}])]
```

其中各存储参数的含义如下。

- PRIVATE/PUBLIC：回滚段可以在创建时指明 PRIVATE 或 PUBLIC，一旦创建将不能修改，默认为 PUBLIC。
- INITIAL：分配给该段的第一个区的大小。
- NEXT：分配给该段的第二个区的大小。
- MINEXTENTS：段生成时向段分配的初始区的数目，即为段分配的区的最小数目，必须大于等于 2。
- MAXEXTENTS：可以为段分配的区的最大数目。
- PCTINCREASE：指定第三个及其后的区相对于上一个区所增加的百分比，创建回滚段时，不可指定此参数，回滚段中此参数固定为 0。
- OPTIMAL：仅与回滚段有关，当回滚段因为增长、扩展而超过此参数的设定范围时，Oracle 系统会根据情况动态地重新分配区，试图收回多分配的区。如果要指定，必须大于等于回滚段的初始大小(由 MINEXTENTS 指定)。

注意

一般情况下，INITIAL 和 NEXT 的值相同，可以设置 OPTIMAL 参数来节约空间的使用，不要设置 MAXEXTENTS 的值为 UNLIMITED，回滚段应该创建在一个特定的回滚段表空间内。

例 6.26 创建一个回滚段 rbs01，第一个区的大小为 100KB，分配的区的数目初值为 10，最多可分配的区数为 500，回滚段大小不超过 1000KB：

```
CREATE ROLLBACK SEGMENT rbs01
TABLESPACE rbs
STORAGE (
INITIAL 100K
NEXT 100K
MINEXTENTS 10
MAXEXTENTS 500
OPTIMAL 1000K);
```

(2) 回滚段的分配

当事务开始时，Oracle 将为该事务分配回滚段，并将拥有最少事务的回滚段分配给该事务。事务可以用以下语句申请指定的回滚段：

```
SET TRANSTRACTION USE ROLLBACK SEGMENT rollback_segment
```

事务将以顺序、循环的方式使用回滚段的区，当前区用满后移到下一个区。几个事务可以写在回滚段的同一个区，但每个回滚段的块只能包含一个事务的信息。

(3) 使回滚段在线

当回滚段创建后，回滚段是离线的，不能被数据库使用，为了使回滚段能被事务使用，必须将回滚段在线。可以用下面的语句使回滚段在线：

```
ALTER ROLLBACK SEGMENT rollback_segment ONLINE;
```

例 6.27 使回滚段 rbs01 在线：

```
ALTER ROLLBACK SEGMENT rbs01 ONLINE;
```

(4) 回收回滚段的空间

如果指定了回滚段的 OPTIMAL 参数，Oracle 将自动回收回滚段到 OPTIMAL 指定的位置。用户也可以手动回收回滚段的空间。

可以使用下面的语句回收回滚段空间：

```
ALTER ROLLBACK SEGMENT rollback_segment SHRINK [TO integer [K|M]];
```

如果不指明 TO integer 的数值，Oracle 将试图回收到 OPTIMAL 的位置。

例 6.28 回收回滚段 rbs01 的空间到 2MB：

```
ALTER ROLLBACK SEGMENT rbs01 SHRINK TO 2M;
```

(5) 使回滚段离线

为了阻止新的事务使用该回滚段或者该回滚段必须删除，首先要将回滚段离线。可以使用下面的语句使回滚段离线：

```
ALTER ROLLBACK SEGMENT rollback_segment OFFLINE;
```

例 6.29 使回滚段 rbs01 离线：

```
ALTER ROLLBACK SEGMENT rbs01 OFFLINE;
```

如果有事务正在使用该回滚段，执行上面的语句后，回滚段的状态将是 PENDING

OFFLINE。事务结束后，状态将改为 OFFLINE。可以通过视图 V$ROLLSTAT 查询回滚段的状态。

(6) 删除回滚段

当回滚段不再需要，或要重建以改变 INITIAL、NEXT 或 MINEXTENTS 参数时，可以将其删除。要删除回滚段，不许使该回滚段离线。可以使用下面的语句删除回滚段：

```
DROP ROLLBACK SEGMENT rollback_segment;
```

例 6.30 删除回滚段 rbs01：

```
DROP ROLLBACK SEGMENT rbs01;
```

在 Oracle 11g 数据库中，包含回滚段信息的数据字典和动态性能视图如表 6.2 所示。

表 6.2 包含回滚段信息的数据字典视图

数据字典视图	包含的信息
DBA_ROLLBACK_SEGS	包含所有回滚段信息，包括回滚段的名称、所属表空间
DBA_SEGMENTS	包含数据库中所有段的信息
V$ROLLNAME	包含所有联机回滚段的名称
V$ROLLSTAT	包含回滚段的性能统计信息
V$UNDOSTAT	包含撤消表空间的性能统计信息
V$TRANSACTION	包含事务所使用的回滚段的信息

例 6.31 查询当前数据库中的所有回滚段信息：

```
SQL>SELECT SEGMENT_NAME,TABLESPACE_NAME,STATUS
   FROM DBA_ROLLBACK_SEGS;
```

查询结果如下：

```
SEGMENT_NAME           TABLESPACE_NAME       STATUS
---------------       -------------------   ---------------
SYSTEM                 SYSTEM                ONLINE
_SYSSMU1$_1189172979$  UNDOTBS1              ONLINE
_SYSSMU2$_1189172979$  UNDOTBS1              ONLINE
_SYSSMU3$_1189172979$  UNDOTBS1              ONLINE
```

6.4 区

1. 区的概念

区(Extent)是由一组连续的数据块构成的数据库逻辑存储分配单位。而段则是由一个或多个区构成的。

当在数据库中创建数据表时，Oracle 将为此表的数据段分配若干个区，以组成一个对应的段来为该表提供初始的存储空间。

当段中已分配的区都写满后，Oracle 就为该段分配一个新区，以容纳更多的数据。为了方便管理，在每个段的段头设置一个目录来记录该段所有的区。

2. 区的管理

区的管理主要是指区的分配与回收。

(1) 区的分配

Oracle 依据表空间管理方式的不同(本地管理或者数据字典管理)，选择不同的算法分配区。

对于本地管理的表空间，Oracle 在为新的区寻找可用空间时，首先选择一个属于此表空间的数据文件，再搜索此数据文件的位图，查找连续的数据块。如果此数据块中没有足够的连续可用空间，Oracle 将查询其他数据文件。

在本地管理方式的表空间中，系统可以根据需要，自动进行区的分配。用户只能通过下面两个参数来设定区的分配方式。

- UNIFORM：该选项指定所有段的初始区和后续区具有统一大小。
- AUTOALLOCATE：该选项指定由 Oracle 自动决定后续区大小。

例 6.32 创建一个本地管理方式的表空间，区分配采用自动扩展方式进行：

```
SQL>CREATE TABLESPACE ORCLTBS6
   DATAFILE  '/app/user/oradata/orcl/ORCLTBS6_1.DBF'  SIZE 20M
   EXTENT MANAGEMENT LOCAL AUTOALLOCATE;
```

例 6.33 创建一个本地管理方式的表空间，区分配采用固定大小，每个区 5MB：

```
SQL>CREATE TABLESPACE ORCLTBS7
   DATAFILE '/app/user/oradata/orcl/ORCLTBS7_1.DBF' SIZE 10M
   EXTENT MANAGEMENT LOCAL UNIFORM SIZE 5M;
```

在字典管理方式的表空间中，创建表空间时，可以使用 DEFAULT STORAGE 子句设置存储参数，也可以在该表空间定义对象时通过 STORAGE 子句设置存储参数。如果在定义对象时没有设置存储参数，则继承表空间存储参数的设置。其中与区分配相关的存储参数参见回滚段的创建。

(2) 区的回收

通常分配给段的区将一直保留在段中，不论区中的数据块是否被使用。只有当段所属的对象被删除时。段中所有的区才会被回收。此外，在一些特殊情况下，也能够回收未使用的区。

例如，如果在创建回滚段时指定了 OPTIMAL 关键字，Oracle 会定期回收回滚段中未使用的区。当区被释放后，Oracle 修改数据文件中的位图(对于本地管理的表空间)或更新数据字典(对于数据字典管理的表空间)，将回收的区视为可用空间。被释放的区中的数据无法继续访问。

6.5 数 据 块

1. 数据块的概念

Oracle 数据块是数据库中最小的逻辑存储单元，也是数据库执行输入/输出操作的最小单位，因为操作系统执行输入输出操作的最小单位是操作系统块，所以 Oracle 数据块大小是操作系统块大小的整数倍。

在 Oracle 11g 中，数据块包括标准块和非标准块两种，其中标准块的容量是由初始化参数 DB_BLOCK_SIZE 指定的。除此之外，用户还可以指定 5 个非标准的数据块容量。数据块容量应该设为操作系统块容量的整数倍(同时小于数据块容量的最大限制)，以便减少不必要的 I/O 操作。Oracle 数据块是 Oracle 可以使用和分配的最小存储单位。

2. 数据块的结构

数据块中可以存储各种类型的数据，如表数据、索引数据和簇数据等。无论数据块中存放何种类型的数据，每个数据块都具有相同的结构。数据块的结构如图 6.7 所示。

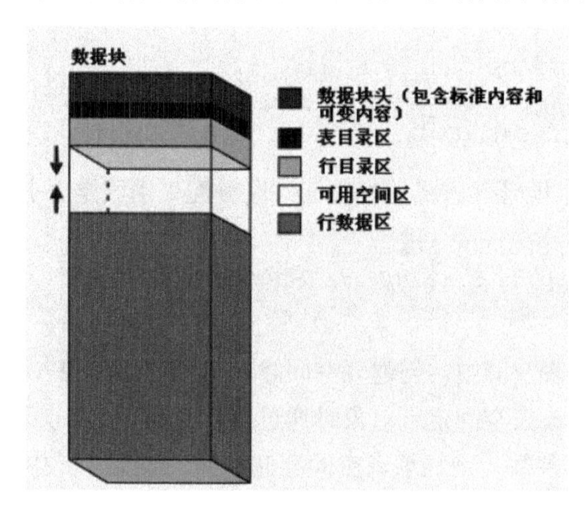

图 6.7 数据块的结构

Oracle 数据块的基本结构主要由数据块头、表目录区、行目录区、可用空间区和行数据区构成。

- 数据块头：包含了此数据块的概要信息，例如块的物理地址及此数据块所属的段的类型(例如表或索引)。
- 表目录区：若块中存储的数据是表数据(表中的一行或多行记录)，则表目录存储关于该表的信息。
- 行目录区：包含数据块中存储的数据行的信息(即每个数据行片断在行数据区中的地址)。
- 可用空间区：数据块中尚未使用的存储空间，当向数据块中添加新数据时，可用空

间将减小。

- 行数据区：包含了表或索引的实际数据。一个数据行可以跨多个数据块。

其中，数据块头、表目录区、行目录区被统称为管理开销，它们共同组成块的头部信息区。块的头部信息区中并不存放实际的数据库数据，只起到引导系统读取数据的作用。因此，若头部信息区被损坏，则整个数据块将失效，数据块中存储的数据将丢失。而空闲空间和行空间则共同构成块的存储区，空闲空间和行空间的总和就是块的总容量。

3. 数据块的管理

对块的管理主要是对块中可用存储空间的管理，即确定保留多少空闲空间，避免产生行链接、行迁移而影响数据的查询效率。有两种 SQL 语句可以增加数据块中的可用空间：分别是 DELETE 语句，和将现有数据值更新为占用容量更小值的 UPDATE 语句。在以下两种条件下，上述两种操作释放的空间可以被后续的 INSERT 语句使用：

- 如果 INSERT 语句与上述两种操作在同一事务中，且位于释放空间的语句之后，那么 INSERT 语句可以使用被释放的空间。
- 如果 INSERT 语句与释放空间的语句在不同的事务中(比如两者是由不同的用户提交的)，那么只有在释放空间的语句提交后，且插入数据必需使用此数据块时，INSERT 语句才会使用被释放的空间。

数据块中释放出的空间未必与可用空间区相连续。为避免过于频繁的空间合并工作影响数据库性能，Oracle 在满足以下条件时才会将释放的空间合并到可用空间区：①INSERT 或 UPDATE 语句选中了一个有足够可用空间容纳新数据的数据块；②但是此块中的可用空间不连续，数据无法被写入到数据块中连续的空间里。

但下面两种情况会导致表中某行数据过大，一个数据块无法容纳：

- 当一行数据插入时，如果行长度大于块的大小，行的信息无法存放在一个块中。在这种情况下 Oracle 将这行数据存储在段内的一个数据块链中，这称为行链接。
- 原本存储在一个数据块内的数据行，因为更新操作导致长度增长，而所在数据块的可用空间也不能容纳增长后的数据行。在这种情况下，Oracle 将此行数据迁移到新的数据块中。Oracle 在被迁移数据行原来所在位置保存一个指向新数据块的指针。被迁移数据行的 ROWID 保持不变，这称为行迁移。

对块的管理分为自动和手动两种。如果建立表空间时使用本地管理方式，并且将段的管理方式设置为 AUTO，则采用自动方式管理块。否则，DBA 可以采用手动管理方式，通过为段设置 PCTFREE 和 PCTUSED 两个参数来控制数据块中可用空间的使用。

(1) PCTFREE 参数

PCTFREE 参数指定一个数据块至少需要保留多少可用空间(百分比)。当数据块的可用空间百分率低于 PCTFREE 时，此数据块被标志为 USED，此时在数据块中只可以进行更新操作，而不可以进行插入操作。该参数默认值为 10。

例如，若用户用 CREATE TABLE 语句创建表时指定了 PCTFREE 为 20，则说明此表对应的数据段中的每个数据块至少保留 20%的可用空间，以备块中已有数据更新时使用。只要数据块中行数据区与数据块头的容量之和不超过数据块总容量的 80%，用户就可以向其中插入新数据，数据行被放入行数据区，相关信息被写入数据块头。

(2) PCTUSED 参数

PCTUSED 参数指定可以向块中插入数据时块已使用的最大空间比例。当数据块使用空间低于 PCTUSED 时，此块标志为 FREE，可以对数据块中的数据进行插入操作；反之，如果使用空间高于 PCTUSED，则不可以进行插入操作。该参数默认值为 10。

PCTUSED 参数用于决定一个数据块是否可被用于插入新数据，依据是数据区与数据块头的容量之和占数据块全部容量的最大百分比。当一个数据块中的可用空间比例小于 PCTFREE 参数的规定时，Oracle 就认为此数据块无法被用于插入新数据，直到数据块中的占用容量比例小于 PCTUSED 参数的限定。在占用容量比例大于 PCTUSED 参数的限定之前，Oracle 只在更新数据块内已有数据时才会使用此数据块的可用空间。

例如，假定在 CREATE TABLE 语句中指定 PCTUSED 为 40，则只有当数据块的使用空间小于或等于 40%时，该数据块中才可以插入数据。如果 PCTUSED 设置过高，虽然提高了磁盘利用率，但更新操作容易导致行迁移；若 PCTUSED 设置过低，则浪费磁盘空间，会增加全表扫描时的 I/O 输出。

注意

使用 PCTFREE 和 PCTUSED 两个参数来控制数据块中可用空间的使用并不适用于 LOB 数据类型(BLOB、CLOB、NCLOB 及 BFILE)。这些类型的数据存储时不使用 PCTFREE 参数及可用块列表。

同时设置 PCTFREE 和 PCTUSED 就能够控制块存储空间的使用方式。对于表空间中的每一个数据段和索引段，Oracle 都负责为它们维护一个“可用块列表(FREE LIST)”，在该列表中列出了所有未分配使用的块和可以继续插入数据的块。那些已经达到 PCTFREE 参数限制，但还没有降低到 PCTUSED 参数限制之下的块不会被列在可用块列表中。插入操作只能向位于可用块列表中的块写入数据。当向一个块中插入数据时，块的可用存储空间大小实际上等于块的大小减去块头部信息区的大小和保留空闲空间(PCTFREE 指定的空间)。插入数据不能占用保留空闲空间，只有在对块中的已有数据进行更新时，才能够使用保留空闲空间。因此保留空闲空间对插入操作来说是不可用的。

此外，在对数据块进行管理时，通常还会涉及下列两个参数的设置：

- TNITRANS——可以同时对此数据块进行 DML 操作的事务的个数。
- MAXTRANS——可以同时对此数据块进行 DML 操作的最多事务的个数。

在数据库中，任何一个行都有物理地址 ROWID，由 18 位十六进制数组成。其中前 1~6 位为数据对象编号，7~9 位为数据文件编号，10~15 位为数据块编号，最后 3 位为块中行编号。

例如，可用使用下面的语句来查询行的物理地址：

```
SQL>SELECT ROWID,EMPNO
   FROM  SCOTT.EMP
   WHERE  EMPNO=7369;
```

查询结果如下：

```
           ROWID                          EMPNO
-----------------------------     -------------------
      AAAHW7 AABAAAMUiAAA                7369
```

上 机 实 训

(1) 使用 SQL 命令创建一个本地管理方式下的表空间 USERTBS1，包含两个数据文件，大小均为 20MB。

(2) 修改 USERTBS1 表空间的大小，将该表空间内的数据文件改为自动扩展方式，最大值为 100MB。

(3) 使用 SQL 命令创建一个本地管理方式下自动分区管理的表空间 USERTBS2，要求每个分区大小为 1MB。

(4) 为表空间 USERTBS2 添加一个数据文件 users02.dbf，大小为 10MB。

(5) 使用 SQL 命令将表空间 USERTBS1 脱机，之后再将其联机。

(6) 删除表空间 USERTBS2，同时删除该表空间的内容及表空间内的文件。

(7) 查询当前数据库中 USERTBS1 表空间对应的数据文件信息。

本 章 习 题

1. 填空题

(1) Oracle 数据库的非系统表空间包括__________、__________和__________。

(2) 可以在 Oracle 数据库中创建大文件表空间，使用的语句为__________。

(3) 用于显示控制文件中保存的所有表空间的名称和属性的视图为__________。

(4) 根据存储对象类型的不同，Oracle 中的段可以分为四类，分别是__________、__________、__________和__________。

(5) 在 Oracle 中，可以为段设置__________和__________两个参数来控制数据块中可用空间的使用。

2. 问答题

(1) 简述数据库逻辑结构的组成和各部分之间的关系。

(2) 列举 Oracle 中表空间的种类及其用途。

(3) 简述 Oracle 数据库的表空间管理方式中的本地管理方式。

(4) 列举 Oracle 数据库中常用的段。

(5) 简述 Oracle 数据库中数据块的结构。

第 7 章

Oracle 实例的组成与管理

学习目的与要求：

数据库实例是用户与数据库进行交互的中间层。本章首先介绍 Oracle 数据库实例的构成及其工作方式，Oracle 实例由内存结构和后台进程组成，其中，内存结构分为共享全局区和程序全局区，后台进程包括 DBWn、LGWR、CKPT、SMON、PMON、ARCn 进程等；然后介绍在 Windows 平台下利用 SQL*Plus 和 OEM 数据库控制台如何启动和关闭数据库，以及数据库在不同状态之间如何转换。同时，还将介绍数据库的启动过程、关闭过程和不同状态下的特点。

7.1 Oracle 数据库实例

7.1.1 实例概述

1. Oracle 实例的概念

Oracle 数据库主要由放在磁盘中的物理数据库和对物理数据库进行管理的数据库管理系统两部分构成。其中数据库管理系统是处于用户与物理数据库之间的一个中间层软件，又称为实例(Database Instance)，由一系列内存结构和后台进程组成。

在启动数据库时，Oracle 首先在内存中获取一定的空间，启动各种用途的后台进程，即创建一个数据库实例，然后由实例装载数据文件和重做日志文件，最后打开数据库。用户操作数据库的过程实质上是与数据库实例建立连接，然后通过实例来连接、操作数据库的过程。

2. 数据库与实例的关系

通常，数据库与实例是一一对应的，即一个数据库对应一个实例，一个实例打开操作一个数据库。在并行 Oracle 数据库服务器结构中，数据库与实例是一对多的关系，即一个数据库对应多个实例。多个实例同时打开操作一个数据库的架构称为“集群”。同一时间一个用户只能与一个实例联系，当某一个实例出现故障时，其他实例照常运行，从而保证了数据库的安全运行。

3. 实例的组成

Oracle 实例由内存结构和后台进程组成，其中，内存结构又分为系统全局区(SGA)和程序全局区(PGA)。

7.1.2 Oracle 内存结构

(1) Oracle 在内存中存储以下信息：

- 程序代码。
- 已连接的会话(Session)信息，包括当前活动的(Active)及非活动的会话。
- 程序执行过程中所需的信息(例如，某个查询的状态)。
- 需要在 Oracle 进程间共享并进行通信的信息(例如锁信息)。
- 数据文件内数据的缓存(例如数据块(Data Block)及重做日志条目(Redo Log Entry)。

(2) 根据内存区域信息使用范围的不同，Oracle 中的内存区可以分为：

- 系统全局区(System Global Area，SGA)，此区域由所有的服务进程(Server Process)和后台进程(Background Process)共享。

- 程序全局区(Program Global Areas，PGA)，此区域是每个服务进程和后台进程所私有的；即每个进程都有一个属于自己的 PGA。

Oracle 11g 的内存结构如图 7.1 所示。

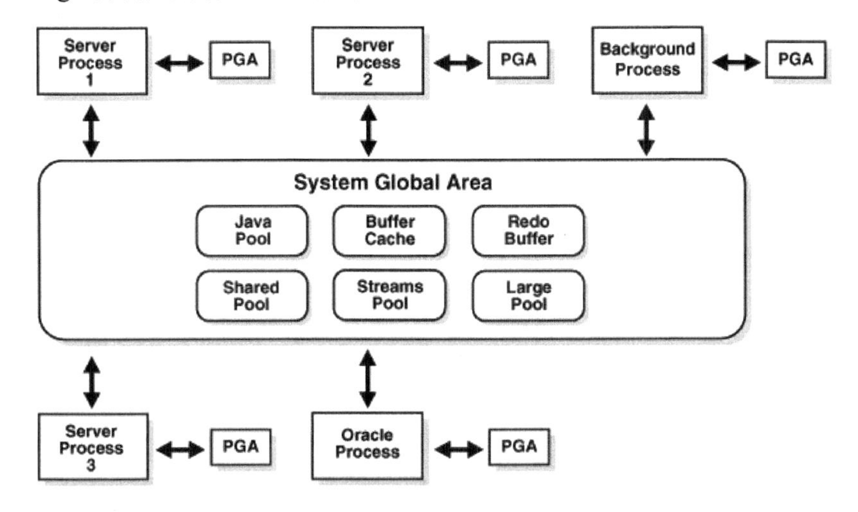

图 7.1 Oracle 11g 的内存结构

图 7.1 的中间部分为 SGA。其中包括 Java 池、数据缓存区，重做日志缓冲区、共享池、数据流池及大型池。在 SGA 之外，存在服务进程，后台进程及 Oracle 进程，它们能够与 SGA 交换信息。同时每个进程还需与其 PGA 通信。

1. SGA

SGA 是一组包含了 Oracle 数据库数据及实例控制信息的共享的内存结构。当多个用户并发地连接到同一个实例后，这些用户将共享此实例 SGA 中的数据。因此 SGA 也被称为共享全局区(Shared Global Area)。用户对数据库的各种操作主要在 SGA 中进行。当用户启动(start)实例时，Oracle 将自动地为 SGA 分配内存，当用户关闭(shut down)实例时，由操作系统负责回收内存。每个实例都有自己的 SGA。

(1) SGA 的组成

由图 7.1 可见，SGA 由一系列的内存组件组成，主要包括数据缓冲区(Database Buffer Cache)、共享池(Shared Pool)、重做日志缓冲区(Redo Log Cache)、大型池(Large Pool)、Java 池(Java Pool)、数据流池(Streams Pool)、数据字典缓冲区和其他杂项信息。

① 数据缓冲区

数据缓冲区存储的是最近从数据文件中检索出来的数据，供所有用户共享。当用户要操作数据库中的数据时，先由服务器进程将数据从磁盘的数据文件中读取到数据缓冲区中，然后在缓冲区中进行处理。处理后的结果最后由数据库写入进程(DBWR)写到硬盘的数据文件中永久保存。

数据缓冲区由许多大小相等的缓存块组成，这些块根据使用情况的不同，可以分为下列 3 类。

- “脏”缓存块(Dirty Buffers)：脏缓存块中保存的是已经被修改过的数据。当一条SQL 语句对某个缓存块中的数据进行修改后，这个缓存块就被标记为脏缓存块。它们最终将由 DBWR 进程写入数据文件，以永久性地保存修改结果。
- 空闲缓存块(Free Buffers)：空闲缓存块中不包含任何数据，它们等待后台进程或服务器进程向其中写入数据。当 Oracle 从数据文件中读取数据时，将会寻找空闲缓存块，以便将数据写入其中。
- 锁定缓存块(Pinned Buffers)：是目前正被使用，或者被显式地声明为保留的缓存块。这些缓存块始终保留在数据高速缓冲区中，不会被换出内存。

在 Oracle 数据库中，采用待写列表和最近使用列表(LRU)来管理数据缓冲区中的缓存块。待写列表中存放脏数据，即其中的数据已经修改但还没有写入到磁盘。LRU 列表保存的是空闲缓存块、命中缓存块和还没有移动到写列表的脏缓存块。在 LRU 列表中，最近被访问的缓存块被移动到列表的头部，而其他缓存块向列表尾部移动，最近最少被访问的缓存块最先被移出 LRU 列表，从而保证最频繁使用的缓存块始终保存在内存中。

当某个 Oracle 进程访问一块缓冲区时，就会将其移动到 LRU 列表的最近使用(Most Recently Used，MRU)端。随着更多被访问的缓冲区移动到 LRU 列表的 MRU 端，较早前被访问过的脏缓冲区就会逐渐向 LRU 列表的 LRU 端移动。

当 Oracle 的用户进程(User Process)首次查询某块数据时，它将首先在数据缓存区内进行搜索。如果用户进程在数据缓存区内找到了所需的数据(称为缓存命中，Cache Hit)，就可以直接从内存中访问数据。如果用户进程不能在数据缓存区中找到所需的数据(称为缓存失效，Cache Miss)，则需要从磁盘中的数据文件里将相应的数据块复制到缓存中才能进行访问。缓存命中时的数据访问速度远远大于缓存失效时的速度。

用户进程将数据块读入数据缓存区之前，首先要准备好可用缓冲区。用户进程从 LRU 列表的 LRU 端开始对其进行搜索。这个搜索过程将一直持续，直到找到可用缓冲区或达到缓存搜索操作的预设限定值为止。

如果 Oracle 用户进程对 LRU 列表的搜索操作达到了预设的限定值而仍旧没有找到可用缓冲区，那么进程将停止搜索并通知 DBWR 后台进程将部分脏缓冲区写入磁盘。

当用户进程在对 LRU 列表的搜索过程中遇到脏缓冲区时，会先将此类缓冲区移入待写列表，之后再继续搜索。当用户进程找到了可用缓冲区时，就会将数据块从磁盘写入缓冲区，并将此缓冲区移到 LRU 列表的 MRU 端。

② 共享池

在 Oracle 11g 中，SGA 的共享池(Shared Pool)内包含了库缓存(Library Cache)，数据字典缓存(Dictionary Cache)、结果集缓存(Result Cache)、并行执行消息缓存(Buffers for parallel execution messages)以及用于系统控制的各种内存结构。

初始化参数 SHARED_POOL_SIZE 用于设定共享池的容量。此参数的默认值在 32 位系统上为 8MB，在 64 位系统上为 64MB。增大此参数值将增大 SGA 内为共享池预留的内存数量。

(a) 库缓存

Oracle 执行用户提交的 SQL 语句或 PL/SQL 程序之前，先要对其进行语法分析、对象确认、权限检查、执行优化等一系列操作，并生成执行计划。这一系列操作会占用一定的系统资源。如果多次执行相同的 SQL 语句、PL/SQL 程序，都要进行如此操作，将浪费很多系统资源。库缓存的作用就是缓存最近被解释并执行过的 SQL 语句和 PL/SQL 程序代码，以提高 SQL 和 PL/SQL 程序的执行效率。当执行 SQL 语句或 PL/SQL 程序时，Oracle 首先在共享池的库缓存中搜索，查看相同的 SQL 语句或 PL/SQL 程序是否已经被分析、解析、执行并缓存过。如果有，Oracle 将利用缓存中的分析结果和执行计划来执行该语句，而不必重新对它进行解析，从而大大提高了系统的执行速度。

库缓存(Library Cache)中包含共享 SQL 区(Shared SQL Area)，私有 SQL 区(Private SQL Area)(当系统运行在共享服务器模式下时)，PL/SQL 过程和包，以及用于系统控制的各种内存结构，例如锁(Lock)及库缓存句柄(Library Cache Handle)等。

共享 SQL 区需要被所有用户访问，所以库缓存位于 SGA 的共享池(Shared Pool)内。对于一条提交的 SQL 语句，共享 SQL 区(Shared SQL Area)中存储了此 SQL 的解析树(Parse Tree)及执行计划(Execution Plan)。令多次运行的 SQL 语句使用同一个共享 SQL 区，可以为 Oracle 节约大量的内存开销，这在大量用户运行相同应用的环境里尤为明显。当一个新的 SQL 语句被解析后，Oracle 会从共享池中分配一块内存，创建共享 SQL 区，以保存解析结果。所分配内存的容量大小取决于语句的复杂程度。如果共享池内没有可用的内存，Oracle 将使用改进的 LRU 算法清除共享池内已有的共享 SQL 区，直到其中有足够的空间容纳新语句的共享 SQL 区。一个共享 SQL 区被 Oracle 清除出共享池后，相应的 SQL 语句再次执行时需要重新解析并分配新的共享 SQL 区。

对于各种 PL/SQL 程序结构(过程、函数、包、匿名块及数据库触发器)，Oracle 处理的方式与处理单独的 SQL 语句类似。Oracle 为每个程序结构分配一块公共内存区以保存其解析及编译的结果。同时 Oracle 还要为程序结构创建私有内存区，以保存程序结构在其运行的会话中所独有的信息，包括本地变量、全局变量、包变量(也被称为包实例)，及 SQL 执行缓冲区。当多个用户运行同一个程序结构时，所有用户都使用唯一的一个共享区，同时每个用户拥有一个私有区，存储此程序结构在用户会话内的独有信息。

(b) 数据字典缓存

数据字典是一系列保存了数据库参考信息(例如数据库结构、数据库用户等)的表和视图。Oracle 需要频繁地使用经过解析的 SQL 语句访问数据字典。数据字典信息对 Oracle 能否正常运行至关重要。

由于 Oracle 对数据字典的访问极为频繁，因此内存中有两个特殊区域用于存储数据字典信息。一个区域是数据字典缓存区，因为数据在其中是以数据行的形式存储的(通常缓冲区内保存的是完整的数据块)，所以此区域也被称为行缓存(Row Cache)。另一个区域为库缓存。所有 Oracle 数据库进程在访问数据字典信息时都能够共享这两个缓存区。

(c) 结果集缓存

结果集缓存由 SQL 查询结果集缓存和 PL/SQL 函数结果集缓存组成，二者共享了同一个缓冲区。

查询的结果和查询段会缓存在 SQL 查询结果集缓存区中。这样，数据库就可以使用缓存的结果来回答以后用户提交的查询和查询段。因为从 SQL 查询结果集缓存中检索数据要比重新执行一个查询要快得多。当查询的结果放在缓存中时，查询性能有极大的提高。用户可以标注一个查询或查询段是结果集缓存命中来表示结果是存储在 SQL 查询结果集缓存区中。通过设定 RESULT_CACHE_MODE 初始化参数来控制 SQL 查询结果集缓存是对所有查询可用的，还是只对标注的查询可用。

PL/SQL 函数结果集缓存存放了 PL/SQL 函数执行的结果。一个 PL/SQL 程序是为了求一个计算的结果，在这个计算中，输入是与程序有关的查询的一个或多个参数。有的时候，这些查询处理的数据经常改变，可以将语法规则放到一个 PL/SQL 函数的源文本文件中，就可以请求将结果进行缓存，可以保证当一系列表被处理时，合并缓存区的正确性。查找缓存的关键是当函数调用时实际参数的绑定。若结果集缓存的函数的某次调用是缓存命中的，那么函数体就不再被执行，而是直接返回缓存结果。

DBMS_RESULT_CACHE 包提供了管理子程序来对结果集缓存进行管理，例如，可以将所有的缓存结果集全部写入，将结果集缓存在系统范围内打开或关闭。通过查看动态性能视图 V$RESULT_CACHE_*，开发者和 DBA 可以了解对于一个特定的 SQL 查询或 PL/SQL 程序，是否缓存命中。

结果集缓存又可以分为 Server Result Cache 和 Client Result Cache。前者通过服务器端 SGA 来缓存结果集，后者通过客户端来缓存结果集。

③ 重做日志缓冲区

重做日志缓冲区是 SGA 内一块被循环使用的缓冲区，用于记录数据库内的数据变化信息。这些信息以重做条目的形式进行存储。Oracle 利用重做条目内的信息就可以重做由 INSERT、UPDATE、DELETE、CREATE、ALTER 及 DROP 等操作对数据库进行的修改。重做条目可以被用于进行数据库恢复。

Oracle 数据库的进程将重做条目从用户的内存空间复制到 SGA 的重做日志缓冲区内。重做条目在重做日志缓冲区内占用连续的空间。后台进程 LGWR 负责将重做日志缓冲区内的数据写入磁盘中当前被激活的重做日志文件(或一组重做日志文件)。

④ 大型池

数据库管理员可以配置一个称为大型池的可选内存区域，供一次性大量的内存分配使用。例如，共享服务器及 Oracle XA 接口(当一个事务与多个数据库交互时使用的接口)使用的会话内存、I/O 服务进程、Oracle 备份与恢复操作。

如果从大型池内为共享服务器、Oracle XA 或并行查询缓冲区分配会话内存，共享池就能够专注于为共享 SQL 区提供内存，从而避免了共享池可用空间减小而带来的系统性能开销。

此外，Oracle 备份与恢复操作、I/O 服务进程，及并行执行缓存所需的存储空间通常为数百 KB。与共享池相比，大型池能够更好地满足此类大量内存分配的要求。

与共享池相同，大型池不使用 LRU 列表管理其中内存的分配与回收。

⑤ Java 池

SGA 内的 Java 池是一个可选的内存配置项，是供各会话内运行的 Java 代码及 JVM 内的数据使用的。Java 池的内存使用方式与 Oracle 服务器的运行模式有关。

Java 池顾问(Java Pool Advisor)收集的统计数据能够反映库缓存中与 Java 相关的内存使用情况，并预测 Java 池容量改变对解析性能的影响。当 statistics_level 参数被设置为 TYPICAL 或更高时，Oracle 会自动地启动 Java 池顾问。当 Java 池顾问被关闭后，其收集的统计信息将被清除。

Java 池大小由参数 Java_POOL_SIZE 指定，在数据库运行期间，可以使用 ALTER SYSTEM 语句进行修改，例如：

```
SQL>ALTER SYSTEM SET Java_POOL_SIZE=40M;
```

⑥ 数据流池

在数据库中，可以在 SGA 内配置一个被称为数据流池的内存池供 Oracle 数据流分配内存。需要使用 STREAMS_POOL_SIZE 初始化参数设定数据流池的容量(单位为字节)。如果 Oracle 数据流第一次使用时系统中没有定义数据流池，Oracle 将自动地创建一个。

在数据库运行期间，可以使用 ALTER SYSTEM 语句进行修改，例如：

```
SQL>ALTER SYSTEM SET STREAMS_POOL_SIZE=100M;
```

如果系统中设置了 SGA_TARGET 参数，那么数据流池的内存来自 SGA 的全局池。如果没有设置 SGA_TARGET 参数，那么系统将从数据缓存区中转移一部分内存，用于创建数据流池。这个内存转移工作只在数据流第一次被使用时发生。此操作中的内存转移量为共享池容量的 10%。

(2) SGA 的管理

① SGA 组件大小调整

SGA 大小由初始化参数 DB CACHE SIZE、LOG_BUFFER、SHARED_POOL_SIZE、LARGE_POOL_SIZE、Java_POOL_SIZE 和 STRAMS_POOL_SIZE 控制，其最大尺寸由 SGA_MAX_SIZE 控制。其中，除了 SGA_MAX_SIZE 不能修改外，其他几个参数可以使用 ALTER SYSTEM 语句进行动态调整。

SGA 中内存的分配与回收是以特定单位(Granule)进行的。该单位大小与 Oracle 数据库运行的平台有关。通常，SGA 总量小于 1GB 时，该单位为 4MB；SGA 总量大于 1GB 时，该单位为 16MB。可以通过查询动态性能视图 V$SGAINFO 来查看该单位大小及 SGA 各组件的大小。

例如：

```
SQL> select * from v$sgainfo;
```

```
NAME                              BYTES       RES
----------------------------------------------------
Fixed SGA Size                    1250428      No
Redo Buffers                      7135232      No
Buffer Cache Size                 356515840    Yes
Shared Pool Size                  234881024    Yes
Large Pool Size                   8388608      Yes
Java Pool Size                    4194304      Yes
Streams Pool Size                 0            Yes
Granule Size                      4194304      No
Maximum SGA Size                  612368384    No
Startup overhead in Shared Pool   37748736     No
Free SGA Memory Available         0
```

如果用户为 SGA 组件指定的大小不是单位的整数倍，那么系统将按最接近单位整数倍的内存大小进行分配。例如，如果 SGA 组件分配的单位为 4MB，设置某个组件大小为 11MB，此时，系统会自动调整该组件大小为 12MB。

② SGA 自动管理

在 Oracle 11g 中，通过设置初始化参数 SGA_TARGET，可以实现对 SGA 中的数据高速缓冲区、共享池、大型池、Java 池和流池的自动管理，即这几个组件的内存调整不需要 DBA 来干预，系统自动进行调整。但是对于日志缓冲区、非标准块的数据高速缓冲区、保留池、回收池等其他区域的调整还需要 DBA 使用 ALTER SYSTEM 语句手动进行调整。

设置 SGA 自动管理的方法如下。

首先，计算参数 SGA _TARGET 的大小：

```
SQL>SELECT  (
   (SELECT  SUM (value)  FROM  V$SGA) -
   (SELECT  CURRENT_SIZE  FROM  V$SGA_DYNAMIC_FREE_MEMORY))
   /1024/1024|| ' MB ' "SG_TARGET"
   FROM  DUAL;
```

然后，设置参数 SGA_TARGET。

通过 ALTER SYSTEM 语句设置参数 SGA_TARGET 的值，该值可以是上一步中计算出来的结果，也可以是当前 SGA 大小与 SGA_MAX SIZE 之间的某个值。例如：

```
SQL>ALTER SYSTEM SET SGA_TARGET=584M;
```

然后，将 SGA 中与自动管理相关的组件大小设置为 0：

```
SQL>ALTER SYSTEM SET SHARED_POOL_SIZE=0;
SQL>ALTER SYSTEM SET LARGE_POOL_SIZE=0;
SQL>ALTER SYSTEM SET Java_POOL_SIZE=0;
SQL>ALTER SYSTEM SET LARGE_POOL_SIZE=0;
SQL>AITER SYSTEM SET STREAMS_POOL_SIZE=0;
```

此时，SGA 采用了自动管理。如果要取消自动管理，只需将参数 SGA_TARGET 设置为 0 即可。

2. PGA

PGA 是供服务进程存储数据及控制信息的内存区域，这是一种在服务进程启动时由 Oracle 创建的非共享的内存区。当一个用户连接到 Oracle 数据库时，就会产生一个服务器进程(Server Process)，同时也会建立一个 PGA 的内存块，而 PGA 就是专门提供给服务器进程使用；如果有 10 个服务器进程，就会产生 10 个 PGA。PGA 用来处理 SQL 语句、存放登录和其他的会话信息。一个 Oracle 实例中为所有服务进程分配的全部 PGA 内存称作实例 PGA。使用初始化参数 pga_aggregate_target 即可以设定实例 PGA 的大小，数据库会根据需要为每个 PGA 分配内存。

一个实例 PGA 由多个服务器进程的 PGA 块组成，每个 PGA 块可以分为 3 个部分，SQL 工作区、会话内存和私有 SQL 区，如图 7.2 所示。

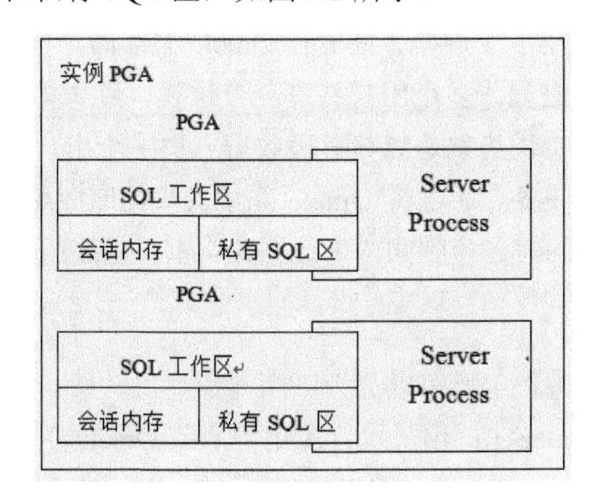

图 7.2　PGA 的结构

(1) SQL 工作区

对于复杂的 SQL 查询来说(例如，决策支持系统中的查询)，会有需要占用大量内存的操作，这些操作在执行过程中需要创建工作区，这些工作区合起来就称作 SQL 工作区。其中根据执行的操作不同，SQL 工作区可以分为排序区、哈希区和位图合并区。排序区主要供排序操作使用，哈希区主要供哈希连接操作使用。位图合并区可以进行位图的合并和创建操作。

(2) 会话内存

会话内存用于存储会话的变量(登录信息)及其他与会话有关的信息。对于共享服务器而言，会话内存是共享的，而不是为某个会话所私有的。

(3) 私有 SQL 区

私有 SQL 区包含绑定信息及运行时内存结构等数据。每个提交了 SQL 语句的会话都有一个私有 SQL 区。每个提交了相同 SQL 语句的用户都有自己的私有 SQL 区。私有 SQL 区又可分为持续数据区(Persistent Area)和运行时区(Run-time Area)。持续数据区包含绑定信息之类的数据，此区只在游标关闭时才会被释放。运行时区当游标执行结束就会被释放。

7.1.3 Oracle 后台进程

1. 概念

一个进程可以看作是一个操作系统执行一系列操作的机制。进程通常运行在其私有的内存区中。大部分进程可以周期性地写入到自己的跟踪文件。代码模块是由进程运行的。每个连接到 Oracle 的用户需要运行如下两个模块才能访问 Oracle 实例。

- 应用程序或 Oracle 工具：数据库用户需要运行数据库应用程序(例如一个预编译的程序)或 Oracle 工具(例如 SQL*Plus)，向 Oracle 数据库服务器提交 SQL 语句。
- Oracle 数据库服务器模块：为用户提供服务的 Oracle 数据库程序，负责解释执行应用程序提交的 SQL 语句。

多用户 Oracle 系统使用多个进程分别运行 Oracle 系统的不同模块，以及用户使用的进程——每个用户使用一个进程或多个用户共享一个进程。绝大多数数据库系统都是多用户的，因为数据库系统的独特优势就是能够管理数据以供多个用户同时使用。Oracle 实例中的每种进程都有其独特的任务。通过将 Oracle 系统及数据库应用程序的工作分配给多个进程，多个用户及应用就可同时连接到同一个数据库实例，且系统仍能保证优异的性能。

2. 进程类型

一个数据库实例中的进程主要可以分为下面几种类型。

- 用户进程(User Process)：用于执行应用程序或 Oracle 工具代码的进程。
- Oracle 进程(Oracle Process)：用于执行 Oracle 数据库服务器代码的进程。

其中 Oracle 进程又可以分为下面几个子类。

- 后台进程：与数据库实例同时启动，执行维护任务，例如执行实例恢复，清除进程，将重做缓冲区内容写入磁盘等。
- 服务器进程：执行基于用户请求的工作。例如解析 SQL 查询，并放入共享池，为每个查询创建并执行一个查询计划，从数据库高速缓存或磁盘读缓冲区。
- 从属进程：为后台进程或服务器进程执行其他任务。

从运行 Oracle 的操作系统及 Oracle 安装选项来看，不同配置的 Oracle 系统的进程结构也有所不同。例如，为连接到 Oracle 系统的用户提供服务的模块可以被配置为专用服务器(Dedicated Server)或共享服务器(Shared Server)。

当使用专用服务器时，每个用户执行一个数据库应用时需要两个进程：一个执行此应用的进程(用户进程)，一个运行 Oracle 数据库服务模块的进程(专用服务器进程)。

当使用共享服务器时，每个用户执行一个数据库应用时也需要两个进程：一个执行此应用的进程(用户进程)，一个运行 Oracle 数据库服务模块的进程。但与专用服务器模式不同的是，运行 Oracle 数据库服务模块的服务进程(共享服务器进程)可以为多个用户进程提供服务。

(1) 用户进程

当用户连接数据库执行一个应用程序时，会创建一个用户进程，来完成用户所指定的任务。在 Oracle 数据库中有两个与用户进程相关的概念：连接和会话。

① 连接：指用户进程与数据库实例之间的一条通信路径。该路径由硬件线路、网络协议和操作系统进程通信机制构成。

② 会话：指用户到数据库的指定连接。在用户连接数据库的过程中，会话始终存在，直到用户断开连接或终止应用程序为止。例如，当用户启动 SQL*Plus 时必须提供有效的用户名和密码，之后 Oracle 为此用户建立一个会话。从用户开始连接到用户断开连接(或退出数据库应用程序)期间，会话一直持续。会话是通过连接实现的，同一个用户可以创建多个连接来产生多个会话。

(2) 服务器进程

服务器进程由 Oracle 自身创建，用于处理连接到数据库实例的用户进程所提出的请求。用户进程只有通过服务器进程才能实现对数据库的访问和操作。

服务器进程分为专用服务器进程和共享服务器进程两种。

① 专用服务器进程：在一个专用服务器连接中，一个用户进程只能与一个服务进程连接。每个用户进程直接与服务进程交互。服务进程在整个会话期间只能为一个用户进程提供服务。直到用户进程断开连接时，对应的服务器进程才终止。服务进程存储了特定进程的信息。服务器进程与用户进程是一对一的关系。各个专用服务器进程之间是完全独立的，它们之间没有数据共享。

② 共享服务器进程：在数据库中创建并启动一定数目的服务器进程，在调度进程的帮助下，这些服务器进程可以为任意数量的用户进程提供服务，即一个服务器进程可以被多个用户进程共享。一个共享服务器进程可以为多个用户进程提供服务。在一个共享服务器连接中，用户应用通过网络与调度进程连接，而不是与服务进程连接。调度进程接收来自连接的用户的请求，并放入大型池的请求队列中。第一个可用的共享服务器进程从队列中取出请求并进行处理，然后共享服务器进程将结果放入调度进程的响应队列。调度进程对响应队列进行监听，将结果传送给用户进程。

服务器进程主要完成以下任务：

- 解析并执行用户提交的 SQL 语句和 PL/SQL 程序，包括创建并执行查询计划。
- 从硬盘数据文件中读取所需的数据，再将它们复制到缓冲区中；再将用户改变数据库的操作信息写入日志缓冲区中。
- 执行 PL/SQL 代码。
- 将查询或执行后的结果数据返回给用户进程。

(3) 后台进程

为了保证 Oracle 数据库在任意一个时刻都可以处理多用户的并发请求，进行复杂的数据操作，而且还要优化系统性能，Oracle 数据库启用了一些相互独立的附加进程，称为后台进程。服务器进程在执行用户进程请求时，会调用后台进程来实现对数据库的操作。

后台进程主要完成以下任务：

- 在内存与磁盘之间进行 I/O 操作。
- 监视各个服务器的进程状态。
- 协调各个服务器进程的任务。
- 维护系统性能和可靠性等。

每个后台进程都有一个独立的任务，同时又与其他进程协同工作。例如，LGWR 进程从重做日志缓冲区复制数据到联机重做日志文件。当一个写满的日志文件准备归档时，LGWR 会通知其他进程进行归档。

Oracle 数据库在启动数据库实例时自动创建后台进程。一个实例会有许多的后台进程，但并不是所有的后台进程会存在于每种数据库中。下面的 SQL 语句可以列出数据库中运行的后台进程：

```
SQL>SELECT PNAME
   FROM V$PROCESS
   WHERE PNAME IS NOT NULL ORDER BY PNAME;
```

3. Oracle 后台进程

数据库的后台进程随数据库实例的启动而自动启动，它们协调服务器进程的工作，优化系统的性能。可以通过初始化参数文件中参数的设置来确定启动后台进程的数量。

Oracle 实例的主要后台进程包括数据库写入进程(DBWn)、日志写入进程(LGWR)、检查点进程(CKPT)、系统监控进程(SMON)、进程监控进程(PMON)、恢复进程(RECO)、可管理性监控进程(MMON)、归档进程(ARCn)、锁进程(LCKn)、调度进程(Dnnn)等，其中前 7 个后台进程是必需的。

(1) DBWn(Database Writer Process)

数据库写入进程负责把数据高速缓冲区中已经被修改过的数据成批写入数据文件中永久保存，同时使数据高速缓冲区有更多的空闲缓存块，保证服务器进程将所需要的数据从数据文件中读取到数据高速缓冲区中，提高缓存命中率。

当满足以下条件时，DBWn 进程会将脏缓冲区写入磁盘：

- 如果服务进程扫描了一定数量的缓冲区后仍不能找到可用缓冲区，就通知 DBWn 进程进行写入。DBWn 在执行其他操作的同时，能异步地将脏缓冲区写入磁盘。
- DBWn 进程周期性地将脏缓冲区写入磁盘，从而使检查点(Checkpoint)前移。检查点是进行实例恢复(Instance Recovery)时应用重做日志的起始点的位置。此位置是由数据缓冲区内时间最早的脏缓冲区决定的。

无论上述哪种情况，DBWn 进程都将进行批量(多数据块)写入以便提高性能。一次批量写入的数据块数量依操作系统而不同。

在 Oracle 11g 中，初始化参数 DB_WRITER_PROCESSES 用于设定系统中 DBWn 进程的数量。此参数的最大值为 20。如果实例启动时用户没有设定此参数，Oracle 将根据

CPU 及处理器组的数量决定如何设置 DB_WRITER_PROCESSES 参数。

DBWR 进程启动的时间与用户提交事务的时间完全无关。

(2) LGWR(Log Writer Process)

① 功能

日志写入进程负责把重做日志缓冲区的重做记录写入到日志文件中永久保存。

在 DBWn 进程向磁盘写入脏缓冲区之前，所有与被修改数据相关的重做记录必须先被写入磁盘(即提前写入协议，Write-ahead Protocol)。如果 DBWn 进程发现相关的重做日志还没有被写入磁盘，将通知 LGWR 进程进行写入操作。DBWn 进程将等待 LGWR 进程将重做日志缓冲区内的相关数据写入磁盘后，才能将数据缓冲区写入磁盘。这样可以保证先将与脏缓存块相关的重做记录信息写入重做日志文件，然后将脏缓存块写入数据文件。

下列事件发生时，LGWR 进程会将重做日志缓冲区中的重做记录写入重做日志文件：

- 用户通过 COMMIT 语句提交当前事务。
- 发生联机重做日志切换。
- 重做日志缓冲区被写满 1/3 或超过 1MB 的缓冲数据。
- DBWR 进程将脏缓存块写入数据文件。
- LGWR 进程超时(大约 3 秒)，LGWR 进程将启动。

② 事务提交机制

Oracle 数据库对事务的提交采用快速提交和批量提交两种机制。当用户提交一条 COMMIT 语句时，LGWR 进程会立即将一条提交记录写入到重做日志文件中，然后开始写入与该事务相关的重做信息。而此时，这个事务所产生的脏缓存块并不会立刻被 DBWR 进程写入数据文件，这称为“快速提交”机制。当事务的提交记录和重做信息都被写入重做日志文件后，Oracle 才认为一个事务提交成功。此时，即使发生数据库崩溃，也可以恢复。所谓批量提交，是指如果数据库中同时存在多个事务，则 LGWR 进程会将重做日志缓冲区的重做记录一次性写入重做日志文件，而不管事务是否已经提交，Oracle 通过提交事务的提交记录来判断事务是否已提交。Oracle 通过这种办法减少了磁盘 I/O 并提升了 LGWR 进程的性能。

(3) CKPT(Checkpoint Process)

检查点是一个事件，当该事件发生时(每隔一段时间发生)，DBWR 进程把数据高速缓冲区中的脏缓存块写入数据文件中，同时 Oracle 将对数据库控制文件和数据文件头部的同步序号进行更新，以记录当前的数据库结构和状态，保证数据的同步。

在执行了一个检查点事件后，Oracle 知道所有已提交的事务对数据库所做的更改已经全部被写入到数据文件中，此时数据库处于一个完整状态。在发生数据库崩溃后，只需要将数据库恢复到上一个检查点执行时刻即可。因此，缩短检查点执行的间隔，可以缩短数据库恢复所需的时间。

CKPT 进程的作用就是执行检查点，完成下列操作：

- 更新控制文件与数据文件的头部，使其同步。
- 通知 DBWR 进程，将脏缓存块写入数据文件。

(4) SMON(System Monitor Process)

SMON 进程的主要功能包括：

- 在实例启动时负责对数据库进行恢复。
- 回收不再使用的临时空间。
- 将各个表空间的空闲碎片合并(表空间的存储参数 PCTINCREASE 不为 0 时)。

SMON 进程除了在实例启动时执行一次外，在实例运行期间，会被定期唤醒，检查是否有工作需要它来完成。如果有其他任何进程需要使用 SMON 进程的功能，它们将随时唤醒 SMON 进程。

(5) PMON(Process Monitor Process)

当一个服务进程或调度进程异常终止后，进程监控进程(PMON)将对其进行恢复。PMON 进程将清除相关的数据缓存区(Database Buffer Cache)并释放被此用户进程使用的资源。例如，PMON 进程将重置活动事务表(Active Transaction Table)，释放不用的锁，并从活动进程列表(List of Active Process)中移除出错进程的 ID。

PMON 进程还负责将实例和调度器进程的信息注册到网络监听器。

PMON 进程的功能主要包括：

- 负责恢复失败的用户进程或服务器进程，并且释放进程所占用的资源。
- 清除非正常中断的用户进程留下的孤儿会话，回退未提交的事务，释放会话所占用的锁、SGA、PGA 等资源。
- 监控调度进程和服务器进程的状态，如果它们失败，则尝试重新启动它们，并释放它们所占用的各种资源。

与 SMON 进程类似，PMON 进程在实例运行期间会被定期唤醒，检查是否有工作需要它来完成。如果有其他任何进程需要使用 PMON 进程的功能，它们将随时唤醒 PMON 进程。

(6) MMON 和 MMNL

MMON 进程执行与自动负载数据库有关的任务。例如，当某个测量值超过了预设的限定值后提交警告、创建快照，或捕获最近修改过的 SQL 对象的统计信息时，MMON 进程就要执行。

MMNL 从 SGA 的活动会话历史缓冲区 ASH 中读取统计信息写入到磁盘。当 ASH 缓冲区满时，MMNL 就执行写入。

(7) RECO(Recoverer Process)

恢复进程 RECO 负责在分布式数据库环境中自动解决分布式事务的故障。一个节点的 RECO 自动解决所有的悬而未决的事务。当 RECO 进程重新连接到与不可信的事务相关的数据库后，它将负责对此事务进行处理，并从相关数据库的活动事务表中移除与此事务有

关的数据。

(8)　ARCn(Archiver Process)

ARCn 进程负责在日志切换后将已经写满的重做日志文件复制到归档目标，以防止写满的重做日志文件被覆盖。

只有当数据库运行在归档模式，并且初始化参数 LOG_ARCHIVE_START 设置为 TRUE，即启动自动归档功能时，才能启动 ARCn 进程；否则当重做日志文件全部被写满后，数据库将被挂起，等待 DBA 进行手动归档。

在默认情况下，一个实例只会启动一个 ARCn 进程。但是在数据库运行过程中，为了加快重做日志文件归档的速度，避免数据库挂起等待，LGWR 进程可以同时启动多个 ARCn 进程(ARCn 进程由 LGWR 进程启动，而不是由 DBA 启动)。在一个 Oracle 实例中最多可以同时启动 10 个归档进程。

(9)　JQP(Job Queue Process)

作业队列进程(Job Queue Process，JQP)的功能是进行批处理。这种进程用于运行用户的作业。这种进程能够提供作业调度服务，在 Oracle 实例中调度 PL/SQL 语句及存储过程。用户只需提供作业的开始时间及调度间隔，作业队列进程就能够按用户的设定调度作业。初始化参数 JOB_QUEUE_PROCESSES 表示实例中可以并行执行的最大作业队列进程数。但并不是所有的作业队列进程都可以用于执行用户的作业。

(10) QMNn(Queue Monitor Process)

队列监控进程是供 Oracle 工作流高级队列使用的可选的进程，用于监控消息队列。队列监控进程和作业队列进程与其他 Oracle 后台进程的区别在于，这两类进程出错不会导致整个实例出错。

在 Oracle 11g 中，还有其他的一些后台进程。

DIAG(诊断性进程)：它会负责监视实例的整体状况，捕获处理实例失败时所需的信息并记录。

FBDA(闪回数据归档进程)：此进程为 Oracle 11g 新增的进程，主要用于闪回数据，它主要维护随时间对表中每行所做的改变，而实现历史数据查询。它将读取事务生成的 UNDO，并回滚事务做出的改变，然后将回滚的这些行记录保存在闪回数据归档中。

7.2　Oracle 数据库的启动和关闭

在 Oracle 数据库用户连接数据库之前，必须先启动 Oracle 数据库，创建数据库的软件结构(实例)与服务进程，同时加载并打开数据文件、重做日志文件。当 DBA 对 Oracle 数据库进行管理与维护时，会根据需要对数据库进行状态转换或关闭数据库。因此，数据库的启动与关闭是数据库管理与维护的基础。

7.2.1 启动 Oracle 数据库

每一个启动的数据库至少对应有一个例程。例程是 Oracle 用来管理数据库的一个实体。在服务器中，例程是由一组逻辑内存结构和一系列后台服务进程组成的。当启动数据库时，这些内存结构和服务进程得到分配、初始化和启动，这样，Oracle 才能够管理数据库，用户才能与数据库进行通信。一般而言，启动 Oracle 数据库需执行三个操作步骤：启动例程、装载数据库和打开数据库。每完成一个步骤，就进入一个模式或状态，以保证数据库处于某种一致性的操作状态。可以通过在启动过程中设置选项来控制使数据库进入某个模式。可以使用 SQL*Plus 的 STARTUP 命令或企业管理器(Enterprise Manager)或服务管理工具 SRVCTL 来执行这三个步骤。

1. 数据库启动的步骤

Oracle 数据库的启动分为 3 个步骤进行，对应数据库的 3 个状态，在不同状态下可以进行不同的管理操作。

(1) 创建并启动实例

根据数据库初始化参数文件，为数据库创建实例，启动一系列后台进程和服务进程，并创建 SGA 区等内存结构。在此阶段并不检查数据库(物理文件)是否存在。

创建并启动实例时主要执行如下几个任务。

① 读取初始化参数文件，默认时读取 SPFILE 服务器参数文件，或读取由 PFILE 选项指定的文本参数文件。

② 根据该初始化参数文件中有关 SGA 区、PGA 区的参数及其设置值，在内存中分配相应的空间。

③ 根据该初始化参数文件中有关后台进程的参数及设置值，启动相应的后台进程。

④ 打开跟踪文件、预警文件。

通常，使用数据库的这种状态来创建一个新的数据库，或创建一个新的控制文件。

(2) 装载数据库

装载数据库时，实例打开数据库的控制文件，从中获取数据库名称、数据文件和重做日志文件的位置、名称等数据库物理结构信息，为打开数据库做好准备。在装载阶段，实例并不会打开数据库的物理文件，所以数据库仍然处于关闭状态，仅数据库管理员可以通过部分命令修改数据库，用户无法与数据库建立连接或会话，因此无法使用数据库。如果控制文件损坏，实例将无法装载数据库。

在执行下列任务时，需要数据库处于装载状态，但无须打开数据库：

- 重新命名、增加、删除数据文件和重做日志文件。
- 执行数据库的完全恢复。
- 改变数据库的归档模式。

在此阶段并没有打开数据文件和重做日志文件。

(3) 打开数据库

只有将数据库启动到打开状态后，数据库才处于正常运行状态，这时用户才能够与数据库建立连接或会话，才能存取数据库中的信息。

打开数据库时，实例将打开所有处于联机状态的数据文件和重做日志文件。如果在控制文件中列出的任何一个数据文件或重做日志文件无法正常打开(如因位置或文件名出错或不存在等)，数据库都将返回错误信息，这时需要进行数据库恢复。

出于管理方面的要求，数据库的启动过程经常需要分步进行。在很多管理情况下，启动数据库时并不是直接完成上述 3 个步骤，而是先完成第 1 步或第 2 步，然后执行必要的管理操作，最后再打开数据库，使其进入正常运行状态。

假设需要重新命名数据库中的某个数据文件，如果数据库当前正处于打开状态，就可能会有用户正在访问该数据文件中的数据，因此无法对数据文件进行更改。这时就必须先将数据库关闭，然后只进入装载状态，但不打开数据库，这样将断开所有用户的连接，其他用户无法进行数据操作，但 DBA 却可以对数据文件进行重命名。当完成了重命名工作后，再打开数据库供用户使用。

2. 数据库启动的准备

在启动数据库之前，应该先启动数据库服务器的监听服务以及数据库服务。如果数据库服务器的监听服务没有启动，那么客户端无法连接到数据库服务器；如果数据库服务没有启动，那么客户端无法连接到数据库。

启动数据库服务器的监听程序和数据库服务可以使用命令行方式进行，在 Windows 系统中也可以通过服务管理窗口启动数据库服务器监听服务和数据库服务。

(1) 使用命令行方式启动监听服务和数据库服务

打开操作系统命令提示符窗口，按下列方式执行。

① 打开监听程序：

```
C:\>LSNRCTL START
```

② 打开数据库服务：

```
C:\>ORACLE ORCL
```

其中，ORCL 是要打开的数据库名称。

(2) 使用服务管理窗口启动监听服务和数据库服务

选择“开始”→“设置”→“控制面板”→“管理工具”→“服务”命令，打开系统“服务”窗口，分别选择数据库服务器的监听服务 Oracle<ORACLE_HOME_NAME> TNSListener 和数据库服务 OracleService<SID>，右击，并在弹出的快捷菜单中选择“启动”命令，以启动监听程序和数据库服务，结果如图 7.3 所示。

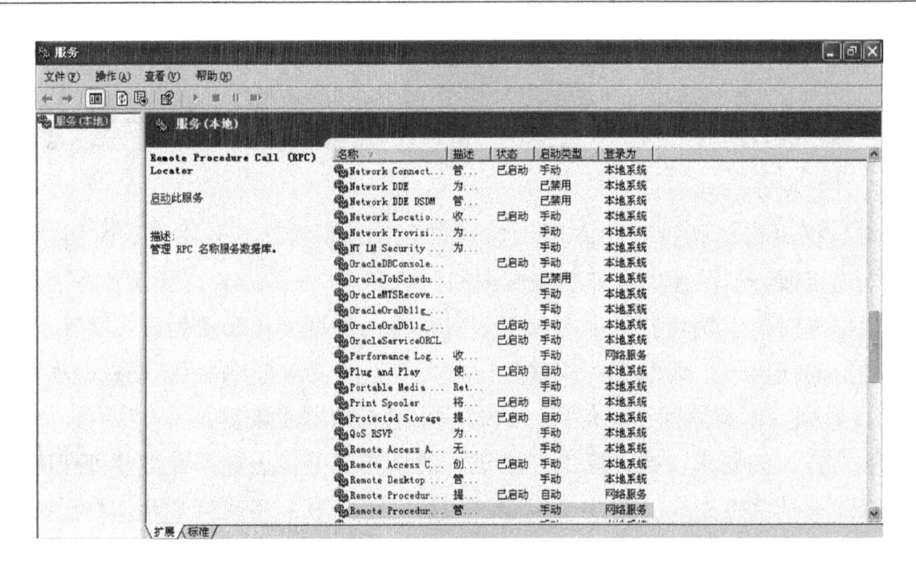

图 7.3　系统服务窗口

3. 在 SQL*Plus 中启动数据库

为了在 SQL*Plus 中启动或关闭数据库，需要启动 SQL*Plus，并以 SYSDBA 或 SYSOPER 身份连接到 Oracle。

对应数据库启动的 3 个步骤，数据库有 3 种启动模式，如表 7.1 所示，DBA 可以根据要执行的管理操作任务的不同，将数据库启动到特定的模式。执行完管理任务后，可以通过 ALTER DATABASE 语句将数据库转换为更高的模式，直到打开数据库为止。

表 7.1　数据库启动模式

启动模式	说　明	SQL*Plus 提示信息
NOMOUNT	启动实例，不装载数据库	Oracle 实例已经启动
MOUNT	启动实例，装载数据库，不打开数据库	Oracle 实例已经启动 数据库装载完毕
OPEN	启动实例，装载数据库并打开数据库	Oracle 实例已经启动 数据库装载完毕 数据库已经打开

启动数据库的基本语法为：

```
STARTUP [NOMOUNT|MOUNT|OPEN] [FORCE] [RESTRICT] [PFILE=filename]
```

其中各选项的含义介绍如下。

(1) NOMOUNT

Oracle 读取数据库的初始化参数文件，创建并启动数据库实例。此时，用户可以与数据库进行通信，访问与 SGA 区相关的数据字典视图，但是不能使用数据库中的任何文件。

如果 DBA 要执行下列操作，则必须将数据库启动到 NOMOUNT 模式下进行：

- 创建一个新的数据库。
- 重建数据库的控制文件。

(2) MOUNT

Oracle 创建并启动实例后，根据初始化参数文件中的 CONTROL_FILES 参数找到数据库的控制文件，读取控制文件，获得数据库的物理结构信息，包括数据文件、重做日志文件的位置与名称等，实现数据库的装载。此时，用户不仅可以访问与 SGA 区相关的数据字典视图，还可以访问与控制文件相关的数据字典视图。

如果 DBA 要执行下列操作，则必须将数据库启动到 MOUNT 模式下进行：

- 重命名数据文件。
- 添加、删除或重命名重做日志文件。
- 改变数据库的归档模式。
- 执行数据库完全恢复操作。

(3) OPEN

以正常方式打开数据库，此时任何具有 CREATE SESSION 权限的用户都可以连接到数据库，并可以进行基本的数据访问操作。如果 STARTUP 语句没有指定任何选项，那默认使用 OPEN 选项启动数据库。

(4) FORCE

该命令用于当各种启动模式都无法成功启动数据库时强制启动数据库。STARTUP FORCE 命令实质上是先执行 SHUTDOWN ABORT 命令异常关闭数据库，然后再执行 STARTUP OPEN 命令重新启动数据库。并进行完全介质恢复。也可以执行 STARTUP NOMOUNT FORCE 或 STARTUP_MOUNT FORCE 命令，将数据库启动到相应的模式。

在下列情况下，需要使用 STARTUP FORCE 命令启动数据库：

- 无法使用 SHUTDOWN NORMAL、SHUTDOWN IMMEDIATE 或 SHUTDOWN TRANSACTION 语句关闭数据库实例。
- 在启动实例时出现无法恢复的错误。

(5) RESTRICT

该命令以受限方式打开数据库，只有具有 CREATE SESSION 和 RESTRICTED SESSION 系统权限的用户才可以连接数据库。如果需要，也可以以受限方式启动数据库到特定的模式，如 STARTUP MOUNT RESTRICT；通常，只有 DBA 具有 RESTRICTED SESSION 系统权限。

如果数据库以 RESTRICT 方式打开，DBA 只能在本地进行数据库的管理，即在运行数据库实例的机器上进行管理，而不能通过网络进行远程管理。

当执行下列操作时，需要使用 STARTUP RESTRICT 方式启动数据库：

- 执行数据库数据的导出或导入操作。
- 执行数据装载操作。
- 暂时阻止普通用户连接数据库。

● 进行数据库移植或升级操作。

当操作结束后，可以使用 ALTER SYSTEM 语句禁用 RESTRICTED SESSION 权限，以便普通用户都可以连接到数据库，进行正常的访问操作。例如：

```
SQL>ALTER SYSTEM DISABLE RESTRICTED SESSION;
```

(6) PFILE

数据库实例创建时必须读取一个初始化参数文件，从中获取相关参数设置信息。可以通过 PFILE 子句指定数据库文本初始化参数文件的位置与名称。如果数据库启动时没有指定 PFILE 子句，则首先读取默认位置的服务器初始化参数文件；如果没有，则 Oracle 继续读取默认位置的文本初始化参数文件；如果还没有，则启动失败。

可以使用 STARTUP PFILE 语句按指定文本初始化参数文件的方式启动数据库，例如：

```
SQL>STARTUP PFILE=E:\ORACLE\ADMIN\ORCL\INITORCL.ORA;
```

由于 PFILE 子句只能指定一个文本的初始化参数文件，因此，要使用非默认的服务器端初始化参数文件启动数据库实例，需要按下列步骤来完成。

① 首先创建一个文本初始化参数文件，其中只包含一行内容，即用 SPFILE 参数指定非默认服务器初始化参数文件名称和位置。例如，假定创建的文本初始化参数文件的位置和名称为 E:\ORACLE\ADMIN\ORCL\INITORCL.ORA。

文本文件的内容为：

```
SPFILE=E:\ORACLE\ADMIN\ORCL\SPFILEORCL.ORA
```

② 在执行 STARTUP 语句时指定 PFILE 子句：

```
SQL>STARTUP PFILE=E:\ORACLE\ADMIN\ORCL\INITORCL.ORA;
```

4. 在 OEM 控制台启动数据库

在 OEM 中启动数据库的具体操作如下。

(1) 数据库服务未启动时，启动 IE 浏览器，在地址栏输入“https://localhost:1158/em”，按 Enter 键，进入 OEM 登录界面，输入用户名、口令，选择管理员连接身份后，单击“登录”按钮，进入 OEM 主目录界面，如图 7.4 所示。

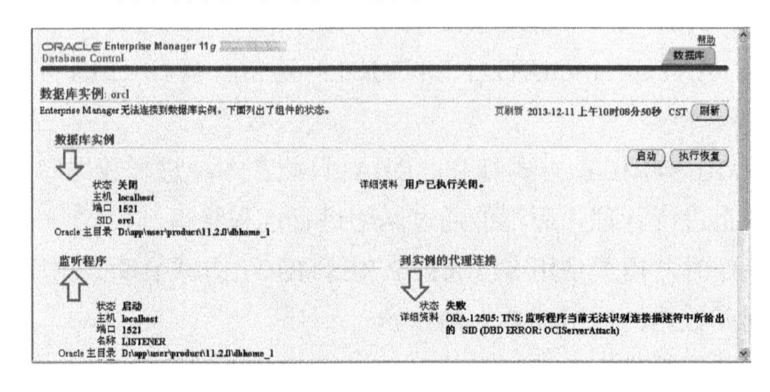

图 7.4 数据库服务未启动时的 OEM 主目录界面

在该界面中，显示数据库实例的状态是关闭的。

(2) 单击“启动”按钮，出现“启动/关闭”界面，如图 7.5 所示。在“主机身份证明”标题下输入具有管理员权限的操作系统用户的“用户名”和“口令”，在“数据库身份证明”标题下输入具有 SYSDBA 权限的数据库用户的“用户名”和“口令”，并选中“另存为首选身份证明”复选框。

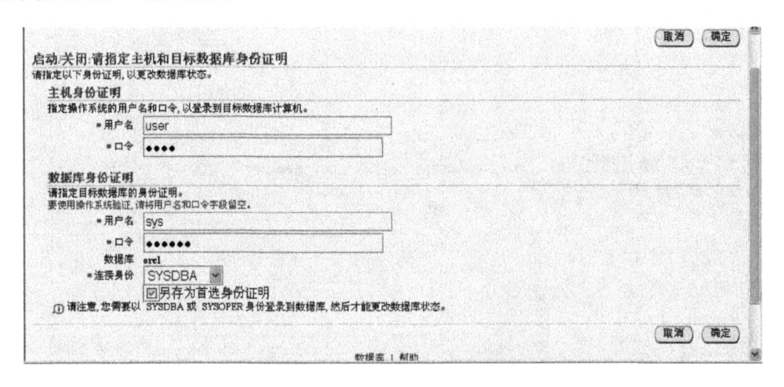

图 7.5　“启动/关闭”界面

(3) 单击“确定”按钮，出现“启动/关闭：确认”界面，如图 7.6 所示。

图 7.6　“启动/关闭：确认”界面

(4) 单击“高级选项”按钮，出现“启动/关闭：高级启动选项”界面，如图 7.7 所示。在“启动模式”标题下，可以选择某种启动模式，如“启动数据库”、“装载数据库”、“打开数据库”。在“初始化参数”标题和“其他启动选项”标题下，可以选择相应的选项，或指定 PFILE 文件的文件夹和名称。

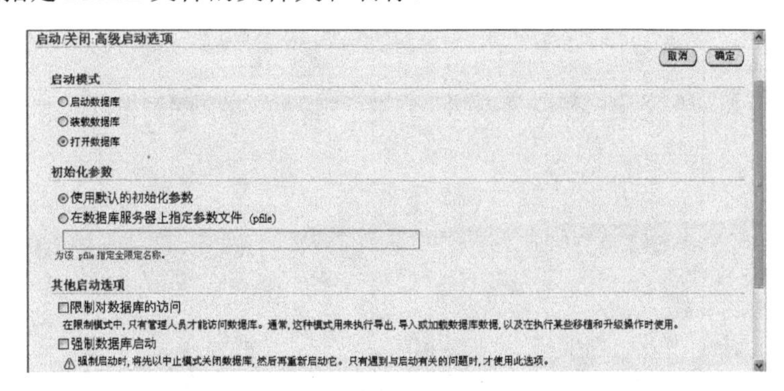

图 7.7　“启动/关闭：高级启动选项”界面

从图 7.7 中可以看出，默认是按“打开数据库”的启动模式启动数据库的。

(5) 单击“确定”按钮，返回“启动/关闭确认”界面。单击“显示 SQL”按钮，出现“显示 SQL”界面。在该界面中显示了启动数据库时所使用的 SQL 语句，可作为参考，如图 7.8 所示。

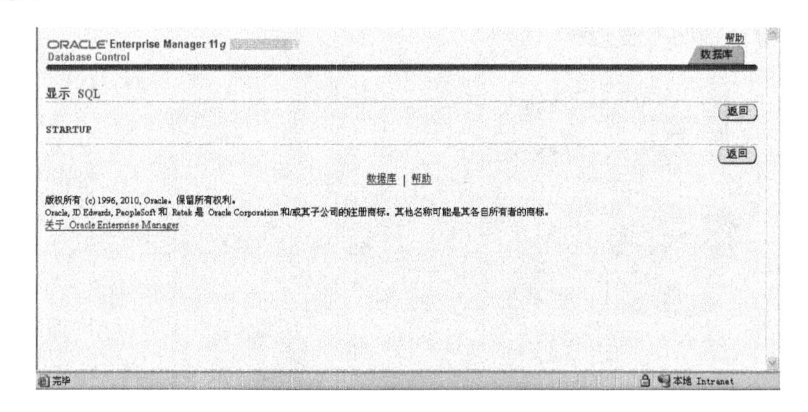

图 7.8 “显示 SQL”界面

(6) 单击“返回”按钮，返回“启动/关闭确认”界面，单击“是”按钮，出现“启动/关闭: 活动信息”界面，如图 7.9 所示。

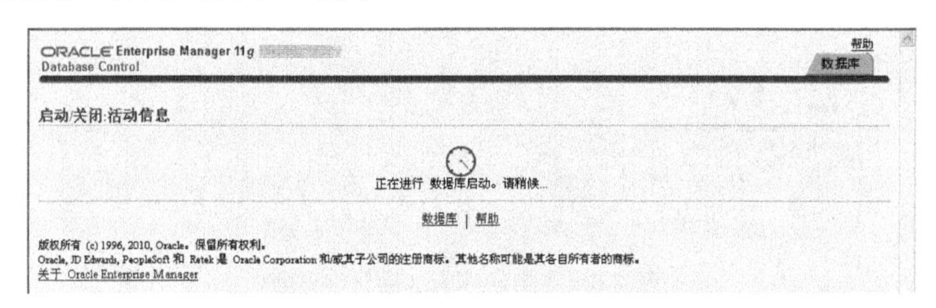

图 7.9 “启动/关闭: 活动信息”界面

(7) 经过一段时间和多次闪烁后，将出现“登录”界面，它表示此时该数据库已经启动，用户可以登录了，如图 7.10 所示。

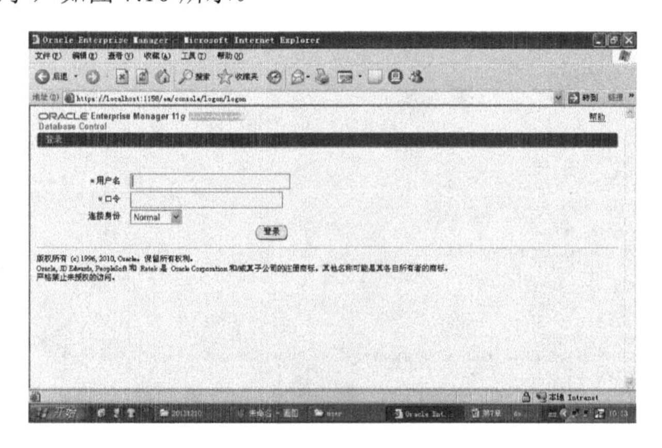

图 7.10 OEM 登录界面

7.2.2 关闭 Oracle 数据库

当执行数据库的定期冷备份、数据库软件升级以及其他的管理任务时，需要手动关闭数据库。关闭一个数据库需要执行三个操作步骤：关闭数据库；卸载数据库；停止实例。DBA 可以使用 SQL*Plus 中的 SHUTDOWN 命令或者在企业管理器中执行上述操作。Oracle 也能在实例停止时自动地执行以上步骤。

当 DBA 关闭数据库时，Oracle 将 SGA 内的数据库数据及恢复数据分别写入数据文件及重做日志文件。之后，Oracle 关闭所有联机的数据文件及重做日志文件(脱机表空间的脱机数据文件已经处于关闭状态。即使当用户再次打开数据库时，脱机的表空间及其中的数据文件将保持脱机状态)，此时数据库已经处于关闭状态，不能执行一般操作。但在数据库已经关闭但仍加载时，控制文件还是处于打开状态。

一个数据库实例关闭的顺序如图 7.11 所示。

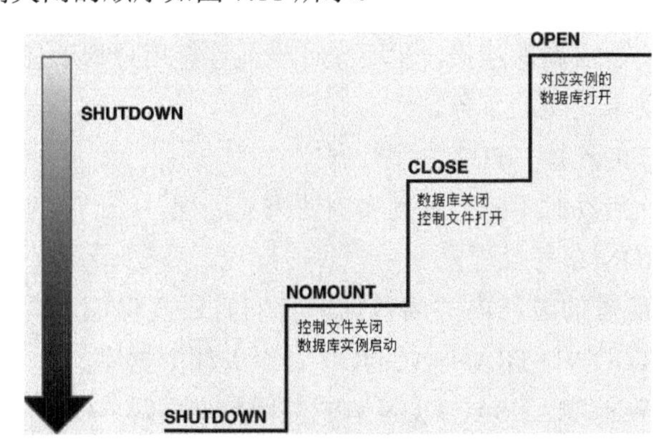

图 7.11 实例和数据库关闭的顺序

1. 数据库关闭的步骤

与数据库启动相对应，关闭数据库也分 3 个步骤。

(1) 关闭数据库。Oracle 将重做日志缓冲区内容写入重做日志文件中，并且将数据高速缓存中的脏缓存块写入数据文件，然后关闭所有数据文件和重做日志文件。

(2) 卸载数据库。数据库关闭后，实例卸载数据库，并在控制文件中更改相关项目，然后关闭控制文件。但实例仍然存在。

(3) 关闭实例。卸载数据库后，终止所有的后台进程和服务器进程，分配给实例的内存 SGA 和 PGA 空间被回收。

2. 在 SQL*Plus 中关闭数据库

在 SQL*Plus 中，关闭数据库的方式是以命令行方式进行的。

关闭数据库的基本语法为：

```
SHUTDOWN[NORMAL|TRANSACTION|IMMEDIATE|ABORT]
```

其中各选项的作用和意义如下。

(1) NORMAL(正常)

如果对数据库的关闭没有时间限制，则可以采用该命令正常关闭数据库。

当采用 SHUTDOWN NORMAL 方式关闭数据库时，Oracle 将执行下列操作：

- 阻止任何用户建立新的连接。
- 等待当前所有正在连接的用户主动断开连接。
- 一旦所有用户断开连接，则关闭数据库。
- 数据库下次启动时不需要任何实例的恢复过程。

(2) IMMEDIATE(立即)

如果要求在尽可能短的时间内关闭数据库，如即将启动数据库备份操作、即将发生电力供应中断、数据库本身或某个数据库应用程序发生异常需要关闭数据库等，都可以采用 SHUTDOWN IMMEDIATE 命令来立即关闭数据库。

当采用 SHUTDOWN IMMEDIATE 方式关闭数据库时，Oracle 将执行下列操作：

- 阻止任何用户建立新的连接，也不允许当前连接用户启动任何新的事务。
- 回滚所有当前未提交的事务。
- 终止所有用户的连接，直接关闭数据库。
- 数据库下一次启动时不需要任何实例的恢复过程。

(3) TRANSACTION(事务处理)

如果要求在尽可能短的时间内关闭数据库，同时还要保证所有当前活动事务可以提交，则可以采用 SHUTDOWN TRANSACTION 命令关闭数据库。

当采用 SHUTDOWN TRANSACTION 方式关闭数据库时，Oracle 将执行下列操作：

- 阻止所有用户建立新的连接，也不允许当前连接用户启动任何新的事务。
- 等待用户回滚或提交任何当前未提交的事务，然后立即断开用户连接。
- 关闭数据库。
- 数据库下一次启动时不需要任何实例的恢复过程。

(4) ABORT

如果前 3 种方法都无法成功关闭数据库，则说明数据库产生了严重错误，只能采用终止方式，即通过 SHUTDOWN ABORT 命令来关闭数据库，此时会丢失一部分数据信息，对数据库完整性造成损害。

当采用 SHUTDOWN ABORT 方式关闭数据库时，Oracle 将执行下列操作：

- 阻止任何用户建立新的连接，同时阻止当前连接用户开始任何新的事务。
- 立即结束当前正在执行的 SQL 语句。
- 任何未提交的事务不被回滚。
- 中断所有的用户连接，立即关闭数据库。
- 数据库实例重启后需要恢复。

3. 在企业管理器中关闭数据库

在企业管理器中关闭数据库的方法或步骤如下。

(1) 以 DBA 连接身份登录 OEM，在首页单击“关闭”按钮，出现“启动/关闭: 请指定主机和目标数据库身份证明”界面，如图 7.12 所示。在“主机身份证明”标题下输入具有管理员权限的操作系统用户的“用户名”和“口令”，在“数据库身份证明”标题下输入具有 SYSDBA 权限的数据库用户的“用户名”和“口令”，选中“另存为首选身份证明”复选框。

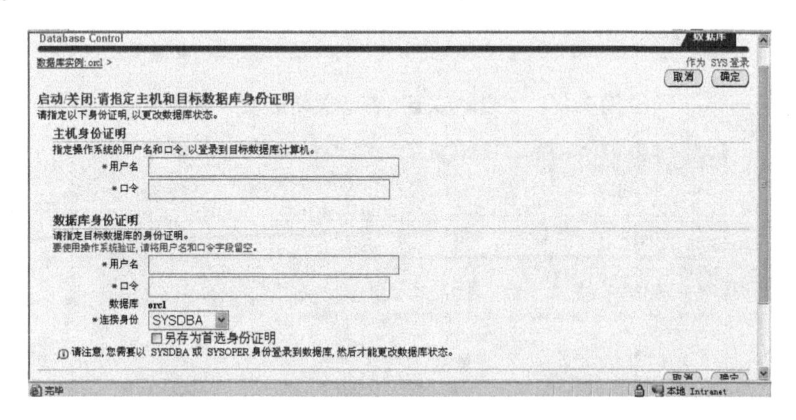

图 7.12 指定主机和目标数据库身份证明界面

(2) 设置完成后单击“确定”按钮，打开如图 7.13 所示的“启动/关闭: 确认”界面。

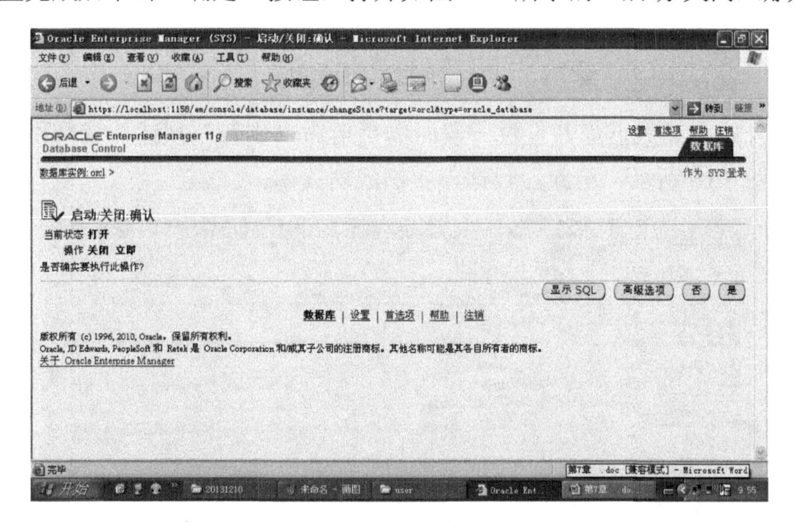

图 7.13 “启动/关闭: 确认”界面

(3) 单击“高级选项”按钮，打开“启动/关闭: 高级关闭选项”界面，如图 7.14 所示。

(4) 从中可以看出，默认是按“立即”选项关闭数据库的。在此直接单击“确定”按钮，返回“启动/关闭: 确认”界面。

(5) 单击“是”按钮，打开“启动/关闭: 活动信息”界面，如图 7.15 所示。

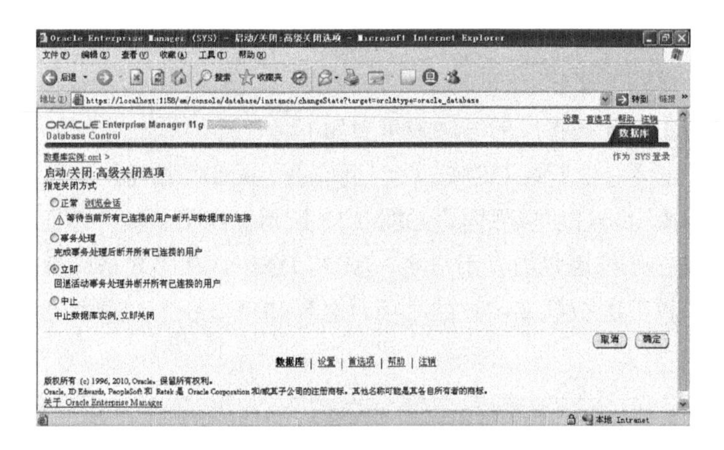

图 7.14 “启动/关闭: 高级关闭选项”界面

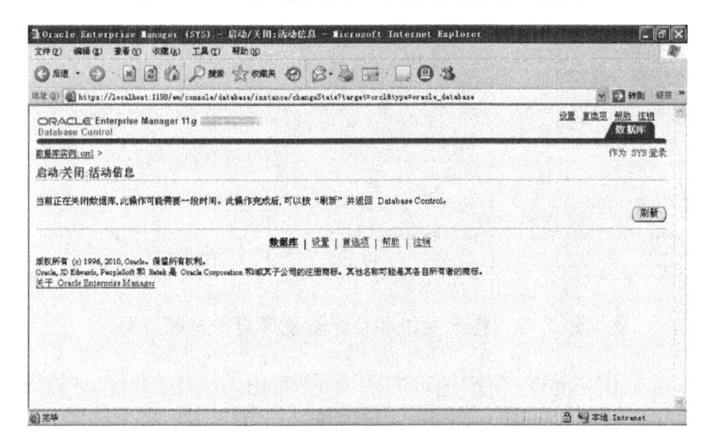

图 7.15 “启动/关闭: 活动信息”界面

此时已经开始关闭数据库，经过一段时间后单击“刷新”按钮，就会出现“数据库实例”界面，如图 7.16 所示，至此，数据库实例成功关闭。

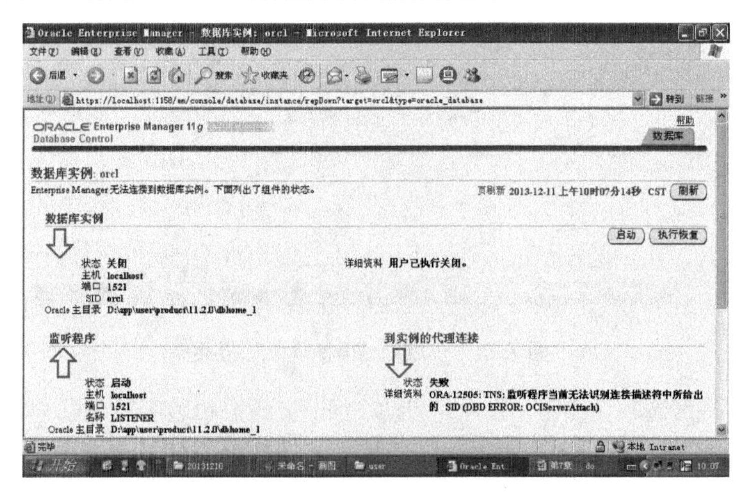

图 7.16 “数据库实例”界面

7.2.3　数据库状态转换

数据库启动后，可以根据数据库管理或维护操作需要，将数据库由一种状态转换到另一种状态，包括数据库启动模式间转换、读/写状态转换、受限/非受限状态转换、静默/非静默状态转换、挂起/非挂起状态转换等。

1. 数据库启动模式间转换

数据库启动过程中，可以从 NOMOUNT 状态转换为 MOUNT 状态，或从 MOUNT 状态转换为 OPEN 状态：

```
SQL>STARTUP NOMOUNT;
SQL>ALTER DATABASE MOUNT;
SQL>ALTER DATABASE OPEN;
```

2. 读/写状态转换

数据库正常启动后，处于读/写状态，用户既可以从数据库中读取数据，也可以修改。如果以只读方式打开数据库，那么只允许用户对数据进行查询操作，而不允许进行数据的更新操作。

以只读方式打开数据库，可以保证不能对数据文件和日志文件进行写入操作，但是并不限制产生日志信息的数据库恢复操作和其他一些操作，如数据文件的脱机、联机等，因为这些操作并没有导致数据的变化。当以只读方式打开数据库时，必须为用户指定一个本地管理的默认临时表空间，用于查询排序等操作。

可以使用 ALTER DATABASE 语句以读写方式或只读方式打开数据库。例如：

```
SQL>ALTER DATABASE OPEN  READ WRITE;
SQL>ALTER DATABASE OPEN  READ ONLY;
```

3. 受限/非受限状态转换

在默认情况下，数据库的启动是非受限的。可以根据需要以受限方式打开数据库，或在数据库正常启动后，进行受限/非受限状态的转换。例如：

```
SQL>STARTUP  RESTRICT;
SQL>ALTER  SYSTEM  ENABLE  RESTRICTED  SESSION;
SQL>ALTER  SYS'TEM  DISABLE  RESTRICTED  SESSIOIN;
```

4. 静默状态/非静默状态转换

(1)　概述

所谓的静默状态，是指只允许 DBA 用户在数据库中执行查询、更新等事务操作，以及运行 PL/SQL 程序，而其他所有用户都不能在数据库中执行任何操作。

DBA 在进行数据库的管理与维护，执行某些特殊操作时，需要排除其他用户对数据库的操作。这些操作包括：

- DBA 在执行操作的过程中，如果有其他用户访问操作的对象，那么将导致 DBA 操作失败。例如，DBA 正在修改某个表，向其添加新的列，此时其他用户访问该表，DBA 的操作失败。
- DBA 的某些操作在执行过程中所产生的中间结果不应当被其他用户看到。例如，DBA 对一个表实行多步骤操作，首先导出该表，然后删除该表，最后再导入该表，以达到重建该表的目的。如果在 DBA 删除该表，还没有导入该表时，有用户访问该表，将导致错误。

如果数据库没有静默功能，要保证成功完成上述操作，必须先关闭数据库，然后以受限方式打开数据库。使数据库进入静默状态，可以达到相同的目的，但不需中断数据库的运行。

(2) 进入静默状态

可以使用如下语句使数据库进入静默状态：

```
SQL>ALTER SYSTEM  QUIESCE  RESTRICTED;
```

执行该语句后，数据库等待所有正在运行的非 DBA 用户会话主动终止，同时不再允许任何新的非 DBA 用户会话。直到所有非 DBA 用户会话都停止后，数据库才进入静默状态。在静默状态中，当一个非 DBA 用户试图执行一条 SQL 语句激活某个停止的会话时，该语句将挂起。当数据库从静默状态恢复后，所有被停止的非 DBA 会话被重新激活，被挂起的 SQL 语句也会继续执行。

注意

在 Oracle 11g 中，只允许 SYS 和 SYSTEM 两个用户执行 ALTER SYSTEM QUIESCE RESTRICTED 语句。同时，也允许这两个用户在数据库处于静默状态时执行操作。

(3) 退出静默状态

DBA 执行完特殊操作后，需要使用下列语句将数据库转换为非静默状态：

```
SQL>~ALTER  SYSTEM  UNQUIESCE;
```

(4) 查询静默状态

可以通过查询动态性能视图 V$INSTANCE 的 ACTIVE_STATE 列查看数据库的当前状态。

ACTIVE_STATE 列的取值有 3 种。

- NORMAL：正常非静默状态。
- QUIESCNG：正在进入静默状态，等待非 DBA 会话进入停止状态。
- QUIESCED：静默状态，所有非 DBA 会话都进入停止状态：

```
SQL>SELECT  ACTIVE_STATE  FROM  V$INSTANCE;
```

结果为：

```
 ACTIVE_STATE
--------------
   QUIESCED
```

5. 挂起/非挂起状态转换

(1) 概述

Oracle 数据库还有一种特殊的状态，称为挂起状态。当数据库处于挂起状态时，对数据库的数据文件和控制文件的 I/O 操作都被暂停。这样就可以保证在没有 I/O 冲突的状态下进行数据库的备份操作。当数据库进入挂起状态时，当前所有的 I/O 操作可以继续完成，但是所有新的 I/O 操作不会被执行，而是被放入等待队列中。一旦数据库恢复到正常状态，等待队列中的 I/O 操作将被执行。

当数据库处于挂起状态时，可以为系统中的磁盘或文件创建镜像，然后分离镜像，从而为数据库的备份与恢复提供了一种可选方案。如果在一个系统中，当对数据库进行 I/O 操作时无法分离磁盘镜像，此时就可以采用挂起数据库的方法进行磁盘镜像的分离操作。

与静默状态不同，挂起状态不禁止非 DBA 用户进行数据库操作，只是暂时停止所有用户的 I/O 操作。

(2) 进入挂起状态

可以使用 ALTER SYSTEM SUSPEND 语句使数据库转换为挂起状态。例如：

```
SQL>ALTER  SYSTEM  SUSPEND;
```

(3) 退出挂起状态

可以使用 ALTER SYSTEM RESUME 语句使数据库从挂起状态恢复。例如：

```
SQL>ALTER  SYSTEM  RESUME;
```

(4) 查询挂起状态

可以通过查询动态性能视图 V$INSTANC.F 的 DATABASE_STATUS 列查看数据库是否处于挂起状态。DATABASE_STATUS 列的取值有两种。

- SUSPENDED：挂起状态。
- ACTIVE：正常状态。

```
SQL>SELECT DATABASE_STATUS FROM V$INSTANCE;
```

结果为：

```
DATABASE_STATUS
---------------
   SUSPENDED
```

上 机 实 训

(1) 将数据库 SGA 设置为自动管理方式。

(2) 查询当前数据库后台进程的运行情况。

(3) 为了修改数据文件的名称，应启动数据库到合适的模式。

(4) 以受限状态打开数据库。启动数据库后，改变数据库状态为非受限状态。

(5) 将数据库转换为只读状态，再将数据库由只读状态转换为读写状态。

(6) 以多种方法关闭数据库。

本 章 习 题

1. 填空题

(1) 一个 Oracle 实例包括__________和__________。

(2) 在 SGA 的各个组件中，__________存储的是最近从数据文件中检索出来的数据，供所有用户共享。

(3) 在 Oracle 11g 的后台进程中，__________负责把重做日志缓冲区的重做记录写入到日志文件中，__________负责把数据高速缓冲区中已经被修改过的数据写入数据文件中，__________负责在日志切换后将已经写满的重做日志文件复制到归档目标。

(4) 数据库启动的三个步骤分别是__________、__________、__________。

2. 问答题

(1) 简述数据库实例的概念及结构。

(2) 简述 Oracle 数据库内存结构中 SGA 和 PGA 的组成，以及这两个内存区存放信息的区别。

(3) Oracle 11g 的后台进程有哪些？其功能是什么？

(4) Oracle 数据库启动时，如果数据文件或重做日志文件不可用，会发生什么情况？

(5) RESTRICTED SESSION 系统权限应该给哪些用户？

第 8 章

模式对象

学习目的与要求：

在 Oracle 数据库中，用户数据是以对象的形式存在的，并以模式为单位进行组织。

本章将主要介绍 Oracle 11g 数据库模式对象的概念、功能及其管理，包括表、索引、视图、序列等。

8.1 模　　式

1. 模式的概念

在 Oracle 数据库中，数据对象是以模式为单位进行组织和管理的。所谓模式，就是一个逻辑数据结构的集合，其中的数据结构称为模式对象，例如表和索引都是模式对象。模式对象是由 SQL 语句来创建并处理的。

模式与用户相对应，每个用户拥有唯一一个模式，模式的名称与用户名相同。在通常情况下，用户所创建的数据库对象都保存在与自己同名的模式中。例如，hr 用户拥有 hr 模式，hr 模式中包含了 hr 用户创建的模式对象，如 employees 表。在同一模式中，数据库对象的名称必须唯一，而在不同模式中的数据库对象可以同名。例如，数据库用户 test 在数据库中创建一个名为 employees 的表。test 用户创建的 employees 表放在 test 的模式中，而 hr 用户创建的 employees 表放在 hr 模式中。

在默认情况下，用户引用的对象是与自己同名模式中的对象，如果要引用其他模式中的对象，则需要在该对象名之前指明对象所属模式。例如，如果用户 test 要引用 hr 模式中的 test 表，则必须使用 hr.test 形式来表示；如果用户 hr 要引用 hr 模式中的 employees 表，则可以使用 hr.employees 形式或者直接引用 employees。

在 Oracle 数据库中，虽然模式与数据库用户是一一对应的，但是用户与模式是两个完全不同的概念。

2. 模式的选择与切换

如果用户以 NORMAL 身份登录，则进入同名模式；如果以 SYSDBA 身份登录，则进入 SYS 模式；如果以 SYSOPER 身份登录，则进入 PUBLIC 模式。

(1) 进入用户同名模式(默认)：

```
SQL>CONNECT scott/tiger
SQL>SHOW USER
USER  is  "SCOTT"
```

(2) 进入 SYS 模式：

```
SQL>CONNECT / AS SYSDBA
SQL>SHOW USER
USER is  "SYS"
```

(3) 进入 PUBLIC 模式：

```
SQL>CONNECT sys/tiger AS SYSOPER(用户 sys，口令 tiger)
SQL>SHOW USER
USER is "PUBLIC"
```

3. 模式对象类型

在 Oracle 数据库中可以创建和处理各种模式对象，主要包括下列对象。

- 表：关系数据库中最重要的模式对象是表。数据在表中以行的形式存储。
- 索引：索引为表或簇的每个索引行保存一个入口，并对行提供直接的快速的访问。Oracle 数据库支持各种类型的索引。一个索引表就是一个数据存储在索引结构中的表。
- 分区表：是大表或大索引的片段。每个分区表有自己的名字，可以有自己的存储特征。
- 视图：是一个或多个表或视图中数据的定制表示，可以把视图看成存储的查询或一个虚表，视图并不是真正存储数据的。
- 序列：是一种数据库对象，用来自动产生一组唯一的序号。序列是一种共享式的对象，多个用户可以共同使用序列中的序号。一般将序列应用于表的主键列。
- 维度：用于定义两个列或两个列集合之间的层次关系。位于子级的一个值与且仅与唯一一个父级的值相关。层次关系表现的是一个层次结构内一级与另一级之间的函数依赖关系。一个维度对象只是定义了数据列之间的逻辑关系，其中并不实际存储任何数据。
- 同义词：同义词是一种数据库对象，它是为一个数据库对象定义的别名。
- PL/SQL 子程序和包：PL/SQL 是 Oracle 对 SQL 过程化的扩展。一个 PL/SQL 子程序是一个命名的有一系列参数的 PL/SQL 块，一个 PL/SQL 包在逻辑上与 PL/SQL 类型、变量和子程序相关。

在 Oracle 数据库中，还有一些类型的对象也是存储在数据库中，也是由 SQL 语句来创建和处理的，但并不保存在模式中。这些对象包括：数据库用户、角色、上下文、表空间和目录对象，这样的对象称为非模式对象。

8.2　表

8.2.1　表的概念

表是 Oracle 数据库中的数据组织的基本单元。一张表描述了一个逻辑实体，数据库中所有数据被组织成行和列的形式。表中的一行对应于一条记录，表中的一列描述了一个实体的属性。当创建表时，要设定表名，还要设定表中各列的列名、数据类型、宽度或精度，有些数据类型的宽度是固定的，例如 DATE 类型，而对于 NUMBER 类型的列来说，则需要定义精度及数值范围。其中一些列还可以设定默认值。

用户可以为一个表的各列数据的值设定规则。这些规则被称为完整性约束(Integrity Constraint)。例如 NOT NULL 完整性约束，要求各行的此列必须包含数据值。用户还可以设定表内某些列的数据在存储到数据文件之前首先进行加密。加密可以防止未经授权的用户绕过数据库访问控制机制，使用操作系统工具直接查看数据文件的内容。用户创建表后，就可以使用 SQL 语句向其中插入数据，或查询、删除或更新表内的数据。

下面给出一张简单的表 emp，如图 8.1 所示。emp 表具有 8 个属性列，分别是 EMPNO、ENAME、JOB、MGR、HIREDATE、SAL、COMM、DEPTNO。其中一行数据代表一个员工的信息，EMPNO 列是不允许为空的列，而 COMM 列是允许为空的。

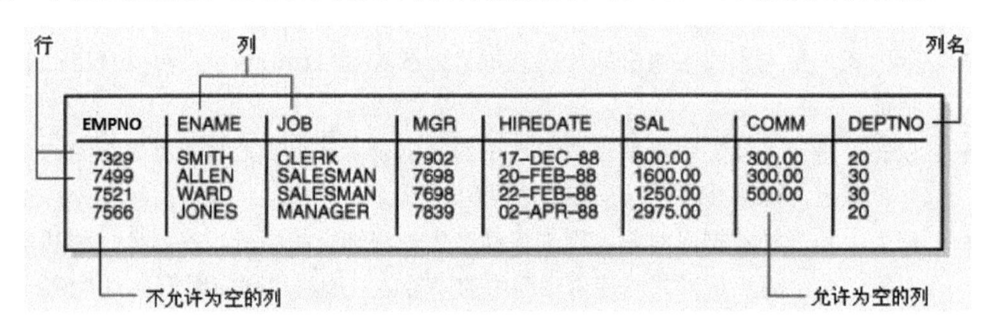

EMPNO	ENAME	JOB	MGR	HIREDATE	SAL	COMM	DEPTNO
7329	SMITH	CLERK	7902	17-DEC-88	800.00	300.00	20
7499	ALLEN	SALESMAN	7698	20-FEB-88	1600.00	300.00	30
7521	WARD	SALESMAN	7698	22-FEB-88	1250.00	500.00	30
7566	JONES	MANAGER	7839	02-APR-88	2975.00		20

图 8.1　emp 表

许多数据库对象(如索引、视图)都是以表为基础的。在 Oracle 数据库中，表可以分为两大类，关系表和对象表。

关系表是基本的表结构，以行和列的形式存储数据。

对象表使用对象类型为列定义，用于保存一个特定类型的对象实例。

根据表生存周期的不同，表可以分为永久性表和临时表；对于关系表，根据表中数据组织方式的不同，可分为标准表、索引化表、分区表及外部表等。本节将主要介绍标准关系表。

当用户创建一个表时，Oracle 会自动地在相应的表空间内为该表分配数据段以容纳表中的数据。用户可以采用以下方式分别控制数据段的空间分配和使用：

- 通过设定段的存储参数来控制其空间分配方式。
- 通过设定段的 PCTFREE 和 PCTUSED 参数，来控制如何使用此数据段中各个区内的数据块的可用空间。

表使用的段既可以创建在该表所有者的默认表空间里，也可以创建在 CREATE TABLE 语句指定的表空间里。

8.2.2　表的管理

对表的管理主要包括表的创建、删除、修改和表约束、表存储空间的管理等。

1. 表的创建

创建表，就是在数据库中定义表的结构。表的结构主要包括表与列的名称、列的数据类型，以及建立在表或列上的约束。创建永久表可以在 SQL*Plus 中使用 CREATE TABLE

命令来完成，也可以在 OEM 中完成。CREATE TABLE 语句的基本语法格式为：

```
CREATE TABLE  table_name
(COLUMN1 datatype [default exp] [column_level_constraint]
[, COLUMN2 datatype [default exp] [column_level_constraint]]
...
[CONSTRAINT  table_level_constraint ])
[PCTFREE n]
[PCTUSED n]
[STORAGE n]
[TABLESPACE tbs]
[ENABLE|DISABLE]
[AS QUERY];
```

创建表的语句中，各语法参数的说明如下。

(1) table_name：表名。

创建表时，必须为表起一个在当前模式中唯一的名称，该名称必须是合法标识符，长度为 1~30 字节，并且以字母开头，可以包含字母(A~Z，a~z)、数字(0~9)、下划线(_)、美元符号($)和#。此外，表名称不能与所属模式中的其他对象同名，也不能是 Oracle 数据库的保留字。

(2) COLUMNn：列名称。

一个表中的列不能重名。列的名称也应该是 Oracle 中合法的标识符。

(3) datatype：列的数据类型。

在创建表时，不仅要指明表名、列名，还要根据应用需要指明每个列的数据类型。可以使用数据库中内置的数据类型，也可以使用用户自定义的数据类型。Oracle 数据库的内置数据类型分为字符类型、数值类型、日期类型、LOB 类型、二进制类型和行类型等。

① 字符类型。

- CHAR[(n [BYTE/CHAR])]：用于存储固定长度的字符串。参数 n 规定了字符串的最大长度，可选关键字 BYTE 或 CHAR 表示其长度单位是字节或字符，默认值为 BYTE，即字符串最长为 n 个字节。允许最大长度为 2000 字节。如果 CHAR 类型的列中实际保存的字符串长度小于 n，Oracle 将自动使用空格将它填满；如果实际保存的字符串长度大于 n，Oracle 将会产生错误信息。
- VARCHAR2[(n[BYTE/CHAR])]：用于存储可变长度的字符串。含义与 CHAR 类型的参数一样，但是允许字符串的最大长度为 4000 字节。与 CHAR 类型不同，当在 ARCHAR2 类型的列中实际保存的字符串长度小于 n 时，将按字符串实际长度分配空间。
- NCHAR[(n [BYTE/CHAR])]：类似于 CHAR 类型，但它用来存储 Unicode 类型的字符串。
- NVARCHAR2[(n[BYTE/CHAR])]：类似于 VARCHAR2 类型，但它用来存储 Unicode 类型的字符串。

- LONG：用于存储可变长度字符串，最大长度为 2GB。

② 数值类型。

- NUMBER[(m, n)]：用于存储整数和实数。m 表示数值的总位数(精度)，取值范围为 1~38，默认为 38；n 表示小数位数，若为负数，则表示把数据向小数点左边舍入，默认值为 0。

③ 日期类型。

- DATE：用于存储日期和时间。可以存储的日期范围为公元前 4712 年 1 月 1 日到公元 4712 年 1 月 1 日，由世纪、年、月、日、时、分、秒组成。可以在用户当前会话中使用参数 NLS_DATE_FORMAT 指定日期和时间的格式，或者使用 TO_DATE 函数，将表示日期和时间的字符串按特定格式转换成日期和时间。
- TIMESTAMP[(n)]：表示时间戳，是 DATE 数据类型的扩展，允许存储小数形式的秒值。n 表示秒的小数位数，取值范围为 1~9，默认值为 6。
- TIMESTAMP[(n)] WITH TIME ZONE：通过存储时区偏差来扩展 TIMESTAMP 类型。时区偏差值为相对于通用协调时间(或称 UTC，以前称为格林威治时间或 GMT)的时差。
- TIMESTAMP[(n)] WITH LOCAL TIME ZONE：与 TIMESTAMP[(n)] WITH TIME ZONE 的不同之处在于，存储日期时直接转换为数据库时区日期，而读取日期时将数据库时区日期转换为用户会话时区日期。
- INTERVAL YEAR(n) TO MONTH：存储以年份和月份表示的时间段。n 是表示 YEAR 的最多数字位数，默认为 2。例如，INTERVAL '2-11' YEAR TO MONTH 表示 2 年 11 个月。
- INTERVAL DAY(m) TO SECOND(n)：存储以天数、小时数、分钟数和秒数表示的时间段。m 是表示 DAY 的最多数字位数，默认为 2。n 是表示 SECOND 的小数部分的位数，默认为 6。例如，INTERVAL '5 10:30:40' DAY TO SECOND 表示 5 天 10 小时 30 分 40 秒。

④ LOB 类型。

- CLOB：用于存储可变长度的字符数据，如文本文件等，最大数据量为 4GB。
- NCLOB：用于存储可变长度的 Unicode 字符数据，最大数据量为 4GB。
- BLOB：用于存储大型的、未被结构化的可变长度的二进制数据(如二进制文件、图片文件、音频和视频等非文本文件)，最大数据量为 4GB。
- BFILE：用于存储指向二进制格式文件的定位器，该二进制文件保存在数据库外部的操作系统中，文件最大为 4GB。

⑤ 二进制类型。

- RAW(n)：用于存储可变长度的二进制数据，n 表示数据长度，取值范围为 1~2000 字节。
- LONG RAW：用于存储可变长度的二进制数据，最大存储数据量为 2GB。

⑥ 行类型。

- ROWID：行标识符，表中行的物理地址的伪列类型。ROWID 类型数据由 18 位十六进制数构成，包括对象编号、文件编号、数据块编号和块内行号。
- UROWID：行标识符，用于表示索引化表中行的逻辑地址。

(4) DEFAULT：列的默认值。

(5) CONSTRAINT：定义的约束。

在 Oracle 数据库中对列的约束包括主键约束、唯一性约束、检查约束、外键约束和空/非空约束 5 种，定义方法有表级约束和列级约束两种。其中 column_level_constraint 定义的是列上的约束，table_level_constraint 定义的是表上的约束。关于表的约束，详见本节后面的介绍。

(6) PCTFREE：如果数据库的剩余自由空间少于 PCT_FREE 空闲空间，则数据库就会从空闲块列表上将其取下，不再进行插入操作。

(7) PCTUSED：在每次更新或删除操作后，数据库会比较该数据块的已用空间 PCT_USED 设置，如果该数据块少于 PCT_USED 已用空间，则该数据库会被加入到空闲列表，供插入操作使用。

(8) TABLESPACE：指定该表所在的表空间。如果不指定，则为用户的默认表空间。

(9) STORAGE：存储分配参数。

(10) AS QUERY：可以利用子查询创建表。

如果要在自己的模式中建表，需要用户必须具有 CREATE TABLE 系统权限，如果要在其他模式中建表，则要求用户必须具有 CREATE ANY TABLE 系统权限。

例如，在当前模式下创建一个名为 employee 的表，语句为：

```
SQL>CREATE TABLE employee(
   empno  NUMBER(5)  PRIMARY  KEY,
   ename VARCHAR2(15),
   deptno NUMBER(3) NOT NULL CONSTRAINT fk_emp REFERENCES dept (depton)
   )
   TABLESPACE USERS
   PCTFREE 10   PCTUSED 40
   STORAGE (INITIAL 50K  NEXT 50K MAXEXTENTS 10  PCTINCREASE 25);
```

上面的语句创建了一个名为 employee 的表，具有三个字段 empno、ename 和 deptno，其中 empno 添加主键约束，deptno 添加非空约束，也是外键。employee 表存放在 USERS 表空间中。

通常，利用 CREATE TABLE 语句创建的表是永久性表，表中的数据除非用户显式地删除，否则将一直存在。与永久性表相对的是临时表，临时表中的数据在特定条件下自动释放。临时表创建完后，其结构将一直存在，但其数据只在当前会话或当前事务中是有效的。根据临时表中数据被释放的时间不同，临时表分为事务级别的临时表和会话级别的临时表两类。

在 Oracle 数据库中，使用 CREATE GLOBAL TEMPORARY TABLE 语句创建临时表，使用 ON COMMIT 子句说明临时表的类型，默认为事务级别的临时表。

(1) 事务级别的临时表

在事务提交时系统自动删除表中的所有记录，定义时使用 ON COMMIT DELETE ROWS 子句指明。例如：

```
SQL>CREATE GlOBAL TEMPORARY TABLE  tran_temp(
        ID NUMBER (2) PRIMARY KEY,
        name VARCHAR2 (20)
    )
    ON COMMIT DELETE ROWS;
```

(2) 会话级别的临时表

在会话终止时，系统自动删除表中的所有记录，定义时使用 ON COMMIT PRESERVE ROWS 子句指明。例如：

```
SQL>CREATE GLOBAL TEMPORARY TABIE  sess_temp(
            ID NUMBER (2) PRIMARY KEY,
            name VARCHAR2 (20)
    )
    ON COMMIT PRESERVE ROWS;
```

2. 利用子查询创建表

可以在 CREATE TABLE 语句中嵌套子查询，利用子查询来创建新表，而且不需要为新表定义列。利用子查询创建表的语法为：

```
CREATE [GLOBAl TEMPORARY] TABLE table_name
 (column1  [column_level_constraint]
 [, column2  [column_level_constraint]]
 ...
 [, table_level_constraint])
 [ON  COMMITE  DELETE | PRESERVER  ROWS]
 [PCTFREE n]
 [PCTUSED n]
 [STORAGE n]
AS  subquery;
```

对利用子查询建表的语句的补充说明如下：

- 通过该方法创建表时，可修改表中列的名称，但不能修改列的数据类型和长度。
- 源表中的约束条件和列的默认值都不会复制到新表中。
- 子查询中不能包含 LOB 类型和 LONG 类型列。
- 当子查询条件为真时，新表中包含查询到的数据；当子查询条件为假时，则创建一个空表。

例如，创建一个标准表，保存工资高于 3000 的员工的员工号、员工名和部门号。语句为：

```
SQL>CREATE  TABLE  emp_select  (emp_no,  emp_name,  dept_no)
   AS
   SELECT  empno,ename,  deptno  FROM employee WHERE  sal>3000;
```

也可以利用子查询创建临时表。例如，创建一个会话级临时表，保存部门号、部门人数和部门的平均工资：

```
SQL>CREATE GLOBAl TEMPORARY TABLE dept_temp
   ON COMMIT PRESERVE ROWS
   AS
   SELECT  deptno,  count(*)  num,  avg  (sal)  avgsal  FROM emp
   GROUP BY deptno;
```

3. 表约束

约束是在表中定义的用于维护数据库完整性的一些规则，Oracle 通过为表中的列定义各种约束条件来保证表中数据的完整性，即保证数据库中数据的正确性和相容性。如果任何 DML 语句的操作结果与已经定义的完整性约束发生冲突，Oracle 会自动回退这个操作，并返回错误信息。

(1) 约束类别

在 Oracle 数据库中，约束分为主键约束、唯一性约束、检查约束、外键约束和空/非空约束 5 种。

① 主键约束(PRIMARY KEY)

主键约束用来唯一确定表中每一行的数据，其作用与特点是：

- 定义主键，起唯一标识作用，其值不能为 NULL，也不能重复。
- 一个表中只能定义一个主键约束。
- 建立主键约束的同时，Oracle 会自动为该列建立一个唯一性索引和一个 NOT NULL 约束，可以为它指定存储位置和存储参数。
- 主键约束可以是列级约束，也可以是表级约束。

② 唯一性约束(UNIQUE)

唯一性约束用于保证在该表中指定的列或列的组合中没有重复的值，唯一性约束的特点如下：

- 定义为唯一性约束的某一列或多个列的组合的取值必须唯一。
- 如果某一列或多个列仅定义唯一性约束，而没有定义非空约束，则该约束列可以包含多个空值。
- Oracle 自动在唯一性约束列上建立一个唯一性索引，可以为它指定存储位置和存储参数。
- 唯一性约束可以是列级约束，也可以是表级约束。

③ 检查约束(CHECK)

检查约束用于检查在约束中指定的条件是否得到了满足。检查约束的特点如下：

- 检查约束是用来限制列值所允许的取值范围的，但允许为空，其表达式中必须引用相应的列，并且表达式的计算结果必须是一个布尔值。
- 约束表达式中不能包含子查询，也不能包含 SYSDATE、USER 等 SQL 函数和 ROWID、ROWNUM 等伪列。
- 一个列可以定义多个检查约束。
- 检查约束可以是列级约束，也可以是表级约束。

④ 外键约束(FOREIGN KEY)

外键指的是一个表引用另外一个表中的某一列或几列的值，其中被引用的表称为主表，引用的表称为参照表。定义为 FOREIGN KEY 约束的列称为外键列，被 FOREIGN KEY 约束引用的列称为引用列。通过使用外键，保证表与表之间的参照完整性。在参照表上定义的外键的值需要参照主表的主键。该约束具有下列特点：

- 定义外键约束的列的取值要么是主表参照列的值，要么为空。
- 外键列只能参照于主表中的主键约束列或唯一性约束列。
- 可以在一列或多列组合上定义外键约束。
- 外键约束可以是列级约束，也可以是表级约束。

⑤ 非空约束(NOT NULL)

非空约束表示指定的列不允许有空值。该约束是在单列基础上定义的。在默认情况下，Oracle 允许在任何列中有 NULL 值或无值。如果某个列上定义了 NOT NULL 约束，则插入数据时就必须为该列提供数据。非空约束的特点如下：

- 在同一个表中可以定义多个 NOT NULL 约束。
- 只能是列级约束。
- 定义了 NOT NULL 约束的列中不能包含 NULL 值或无值。
- 只能在单个列上定义 NOT NULL 约束。
- 在同一个表中可以在多个列上分别定义 NOT NULL 约束。

(2) 定义约束

可以在 CREATE TABLE 语句创建表时定义约束。定义约束的方法有两种，即列级约束和表级约束。

① 列级约束

列级约束是对某一个特定列的约束，包含在列的定义中，直接跟在该列的其他定义之后，用空格分隔，不必指定列名。

定义列级约束的语法为：

```
[CONSTRAINT constraint_name] constraint_type [condition];
```

② 表级约束

表级约束的定义与列的定义相互独立，不包括在列定义中。通常用于对多个列一起进行约束，与列定义之间用逗号分隔。定义表级约束时必须指出要约束的那些列的名称。

定义表级约束的语法为：

```
[CONSTRAINT constraint_name]
constraint_type([column1_name, column2_name, ...]|[condition]);
```

注意

Oracle 约束通过名称进行标识。在定义时可以通过 CONSTRAINT 关键字为约束命名。如果用户没有为约束命名，Oracle 将自动为约束命名。

下面通过创建一个购物系统中的 3 个表：商品表 goods、顾客表 customers 和销售表 purchase，来说明表中约束的定义。

例 8.1 创建一个商品表 goods：

```
SQL>CREATE TABLE goods(
   gid CHAR (8) CONSTRAINT  G_PK  PRIMARY  KEY,
   gname varchar2(50)  NOT NULL,
   unitprice NUMBER (10,2) CONSTRAINT  G_CK1 CHECK(unitprice>0),
   category VARCHAR(30),
   provider VARCHAR (100));
```

说明：

- 在 gid 列上创建了一个名为 G_PK 的主键约束，为列级约束。
- 在 gname 列上创建了一个非空约束，系统自动命名，为列级约束。
- 在 unitprice 列上创建了一个检查约束，名称为 G_CK1，为列级约束。unitprice 列取值必须大于 0。

例 8.2 创建一个 customers 表，同时为唯一性约束列上的唯一性索引设置存储位置和存储参数，语句为：

```
SQL>CREATE TABLE customers(
   customerid CHAR (8) PRIMARY  KEY,
   name VARCHAR2(30) NOT NULL,
   gender CHAR (2) default('男') check(Gender in('男','女')),
   cardId CHAR (18),
   address VARCHAR2 (150),
   email VARCHAR2 (100) UNIQUE
   USING INDEX TABLESPACE indx STORAGE(INITIAL 64K NEXT 64K)
   );
```

说明：

- 在 customerid 列上创建了一个主键约束。
- 在 name 列上创建了一个非空约束，该列取值不可为 NULL。
- 在 gender 列上创建了一个检查约束，该列的取值只能是“男”和“女”，默认值为“男”。
- 在 email 列上定义唯一性约束的同时，会在该列上产生一个唯一性索引，可以设置该唯一性索引的存储位置和存储参数。

例 8.3 创建一个销售表 purchase，包含三个字段：customerid、gid 和 num。其中 gid 参照 goods 表的 gid 列，customerid 参照 customers 表的 customerid 列，customerid 和 gid 两列联合做主键。

语句为：

```
SQL>CREATE TABLE purchase(
   customerid char(8) references customers(customerId)
   gid char(8) references Goods(GoodsId),
   num number(10) check(num between 1 and 30)),
   CONSTRAINT Pur_PK PRIMARY KEY (customerid,gid));
```

说明：

- gid 为外键，取值参照 goods 表的 gid 列，为列级约束。
- customerid 为外键，取值参照 customers 表的 customerid 列，为列级约束。
- customerid 和 gid 两列联合做主键，为表级约束。

定义表级外键约束的语法为：

```
[CONSTRAINT constraint name]  FOREIGN KEY (column_name, ...)
REFERENCES ref_table_name (column_name, ...)
[ON  DELETE  CASCADE|SET  NULL]
```

通过 ON DELETE 子句设置引用行为类型，即当删除主表中某条记录时，子表中与该记录相关记录的处理方式。可以是 ON DELETE CASCADE(删除子表中所有相关记录)、ON DELETE SET NULL(将子表中相关记录的外键约束列值设置为 NULL)或 ON DELETE RESTRICTED(受限删除，即如果子表中有相关子记录存在，则不能删除主表中的父记录(默认引用方式)。

(3) 添加约束

表创建后，可以通过 ALTER TABLE 语句添加约束。

使用 ALTER TABLE 语句为表添加约束，语法为：

```
ALTER TABLE table_name
ADD [CONSTRAINT  constraint_name]
constraint_type(column1_name, column2_name, ...)[condition];
```

下面以学校足球队员表 player 为例说明添加各种约束的方法。其中 player 表定义为：

```
SQL>CREATE TABLE player(
   ID    NUMBER(6),
   sno    NUMBER (6),
   sname  VARCHAR2 (10),
   sage    NUMBER (6,2),
   resume VARCHAR2 (1000)
   );
```

① 加主键约束：

```
SQL>ALTER  TABLE player ADD CONSTRAINT P_PK PRIMARY KEY(ID);
```

② 添加唯一性约束：

```
SQL>ALTER TABLE player ADD CONSTRAINT P_UK UNIQUE(sname);
```

③ 添加检查约束：

```
SQL>ALTER TABLE player ADD CONSTRAINT P_CK CHECK(sage BETWEEN 18 AND 28);
```

④ 添加外键约束：

```
SQL>ALTER TABLE player
   ADD CONSTRAINT P_FK FOREIGN KEY(sno) REFERENCES  student(sno)
   ON DELETE CASCADE;
```

⑤ 添加空/非空约束：

```
SQL>ALTER TABLE player MODIFY resume NOT NULL;
SQL>ALTER TABLE player MODIFY resume NULL;
```

注意

为表列添加空/非空约束时必须使用 MODIFY 子句代替 ADD 子句。

(4) 删除约束

如果要删除已经定义的约束，可以使用 ALTER TABLE ... DROP 语句。可以通过直接指定约束的名称来删除约束，或通过指定约束的内容来删除约束。

① 删除指定内容的约束：

```
SQL>ALTER TABLE player DROP UNIQUE (sname);
```

② 删除指定名称的约束：

```
SQL>ALTER TABLE player DROP CONSTRAINT P_CK;
```

③ 删除主键约束、唯一性约束的同时将删除唯一性索引，如果要在删除约束时保留唯一性索引，则必须在 ALTER TABLE_DROP 语句中指定 KEEP INDEX 子句：

```
SQL>ALTER TABLE player DROP CONSTRAINT P_UK KEEP INDEX;
```

④ 如果要在删除约束的同时，删除引用该约束的其他约束(如子表的 FOREIGN KEY 约束引用了主表的 PRIMARY KEY 约束)，则需要在 ALTER TABLE ... DROP 语句中指定 CASCADE 关键字：

```
SQL>ALTER TABLE player DROP CONSTRAINT P_PK CASCADE;
```

(5) 设置约束状态

① 约束状态

表中的约束有激活(ENABLE)状态和禁用(DISABLE)状态两种。当约束处于激活状态时，约束将对表的插入或更新操作进行检查，与约束规则冲突的操作将被回退；当约束处于禁用状态时，约束不起作用，与约束规则冲突的插入或更新操作也能够成功执行。

通常，表中的约束应该处于激活状态，但对一些特殊操作，由于性能方面的原因，有时会暂时将约束设置处于禁用状态，例如：

- 利用 SQL*Loader 从外部数据源提取大量数据到数据库中时。
- 进行数据库中数据的大量导入、导出操作时。
- 针对表执行一项包含大量数据操作的批处理工作时。

② 禁用约束

在定义约束时，可以将约束设置为禁用状态，默认为激活状态。也可以在约束创建后，修改约束状态为禁用状态。

创建表时禁用约束：

```
SQL>CREATE TABLE Goods(gid CHAR(8) PRIMARY KEY DISABLE,...);
```

利用 ALTER TABLE ... DISABLE 禁用约束：

```
SQL>ALTER TABLE Goods DISABLE CONSTRAINT g_CK1;
SQL>ALTER TABLE Customers DISABLE UNIQUE(email);
```

禁用主键约束、唯一性约束时，会删除其对应的唯一性索引，而在重新激活时，Oracle 会为它们重建唯一性索引。

若要在禁用约束时，保留对应的唯一性索引，可使用 ALTER TABLE ... DISABLE ... KEEP INDEX 语句：

```
SQL>ALTER TABLE Customers DISABLE UNIQUE(email) KEEP INDEX;
SQL>ALTER TABLE Goods DISABLE PRIMARY KEY KEEP INDEX;
```

若当前约束(主键约束、唯一性约束)列被引用，则禁用约束时，需要使用 ALTER TABLE ... DISABLE ... CASCADE 语句，同时禁用引用该约束的约束：

```
SQL>ALTER TABLE Goods DISABLE PRIMARY KEY CASCADE;
```

③ 激活约束

创建或添加约束时，默认为激活状态。

可以利用 ALTER TABLE ... ENABLE ... 语句激活约束：

```
SQL>ALTER TABLE Customers ENABLE UNIQUE(email);
SQL>ALTER TABLE Goods ENABLE CONSTRAINT g_CK1;
```

禁用主键约束、唯一性约束时，会删除其对应的唯一性索引，而在重新激活时，Oracle 会为它们重建唯一性索引，可以为索引设置存储位置和存储参数(索引与表尽量分开存储)：

```
SQL>ALTER TABLE Customers ENABLE PRIMARY KEY
   USING INDEX TABLESPACE indx STORAGE(INITIAl 32K  NEXT 16K);
```

通过 ALTER TABLE ... MODIFY ... DISABLE | ENABLE 语句也可以改变约束状态：

```
SQL>ALTER TABLE Goods MODIFY CONSTRAINT G_CK1 DISABIE;
SQL>ALTER TABLE Goods MODIFY CONSTRAINT G_CK1 ENABLE;
```

(6) 约束的延迟检查

在默认情况下，表中的约束都是不可延迟约束，即创建约束时默认使用 NOT DEFERRABLE 选项，在一条 DML 语句执行完毕后，Oracle 立即进行约束检查(除非该约束被禁用)。

但是在创建约束时，可以使用 DEFERRABLE 关键字，创建可延迟的约束，改变约束的检查时机，在 DML 语句执行完毕后并不立即进行约束检查，而是将约束检查推迟到事务结束时进行。

在使用 DEFERRABLE 定义可延迟约束的同时，可以指定 INITIALLY IMMEDIATE 或 INITIALLY DEFERRED 说明可延迟约束在初始状态下是立即检查还是延迟检查。

注意

如果在定义约束时设定为不可延迟，则约束创建后不能再更改其可延迟性。只有创建时设定为可延迟的约束，创建后才能更改其可延迟性。

还可以使用下面的语句把一个可延迟约束在立即检查和延迟检查状态之间相互切换：

```
SQL>SET CONSTRAINT constraint_name DEFFERRED;
SQL>SET CONSTRAINT constraint_name IMMEDIATE;
```

下面通过一个例子来说明约束可延迟性的应用。

(1) 创建两个表，其约束都是可延迟的：

```
SQL>CREATE TABLE new_dept (
      deptno NUMBER PRIMARY KEY DEFERRABLE INITIALLY IMMEDIATE,
      dname  CHAR(10)  UNIQUE
   );
SQL>CREATE TABLE new_emp (
      empno NUMBER PRIMARY KEY,
      ename   CHAR(10),
      deptno NUMBER CONSTRAINT NE_FK REFERENCES new_dept (deptno)
      ON DELETE CASCADE DEFERRABLE
   );
```

(2) 由于外键约束的作用，执行下面的语句时会产生错误：

```
SQL>INSERT  INTO  new_emp  VALUES (1,  'ZHANG', 10);
   INSERT  INTO  new_emp  VALUES (1,  'ZHANG', 10)
   *
   ERROR 位于第 1 行:
   ORA-02291: 违反完整约束条件(SCOTT.NE_FK)  -未找到父项关键字
```

(3) 将 new_emp 表的外键约束检查延迟：

```
SQL>ALTER TABLE new_emp MODIFY CONSTRAINT NE_FK INITIALLY DEFERRED;
```

(4) 此时，由于将 new_emp 表的外键约束延迟到事务结束后进行检查，因此可以先向 new_emp 中插入数据，然后向 new_dept 中插入数据：

```
SQL>INSERT INTO  new_emp  VALUES (1,  'ZHANG', 10);
SQL>INSERT  INTO  new_dept  VAIUES (10,  'COMPUTER');
SQL>COMMIT;
```

(5) 操作完成后，应将 new_emp 外键约束检查恢复为原来的状态：

```
SQL>ALTER TABLE new_emp MODIFY CONSTRAINT NE_FK INITIALLY IMMEDIATE;
```

(6) 在修改约束的检查延迟性时，如果无法确定约束的名称或需要设置多个约束的延迟性，可以一次性将所有可延迟的约束延迟或恢复：

```
SQL>SET  CONSTRAINT ALL DEFERRED;
SQL>SET  CONSTRAINT ALL IMMEDIATE;
```

(7) 查询约束信息。

数据字典视图 ALL_CONSTRATNTS、USER_CONSTRAINTS 和 DBA_CONSTRAINTS 包含了约束的详细信息，包括约束名称、类型、状态、延迟性等；数据字典视图 ALL_CONS_COLUMNS、USER_CONS_COLUMNS 和 DBA_CONS_COLUMNS 包含了定义约束的列信息，可以查询约束所作用的列。

例 8.4 查看 goods 表中的所有约束，语句为：

```
SQL>SELECT  CONSTRAINT_NAME,  CONSTRAINT_TYPE DEFERRED,STATUS
    FROM USER_CONSTRAINTS WHERE TABLE_NAME='goods';
```

例 8.5 查看 customers 表中各个约束所作用的列，语句为：

```
SQL>SELECT  CONSTRAINT_NAME,COLUMN_NAME
    FROM USER_CONS_COLUMNS WHERE TABLE_NAME='customers';
```

4. 修改表

表创建后，可以对表进行修改，包括列的添加、删除、修改，表参数的修改，表的移动或重组，存储空间的分配与回收，表的重命名和对约束的管理等。普通用户只能对自己模式内的表进行修改，而拥有 ALTER ANY TABLE 系统权限的用户可以修改任何模式下的表。

(1) 列的添加、删除、修改

① 添加列

使用 ALTER TABLE ... ADD 语句实现表中列的添加，语法为：

```
SQL>ALTER TABLE table_name
    ADD (new_column_name datatype[DEFAULT  value] [NOT  NULL]);
```

注意

如果表中已经有数据，那么新列不能用 NOT NULL 约束，除非为新列设置默认值。在默认情况下，新插入列的值为 NULL。

例如，为 employee 表添加两列，语句为：

```
SQL>ALTER TABLE employee
   ADD (phone  VARCHAR2 (10),
   hiredate  DATE DEFAULT SYSDATE NOT NULL);
```

② 修改列类型、长度或默认值

如果需要修改一个表中某些列的数据类型、长度和默认值，就需要更改这些列的属性。更改表中现有列的语法格式为：

```
SQL>ALTER TABLE table_name
   MODIFY [ column_name1  new_attributes1]
   [,column_name2  new_attributes2 ...]
```

修改表中列的数据类型或长度时，必须满足下列条件：

- 可以增大字符类型列的长度和数值类型列的精度。
- 如果字符类型列、数值类型列中的数据都满足新的长度、精度，则可以缩小类型的长度、精度。
- 如果不改变字符串的长度，则可以将 VARCHAR2 类型和 CHAR 类型相互转换。
- 如果更改数据类型为另一种非同系列类型，则列中的数据必须为 NULL。

例如，修改 employee 表中 ename 和 phone 两列的数据类型，语句为：

```
SQL>ALTER TABLE employee MODIFY ename CHAR(20),phone NUMBER(11);
```

③ 修改列名

可以使用 ALTER TABLE ... RENAME 语句修改列的名称：

```
ALTER TABLE table_name RENAME COLUMN oldname TO newname
```

例如，修改 employee 表中 ename 列的名称，语句为：

```
SQL>ALTER TABLE employee RENAME COLUMN ename TO employee_name
```

④ 删除列

当某些列不再需要时，可以将其删除，与列相关的描述和数据都会被删除。但是不能删除 SYS 模式下的表中的列，否则会引发错误。删除列的方法有两种，一种是直接删除，另一种是将列先标记为 UNUSED，然后进行删除。

直接删除列。可以使用 ALTER TABLE ... DROP 语句直接删除一列或多列，语法为：

```
ALTER TABLE table_name
DROP[COLUMN  column_name]||[(column1_name, column2_name, ...)]
[CASCADE CONSTRAINTS];
```

用 DROP COLUMN column_name 删除一列，DROP(column1_name, column2_name, ...)可以删除多列，同时删除与列相关的索引和约束。如果删除的列是一个多列约束的组成部分，则必须使用 CASCADE CONSTRAINTS 选项。

例如，分别删除 purchase 表的 customerid 列和 employee 表中的 phone、hiredate 列，语句为：

```
SQL>ALTER TABLE purchase DROP COLUMN customerid CASCADE CONSTRAINTS;
SQL>ALTER TABLE  employee  DROP(phone, hiredate);
```

将列标记为 UNUSED 状态。删除列时，将删除表中每个记录的相应列值，同时释放存储空间。因此，如果要删除一个大表中的列，由于需要对每个记录进行处理，并写入重做日志文件，则需要很长的处理时间。为了避免在数据库使用高峰期间由于删除列的操作而占用过多的资源，可以暂时将列置为 UNUSED 状态。将列标记为 UNUSED 状态使用 ALTER TABLE ... SET UNUSED 语句，语法为：

```
SQL>ALTER TABLE table_name
   SET UNUSED [COLUMN column_name]||[(column1_name,column2_name ...)]
   [CASCADE  CONSTRAINTS];
```

对用户来说，被标记为 UNUSED 状态的列像被删除了一样，无法查询该列，数据字典中也不再显示，定义在该列上的所有约束、索引和统计均被移除。但实际上该列并不是真正从表中删除，仍然存储在磁盘中，并占用存储空间。可以在数据库空闲时，使用 ALTER TABLE ... DROP UNUSED COLUMNS 语句删除处于 UNUSED 状态的所有列。

例如，将 player 表中的 sage、sname、resume 列设置为 UNUSED 状态，然后删除：

```
SQL>ALTER TABLE player SET UNUSED COLUMN sage;
SQL>ALTER TABLE player SET UNUSED(sname, resume);
SQL>ALTER TABLE player DROP UNUSED COLUMNS;
```

(2) 表结构重组

使用 ALTER TABLE ... MOVE 语句可以将一个非分区的表移动到一个新的数据段中，或者移动到它的表空间中，通过这种操作可以重建表的存储结构，这称为表结构重组。

如果发现表的数据段具有不合理的区分配方式，但是又不能通过别的方法来进行调整(改变存储参数不会影响到已经分配的区)，可以考虑将表移动到一个新的数据段中。此外，如果频繁地对表进行 DML 操作。会产生大量空间碎片和行迁移、行连接，可以考虑进行表结构重组。进行表结构重组时，新的数据段可以在原来的表空间中，也可以在其他表空间中，同时可以对存储参数进行设置。例如：

```
SQL>ALTER TABLE employee MOVE
   STORAGE(INITIAL 20K
           NEXT 40K
           MINEXTENTS 2
           MAXEXTENTS 20);
SQL>ALTER TABLE employee MOVE TABLESPACE emptbs;
```

注意

① 直到表被完全移动到新的数据段中之后，Oracle 才会删除原来的数据段。

② 表结构重组后，表中每个记录的 ROWID 会发生变化，因此该表的所有索引失效，需要重新建立索引。

③ 如果表中包含 LOB 列，则默认情况下不移动 LOB 列数据和 LOB 索引段。

(3) 重命名表

表创建后，可以根据需要对表重新命名。表重命名后，Oracle 会自动地将旧表上的对象权限、约束条件等转换到新表上，但是所有与旧表相关联的对象都会失效，需要重新编译。可使用 ALTER TABLE ... RENAME TO 语句对表重命名，也可直接执行 RENAME ... TO 语句。语法为：

```
SQL>ALTER TABLE old_name RENAME TO new_name;
SQL>RENAME old_name TO new_name;
```

例如，为 employee 表重新命名为 new_employee，可以使用下面的两种语句：

```
SQL>RENAME  employee  TO  new_employee;
SQL>ALTER   TABLE  employee RENAME TO new_employee;
```

注意

对表重命名后，虽然 Oracle 可以自动更新数据字典中表的外键、约束和表关系等，但是还不能更新数据库中的存储代码等。所以，需要谨慎使用。

(4) 为表和列添加注释

可以使用 COMMENT ON 语句为表或表中的列添加注释，以便充分说明表或列的作用及其内容描述。利用 COMMENT ON 语句为表或列添加注释的语法为：

```
COMMENT ON TABLE table_name IS ...;
COMMENT  ON  COLUMN  table_name.column_name IS ...;
```

例如，为 employee 表和 ename 列添加注释，语句为：

```
SQL>COMMENT ON TABLE employee IS '员工信息表';
SQL>COMMENT  ON  COLUMN  employee.ename  IS  '员工名';
```

5. 删除表

如果表不再需要，可以使用 DROP TABLE 语句将其删除。用户只能删除在自己模式中的表，如果要删除其他模式下的表，用户必须具有 DROP ANY TABLE 系统权限。删除表的语法为：

```
DROP  TABLE  table_name [CASCADE CONSTRAINTS][PURGE];
```

如果要删除的表中包含有被其他表外键引用的主键列或唯一性约束列，并希望在删除该表的同时删除其他表中相关的外键约束，则需要使用 CASCADE CONSTRAINTS 子句。

在删除一个表的同时，Oracle 将执行下列操作：

- 删除该表中的所有记录。
- 从数据字典中删除该表的定义。
- 删除与该表相关的所有索引和触发器。
- 回收为该表分配的存储空间。

删除后，依赖于该表的数据库对象都存在，但均处于 INVALID 状态。

例如，删除表 purchase，同时删除外键约束。使用的语句为：

```
SQL>DROP TABLE purchase CASCADE CONSTRAINTS;
```

当使用 DROP TABLE 语句删除一个表时，并不立即回收该表的空间，而只是将表及其关联对象的信息写入一个称为“回收站”(RECYCIEBIN)的逻辑容器中，从而可以实现闪回删除表操作。如果要回收该表空间，可采用清空“回收站”(PURGE RECYCLEBIN)或在 DROP TABLE 语句中使用 PURGE 子句。例如，删除表 player，并回收该表空间：

```
SQL>DROP TABLE player PURGE;
```

6. 查看表信息

DBA 可以使用 SQL 语句查询与表相关的数据字典视图，来了解有关表的详细统计信息。表 8.1 列出了与表相关的主要数据字典视图。

表 8.1　与表相关的基本的数据字典视图

视　图	说　明
DBA_TABLES	描述所有关系表
ALL_TABLES	
USER_TABLES	
DBA_TAB_COLUMNS	描述表、视图和集群的列
ALL_ TAB_COLUMNS	
USER_ TAB_COLUMNS	
DBA_ALL_TABLES	描述数据库中的所有关系和对象表
ALL_TABLES	
USER_ ALL_TABLES	
DBA_TAB_COMMENTS	包含表和视图中的注释
ALL_TAB_COMMENTS	
USER_TAB_COMMENTS	
DBA_COL_COMMENTS	包含表和视图列的注释
ALL_ COL _COMMENTS	
USER_ COL _COMMENTS	
DBA_TAB_MODIFICATIONS	描述被修改的表
ALL_TAB_MODIFICATIONS	
USER_TAB_MODIFICATIONS	
DBA_CONSTRAINTS	描述一个表的约束的信息
ALL_CONSTRAINTS	
USER_CONSTRAINTS	
DBA_CON_CONSTRAINTS	描述一个表中列级约束的信息
ALL_CON_CONSTRAINTS	
USER_CON_CONSTRAINTS	

例如，查询用户 SCOTT 拥有的表、每个表所在的表空间和分配信息：

```
SQL>SELECT owner,table_name,tablespace_name,initial_extent
    from DBA_TABLES
    WHERE owner='SCOTT';
```

8.2.3　利用 OEM 管理表

利用 OEM 数据库控制台也可以对表进行管理，包括表的创建、修改、查看等。以管理员身份启动并登录 OEM 数据库控制台，打开“方案”属性页，单击“数据库对象”标题下的“表”链接，进入如图 8.2 所示的通用模式对象管理界面。在该界面中，选择对象类型后，设置对象所属模式(方案)和对象名称，单击“开始”按钮，可以进行对象的搜索；单击“创建”按钮，可以基于所选对象类型进行新对象的创建。

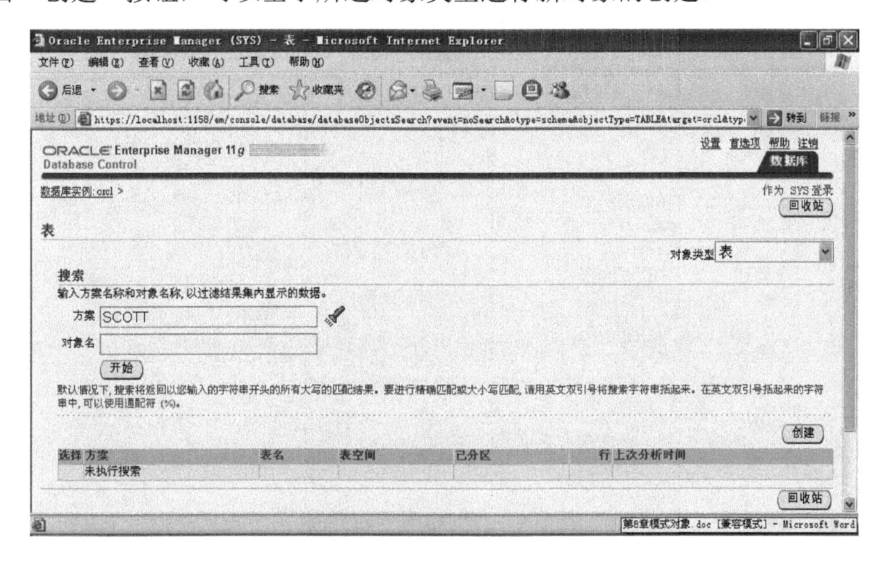

图 8.2　通用模式对象管理界面

1. 创建表

在“对象类型”下拉列表框中选择“表”，然后单击“创建”按钮，进入“创建表:表组织”界面，如图 8.3 所示，选择要创建的表的组织结构。选择“标准(按堆组织)”单选按钮(如果要创建临时表，还要选中“临时”复选框)，单击“继续”按钮，进入如图 8.4 所示的“创建表”界面。在“一般信息”属性页中设置表名称、所属模式(方案)、存储表空间以及列的设置，包括列名、数据类型、大小、是否可为空、默认值等，如果超过 5 列，则单击“添加 5 个表列”按钮，会再出现 5 列的设置。

设置完表的信息后，单击“约束条件”标签，进入“约束条件”属性页，如图 8.5 所示。选择要添加的约束类型，如“PRIMARY”，单击“添加”按钮，进入“添加约束”界面，如图 8.6 所示，进行约束设置。设置完约束后，单击“继续”按钮回到原界面。可以继续进行约束条件的添加。

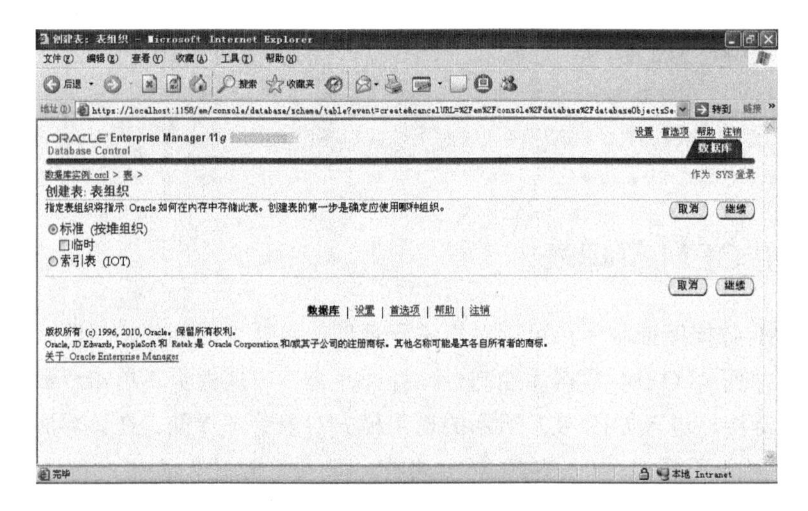

图 8.3 “创建表: 表组织”界面

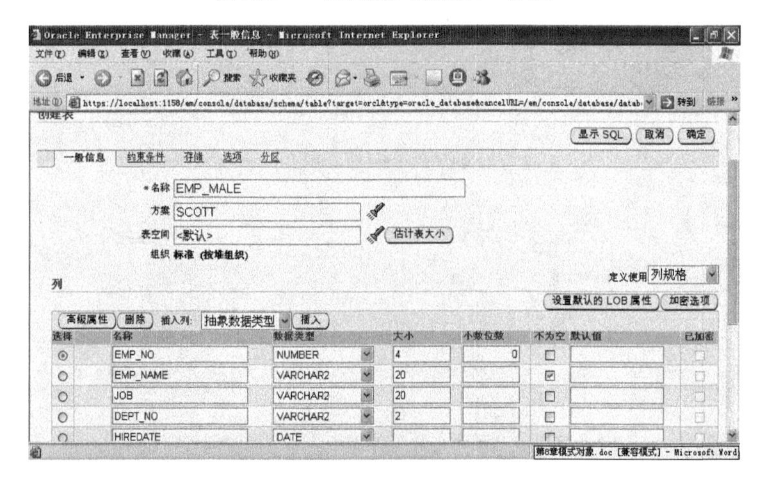

图 8.4 “创建表”的界面

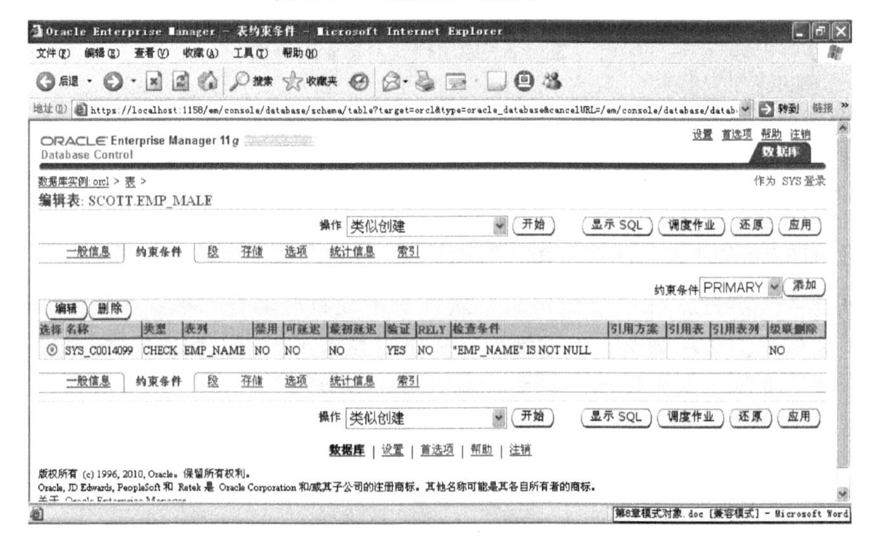

图 8.5 “约束条件”属性页

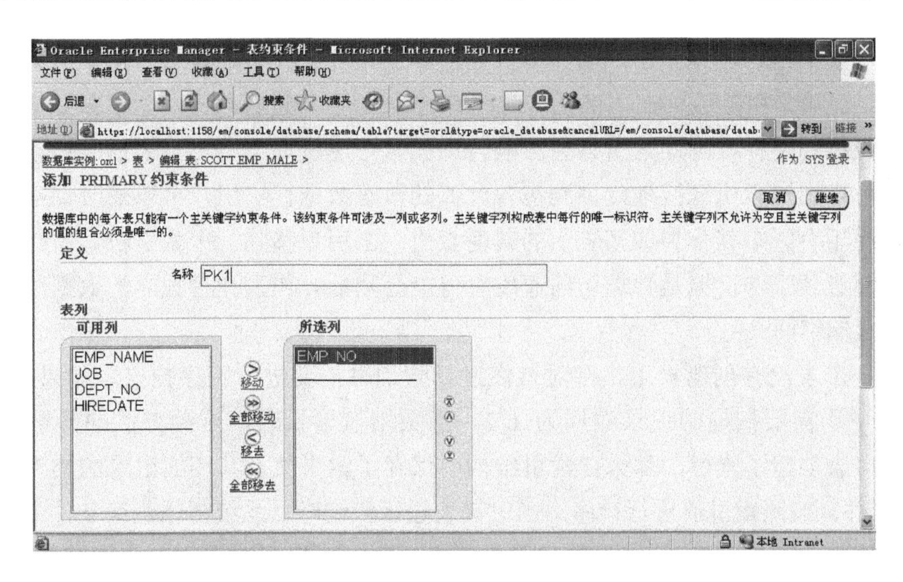

图 8.6　添加约束条件的界面

设置完约束条件后，可以通过分别单击“段”、“存储”、“选项”、“统计信息”和“索引”标签进入相应的属性页，进行表的其他设置。最后单击“应用”按钮，完成表的创建工作。

2. 表的其他管理

在通用对象管理界面中，选择对象类型为“表”后，选择方案名称(即模式)及表名后，单击“开始”按钮，搜索出要进行管理的表。

选择要进行管理的表，单击“编辑”按钮，可以对表的一般信息、约束条件、存储、选项、统计等进行重新设置；单击“查看”按钮，可以查看表的各种设置信息；单击“使用选项删除”按钮，可以根据选择设置进行表的删除操作；在“操作”组合框中选择特定的操作类型后，单击“开始”按钮，可以完成特定的操作。

8.3　索　　引

8.3.1　索引的概念

1. 概念

索引是数据库中一种可选的与表或簇相关的模式对象。数据库的索引就像书的目录一样，可以使读者迅速找到需要的信息。Oracle 数据库允许用户可以在表的一列或数列上建立索引，从而使得 DML 操作能更快地找到表中数据，而不必扫描整个表，以提高在此表上执行 SQL 语句的性能。使用索引不必重写查询，虽然得到的结果数据是一样的，但是速度却快很多。其中建立索引的表叫作基表。正确地使用索引能够显著地减少磁盘 I/O。

索引是建立在表列上的数据库对象，无论在逻辑上和物理上都与其基表是相互独立的。在一个表上是否创建索引、创建多少索引和创建什么类型的索引，都不会影响对表的使用方式。无论索引是否存在，都无需对已有的 SQL 语句进行修改。索引只是提供了一种快速访问数据的路径，因此索引只会影响查询的执行速度。当给出一个已经被索引的数据值后，就可以通过索引直接地定位到包含此值的所有数据行。用户可以随时创建或移除一个索引，而不会影响其基表或基表上的其他索引。当用户移除一个索引时，所有的应用程序仍然能够继续工作，但是数据访问速度有可能会降低。作为一种独立的数据结构，索引需要占用存储空间。

如果一个表没有创建索引，则对该表进行查询时需要进行顺序扫描，如果有 n 行数据，那么平均需要扫描的记录数约为 n/2。当数据量增长时，这种方法的开销将显著增加；如果对表创建了索引，那么在索引结构中保存了索引值及其相应记录的物理地址，即 ROWID，并且按照索引值进行排序。当对该表进行查询时，系统根据查询条件中的索引值信息，利用特定的排序算法(因为按索引值有序排列，所以可以采用二分查找等)在索引结构中很快查询到相应的索引值及其对应的 ROWID，根据 ROWID 可以在数据表中很快查询到符合条件的记录。

2. 索引分类

根据索引值是否唯一，可以分为唯一性索引和非唯一性索引；根据索引的组织结构不同，可以分为平衡树索引和位图索引；根据索引基于的列数不同，可以分为单列索引和复合索引。

(1) 唯一性索引与非唯一性索引

唯一性索引是被索引的字段或多个联合字段在表中不会有重复值的索引，非唯一性索引是索引字段的值可以重复的索引。无论是唯一性索引还是非唯一性索引，索引值都允许为 NULL。在默认情况下，Oracle 创建的索引是非唯一性索引。

当在表中定义主键约束或唯一性约束时，Oracle 会自动地在相应列上创建唯一性索引，并且索引的名字跟约束的名字一样。

(2) 平衡树索引与位图索引

平衡树索引又称 B 树索引，是按平衡树算法来组织索引的，在树的叶子节点中保存了索引值及其 ROWID。在 Oracle 数据库中创建的索引默认为平衡树索引。平衡树索引包括唯一性索引、非唯一性索引、反键索引、单列索引、复合索引等多种。平衡树索引占用空间多，适合索引值基数高、重复率低的应用。

位图索引是为每一个索引值建立一个位图，在这个位图中使用一位来对应一条记录的 ROWID。如果该位为 1，说明与该位对应的 ROWID 指向的记录中包含该位代表的键值。位元到 ROWID 的映射是通过位图索引中的映射函数来实现的。位图索引实际上是一个二维数组，列数由索引值的基数决定，行数由表中的记录个数决定。位图索引占用空间小，适合索引值基数少，重复率高的应用。

(3) 单列索引与复合索引

索引可以建立在一列上，也可以创建在多列上。创建在一个列上的索引称为单列索引，创建在多列上的索引称为复合索引。复合索引内的列可以任意排列，它们在数据表中也无需相邻。如果一个 SELECT 语句的 WHERE 子句中引用了复合索引的全部列或自首列开始且连续的部分列，一般而言，经常访问的列或选择性较大的列应该放在前面。

(4) 函数索引

如果一个函数或表达式使用了一个表的一列或多列，则用户可以依据这些函数或表达式为表建立索引，这样的索引被称为函数索引。函数索引能够计算出函数或表达式的值，并将其保存在索引中。在函数索引的表达式中可以使用各种算术运算符、PL/SQL 函数和内置 SQL 函数。

8.3.2 创建索引

(1) 为了创建索引，至少应满足下列条件之一：

- 表或簇是在用户自己的模式下。
- 在建立索引的表上具有建立索引的权限。
- 具有 CREATE ANY INDEX 的系统权限。

(2) 如果要在其他用户模式下创建索引，就必须同时满足下面的条件：

- 具有 CREATE ANY INDEX 的系统权限。
- 用户在保存索引的表空间中有配额，或有 UNLIMITED TABLESPACE 权限。

创建索引可以使用 CREATE INDEX 语句，语法为：

```
CREATE [UNIQUE]|[BITMAP] INDEX index_name
ON table_name([column_name[ASC|DESC], ...]|[expression])
 [REVERSE]
 [parameter_list];
```

其中：

- UNIQUE：表示建立唯一性索引。
- BITMAP：表示建立位图索引，如果不指定，默认建立的是 B 树索引。
- ASC/DESC：用于指定索引值的排列顺序，ASC 表示按升序排列，DESC 表示按降序排列，默认值为 ASC。
- expression：表示建立“基于函数的索引”。
- REVERSE：表示建立反键索引。
- parameter_list：用于指定索引的存放位置、存储空间分配和数据块参数设置。

1. 创建非唯一性索引

在默认情况下，CREATE INDEX 语句创建的是非唯一性的 B 树索引。例如，在 customers 表的 name 列上创建一个非唯一性索引，语句为：

```
SQL>CREATE  INDEX  c_name  ON  customers(name)
    TABLESPACE users
    STORAGE  (INITIAL 20K NEXT 20k PCTINCREASE 75);
```

如果不指明表空间，则采用用户默认表空间；如果不指明存储参数，索引将继承所处表空间的存储参数设置。

2. 创建唯一性索引

例如，在 customers 表的身份证列 cardId 上创建一个唯一性索引，语句为：

```
SQL>CREATE UNIQUE INDEX c_cardID ON customers(cardID);
```

在表的唯一性约束列和主键约束列上，系统会自动创建一个唯一性索引。

3. 创建位图索引

唯一性索引与非唯一性索引都属于 B 树索引。如果表中列值具有较小的基数，则应当为此列创建位图索引。例如，在 customers 表的 gender 列上创建一个位图索引，语句为：

```
SQL>CREATE BITMAP INDEX c_gender ON customers(gender);
```

4. 创建反键索引

所谓的反键索引是指将索引列值的各个字节按倒序排列，而非索引列逆序排列。使用反键索引，可以令 RAC 环境下的 OLTP 应用效率更高。例如，为一个 e-mail 应用中的所有邮件进行索引：由于用户可能保存旧的邮件，因此索引必须做到既能快速访问最新邮件，也能快速访问旧邮件。例如，为 player 的 sage 列创建一个反键索引，语句为：

```
SQL>CREATE INDEX player_sage ON player (sage)  REVERSE;
```

5. 创建函数索引

为了提高在查询条件中使用函数和表达式的查询语句的执行速度，可以创建函数索引。在创建函数索引时，Oracle 首先对包含索引列的函数值或表达式进行求值，然后对求值后的结果进行排序，并保存到索引结构中。用户创建的函数索引可以是 B 树索引，也可以是位图索引。用于创建索引的函数可以是一个数学表达式，也可以是使用了 PL/SQL 函数、包函数、C 外部调用或 SQL 函数的表达式。用于创建索引的函数不能包含任何聚合函数，如果为用户自定义函数，则在声明中必须使用 DETERMINISTIC 关键字。用户不能在数据类型为 LOB、REF 或嵌套表的列上建立函数索引，也不能在包含 LOB、REF 或嵌套表等数据类型的对象类型列上建立函数索引。

例如，基于 employee 表的 ename 列创建一个函数索引，语句为：

```
SQL>CREATE  INDEX  idx  ON  employee(UPPER(ename));
```

当执行下面的查询时，上面创建的索引能够提高检索的速度：

```
SELECT * FROM employee WHERE UPPER(ename) = 'RICHARD';
```

6. 定义约束时创建索引

如果在表中定义主键或唯一性约束，Oracle 会自动地在约束列上创建唯一性索引。当禁用这两种约束时默认地删除对应的索引；反之，当激活约束时会自动创建相应的索引。

可以使用 USING INDEX 子句指定索引的存储位置和存储参数。

例如，在创建表 new_employee 的主键约束时，为产生的唯一性约束设置存储空间分配，语句为：

```
SQL>CREATE TABLE new_employee(
   empno NUMBER(5) PRIMARY KEY USING INDEX TABLESPACE users PCTFREE 0,
   ename VARCHAR2(20)
   );
```

8.3.3　修改索引

为了修改索引，必须使得被修改的索引包含在用户模式下，或者用户具有 ALTER ANY INDEX 系统权限。可以使用 ALTER INDEX 语句来修改索引，使用该语句可以执行的操作有：

- 合并索引。
- 重建已有索引。
- 回收未使用空间和修改并行度。
- 定义对索引是否产生重做日志。
- 启动和禁用键压缩。
- 使索引不可用。
- 使索引不可见。
- 重命名索引。
- 启动和停止对索引使用的监视。

随着对表不断地进行更新操作，在索引中将会产生越来越多的存储碎片，可以通过合并索引和重建索引两种方法清理存储碎片。

(1)　合并索引

利用 ALTER INDEX ... COALESCE 语句可以对索引进行合并操作，但只是简单地将 B 树叶节点中的存储碎片合并在一起，并不会改变索引的物理组织结构(包括存储空间参数和表空间参数等)。

例如，合并 employee_ename 索引的存储碎片，语句为：

```
SQL>ALTER INDEX employee_ename COALESCE;
```

(2)　重建索引

清除索引碎片的另一种方法是使用 ALTER INDEX ... REBUILD 语句重建索引。

重建索引的实质是在指定的表空间中重新建立一个新的索引，然后再删除原来的索引，这样不仅能够消除存储碎片，还可以改变索引的存储参数设置，并且将索引移动到其他的表空间中。

例如，重建 player_sage 索引，语句为：

```
SQL>ALTER INDEX player_sage REBUILD;
```

合并索引与重建索引都可以清除索引碎片，但两者之间有一定的区别，应该根据需要进行选择。

(3) 修改索引的存储特性

索引的所有存储参数，包括由数据库创建来保证主键约束和唯一性约束的参数都可以使用 ALTER INDEX 语句来进行修改。

例如，修改 employee_ename 索引的存储参数 PCTINCREASE 为 50，语句为：

```
SQL>ALTER INDEX employee_ename STORAGE(PCTINCREASE 50);
```

(4) 索引重命名

可以使用 ALTER INDEX ... RENAME TO 语句为索引重命名。

例如，将 employee_ ename 索引重命名为 employee_new_ename，语句为：

```
SQL>ALTER INDEX employee_ename RENAME TO employee_new_ename;
```

(5) 使索引不可用

当一个系统运行很长一段时间，经过需求变更、结构设计变化后，系统中就可能会存在一些不会被使用的索引，或者使用效率很低的索引。这些索引的存在，不仅占用系统空间，而且会降低事务效率，增加系统的开销。我们可以先不删除索引，而将其修改为 unusable。这样的话，索引的定义并未删除，只是索引不能再被使用，也不会随着表数据的更新而更新。

当需要重新使用该索引时，需要用 rebuild 语句重建，然后更新统计信息。可用使用 ALTER INDEX ... UNUSABLE 语句使得索引不可用。

例如，使 employee_ename 索引不可用，语句为：

```
SQL>ALTER INDEX employee_ename UNUSABLE;
```

(6) 使索引不可见

使索引不可用对于大表而言，需要耗费很长的时间。从 Oracle 11g 开始，引入了一个新特性来降低直接删除索引或者禁用索引的风险，就是使得索引不可见。当索引被设为不可见后，实际上就是指该索引对于优化器不可见，而索引的正常更新并不受影响——即表在增、删、改时，索引也会被更新。只是当优化器在选择查询计划时会“无视”该索引。可用使用 ALTER INDEX ... INVISIBLE | VISIBLE 语句修改索引的可见性。

例如，使 employee_ename 索引不可见，语句为：

```
SQL>ALTER INDEX employee_ename INVISIBLE;
```

8.3.4　删除索引

在下面几种情况下，可以考虑删除索引：

- 该索引不再使用。
- 通过一段时间监视，发现几乎没有查询或只有极少数查询会使用该索引。
- 由于索引中包含损坏的数据块或包含过多的存储碎片等，需要删除该索引，然后重建索引。
- 由于移动了表数据而导致索引失效。

当删除索引时，索引段的所有区会回收到包含该索引的表空间中，可以再次用于存放表空间中的其他对象。如果索引是通过 CREATE INDEX 语句创建的，则可以使用 DROP INDEX 语句删除该索引。例如，删除 employee_ename 索引，语句为：

```
SQL>DROP INDEX employee_ename;
```

如果索引是定义约束时自动建立的，则在禁用约束或删除约束时会自动删除对应的索引。 此外，当一个表被删除时，与其相关的所有索引也会被自动删除。

8.3.5　查询索引信息

DBA 可以使用 SQL 语句查询与索引相关的数据字典视图或动态性能视图，来了解有关索引的详细信息。表 8.2 列出了与索引相关的主要数据字典视图或动态性能视图。

表 8.2　与索引相关的主要数据字典视图或动态性能视图

视　图	描　述
DBA_INDEXES ALL_INDEXES USER_INDEXES	包含索引的基本描述信息和统计信息，包括索引的所有者、索引的名称、索引的类型、对应表的名称、索引的存储参数设置、由分析得到的统计信息等
DBA_IND_COLUMNS ALL_IND_COLUMNS USER_IND_COLUMNS	包含索引列的描述信息，包括索引的名称、表的名称和索引列的名称等信息
DBA_IND_ EXPRESSIONS ALL_IND_EXPRESSIONS USER_IND_EXPRESSIONS	包含函数索引的描述信息，通过该视图可以查看到函数索引的函数或表达式
DBA_IND_STATISTICS ALL_IND_STATISTICS USER_IND_STATISTICS	包含了对索引的优化统计信息
INDEX_STATS	保存了从上次执行 ANALYZE INDEX ... VALIDATE STRUCTURE 语句得来的信息
V$OBJECT_USAGE	包含通过 ALTER INDEX ... MONITORING USAGE 语句对索引进行监视后得到的索引使用信息

例如，查询 customers 表上的所有索引信息，语句为：

```
SQL>SELECT INDEX_NAME,INDEX_TYPE FROM USER_INDEXES
   WHERE TABLE_NAME='CUSTOMERS';
```

查询结果为：

```
   INDEX_NAME          INDEX_TYPE
------------    -------------------
   C_GENDER              BITMAP
   C_CARDID              NORMAL
   C_NAME                NORMAL
   SYS_C0014104          NORMAL
   SYS-C0014103          NORMAL
```

8.4 索引化表

8.4.1 索引化表的概念

索引化表(Index-organized Table，IOT)是一种特殊的表，它按照 B 树的索引结构来组织和存储数据，常规表(堆表)数据的存储形式是无序的堆，而索引表的数据存储在依据主键排序的平衡树索引结构中。也就是说，此平衡树索引不仅存储索引表各行的主键列值，同时也存储各行的非键列值。索引化表主要适合于经常通过主键查询整个记录或部分记录的情况，表中记录的存放顺序与主键的顺序一致。

索引化表类似于 B 树结构，不过索引条目不是标准 B 树结构中索引值与 ROWID 这样的结构，而是主键列与非主键列形式的结构。由于整条记录都保存在索引中，因此索引化表不需要使用物理 ROWID 来确定记录的位置。只要知道主键值，就可以找到相应记录的完整内容。但是为了能够在索引化表中创建其他索引，Oracle 会根据主键为各个记录创建“逻辑 ROWID”，其他的索引将使用逻辑 ROWID 来映射索引化表中的记录。

注意

索引与索引化表是不同概念的两种数据库对象，索引化表是按索引的结构来组织数据的，将数据和索引存储在一起，而不是分开存储的。

索引化表具有表的全部功能，也支持约束、触发器、LOB 和对象列、分区、并行操作、联机重组等特征，同时，还提供了键压缩、溢出存储区和特定列放置、间接索引，包括位图索引等特性。索引化表能够提供优异的查询性能、高可用性并有助于节约存储空间，因此索引化表非常适合以下类型的应用：

- 联机事务处理(OLTP)。
- Internet(例如搜索引擎和门户)。
- 电子商务(例如电子商店及购物目录)。
- 数据仓库。

- 分析应用。

8.4.2　索引化表的管理

1. 索引化表的创建

要创建索引化表，必须在 CREATE TABLE 语句中显式地指定 ORGANIZATION INDEX 关键字，同时表中必须建立一个 PRIMARY KEY 约束。例如，创建一个索引化表 new_customers，语句为：

```
SQL>CREATE TABLE new_customers(
   customerid CHAR (8) PRIMARY  KEY,
   name VARCHAR2(30),
   gender CHAR (2),
   cardId CHAR (18),
   address VARCHAR2 (150),
   email VARCHAR2 (100)
   ORGANIZATION INDEX
   TABLESPACE  USERS;
```

与标准表一样，也可以通过子查询创建索引化表。例如，创建一个索引化表 new_emp，语句为：

```
SQL>CREATE TABLE new_emp(empno PRIMARY KEY,ename)
   ORGANIZATION INDEX
   AS  SELECT empno, ename FROM emp;
```

注意

利用子查询创建索引化表时，必须指定主键列和其他所有列，指定列的个数必须与子查询语句中目标列的个数一致。

如果在查询一个索引化表时需要对查询结果进行排序，应尽量使用 ORDER BY 子句指定主键列，这样 Oracle 会利用已排序过的主键值返回结果。

2. 设置溢出存储

平衡树索引的一个索引项通常较小，因为其中只包含一个键值及对应的 ROWID。但是索引化表中的索引项可能很大，因为其中包含了整个行的数据。这可能会降低索引化表使用的平衡树索引的数据密度，从而影响索引化表的性能。

Oracle 提供了 OVERFLOW 子句进行溢出存储来解决这个问题。用户在需要时可以设置一个溢出表空间。溢出存储是指将索引化表中的每条记录分成两部分，分别存储在索引及行溢出段内，其中一部分是索引项(包含主键列的全部列值，指向此行溢出部分数据的物理 rowid，以及用户选定的非键列值)，保存在索引化表自身(以索引的树状结构存储)，而另一部分是溢出部分(包含了其余非键列的列值)，保存在溢出表空间中(以标准表的堆结构存储)。这样做的目的是将索引化表中的主键列和最经常查询的非主键列保留在索引项中，提高查询效率，同时节省了索引化表的存储空间。

用户可以使用 OVERFLOW 的两个子句 PCTTHRESHOLD 和 INCLUDING 供 Oracle 判断记录是否需要拆分为两部分存储，以及哪些非键列需要存储到行溢出段中。

(1) 用 PCTTHRESHOLD 设置溢出存储

利用 PCTTHRESHOLD 子句，用户可以设定一个数据块容量的百分比值。如果一个记录的非键列值所占的容量小于设定值，此行就不必拆分为两部分。否则，从第一个超过设定值的非键列开始，剩余的非键列将被存储到此索引化表对应的行溢出段中。例如，创建一个索引化表 iot_pct，设置溢出百分比为 30%，则语句为：

```
SQL>CREATE TABLE iot_pct(
        ID NUMBER PRIMARY KEY,
        col1 VARCHAR2 (20),
        col2 VARCHAR2 (10),
        col3 NUMBER)
    ORGANIZATION INDEX
    TABLESPACE USERS
    PCTTHRESHOLD 30 OVERFLOW  TABLESPACE  ORCLTBS1;
```

在索引化表 iot_pct 中，每个记录中超出整个记录长度 30%的列被保存到 ORCLTBSI 表空间中，而主键和长度小于记录长度 30%的列则保存在 USERS 表空间中。

使用 PCTTHRESHOLD 子句设置溢出比例时应该注意：

- 溢出存储以列为单位，一个列要么全部保留在索引条目中，要么全部溢出。
- 列的顺序主要取决于创建表时的列的定义顺序，但是 Oracle 会自动地将主键列移动到非主键列的前面，保证主键列保存在索引条目中。
- PCTTHRESHOLD 子句所指定的比例必须包含索引化表中的所有主键列。

(2) 用 INCLUDING 设置溢出存储

为了保证某特定非主键列保存在索引条目中，可以使用 INCLUDING 子句显式地指定需要保存在索引条目中的列，而在 CREATE TABLE 语句中，在设定列名之后出现的非键列将被存储到行溢出段中。要注意的是，如果同时还设定了 PCTTHRESHOLD 参数，INCLUDING 子句设定的列名之前的非键列也可能被存储到行溢出段中。例如，创建一个索引化表 iot_pct_include，将溢出百分比设置为 30%，同时保证 col2 列及其之前的列保存在索引条目中，语句为：

```
SQL>CREATE TABLE iot_pct_include(
        ID NUMBER PRIMARY KEY,
        col1 VARCHAR2 (20),
        col2 VARCHAR2 (10),
        col3 NUMBER)
    ORGANIZATION INDEX
    TABLESPACE USERS
    PCTTHRESHOLD 30
    INCLUDING col2
    OVERFLOW TABLESPACE ORCLTBS1;
```

如果使用 INCLUDING 子句，则索引条目中只包含主键列和指定的非主键列，但同时必须满足保存在索引条目中的列在整个记录中所占的比例不超过 PCTTHRESHOLD 的设定值。

3. 索引化表的修改

(1)　修改索引数据段与溢出数据段

使用 ALTER TABLE 语句可以对索引化表中的索引数据段和溢出数据段进行修改，包括存储参数和溢出方式的修改。其中 OVERFLOW 关键字之前的参数都是针对索引项数据段的，而 OVERFLOW 之后的参数都是针对溢出数据段的。例如，修改索引化表溢出部分的存储设置，语句为：

```
SQL>ALTER TABLE new_student INITRANS 4 OVERFLOW INITRANS  6;
SQL>ALTER TABLE iot_pct_include PCTTHRESHOLD 15 INCLUDING col2;
```

如果原来的索引化表中没有使用溢出存储功能，可以通过 ALTER TABLE ... ADD OVERFLOW 为它应用溢出存储功能。例如，为索引化表 new_customers 添加溢出功能，语句为：

```
SQL>ALTER TABLE new_customers ADD OVERFLOW TABLESPACE ORCLTBS2;
```

(2)　重建索引化表

在不断对索引化表进行更新操作之后，将在索引化表中产生许多不连续的存储碎片，降低索引化表的查询效率。可以使用 ALTER TABLE ... MOVE 语句重建索引化表，以消除其中的存储碎片。

重建索引化表可以在原来的表空间中进行，也可以在新的表空间中进行。例如，重建索引化表 new_customers 和 iot_pct_include，语句为：

```
SQL>ALTER TABLE new_customers MOVE  INITRANS 10;
SQL>ALTER TABLE iot_pct_include MOVE  TABLESPACE  ORCITBS2
   OVERFLOW TABLESPACE ORCITBS3;
```

(3)　将索引化表转换为标准表

已经建立的索引化表可以转换为标准表，转换方法有下列两种：

- 使用 Oracle 中的 EXPORT 和 IMPORT 工具，将索引化表中的数据全部导出，然后再重新导入到一个标准表中。
- 使用 CREATE TABLE ... AS SELECT 语句，通过对索引化表的查询来创建一个标准表。

8.5　分区表和分区索引

8.5.1　概念

随着数据库技术的广泛应用，数据库中的数据容量越来越大，表中数据达到 GB 级甚至 TB 级已经十分普遍。如何对这些海量数据进行管理和维护，是数据库管理的难题。分区技术是 Oracle 数据库对巨型表或巨型索引进行管理和维护的重要技术。

所谓的分区，是指将一个巨型表或巨型索引分成若干个独立的组成部分进行存储和管理，每一个相对小的、可以独立管理的部分，称为原表或索引的分区。所有分区都具有相同的逻辑属性，如具有相同列、数据类型、约束等，但物理属性可以不同，例如具有不同的存储参数、位于不同的表空间等。分区后，表中每个记录或索引项将根据分区条件分散存储到不同的分区中。

对巨型表进行分区后，既可以对整个表进行操作，也可以针对特定的分区进行操作，用户对分区表执行的 SQL 查询或 DML 语句与对普通表的语句一样。但是定义了分区后，DDL 语句可以访问、操作一个单独的分区，而不是整个表或索引，从而简化了对表的管理和维护。对表进行分区后，可以将对应的索引进行分区。但是未分区的表可以具有分区的索引，而分区的表也可以具有未分区的索引。

分区技术在多种应用系统中都能发挥作用，其效果在需要管理大量数据的应用系统中尤为显著。OLTP 系统能够利用分区技术提高可管理性及可用性，而数据仓库系统则可以通过分区技术提高性能及可管理性。

分区技术具有以下优点：

- 利用分区技术，用户可以在分区级进行数据加载、索引创建及重建，或备份恢复等数据管理操作，而非针对整个表执行。这大大减少了此类操作所需的时间。
- 分区技术能够提高查询性能。在很多情况下，查询的结果集可能来自几个分区，而非整个表。对于某些查询，这种技术(称为分区剪除)能够带来几个数据量级的性能提升。
- 分区技术能够显著缩短维护操作导致的停机时间。
- 由于对各分区的维护操作可以相互独立地进行，用户可以同时对表或索引的不同分区进行维护操作。用户还能在维护的同时对未受维护操作影响的分区执行 SELECT 及 DML 操作。
- 利用分区技术存储数据库中的关键表及索引，能够缩短此类对象的维护及恢复时间，并减少此类对象发生故障时对系统的影响，从而提高数据库的可用性。
- 采用分区技术时，用户无需对原有应用程序进行任何修改。例如，当用户将一个非分区表转化为分区表后，无需修改访问此表的 SELECT 语句及 DML 语句。用户无需重写应用程序代码，就可以发挥分区技术的优势。

注意

一个表可以分割成任意数量的分区，但是如果表中包含有 LONG 或 LONG RAW 类型的列，则不能对表进行分区。

通常，当出现下列情况时，可以考虑对表进行分区：

- 表的大小超过 2GB 时。

- 要对一个表进行并行 DML 操作时，必须对表进行分区。
- 为了平衡硬盘的 I/O 操作，需要将一个表分散存储存在不同的表空间中，必须对表进行分区。
- 需要将表一部分设置为只读，另一部分设置为可更新的时，必须对表进行分区。

8.5.2　创建分区表

Oracle 11g 中提供了 4 种类型的分区方法：范围分区、列表分区、散列分区、复合分区。每种分区都有自己的特点，应该根据实际应用情况选择合适的分区类型。

1. 范围分区

范围分区是按照分区列值的范围来对表进行分区的。范围分区按照用户创建分区时设定的分区键值范围将数据映射到不同分区。创建范围分区时，必须指明分区方法(RANGE)、分区列和分区描述。

在采用范围分区时，应注意以下规则：

- 定义分区时必须使用 VALUES LESS THAN 子句定义分区的开区间上限。分区键大于等于此修饰符的数据将被存储到下一个分区中。
- 除了第一个分区之外，其他所有分区都有一个隐式的下限，此下限是由上一个分区的 VALUES LESS THAN 子句指定的。
- 用户可以为最大分区定义一个 MAXVALUE 修饰符。MAXVALUE 代表一个无穷大值，用于识别大于所有可能分区键的数据(包括 null)。

例如，创建一个分区表，将商品信息根据其单价进行分区，将单价小于 100 的商品信息保存在 ORCLTBS1 表空间中，将单价在 100~1000 的商品信息保存在 ORCLTBS2 表空间中，将单价大于 1000 的商品信息保存在 ORCLTBS3 表空间中。语句为：

```
SQL>CREATE TABLE goods_range(
      gid CHAR (8) PRIMARY  KEY,
      gname varchar2(50),
      unitprice NUMBER (10,2),
      category VARCHAR(30),
      provider VARCHAR (100)
      )
   PARTITION BY RANGE (unitprice)
   (
      PARTITION p1 VALUES LESS THAN 100  TABLESPACE  ORCLTBS1,
      PARTITION p2 VALUES LESS THAN  1000  TABLESPACE ORCLTBS2,
      PARTITION p3 VALUES LESS THAN (MAXVALUE)
      TABLESPACE ORCLTBS3 STORAGE(INITIAL 10M NEXT 20M))
      STORAGE(INITIAL 20M NEXT 10M MAXEXTENTS 10
   );
```

在 CREATE TABLE 语句中，通过 PARTITION BY RANGE 子句说明根据范围进行分区，其后的括号中列出分区列，可以进行多列分区。每个分区以 PARTITION 关键字开头，其后是分区名。VALUES LESS THAN 子句用于设置分区中分区列值的范围。可以对每个分区的存储进行设置，也可以对所有分区采用默认的存储设置。

2. 列表分区

如果分区列的值并不能划分范围(非数值类型或日期类型)，同时分区列的取值范围只是一个包含少数值的集合，则可以对表进行列表分区(LIST)，如按地区、性别等分区。

与范围分区不同，列表分区不支持多列分区，只能根据一个单独的列来进行分区。创建列表分区时，需要指定分区列和分区描述。

例如，创建一个分区表，将顾客信息按性别不同进行分区，男性信息保存在表空间 ORCLTBS1 中，而女性信息保存在 ORCLTBS2 中。语句为：

```
SQL>CREATE TABLE customers_list(
        customerid CHAR (8) PRIMARY  KEY,
        name VARCHAR2(30),
        gender CHAR (2) check(Gender in('男','女')),
        age NUMBER(3)
        )
    PARTITION BY LIST(gender)
    (
        PARTITION customers_male VALUES('M')  TABLESPACE ORCLTBS1,
        PARTITION customers_female VALUES('F')  TABLESPACE ORCLTBS2
    );
```

在 CREATE TABLE 语句中，通过 PARTITION BY LIST 子句说明根据列表进行分区，其后括号中列出分区列。每个分区以 PARTITION 关键字开头，其后是分区名。VALUES 子句用于设置分区所对应的分区列的取值。

3. 散列分区

在进行范围分区或列表分区时，由于无法对各个分区中可能具有的记录数量进行预测，可能导致数据在各个分区中分布不均衡，某个分区中数据很多，而某个分区中数据很少。此时可以采用散列分区(Hash)方法，在指定数量的分区中均等地分配数据。

为了创建散列分区，需要指定分区列、分区数量或单独的分区描述。

例如，创建一个分区表，根据商品编号将商品信息均匀分布到 ORCLTBS1 和 ORCLTBS2 两个表空间中。语句为：

```
SQL>CREATE TABLE goods_hash(
        gid  NUMBER(8)  PRIMARY  KEY,
        gname  VARCHAR2(50)
        )
    PARTITION BY HASH (gid)
    (
        PARTITION p1 TABLESPACE ORCLTBS1,
        PARTITION p2 TABLESPACE ORCLTBS2
    );
```

通过 PARTITION BY HASH 指定分区方法，其后的括号指定分区列。

使用 PARTITION 子句指定每个分区名称和其存储空间。或者使用 PARTITIONS 子句指定分区数量，用 STORE IN 子句指定分区存储空间。

例如，该分区表也可以创建为：

```
SQL>CREATE TABIE goods_hash2(
      gid  NUMBER(8)  PRIMARY  KEY,
      gname  VARCHAR2(50)
      )
   PARTITION BY HASH (gid)
   PARTITIONS 2 STORE  IN (ORCLTBSI, ORCLTBS2);
```

4. 复合分区

复合分区同时使用两种方法对表进行分区。Oracle 11g 支持“范围-列表”复合分区和“范围-散列”复合分区。

创建复合分区时，需要指定分区方法(PARTITION BY RANGE)、分区列、子分区方法(SUBPARTITION BY HASH、SUBPARTITION BY LIST)、子分区列、每个分区中子分区的数量或子分区的描述。

(1) 范围-列表复合分区

范围-列表复合分区先对表进行范围分区，然后再对每个分区进行列表分区，即在一个范围分区中创建多个列表子分区。

例如，创建一个范围-列表复合分区表，将单价小于 100 的日用百货类、服装鞋帽类商品信息分别保存在 ORCLTBS1 和 ORCLTBS2 表空间中，单价在 100~1000 的日用百货类、服装鞋帽类商品信息分别保存在 ORCLTBS3 和 ORCLTBS4 表空间中，其他商品信息保存在 ORCLTBS5 表空间中。语句为：

```
SQL>CREATE TABLE goods_range_list(
      gid CHAR (8) PRIMARY  KEY,
      gname varchar2(50),
      unitprice NUMBER (10,2),
      category VARCHAR(30) CHECK(category in('日用百货','服装鞋帽') ,
      provider VARCHAR (100)
      )
   PARTITION BY RANGE (unitprice)
   SUBPARTITION BY LIST (category)
   (PARTITION  pl VALUES LESS THAN 100
   (SUBPARTITION  pl_subl  VALUES('日用百货')  TABLESPACE  ORCLTBS1,
   SUBPARTITION  pl_sub2   VALUES('服装鞋帽')  TABLESPACE  ORCLTBS2),
   PARTTTION p2  VALUES  LESS  THAN 1000
   (SUBPARTITION p2_subl  VALUES('日用百货')  TABLESPACE  ORCLTBS3,
   SUBPARTITION  p2_sub2   VALUES('服装鞋帽')  TABLESPACE  ORCLTBS4),
   PARTITION p3  VALUES  LESS  THAN  (MAXVALUE)  TABLESPACE  ORCITBS5
   );
```

(2) 范围-散列复合分区

范围-散列复合分区先对表进行范围分区，然后再对每个分区进行散列分区，即在一个范围分区中创建多个散列子分区。

例如，创建一个范围-散列复合分区表，将单价小于 100 的商品信息均匀地保存在 ORCLTBS1 和 ORCLTBS2 表空间中，单价在 100~1000 的商品信息保存在 ORCLTBS3 和 ORCLTBS4 表空间中，其他商品信息保存在 ORCLTBS5 表空间中。语句为：

```
SQL>CREATE TABLE  goods_range_hash(
      gid NUMBER (8) PRIMARY  KEY,
      gname VARCHAR2 (50),
      unitprice NUMBER (10,2),
      category VARCHAR2(30) CHECK(category in('日用百货','服装鞋帽'),
      provider VARCHAR2 (100)
      )
   PARTITION BY RANGE (unitprice)
   SUBPARTITION BY HASH(gid)
   (PARTITION  p1  VALUES  LESS  THAN 100
   (SUBPARTITION p1_sub1 TABLESPACE ORCLTBS1,
   SUBPARTITION p1_sub2 TABLESPACE ORCLTBS2),
   PARTITION  p2  VALUES  LESS  THAN 1000
   (SUBPARTITION p2_sub1 TABLESPACE ORCLTBS3,
   SUBPARTITION p2_sub2 TABLESPACE ORCLTBS4),
   PARTITION p3 VALUES LESS THAN (MAXVALUE)  TABLESPACE ORCLTBS5);
```

8.5.3　维护分区表

可以使用 ALTER TABLE 语句来维护分区表，包括添加表分区、回收分区、删除分区、交换分区、合并分区、修改分区增加值、修改分区删除值、移动分区、更名分区、分割分区、截断分区等。

1. 添加分区

可以使用 ALTER TABLE ... ADD PARTITION 语句为分区表添加分区。例如，为分区表 goods_ hash 和 goods_range 各增加一个分区，语句为：

```
SQL>ALTER TABLE goods_hash ADD PARTITION p3 TABLESPACE ORCLTBS3;
SQL>ALTER TABLE goods_range ADD PARTITION p4 VALUES LESS THAN 2000;
```

如果新增加的分区是范围分区，那么新增范围分区的边界必须大于已经存在的最后一个范围分区的边界。

也可以使用该语句为分区添加子分区。例如，为分区表 goods_range_list p3 分区增加一个子分区 p3_sub1，语句为：

```
SQL>ALTER TABLE goods_range_list MODIFY PARTITION P3
   ADD SUBPARTITION p3_sub1 VALUES('UNKNOWN');
```

2. 合并分区

合并分区是指将相邻的分区合并成一个分区，可以使用 ALTER TABLE ... MERGE PRATITION 语句进行分区的合并。合并分区的实质是新建一个分区，保存原来两个分区中的数据，然后删除原来的两个分区。需要注意的是，合并后的分区名不能是边界值较小的那个分区名，但可以是边界值较大的分区名，也可以是一个新的名字。例如，将分区表 goods_range 的 p1 分区和 p2 分区合并到 p2 分区中，语句为：

```
SQL>ALTER TABLE goods_range MERGE PARTITIONS p1,p2 INTO PARTITION p2;
```

3. 删除分区

可以使用 ALTER TABLE ... DROP PARTITION 语句删除分区，或使用 ALTER TABLE ... DROP SUBPARTITION 语句删除范围-列表复合分区的子分区。删除分区后，原分区中的数据一同被删除。例如，删除分区表 customers_list 中的 customers_ male 分区，语句为：

```
SQL>ALTER TABLE customers_list DROP PARTITION customers_male;
```

注意

如果删除的分区是表中唯一的分区，那么此分区将不能被删除，要想删除此分区，必须删除表。

4. 拆分分区

拆分分区是指将一个分区拆分成两个新分区，拆分后原来分区不再存在。可以使用 ALTER TABLE ... SPLIT PARTITION ... AT 语句进行分区的拆分。注意不能对散列分区进行拆分。例如，将分区表 goods_range 的 p2 分区以单价 500 为界拆分成 p21 和 p22 两个分区，语句为：

```
SQL>ALTER TABLE good_range SPLIT PARTITION p2 AT 500
   INTO(PARTITION p21,PARTITION p22);
```

5. 重命名分区

可以使用 ALTER TABLE ... RENAME PARTITION ... TO 语句重命名分区。例如，将分区表 goods_range 的 p22 分区重命名为 p2：

```
SQL>ALTER TABLE goods_range RENAME PARTITION p22 TO p2;
```

6. 移动分区

为了减少存储碎片，或修改分区创建时的属性设置，或进行表中数据压缩，或将分区移动到一个新的表空间，可以使用 ALTER TABLE ... MOVE PARTITION 语句或 ALTER

TABLE ... MOVE SUBPARTITION 语句移动分区或子分区。例如，将分区表 goods_range 的 p2 分区移动到 ORCLTBS5 表空间中：

```
SQL>ALTER TABLE goods_range MOVE PARTITION p2 TABLESPACE ORCLTBS5;
```

7. 截断分区

截断分区是指删除某个分区中的数据，并不会删除分区，也不会删除其他分区中的数据。当表中即使只有一个分区时，也可以截断该分区。可以使用 ALTER TABLE ... TRUNCATE PARTITION 语句截断分区，或使用 ALTER TABLE ... TRUNCATE SUBPARTITION 语句截断子分区。例如，将分区表 goods_range 的 p2 分区中的所有数据删除：

```
SQL>ALTER TABLE goods_range TRUNCATE PARTITION p2;
```

8.5.4 创建分区索引

1. 分区索引概述

分区表与一般的表一样，可以建立索引。在分区表上可以创建 3 种类型的索引。

(1) 本地分区索引

本地分区索引是指为分区表中的各个分区单独建立索引分区，各个索引分区之间是相互独立的。本地分区索引的每个分区都与分区表的一个分区相对应。为分区表建立了本地分区索引后，Oracle 会自动地确保各个索引分区与相应的表分区同步，且使各个表-索引分区对相互独立。如果为分区表添加了新的分区，Oracle 会自动为新分区建立新的索引分区。相反，如果表的分区依然存在，用户将不能删除它所对应的索引分区。只有在删除表的分区时才会自动删除所对应的索引分区。

(2) 全局分区索引

全局分区索引是指先对整个分区表建立索引，然后再对索引进行分区。各个索引分区之间不是相互独立的，索引分区与表分区之间也不是一一对应的关系。

(3) 全局非分区索引

全局非分区索引是指对整个分区表创建标准的未分区的索引。

当分区中出现许多事务并且要保证所有分区中的数据记录的唯一性时采用全局索引。全局索引建立时 global 子句允许指定索引的范围值，这个范围值为索引字段的范围值。此类索引主要用于 OLTP 系统，在存取独立记录时效率较高。

2. 创建分区索引

(1) 创建本地分区索引

分区表创建后，可以对分区表创建本地分区索引。在指明分区方法时，使用 LOCAL 关键字标识本地分区索引。

例如，在 goods_range 分区表的 gname 列上创建本地分区索引，语句为：

```
SQL>CREATE INDEX goods_range_local ON goods_range(gname) LOCAL;
```

(2) 全局分区索引

Oracle 支持两种全局分区索引，包括范围分区索引和散列分区索引。在指明分区方法时使用 GLOBAL 关键字标识全局分区索引。

例如，为分区表 customers_list 的 age 列建立基于范围的全局分区索引，语句为：

```
SQL>CREATE INDEX customers_list_global ON customers_list(age)
   GLOBAL PARTITION BY RANGE (age)
   (
      PARTITION p1 VALUES LESS THAN(80) TABLESPACE ORCLTBS1,
      PARTITION p2 VALUES LESS THAN(MAXVALUE) TABLESPACE ORCLTBS2
   );
```

(3) 全局非分区索引

为分区表创建全局非分区索引与为标准表创建索引一样。

例如，为分区表 customers_ list_ index 创建全局非分区索引，语句为：

```
SQL>CREATE INDEX customers_list_index ON customers_list(name);
```

8.5.5 查询分区和分区索引

DBA 可以使用 SQL 语句查询与分区相关的数据字典视图或动态性能视图，来了解有关分区的详细信息。表 8.3 列出了与分区相关的主要数据字典视图或动态性能视图。

表 8.3　与分区相关的主要数据字典视图或动态性能视图

视　图	说　明
DBA_PART_TABLES ALL_PART_TABLES USER_PART_TABLES	包含数据库中分区表的信息
DBA_TAB_PARTITIONS ALL_TAB_PARTITIONS USER_TAB_PARTITIONS	包含数据库中分区表的详细分区信息
DBA_TAB_SUBPARTITIONS ALL_TAB_SUBPARTITIONS USER_TAB_SUBPARTITIONS	包含数据库中数据库组合分区表的子分区信息
DBA_PART_KEY_COLUMNS ALL_PART_KEY_COLUMNS USER_PART_KEY_COLUMNS	包含数据库中所有分区表的分区列信息
DBA_SUBPART_KEY_COLUMNS ALL_SUBPART_KEY_COLUMNS USER_SUBPART_KEY_COLUMNS	包含数据库中所有分区表的子分区列信息

续表

视　图	说　明
DBA_PART_INDEXES ALL_PART_NDEXES USER_PART_INDEXES	包含分区索引的分区信息
DBA_IND_PARTITIONS ALL_IND_PARTITIONS USER_IND_ PARTITIONS	包含索引分区的层次、存储、统计等信息
DBA_IND_SUBPARTITIONS ALL_IND_SUBPARTITIONS USER_IND_SUBPARTITIONS	包含索引子分区的层次、存储、统计等信息

例如，查询复合分区表 goods_ range_list 中的子分区信息。语句为：

```
SQL>SELECT  table_name, partition_name, subpartition_name
   FROM DBA_TAB_SUBPARTITIONS
   WHERE  table_name="GOODS_RANGE_LIST";
```

结果为：

```
TABLE_NAME                      PARTITION_NAME          SUBPARTITION_NAME
--------------------------------------------------------------------------
GOODS_RANGE_LIST                      P1                P1_SUB1
GOODS_RANGE_LIST                      P1                P1_SUB2
GOODS_RANGE_LIST                      P2                P2_SUB1
GOODS_RANGE_LIST                      P2                P2_SUB2
GOODS_RANGE_LIST                      P3                P3_SUB1
```

8.6 视　　图

8.6.1 视图的概念

视图是从一个或多个基表或视图中提取出来的数据的一种表现形式。实质上，一个视图就是一个存储的查询或一个“虚”表。与表不同，视图不会要求分配存储空间，视图中也不会包含实际的数据。一个视图从它所引用的表中得到数据，这些表被称作基表。基表可以是实际的数据库表，也可以是视图。对于视图的所有的操作最终都会被反映到该视图的基表。可以像使用标准表一样使用视图，可以对视图进行查询、更新、插入和删除数据等操作。

根据视图定义时复杂程度的不同，分为简单视图和复杂视图。在简单视图定义中，数据来源于一个基表，不包含函数、分组等，可以直接进行 DML 操作；在复杂视图定义中，数据来源于一个或多个基表，可以包含连接、函数、分组等，能否直接进行 DML 操作取决于视图的具体定义。

对视图的查询与对标准表查询一样，但是对视图执行 DML 操作时需要注意，如果视图定义包括下列任何一项，则不可直接对视图进行插入、删除和修改等操作，需要通过触发器来实现：

- 集合操作符(UNION、UNION ALL、MNUS、INTERSECT)。
- 聚集函数(SUM、AVG 等)。
- GROUP BY、CONNECT BY 或 START WITH 子句。
- DISTINCT 操作符。
- 由表达式定义的列。
- 伪列 ROWNUM。
- (部分)连接操作。

当视图定义中包含上述项目时，系统无法直接将对视图的 DML 操作转换为对具体表的 DML 操作。

用户可以通过视图以不同形式展现基表中的数据。视图可以根据不同用户的需要对基表中的数据进行整理。使用视图主要有以下几个原因：

- 通过视图，可以设定允许用户访问的列和数据行，从而为表提供了额外的安全控制机制。
- 隐藏数据复杂性。例如，视图中可以使用连接，用多个表中相关的列构成一个新的数据集。此视图就对用户隐藏了数据来源于多个表的事实。
- 简化用户的 SQL 语句。例如，用户使用视图就可从多个表中查询信息，而无需了解这些表是如何连接的。
- 以不同的角度展示基表中的数据。例如，视图的列名可以被任意改变，而不会影响此视图的基表。
- 使应用程序不会受基表定义改变的影响。例如，在一个视图的定义中查询了一个包含 4 个数据列的基表中的 3 列。当基表中添加了新的列后，由于视图的定义并没有被影响，因此使用此视图的应用程序也不会被影响。
- 有些查询必须使用视图才能正确表达。例如，在查询中可以将一个表和另一个使用了 GROUP BY 子句的视图进行关联，还可以将一个表与另一个使用了 UNION 子句的视图进行关联。
- 保存复杂查询。例如，一个查询可能会对表数据进行复杂的计算。用户将这个查询保存为视图之后，每次进行类似计算只需查询此视图即可。

8.6.2　视图操作

1. 创建视图

为了创建视图，首先必须满足下列条件：

- 在自己的模式内创建视图，必须具有 CREATE VIEW 权限。要在其他用户模式中创建视图，必须具有 CREATE ANY VIEW 系统权限。

- 视图的拥有者必须被显式地赋予权限来访问视图定义中的所有引用的对象，拥有者不能通过角色获得这些权限，视图的功能取决于视图拥有者的权限。例如，如果视图拥有者对于 emp 表只有 INSERT 权限，那么视图也只能用于向 emp 中插入新行，而不能做 SELECT、UPDATE 或 DELETE 操作。

可以使用 CREATE VIEW 语句创建视图。每个视图通过一个引用表、物化视图或其他视图的查询来定义。与所有的子查询一样，定义一个视图的查询不能包含 FOR UPDATE 子句。使用 CREATE VIEW 语句创建视图的语法为：

```
CREATE[OR REPLACE] [FORCE|NOFORCE] VIEW[schema.]view_name
[(column1,column2, ...)]
AS subquery
[WITH CHECK OPTION[CONSTRAINT  constraint)]
[WITH READ ONLY];
```

其中：

- OR REPLACE：如果存在同名的视图，则使用新视图替代已有的视图。
- FORCE：不管基表是否存在，也不管是否具有使用基表的权限，强制创建视图。
- NOFORCE：仅当基表存在时才创建视图(默认)。
- subquery：子查询，决定了视图中数据的来源。
- WITH CHECK OPTION：指明在使用视图时，检查数据是否符合子查询中的约束条件。
- CONSTRAINT：为使用 WITH CHECK OPTION 选项时指定的约束命名。
- WITH READ ONLY：指明该视图为只读视图，只能查询，不能修改。该子句不能与 ORDER BY 子句同时存在。

(1) 创建简单视图

简单视图的子查询只从一个基表中导出数据，并且不包含连接、组函数等。例如，创建一个包含员工号、员工名和部门号的 10 号部门的员工基本信息视图，语句为：

```
SQL>CREATE OR REPLACE VIEW sales_staff
   AS
      SELECT empno,ename,deptno
      FROM emp
      WHERE deptno=10
      WITH CHECK OPTION;
```

(2) 创建复杂视图

复杂视图是指在一个视图的定义查询的 FROM 子句中引用了多个表或视图(即存在连接)，或者子查询是经过运算得到的结果。

例如，创建一个包含各个部门的部门号、部门平均工资和部门人数的视图，语句为：

```
SQL>CREATE  VIEW  emp_info_view(deptno, avgsal, empcount)
   AS
      SELECT  deptno, avg(sal), count(*)  FROM emp  GROUP  BY  deptno;
```

如果子查询中包含条件，创建视图时可以使用 WITH CHECK OPTION 选项。例如，创建一个包含工资大于 2000 的员工信息的视图，语句为：

```
SQL>CREATE VIEW emp_sal_view
   AS
      SELECT  empno, ename, sal*12  salary FROM emp
      WHERE  sal>2000 WITH  CHECK  OPTION;
```

视图中的数据可以来自几个表连接的结果。例如，创建一个视图，包含各个员工的员工号、员工名及其部门名称。语句为：

```
SQL>CREATE VIEW emp_dept_view
   AS
      SELECT  empno, ename, dname
      FROM   emp, dept
      WHERE  emp.deptno=dept.deptno;
```

(3) 内嵌视图

在 FROM 子句中使用的子查询，习惯上又称为内嵌视图。内嵌视图并不是模式对象，而是一个拥有别名的子查询。用户可以在 SQL 语句中将它作为一个视图来使用。内嵌视图可以将复杂的连接查询简单化，可以将多个查询压缩成一个简单查询，因此通常用于简化复杂的查询。例如，查询各个部门的部门名、部门的最高工资和最低工资：

```
SQL>SELECT  dname, maxsal, minsal  FROM dept,
    ( SELECT  deptno, max(sal)  maxsal, min(sal)   minsal
   FROM emp GROUP BY deptno)deptsal
   WHEREdept.deptno=deptsal.deptno;
   DNAME      MAXSAL    MINSAL
   ------------------------------------------------------------------
   SALES        2850       950
   RESEARCH    3000       800
   ACCOUNTING  5000      1300
```

内嵌视图有一种特殊的应用，称为 Top-N-Analysis 查询，通过使用伪列 ROWNUM，为查询结果集排序，并返回符合条件的记录。例如，查询工资排序在前 5~10 名的员工号、员工名、工资及其工资排序号：

```
SQL>SELECT * FROM
   (SELECT  ROWNUM num, empno, ename, sal  FROM
   (SELECT  empno, ename,sal FROM emp ORDER BY sal DESC) nested_orderl)
   nested_order2
   WHERE num BETWEEN 5 AND 10
 NUM        EMPNO     ENAME      SAL
-------------------------------------------------------------
   5        7698     BLAKE      2850
   6        7782     CLARK      2450
   7        7499     ALLEN      1600
   8        7844     TURNER     1500
   9        7934     MIILER     1300
   10       7521      WARD      1250
```

2. 更改视图

当需要替换某个视图时，用户必须具有删除和创建视图的所有权限。如果需要修改视图定义，视图必须被替换。用户不能使用 ALTER VIEW 语句修改视图的定义，而是采用以下方式替换视图：

- 删除视图然后重新创建，但是会删除该视图上授予的各种权限。
- 使用 CREATE VIEW 语句，包含 REPLACE 子句重新定义视图，保留该视图上授予的各种权限。

例如，修改视图 CREATE VIEW emp_dept_view，添加员工工资信息，语句为：

```
SQL>CREATE OR REPLACE VIEW emp_dept_view
   AS
      SELECT  empno,ename,sal,dname  FROM  emp,dept
      WHERE emp.deptno=dept.deptno;
```

3. 删除视图

当一个视图不再使用时，可以使用 DROP VIEW 语句删除视图。删除视图后，该视图的定义也从数据字典中删除，同时该视图上的权限被回收，但是对数据库表没有任何影响。例如，删除视图 emp_dept_view，语句为：

```
SQL>DROP VIEW emp_dept_view;
```

8.7 序　　列

8.7.1 序列的概念

序列是一个可以为表中的行自动生成序列号的数据库对象，利用它可生成唯一的整数，产生一组等间隔的数值(类型为数字)，主要用于生成唯一、连续的序号。

一个序列的值是由特殊的 Oracle 程序自动生成的，因此序列避免了在应用层实现序列而引起的性能瓶颈。

序列的主要用途是自动生成表的主键值，可以在插入语句中引用，也可以通过查询检查当前值，或使序列增至下一个值，因此可以使用序列实现记录的唯一性。序列不占用实际的存储空间，在数据字典中只存储序列的定义描述。

8.7.2 序列操作

1. 创建序列

创建序列需要用户有 CREATE SEQUENCE 系统权限，创建序列的语法为：

```
CREATE SEQUENCE sequence
[INCREMENT BY n]
```

```
[START WITH n]
[MAXVALUE n|NOMAXVALUE]
[MINVALUE n|NOMINVALUE]
[CYCLE|NOCYCLE]
[CACHE n|NOCACHE];
```

其中：

- INCREMENT BY：设置相邻两个元素之间的差值，即步长，默认值为 1；若出现负值，则代表序列的值是按照此步长递减的。
- START WITH：设置序列初始值，默认值为 1。
- MAXVALUE：设置序列生成器能产生的最大值。NOMAXVALUE 为默认选项，代表没有最大值定义，这时对于递增序列，系统能够产生的最大值为 10^{27}，递减序列的最大值为-1。
- MINVALUE：设置序列生成器产生的最小值；NOMINVALUE 为默认选项，代表没有最小值定义，这时对于递减序列，系统能够产生的最小值是-10^{26}，对于递增序列的最小值为 1。
- CYCLE | NOCYCLE：设置当序列生成器的值达到其限制值后，是否循环生成值，CYCLE 代表循环，NOCYCLE 代表不循环，是默认选项。若循环，则当递增序列达到最大值时，循环到最小值；当递减序列达到最小值时，循环到最大值。如果不循环，达到限制值后，继续产生新值就会发生错误。
- CACHE | NOCACHE：CACHE 用于设置存放序列的内存块的大小，默认值为 20，如果系统崩溃，这些值将丢失。NOCACHE 表示不对序列进行内存缓冲。对序列进行内存缓冲可以改善序列的性能。

例如，创建一个初始值为 100，最大值为 1000，步长为 1 的序列，语句为：

```
SQL>CREATE SEQUENCE test_sequence INCREMENT BY 1
   START WITH 100 MAXVALUE  1000;
```

2. 使用序列

如果已经创建了序列，怎样才能引用序列呢？方法是使用 CURRVAL 和 NEXTVAL 来引用序列的值。调用 NEXTVAL 将生成序列中的下一个序列号，调用时要指出序列名，其格式如下：

```
序列名.NEXTVAL
```

CURRVAL 用于产生序列的当前值，无论调用多少次都不会产生序列的下一个值。如果序列还没有通过调用 NEXTVAL 产生过序列的下一个值，先引用 CURRVAL 没有意义。调用 CURRVAL 的方法同上，要指出序列名，即用以下方式调用：

```
序列名.CURRVAL
```

产生序列的值。

产生序列的第一个值：

```
SELECT test_sequence.NEXTVAL FROM DUAL;
```

产生序列的下一个值：

```
SELECT test_sequence.NEXTVAL FROM DUAL;
```

产生序列的当前值：

```
SELECT test_sequence.CURRVAL FROM DUAL;
```

注意

第一次调用 NEXTVAL 产生序列的初始值，根据定义知道初始值为 10。第二次调用产生 11，因为序列的步长为 1。调用 CURRVAL，显示当前值 11，不产生新值。Oracle 的解析函数为检查间隙提供了一种要快捷得多的方法。它们使你在使用完整的、面向集合的 SQL 处理的同时，仍然能够看到下一行(LEAD)或者前一行(LAG)的数值。

3. 修改序列

序列创建完成后，可以使用 ALTER SEQUENCE 语句修改序列。除了不能修改序列起始值外，可以对序列其他任何子句和参数进行修改。如果要修改 MAXVALUE 参数值，需要保证修改后的最大值大于序列的当前值。此外，序列的修改只影响以后生成的序列号。例如，修改序列 test_sequence 的设置，语句为：

```
SQL>ALTER SEQUENCE test_sequence INCREMENT BY 10
   MAXVALUE 10000  CYCLE  CACHE 20;
```

4. 删除序列

当一个序列不再需要时，可以使用 DROP SEQUENCE 语句删除序列。例如，删除序列 test_sequence，语句为：

```
SQL>DROP SEQUENCE test_sequence;
```

5. 查看序列

通过数据字典 USER_OBJECTS 可以查看用户拥有的序列。

通过数据字典 USER_SEQUENCES 可以查看序列的设置。

查看用户序列的语句为：

```
SQL>SELECT SEQUENCE_NAME,MIN_VALUE,MAX_VALUE,INCREMENT_BY,LAST_NUMBER
    FROM USER_SEQUENCES;
```

结果为：

```
SEQUENCE_NAME  MIN_VALUE  MAX_VALUE  INCREMENT_BY    LAST_NUMBER
-------------  ---------- ---------  ------------    ------------
ABC                    1  9999999          1              12
```

```
DEPARIMENTS_SEQ      1        9990          10              280
EMPLOYEES_SEQ        1    1.0000E+27        1               207
LOCATIONS_SEQ        1        9900          100             3300
```

8.8　同　义　词

同义词是数据库中表、索引、视图或其他模式对象的一个别名。利用同义词，一方面可以为数据库对象提供一定的安全性保证(例如，可以隐藏对象的实际名称和所有者信息，或隐藏分布式数据库中远程对象的位置信息)；另一方面可以简化对象访问。此外，当数据库对象改变时，只需要修改同义词而不需要修改应用程序。

同义词分为私有同义词和公有同义词两种。私有同义词只能被创建它的用户所拥有，该用户可以授权其他用户使用该同义词；公有同义词被用户组 PUBLIC 所拥有，数据库所有用户都可以使用公有同义词。

1. 创建同义词

创建同义词使用 CREATE SYNONYM 语句，其语法为：

```
CREATE  [PUBlIC]  SYNONYM   synonym_name   FOR   object_name;
```

例如，为 SCOTT 用户的 emp 表创建一个公有同义词，名称为 scottemp，语句为：

```
SQL>CREATE  PUBLIC  SYNONYM  scottemp  FOR  scott.emp;
```

利用同义词可以实现对数据库对象的操作，例如：

```
SQL>UPDATE scottemp  SET ename='SFD'  WHERE  empno=7884;
```

2. 删除同义词

可以使用 DROP SYNONYM 语句删除同义词，语法为：

```
DROP  [PUBLIC]   SYNONYM  synonym_name;
```

例如，删除公有同义词 scottemp，语句为：

```
SQL>DROP PUBLIC SYNONYM scottemp;
```

8.9　簇

1. 簇的概念

簇是一种存储表数据的方法，一个簇由共享相同数据块的一组表组成，这些表共享某些公共列(类似于表等值连接的结果)。对于经常需要访问这些列的应用来说，能够减少硬盘 I/O 时间，改善连接查询的效率。

2. 创建簇

具有 CREATE CLUSTER 系统权限的用户可以创建簇。在数据库中，簇占据实际的存储空间，因此用户必须具有足够的表空间配额。为了将 students 表与 classes 表通过 class_id 列进行聚簇存储，需要创建一个基于 class_id 列的簇，语句为：

```
SQL>CREATE CLUSTER student_class (class_id NUMBER(3)
   SIZE 600
   TABLESPACE users
   STORAGE  (INITIAL 200K NEXT 300K MINEXTENTS 2 MAXEXTENTS 20);
```

其中，class_id 称为聚簇字段。SIZE 参数说明为一个聚簇字段值提供的最大字节数。

3. 创建聚簇表

在簇中创建的表称为“聚簇表”。通过将两个或多个聚簇表保存在同一个簇中，可以将两个表中具有相同的聚簇字段值的记录集中存放在同一个数据块(或相邻的多个数据块)之中。在 CREATE TABLE 语句中通过 CLUSTER 子句来指定表所使用的簇和聚簇字段。

例如，在簇 student_class 中创建 students 表和 classes 表，语句为：

```
SQL>CREATE TABLE classes (
      class_id NUMBER(3) PRIMARY KEY,
      cname  VARCHAR2 (10))
   CLUSTER student_class (class_id);
SQL>CREATE TABLE students (
      sno  NUMBER (5)  PRIMARY KEY,
      sname VARCHAR2 (15) NOT NULL,
      class_id NUMBER (3)  REFERENCES  classes)
   CLUSTER student_class (class_id);
```

注意

聚簇表中的聚簇字段必须与创建簇时指定的聚簇字段具有相同的名称和数据类型。

4. 修改簇

簇创建之后，用户可以对簇进行修改，包括：

- 修改簇的物理存储参数(PCTFREE、PCTUSED、STORAGE 等)。
- 修改 SIZE 值的大小。

例如，修改簇 student_class 的存储参数，语句为：

```
SQL>ALTER CLUSTER student_class  PCTFREE 30  PCTUSED 60;
```

注意

不能修改聚簇表的 PCTFREE、PCTUSED、INITRANS 和 MAXTRANS 参数。这些参数是由簇的物理存储参数设置的。

5. 创建聚簇索引

可以为簇中的聚簇字段创建索引，这种类型的索引称为“聚簇索引”。聚簇索引必须在向聚簇表中插入任何记录之前创建。聚簇表中数据的存储顺序与聚簇索引中索引值的排序一致。例如，为簇 student_class 创建一个聚簇索引，语句为：

```
SQL>CREATE  INDEX  student_class  index
    ON CLUSTER student_class
    TABLESPACE USERS
    STORAGE (INITIAL IOK NEXT IOK MINEXTENTS 2 MAXEXTENTS 10) PCTFREE 10;
```

6. 删除簇

删除簇的同时将删除聚簇索引。根据簇中是否包含表，簇删除可以分为 3 种情况。

(1) 使用 DROP CLUSTER 删除不包含聚簇表的簇及簇索引：

```
SQL>DROP CLUSTER student_class;
```

(2) 使用 DROP CLUSTER ... INCLUDING TABLES 语句删除包含聚簇表的簇：

```
SQL>DROP CLUSTER student_class INCLUDING TABLES;
```

(3) 如果聚簇表中包含其他表外键参考的主键约束列或唯一性约束列，则需要使用 ASCADE CONSTRAINTS 子句删除约束，同时删除簇：

```
SQL>DROP CLUSTER student_class INCLUDING TABLES CASCADE CONSTRAINTS;
```

上 机 实 训

(1) 按下面的表结构利用 SQL 语句创建 class 和 student 两个表。

class 表

列　名	数据类型	约　束	备　注
CNO	NUMBER(2)	主键	班级号
CNAME	VARCHAR(2)		班级名
NUM	NUMBER(3)		人数

student 表

列　名	数据类型	约　束	备　注
SNO	NUMBER(4)	主键	学号
SNAME	VARCHAR(10)	唯一	姓名
BIRTHDAY	DATE		出生日期
SEX	CHAR(2)		性别
CNO	NUMBER(2)		班级号

(2) 为 student 表添加一个可以延迟的外键约束，其 CNO 列参照 class 表的 CNO 列。

(3) 为 class 表的 NUM 列添加一个检查约束，保证其值在 0~100 之间。

(4) 为 student 表的 SEX 列添加一个检查约束，保证该列取值为“M”或“F”，默认值为“M”。

(5) 为 class 表的 CNAME 列添加一个唯一性索引。

(6) 用子查询分别创建一个事务级临时表和会话级临时表，其结构与 student 表相同。

(7) 根据 student 表创建一个索引化表，二者的表结构相同。

(8) 创建一个 student_range 分区表，按学生出生日期进行分区，1980 年 1 月 1 日前出生的学生信息放入 part1 区，存储在 EXAMPLE 表空间；1980 年 1 月 1 日至 1990 年 1 月 1 日出生的学生信息放入 part2 区，存储在 ORCLTBS1 表空间；其他数据放在 part3 区，存放在 ORCLTBS2 表空间。

(9) 创建一个 student_list 分区表，按学生性别分成 p1、p2 两个分区。

(10) 创建一个学生视图，包含学号、姓名和学生所在的班级号、班级名。

(11) 创建一个起始值为 2000 的序列，步长为 2，最大值为 10000，不可循环。

(12) 创建一个 class_number 簇，聚簇字段名为 CNO，类型为 NUMBER(2)，然后利用该簇，创建 student 和 class 两个聚簇表。

本章习题

1. 填空题

(1) 在 Oracle 数据库中，根据表生存周期的不同，可以将表分为____________和____________。

(2) Oracle 数据库中可以在表中定义__________、__________、__________、__________和__________5 种约束。

(3) 将表中的列删除的方法有两种：__________和__________。

(4) 当在表中定义主键约束或唯一性约束时，Oracle 会自动地在相应列上创建__________索引。

(5) 如果一个表的大小超过 2GB，或者希望平衡硬盘的 I/O 操作而需要将表分散存储在不同表空间中，则必须对表进行__________。

2. 问答题

(1) 列举数据库中的各种类型的表，并说明其特征。

(2) 简述索引的作用以及 Oracle 数据库中索引的类型。

(3) 列举分区表的类型以及每种分区方法的含义。

(4) 列举使用视图的好处。

第 9 章 安全管理

学习目的与要求：

安全性是衡量数据库产品优劣的一个重要指标。Oracle 数据库可以以多种方式为用户建立安全体系。当创建用户账户时，可以设定对于用户账户的限制，还可以对每个用户设置其对各种可以获得的系统资源的使用限制。作为用户安全的一部分，Oracle 数据库提供了一系列的视图，用户可以通过查询来查找资源或会话信息等。管理用户安全的另一种方式就是用户权限管理和角色管理。

9.1 Oracle 数据库安全性概述

数据库的安全性指的是能够控制用户对数据库及其中的对象执行合法操作，阻止未经认证地使用数据库及其组件。安全性在数据库管理中占据重要的位置，如果没有足够的安全性，数据可能会丢失、泄露，甚至被破坏，造成无法挽回的损失，因此安全性是评价一个数据库产品性能的重要指标。数据库的安全性主要包括两个方面的含义：一方面是未授权的用户不能访问数据库；另一方面是授权用户只能在自己的权限范围内执行操作。

Oracle 数据库采取了一系列安全控制策略，来防止外部操作对数据的破坏，以保证数据库的安全性。Oracle 数据的安全控制策略包括以下 6 个方面。

(1) 用户管理：为了保证只有合法身份的用户才能访问数据库，Oracle 提供了 3 种用户认证机制，即数据库身份认证、外部身份证和全局身份认证。只有通过认证的用户才能访问数据库。

(2) 权限管理：用户登录数据库后，只能进行其权限范围内的操作。通过给用户授权或回收用户权限，可以达到控制用户对数据库操作的目的。

(3) 角色管理：通过角色方便地实现用户权限的授予与回收。

(4) 表空间设置和配额：通过设置用户的默认表空间、临时表空间和在表空间上的使用配额，可以有效地控制用户对数据库存储空间的使用。

(5) 用户资源限制：通过概要文件，限制用户对数据库资源的使用。

(6) 数据库审计：监视和记录用户在数据库中的活动。

Oracle 数据库的安全可以分为两类：系统安全性和数据安全性。系统安全性是指在系统级控制数据库的存取和使用的机制，包括有效的用户名与口令的组合、用户是否被授权可连接数据库、用户创建数据库对象时可以使用的磁盘空间大小、用户的资源限制、是否启动了数据库审计功能，以及用户可进行哪些系统操作等。数据安全性是指在对象级控制数据库的存取和使用机制，包括用户可存取的模式对象和在该对象上允许进行的操作等。

9.2 用 户 管 理

9.2.1 概述

管理用户是 Oracle 数据库安全管理的核心和基础，Oracle 数据库的安全管理从用户登录数据库开始。当用户登录数据库时，系统对用户身份进行验证；当用户通过身份认证，对数据进行操作时，系统检查用户的操作是否具有相应的权限。此外，还要限制用户对存储空间、系统资源等的使用。

1. Oracle 数据库中预定义的用户账户

在创建 Oracle 数据库时会自动创建一些用户，包括 SYS、SYSTEM、DBSNMP、SCOTT 等，这些账户大多数是用于管理的账户。由于其口令是公开的，所以创建后大多数都处于封锁状态，需要管理员对其进行解锁并重新设定口令。在这些用户中，有下列 4 个比较特殊的用户。

- SYS：是数据库中具有最高权限的数据库管理员，可以启动、修改和关闭数据库，拥有数据字典。
- SYSTEM：是一个辅助的数据库管理员，不能启动和关闭数据库，但可以进行其他一些管理工作，如创建用户、删除用户等。
- SCOTT：是一个用于测试网络连接的用户，其口令为 TIGER。
- PUBLIC：实质上是一个用户组，数据库中任何一个用户都属于该组成员。要为数据库中每个用户都授予某种权限，只需把权限授予 PUBLIC 就可以了。

2. 用户身份认证方式

用户连接数据库时，必须经过身份认证。Oracle 数据库用户有 3 种身份认证方式。

(1) 数据库身份认证：数据库用户口令以加密方式保存在数据库内部，当一个用户试图连接到数据库时，数据库会核实用户名是否是一个有效的数据库账户，并验证用户提供的密码是否与数据库中存储的密码相匹配。通过数据库认证后才可以登录数据库。例如，创建一个数据库身份认证的用户，语句如下：

```
SQL>CREATE USER dbuser1  IDENTIFIED  BY  password1;
```

(2) 外部身份认证：当使用外部身份认证时，用户的账号由 Oracle 数据库管理，但口令管理和身份验证由外部服务完成。外部服务可以是操作系统或网络服务。当用户试图建立与数据库的连接时，数据库会核实用户名是否是一个有效的数据库账户，并确信该用户已经完成了外部服务的身份认证。注意：在外部身份认证方式下，Oracle 数据库不保存用户的口令，但是仍然需要在数据库中创建相应的用户。例如，创建一个操作系统身份认证的用户，语句如下：

```
SQL>CREATE USER dbuser2  IDENTIFIED  EXTERNALLY;
```

(3) 全局身份认证：全局认证方式也不在数据库中存储验证密码，当用户试图建立与数据库的连接时，Oracle 使用高级安全选项所提供的身份验证服务对用户进行身份认证。例如，创建一个全局身份认证的用户，语句如下：

```
SQL>CREATE USER dbuser3 IDENTIFIED GLOBALLY
    AS 'CN=DBUSER3, CH=DBUSER,  L=QINGDAO,  C=US';
```

在创建数据库用户时需要设置用户的身份认证方式，当用户连接数据库时采用该方式进行身份认证。在上述三种认证方式中，一般数据库都使用数据库身份认证方式。

3. 与用户相关的其他安全参数

(1) 默认表空间

当用户在创建数据库对象时，如果没有显式地指明该对象在哪个表空间中存储，系统会自动将该数据库对象存储在当前用户的默认表空间中。在 Oracle 11g 中，如果没有为用户指定默认表空间，则系统将数据库的默认表空间作为用户的默认表空间。

(2) 临时表空间

在 Oracle 数据库中，除了使用默认表空间保存永久性对象外，还需要使用临时表空间保存临时数据信息。当用户进行排序、汇总和执行连接、分组等操作时，系统首先使用内存中的排序区 SORT_AREA_SIZE，如果该区域内存不够，则自动使用用户的临时表空间。在 Oracle 11g 中，如果没有为用户指定临时表空间，则系统将数据库的默认临时表空间作为用户的临时表空间。

(3) 表空间配额

表空间配额限制用户在某个永久表空间中可以使用的存储空间的大小，在默认情况下，新建用户在任何永久表空间中都没有配额。用户在临时表空间中不需要配额。例如：

```
SQL>CREATE USER user2  IDENTIFIED BY user2 DEFAULT  TABLESPACE USERS
    TEMPORARY TABLESPACE TEMP QUOTA 5M ON USERS;
```

(4) 概要文件

每个用户都必须有一个概要文件，从会话级和调用级两个层次限制用户对数据库系统资源的使用，同时设置用户的口令管理策略。如果没有为用户指定概要文件，Oracle 将为用户自动指定 DEFAULT 概要文件。

(5) 账户状态

在创建用户的同时，可以设定用户的初始状态，包括用户口令是否过期以及账户是否锁定等。Oracle 允许任何时候对账户进行锁定或解锁。锁定账户后，用户就不能与 Oracle 数据库建立连接，必须对账户解锁后才允许用户访问数据库。

9.2.2 创建用户

在 Oracle 数据库中，使用 CREATE USER 语句创建用户。执行该语句的用户必须具有 CREATE USER 系统权限。一般地，只有数据库管理员或安全管理员才具有 CREATE USER 系统权限。CREATE USER 语句的语法如下：

```
CREATE USER user_name IDENTIFIED
    [BY password | EXTERNALLY | GLOBALLY AS 'external_name']
    [DEFAULT  TABLESPACE  tablespacename]
    [TEMPORARY  TABLESPACE  temptablespacename]
    [QUOTA  n  K [M] | UNLIMITED  ON  tablespacename1]
    [, QUOTA  n  K [M] | UNLIMITED  ON  tablespacename2]
    [PROFILE  profile_name]
    [PASSWORD  EXPIRE]
    [ACCOUNT  LOCK | UNLOCK];
```

其中各项内容介绍如下。

- user_name：用户名，可以由字母、数字和“#”及“_”组成，在数据库中，用户名必须唯一。
- IDENTIFIED：用于指明用户身份认证方式。
- BY password：设置用户身份认证方式为数据库身份认证，其中 password 为用户口令，可以由字母、数字和“#”及“_”组成。
- EXTERNALLY：设置用户身份认证方式为外部身份认证。
- GLOBALLY AS ‘external_name’：设置用户身份认证方式为全局身份认证，其中 external_name 为 Oracle 的安全管理服务器相关信息。
- DEFAULT TABLESPACE：用于设置用户的默认表空间，如果没有指定，Oracle 将数据库默认表空间作为用户的默认表空间。
- TEMPORARY TABLESPACE：用于设置用户的临时表空间。
- QUOTA：设置用户在指定表空间中可以使用空间的字节数。
- PROFILE：设置用户的概要文件。默认值为 DEFAULT，系统默认的概要文件。
- PASSWORD EXPIRE：用于设置用户口令的初始状态为过期，用户在首次登录数据库时必须修改口令。
- ACCOUNT LOCK | UNLOCK：用于设置用户初始状态为“锁定”或“不锁定”，默认为不锁定。

注意

初始建立的数据库用户没有任何权限，不能执行任何数据库操作。为使用户可以连接到数据库，必须授予其 CREATE SESSION 权限。

例 9.1 创建一个用户 user3，口令为 user3，默认表空间为 USERS，在该表空间的限额为 10MB，初始状态为锁定：

```
SQL>CREATE USER user3 IDENTIFIED BY user3
   DEFAULT TABLESPACE USERS QUOTA 10M ON USERS ACCOUNT  LOCK;
```

例 9.2 创建一个用户 user4，口令为 user4，默认表空间为 USERS，用户使用该表空间不受限制。口令设置为过期状态，即首次连接数据库时需要修改口令。概要文件为 example_profile(假设该概要文件已经创建)。语句如下：

```
SQL>CREATE  USER user4 IDENTIFIED BY user4
   DEFAULT  TABLESPACE USERS QUOTA UNLIMITED ON USERS
   PROFILE  example_profile PASSWORD EXPIRE;
```

9.2.3　修改用户

用户创建后，可以对用户信息进行修改，包括用户口令、认证方式、默认表空间、临时表空间、表空间配额、概要文件和用户状态等的修改。

修改用户账户使用 ALTER USER 语句来实现。执行该语句必须具有 ALTER USER 系统权限。修改用户的语句的语法如下：

```
ALTER USER user_name [IDENTIFIED]
[BY password | EXTERNALLY | GLOBALLY AS 'external_name']
[DEFAULT TABLESPACE tablespacename]
[TEMPORARY TABLESPACE temptablespacename]
[QUOTA n K [M] | UNLIMITED ON tablespacename]
[PROFILE profile_name]
[DEFAULT ROLE role_listlALL[EXCEPT role_list] | NONE]
[PASSWORD EXPIRE]
[ACCOUNT LOCK | UNLOCK]
```

其中，ALTER USER 语句参数的含义与 CREATE USER 语句基本相同，不同之处在于 ALTER USER 语句中多了 DEFAULT ROLE 选项，该选项用于为用户指定默认的角色。其中，role_list 是角色列表；ALL 表示所有角色；EXCEPT role_list 表示除了 role_list 列表中的角色之外的其他角色；NONE 表示没有默认角色。

注意

DEFAULT ROLE 指定的角色必须是使用 GRANT 命令直接授予该用户的角色。

例 9.3 将用户 user3 的口令修改为 newuser3，同时将该用户解锁：

```
SQL>ALTER USER user3 IDENTIFIED BY newuser3 ACCOUNT UNLOCK;
```

例 9.4 修改用户 user4 的默认表空间为 ORCLTBS1，在该表空间的配额为 20MB，在 USERS 表空间的配额为 10MB：

```
SQL>ALTER USER user4 DEFAULT TABLESPACE ORCLTBS1
   QUOTA 20M ON ORCLTBS1,QUOTA 10M ON USERS;
```

使用 ALTER USER 语句可以修改普通用户密码，不过要注意的是，如果使用该语句修改密码的话，新密码会呈现在屏幕上，所以不建议使用。对于普通用户，可以使用 PASSWORD 命令来进行密码的修改。

例如，修改用户 user3 的口令的过程为：

```
SQL>PASSWORD user3
   Changing password for user3
   New password: new_password
   Retype new password:new_password
```

对于 SYS 用户来说，不能使用 ALTER USER 语句或者 PASSWORD 命令来改变 SYS 用户的密码，只能使用 ORAPWD 命令来创建一个包含新密码的密码文件。

例如，改变 SYS 用户的密码的命令如下：

```
SQL>orapwd file='orapworcl'
   Enter password for SYS:new_password
```

9.2.4　删除用户

使用 DROP USER 语句可以删除数据库用户，当删除一个用户账户时，Oracle 数据库将用户账户和与其关联的模式一并从数据字典中删除。如果该用户模式下存在对象，也会立即删除所有的模式对象。要删除用户，管理员必须具有 DROP USER 权限。

DROP USER 语句的基本语法如下：

```
DROP USER username [CASCADE];
```

例如，删除用户 user4 的语句如下：

```
SQL>DROP USER user4;
```

如果用户拥有依赖其他对象的数据库对象(例如，依赖于用户表的外键)，则必须在 DROP USER 语句中使用 CASCADE 选项，Oracle 先删除用户的所有对象，然后再删除该用户。如果其他数据库对象正在使用该用户的数据库对象，则这些数据库对象将被标志为失效(INVALID)。

当前连接到数据库的用户是不能被删除的。要删除一个连接用户，必须首先使用带 KILL SESSION 子句的 ALTER SYSTEM 语句中断用户会话，通过查询 V$SESSION 视图来找到会话 ID。

注意

如果想阻止用户访问数据库，而保留该用户模式及其关联的对象，那么可以回收用户的 CREATE SESSION 权限；不要删除 SYS 或 SYSTEM 用户。

9.2.5　查询用户信息

DBA 可以使用 SQL 语句查询与用户相关的数据字典视图或动态性能视图，来了解有关用户的详细信息。表 9.1 列出了与用户相关的主要数据字典视图或动态性能视图。

表 9.1　与用户相关的主要数据字典视图或动态性能视图

视　图	说　明
ALL_USERS DBA_USERS USER_USERS	包含数据库用户的详细信息
DBA_TS_QUOTAS USER_TS_QUOTAS	包含用户表空间的配额信息
V$SESSION	包含用户会话信息
V$OPEN_CURSOR	包含用户执行的 SQL 语句信息

例 9.5 查询数据库中用户的详细信息：

```
SQL>SELECT USERNAME, PROFILE, ACCOUNT_STATUS, AUTHENTICATION_TYPE
   FROM DBA_USERS;
```

查询结果如下：

```
USERNAME          PROFILE           ACCOUNT_STATUS    AUTHENTICATION_TYPE
---------------   ---------------   ---------------   --------------------
SYS               DEFAULT            OPEN              PASSWORD
SYSTEM            DEFAULT            OPEN              PASSWORD
USERSCOTT         DEFAULT            OPEN              PASSWORD
JFEE              CLERK              OPEN              GLOBAL
DCRANNEY          DEFAULT            OPEN              EXTERNAL
```

例 9.6 查询每个用户在每个表空间的配额情况，SQL 语句为：

```
SELECT * FROM DBA_TS_QUOTAS;
```

查询结果如下：

```
TABLESPACE    USERNAME    BYTES     MAX_BYTES     BLOCKS    MAX_BLOCKS
----------    ---------  --------   ----------   -------   ----------
USERS         JFEE           0       512000         0         250
USERS         DCRANNEY       0          -1          0          -1
```

9.3 权 限 管 理

9.3.1 权限管理概述

在数据库中创建用户以后，需要控制用户对各种数据对象的访问。Oracle 使用了多种方法来控制数据的存取，其中最基本的方式就是通过为用户授予权限来控制用户对数据的访问和用户所能执行的操作。

所谓权限，就是执行一个特定类型 SQL 语句或访问其他用户对象的权利。用户在数据库中可以执行什么样的操作以及可以对哪些对象进行操作，完全取决于该用户所拥有的权限。在一个 Oracle 数据库中，必须显式地授予一个用户执行一个活动的权限，包括连接到数据库或对一个表进行查询、修改和删除数据的操作。

在 Oracle 数据库中，用户权限分为下列两类。

(1) 系统权限(System Privilege)

系统权限是指在数据库级别对数据库进行存取和使用的机制，比如，用户是否能够连接到数据库系统(CREATE SESSION 权限)，能否执行系统级的 DDL 语句(如 CREATE、ALTER 和 DROP)等。

(2) 对象权限(Object Privilege)

对象权限是指对某个特定的数据库对象执行某种操作的权限。例如，对特定表的插

入、删除、修改、查询的权限。不同类型的对象具有不同的对象权限，对于某些模式对象，比如聚簇、索引、触发器、数据库链接等没有相应的实体权限，这些权限由系统权限进行管理。

在 Oracle 数据库中，将权限授予用户有下列两种方法。

- 直接授权：利用 GRANT 命令直接为用户授予系统权限或者对象权限。
- 间接授权：先将权限授予角色，然后再将角色授予用户。

在 Oracle 数据库中，允许已经获得某种权限的用户将他们的权限或其中一部分权限再授予其他用户。Oracle 数据库权限管理的过程就是权限授予和回收的过程。

9.3.2　系统权限管理

1. 系统权限分类

在 Oracle 11g 数据库中，有 200 多种系统权限，每种系统权限都为用户提供了执行某一种或某一类数据库操作的能力。可以将系统权限授予用户、角色或 PUBLIC 用户组。由于系统权限有较大的数据库操作能力，因此应该只将系统权限授予必要且值得信赖的用户。可以在数据字典视图 SYSTEM_PRIVILEGE_MAP 中看到所有的系统权限。

注意

PUBLIC 是创建数据库时自动创建的一个特殊的用户组，数据库中的所有用户都属于该用户组。如果将某个权限授予 PUBLIC 用户组，则数据库中的所有用户都具有该权限。

可以使用 GRANT 命令为用户授予系统权限，这样用户就可以在数据库中执行特定的操作或对一个数据库对象执行操作了。系统权限可以分为两大类：一类是在任意模式下对数据库某一类对象的操作能力，通常带有 ANY 关键字(例如 CREATE ANY TABLE)；另一类系统权限是数据库级别的某种操作能力(例如 CREATE SESSION 权限)。由于系统权限有很强的数据库操作能力，所以对于不同的用户，要授予合适的权限，既要满足用户完成操作的需要，又不能给予过多的权限。例如，数据库开发人员只需具有在自己模式下创建表、视图、索引、同义词、数据库链接等的权限即可。

此外，给用户授权时如果使用 WITH ADMIN OPTION 子句，那么被授权的用户还可以将获得的系统权限再授予其他用户，也可以将授予的权限回收。

2. 授予系统权限

给用户授予系统权限时，应该注意以下 4 个方面。

(1) 只有 DBA 才应当拥有 ALTER DATABASE 系统权限。

(2) 应用程序开发者一般需要拥有 CREATE TABLE、CREATE VIEW 和 CREATE INDEX 等系统权限。

(3) 普通用户一般只具有 CREATE SESSION 系统权限。

(4) 只有授权时带有 WITH ADMIN OPTION 子句时，用户才可以将获得的系统权限再授予其他用户，即系统权限的传递性。

在 Oracle 数据库中，使用 GRANT 语句来为用户授予系统权限，其语法如下：

```
GRANT sys_priv_list  TO  user_list|role_list|PUBLIC[WITH ADMIN OPTION];
```

其中各参数介绍如下。

- sys_priv_list：表示系统权限列表，多种系统权限以逗号分隔。
- user_list：表示用户列表，多个用户之间以逗号分隔。
- role_list：表示角色列表，多个角色以逗号分隔。
- PUBLIC：表示对系统中的所有用户授权。
- WITH ADMIN OPTION：表示被授权者可以把此权限再授予其他用户。

例 9.7 为 PUBLIC 用户组授予 CREATE SESSION 系统权限：

```
SQL>CONNECT  system/password@ORCL
SQL>GRANT CREATE SESSION  TO  PUBLIC;
```

例 9.8 为用户 user1 授予 CREATE SESSION、CREATE TABLE、CREATE INDEX 系统权限：

```
SQL>CONNECT system/password@ORCL
SQL>GRANT CREATE SESSION,CREATE TABLE,CREATE INDEX TO user1;
```

例 9.9 为用户 user2 授予 CREATE SESSION、CREATE TABLE、CREATE VIEW 系统权限。user2 获得权限后，为用户 user3 授予 CREATE TABLE 权限。语句如下：

```
SQL>CONNECT system/password@ORCL
SQL>GRANT CREATE SESSION,CREATE TABLE,CREATE VIEW  TO  user2
   WITH ADMIN OPTION;
SQL>CONNECT user2/user2@ORCL
SQL>GRANT CREATE TABLE TO user3;
```

3. 回收系统权限

一般用户如果被授予过高的权限，就可能给 Oracle 系统带来安全隐患。作为 DBA，应该能够查询当前系统中各个用户的权限，对于用户的不必要的系统权限，可以使用 REVOKE 语句进行回收，该语句执行后立即生效。DBA 或系统权限传递用户都可以将用户所获得的系统权限回收。REVOKE 语句的语法如下：

```
REVOKE sys_priv_list FROM user_list | role_list | PUBLIC;
```

例 9.10 回收用户 user1 的 CREATE TABLE、CREATE INDEX 权限，语句如下：

```
SQL>CONNECT system/password@ORCL
SQL>REVOKE CREATE TABLE,CREATE INDEX FROM user1;
```

关于用户的系统权限回收，要注意以下 3 点。

(1) 多个管理员授权用户同一个系统权限后，若其中一个管理员回收其授予该用户的系统权限，则该用户将不再拥有相应的系统权限。

例 9.11 SYS 用户和 SYSTEM 用户分别给 user1 用户授予 CREATE TABLE 系统权限，当 SYSTEM 用户回收 user1 用户的 CREATE TABLE 系统权限后，用户 user1 将不再具有 CREATE TABLE 系统权限。语句如下：

```
SQL>CONNECT  sys/tiger@ORCL AS SYSDBA
SQL>GRANT  CREATE TABLE TO user1;
SQL>CONNECT  system/password@ORCL
SQL>GRANT  CREATE TABLE TO user1;
SQL>CONNECT user1/user1@ORCL
SQL>CREATE TABLE test (id NUMBER);
表已创建。
SQL>CONNECT system/password@ORCL
SQL>REVOKE CREATE TABLE FROM user1;
SQL>CONNECT user1/user1@ORCL
SQL>CREATE TABLE test2 (id NUMBER);
CREATE TABLE test2 (id NUMBER)
*
第 1 行出现错误:
ORA-01031：权限不足
```

(2) 为了回收用户系统权限的传递性(授权时使用了 WITH ADMIN OPTION 子句)，必须先回收其系统权限，然后再重新授予其相应的系统权限。

例 9.12 为了阻止 user2 用户将获得的 CREATE SESSION、CREATE TABLE、CREATE VIEW 系统权限再授予其他用户，需要先回收 user2 用户的相应系统权限，然后再给 user2 用户重新授权，但不使用 WITH ADMIN OPTION 子句。语句如下：

```
SQL>CONNECT system/ password @ORCL
SQL>REVOKE  CREATE  SESSION, CREATE TABLE, CREATE VIEW FROM user2;
SQL>GRANT  CREATE  SESSION, CREATE  TABLE, CREATE VIEW TO user2;
```

(3) 如果一个用户获得的系统权限具有传递性(授权时使用了 WITH ADMIN OPTION 子句)，并且已经给其他用户授权，那么该用户系统权限被回收后，其他用户的系统权限并不受影响。

例如，当 SYSTEM 用户回收 user2 的 CREATE TABLE 权限后，并不影响 user3 用户从 user2 用户处获得的 CREATE TABLE 权限。

9.3.3　对象权限管理

1. 对象权限分类

对象权限是指对某个特定数据库对象的操作权限。

数据库模式对象的所有者拥有该对象的全部对象权限，对象权限的管理实际上是对象所有者对其他用户操作该对象的权限管理。

在 Oracle 数据库中共有 9 种类型的对象权限，不同类型的模式对象有不同的对象权限，而有的对象并没有对象权限，只能通过系统权限进行控制，如簇、索引、触发器、数据库链接等。各种数据库对象的对象权限如表 9.2 所示。

表 9.2　对象权限与对象间的对应关系

数据库对象	ALTER	DELETE	EXCUTE	INDEX	INSERT	READ	SELECT	UPDATE	REFERENCE
table	√	√		√	√		√	√	√
view		√			√		√	√	
sequence	√						√		
package			√						
procedure			√						
function			√						
directory						√			

表 9.2 中，“√”表示某种对象具有该类型的对象权限，空表示该对象没有相应类型的权限。

对象权限由该对象的拥有者为其他用户授权，其他用户不能为对象授权。获得授权的用户可以对对象进行相应的操作，对象被授权后，存储属性不会改变。

2. 授予对象权限

在 Oracle 11g 数据库中，可以使用 GRANT 语句为用户授予某个数据库对象权限，其语法如下：

```
GRANT obj_priv_list|ALL ON [schema.]object
TO user_list|role_list[WITH GRANT  OPTION];
```

其中各参数介绍如下。

- obj_priv_list：表示对象权限列表，多种权限以逗号分隔。
- [schema.]object：表示指定的模式对象，默认为当前模式中的对象。
- user_list：表示用户列表，多个用户以逗号分隔。
- role_list：表示角色列表，多种角色以逗号分隔。
- WITH GRANT OPTION：表示被授权者可将此对象权限再授予其他用户。

例 9.13 将 SCOTT 模式下 emp 表的 SELECT、UPDATE、INSERT 权限授予 user1 用户。语句如下：

```
SQL>CONNECT system/password@ORCL
SQL>GRANT  SELECT,INSERT,UPDATE ON scott.emp TO user1;
```

例 9.14 将 scott 模式下的 emp 表的 SELECT、UPDATE、INSERT 权限授予 user2 用户。user2 用户再将 emp 表的 SELECT、UPDATE 权限授予 user3 用户。

语句如下：

```
SQL>CONNECT  system/password@ORCL
SQL>GRANT SELECT, INSERT, UPDATE ON scott.emp TO user2 WITH GRANT OPTION;
SQL>CONNECT user2/user2@ORCL
SQL>GRANT SELECT,UPDATE ON scott.emp TO user3;
```

3. 回收对象权限

与回收系统权限类似，要回收用户的某种对象权限，仍然要使用 REVOKE 语句。在 Oracle 11g 数据库中，回收对象权限的基本语法为如下：

```
REVOKE  obj_priv_list|ALL ON [schema.]object
FROM  user_list|role_list|public CASCADE CONSTRAINTS;
```

其中，CASCADE CONSTRAINTS 表示有关联关系的权限也被回收。

例 9.15 回收 user1 用户在 scott.emp 表上的 SELECT、UPDATE 权限，语句如下：

```
SQL>REVOKE  SELECT,UPDATE  ON  scott.emp  FROM user1;
```

与系统权限回收类似，在进行对象权限回收时应该注意以下 3 点。

(1) 多个管理员授予用户同一个对象权限后，其中一个管理员回收其授予该用户的对象权限时，该用户不再拥有相应的对象权限。

(2) 为了回收用户对象权限的传递性(授权时使用了 WITH GRANT OPTION 子句)，必须先回收其对象权限，然后再授予其相应的对象权限。

(3) 如果一个用户获得的对象权限具有传递性(授权时使用了 WITH GRANT OPTION 子句)，并已给其他用户授权，那么该用户的对象权限被回收后，其他用户的对象权限也被回收。例如，当回收 user2 用户在 scott.emp 表上的 SELECT、UPDATE 对象权限后，user3 用户从 user2 用户处获得的在 scott.emp 表上的 SELECT、UPDATE 对象权限也被回收。

9.4 角色管理

9.4.1 角色概述

尽管可以通过直接的授予和回收权限来进行用户权限管理，但是随着用户和数据库对象的增多，用户权限管理的工作量就会越来越大。然后，跟踪每个用户现有的权限也就比较困难了。Oracle 通过使用角色来解决问题，角色就是授予用户的命名的权限集合。可以将要授予相同身份用户的所有权限先授予角色，然后再将角色授予用户，这样用户就得到了该角色所具有的所有权限，从而简化了权限的管理。此外，在数据库运行过程中，可以改变、增加或减少角色权限，甚至可以禁用或激活角色，从而实现对用户权限的动态管理。

角色权限的授予与回收和用户权限的授予与回收完全相似，所有可以授予用户的权限也可以授予角色。通过角色向用户授权的过程实际上是一个间接的授权过程。

在 Oracle 数据库中，角色分系统预定义角色和用户自定义角色两类。系统预定义角色由系统创建，并由系统进行授权；用户自定义角色由用户定义，并由用户为其授权。

9.4.2 预定义角色

所谓预定义角色，是指在 Oracle 数据库创建时由系统自动创建的一些常用的角色，这些角色已经由系统授予了相应的权限。DBA 可以直接利用预定义的角色为用户授权，也可以修改预定义角色的权限。

在 Oracle 数据库中有 30 多个预定义角色，包括 EXP_FULL_DATABASE、IMP_FULL_DATABASE、RECOVERY_CATALOG_OWNER 等。可以通过数据字典视图 DBA ROLES 查询当前数据库中所有的预定义角色，通过 DBA_SYS_PRIVS 查询各个预定义角色所具有的系统权限。另外，任何一个 Oracle 数据库都包含下面三种重要角色。

- CONNECT：具有 CREATE SESSION 权限。
- RESOURCE：具有 CREATE CLUSTER、CREATE INDEXTYPE、CREATE OPERATOR、CREATE PROCEDURE、CREATE SEQUENCE、CREATE TABLE、CREATE TRIGGER、CREATE TYPE 等权限。
- DBA：所有带 WITH ADMIN OPTION 子句的系统权限。

角色 CONNECT、RESOURCE 及 DBA 主要用于数据库管理，这 3 个角色之间互相没有包容关系(可能系统权限会有重叠)。数据库管理员需要授予 CONNECT、RESOURCE 和 DBA 角色。对于一般的数据库开发人员，则需要授予 CONNECT、RESOURCE 角色。

例 9.16 查询当前数据库的所有预定义角色，语句如下：

```
SQL>SELECT * FROM DBA_ROLES;
```

查询结果如下：

```
ROLE                                    PASSWORD
-------------------------------------------------------------
CONNECT                                     NO
RESOURCE                                    NO
DBA                                         NO
SELECT_CATAlOG_ROLE                         NO
EXECUTE_CATALOG_ROLE                        NO
...
```

例 9.17 查询 DBA 角色所具有的系统权限，语句如下：

```
SQL>SELECT * FROM DBA_SYS_PRIVS WHERE GRANTEE='DBA';
```

查询结果如下：

```
GRANTEE    PRIVILEGE        ADM
----------------------------------------
DBA       AUDIT ANY         YES
DBA       DROP USER         YES
DBA       RESUMABLE         YES
...
```

9.4.3　自定义角色

如果系统预定义角色不能满足用户需求，还可以根据用户需求自定义角色。创建角色需要具有 CREATE ROLE 系统权限。创建角色后，还可以对角色进行权限的授予和回收。同时允许对自定义的角色进行修改、删除和使角色生效或失效。

1. 创建角色

创建用户自定义角色使用 CREATE ROLE 语句，其语法如下：

```
CREATE ROLE role_name  [NOT IDENTIFIED|IDENTIFIED
 BY {[password]|[EXTERNALLY]|[GLOBALLY]}];
```

其中各参数介绍如下。

- role_name：指定自定义角色名称，该名称不能与任何用户名或其他角色相同。
- NOT IDENTIFIED：指定该角色由数据库授权，使该角色生效时不需要口令。
- IDENTIFIED BY password：表示设置角色生效时的认证口令。
- EXTERNALLY：表示该角色由操作系统验证。
- GLOBALLY：表示该角色用户由 Oracle 安全域中心服务器验证。

例 9.18 创建不同类型的角色 senior_manager、middle_manager、basic_manager：

```
SQL>CREATE ROLE senior_manager;
SQL>CREATE ROLE middle_manager IDENTIFIED BY middle;
SQL>CREATE ROLE basic_manager IDENTIFIED BY basic;
```

角色刚刚创建时，不具有任何权限。因此，创建角色后，需要立即为角色授予权限。

2. 角色权限的授予和回收

一旦创建了一个角色，就应该立即给角色授予权限。给角色授权实际上是给角色授予适当的系统权限、对象权限或已有角色。在数据库运行过程中，可以为角色增加权限，也可以回收其权限。角色权限的授予与回收和用户权限的授予与回收类似，其语法详见权限的授予与回收部分的介绍。

下面的语句分别给 senior_manager、middle_manager、basic_manager 角色授权：

```
SQL>GRANT CONNECT, CREATE  TABLE, CREATE  VIEW TO basic_manager;
SQL>GRANT CONNECT,CREATE TABLE,CREATE VIEW,CREATE INDEX
   TO middle_manager;
SQL>GRANT SELECT,UPDATE,INSERT, DELETE ON scott.emp TO senior_manager;
```

在使用 GRANT 语句为角色授权后，就可以将角色授予用户，使用户获得该角色所拥有的权限。

例 9.19 将 basic_manager 角色授予用户 user3，语句如下：

```
SQL>GRANT basic_manager  to user3;
授权成功。
```

可以使用 GRANT 语句将一个角色授予另一个角色。例如将角色 A 授予角色 B，那么被授予角色 B 的用户就会获得两种角色所拥有的权限。

例 9.20 将预定义角色 CONNECT、RESOURCE、DBA 授予角色 senior_manager，将角色 basic_manager 授予角色 middle_manager。

语句为：

```
SQL>GRANT  CONNECT,RESOURCE,DBA  TO  senior_manager;
SQL>GRANT basic_manager TO middle_manager;
```

注意

在一个 GRANT 语句中，可以同时为用户授予系统权限和角色，但不能同时授予对象权限和角色。另外，一个角色不能直接或间接地授予其本身，不能产生循环授权。不能将一个带认证的角色授予一个不带认证的角色。

当角色具有的某些权限不再需要时，管理员可以将该角色具有的权限或角色回收。下面的语句分别从 senior_manager、middle_manager、basic_manager 角色回收权限：

```
SQL>REVOKE  basic_manager  FROM middle_manager;
SQL>REVOKE CONNECT FROM basic_manager;
SQL>REVOKE  UPDATE, DELETE,INSERT ON scott.emp FROM senior_manager;
```

注意

从一个给定用户回收权限时，并不是从数据库中删除用户，也不会删除用户创建的对象，只是限制了用户对数据库的访问。其他用户并不受影响。

3. 使角色生效或失效

在数据库中，可以设置角色的生效和失效。所谓角色的失效，是指角色暂时不可用。当一个角色生效或失效时，用户从角色中获得的权限也生效或失效。因此，通过设置角色的生效或失效，可以动态地改变用户的权限。

通常，在进行角色生效或失效设置时，需要输入角色的认证口令，避免非法设置。

设置角色生效或失效使用 SET ROLE 语句，其语法如下：

```
SET ROLE [role_name[IDENTIFIED  BY password]]
 |[ALL|[EXCEPT role_name]]|[NONE];
```

其中各参数介绍如下。

- role_name：表示进行生效或失效设置的角色名称。
- IDENTIFIED BY password：用于设置角色生效或失效时的认证口令。
- ALL：表示使当前用户的所有角色生效。
- EXCEPT role_name：表示除了特定角色外，其余所有角色生效。
- NONE：表示使当前用户的所有角色失效。

(1) 设置角色失效

如果某一角色失效，用户将失去通过该角色获得的权限。例如，设置当前用户所有角色失效，语句如下：

```
SQL>SET ROLE NONE;
```

(2) 设置某一个角色生效

角色被设置为失效后，可以重新设置为生效。如果角色有口令，则需要输入口令。

例如：

```
SQL>SET ROLE senior_manager IDENTIFIED BY seniorrole;
```

(3) 同时设置多个角色生效

可以同时设置多个角色生效，将需要生效的角色列出，需要口令的角色使用 IDENTIFIED BY 子句输入口令。例如设置角色 middle_manager、basic_manager 生效，basic_manager 需要口令，口令为 basicrole。

语句为：

```
SQL>SET ROLE middle_manager,basic_manager  IDENTIFIED BY basicrole;
```

(4) 可以使所有角色生效

可以使用 SET ROLE ALL 语句使所有的角色生效，也可以通过 EXCEPT 语句使个别角色仍处于失效状态。例如：

```
SQL>SET ROLE ALL EXCEPT basic_manager,middle_manager;
```

注意

如果在使某一个角色生效时需要口令，则不能使用 SET ROLE ALL 语句。

4. 修改角色

修改角色是指修改角色生效或失效时的认证方式，也就是说，是否必须经过 Oracle 确认才允许对角色进行修改。

修改角色的语法如下：

```
ALTER ROLE role_name[NOT IDENTIFIED]|[IDENTIFIED BY password];
```

例 9.21 为 middle_manager 角色添加口令，取消 senior_manager 角色的口令：

```
SQL>ALTER ROLE senior_manager NOT IDENTIFIED;
SQL>ALTER ROLE middle_manager_role IDENTIFIED BY middlerole;
```

注意

修改角色必须具有 ALTER ANY ROLE 系统权限，以及 WITH ADMIN OPTION 权限，如果是角色的创建者，则自动具有对角色的修改权限。

5. 用户角色的激活或屏蔽

当一个角色授予某一个用户后，该角色即成为该用户的默认角色，可以通过 ALTER USER 命令来设置用户的默认角色状态，可以激活或屏蔽用户的默认角色。

激活或屏蔽用户默认角色的语法如下：

```
ALTER USER user_name DEFAULT ROLE
 [role_name1|[ALL [EXCEPT  role_name]]|[NONE];
```

(1) 屏蔽用户的所有角色

可以使用语句 ALTER USER user_name DEFAULT ROLE NONE 屏蔽用户的所有角色，例如：

```
SQL>ALTER USER user1 DEFAULT ROLE NONE;
```

(2) 激活用户的某些角色

可以同时激活用户的某个或某几个角色，例如：

```
SQL>ALTER USER user1 DEFAULT ROLE CONNECT,DBA;
```

(3) 激活用户的所有角色

可以同时激活用户的所有角色，例如：

```
SQL>ALTER USER user1 DEFAULT ROLE ALL;
```

也可以将用户除某个角色外的其他所有角色激活，例如：

```
SQL>ALTER USER user1 DEFAULT ROLE ALL EXCEPT DBA;
```

6. 删除角色

如果某个角色不再需要，则可以使用 DROP ROLE 语句删除角色。角色被删除后，原先拥有该角色的用户不再拥有这个角色，通过该角色获得的权限被回收。要删除角色，需要用户具有 DROP ANY ROLE 的系统权限或用户被授予带 WITH ADMIN OPTION 的角色。例如删除角色 basic_manager，语句如下：

```
SQL>DROP ROLE basic_manager;
```

9.4.4 查询角色信息

用户可以通过查询数据字典视图或动态性能视图来获取数据库的角色相关信息。

表 9.3 列出了与角色相关的视图。

表 9.3 与角色相关的数据字典视图或动态性能视图

视　图	说　明
DBA_ROLES	包含数据库中的所有角色及其描述
DBA_ROLE_PRIVS	包含为数据库中所有用户和角色授予的角色信息

续表

视　图	说　明
USER ROLE_PRIVS	包含为当前用户授予的角色信息
ROLE_ROLE_PRIVS	为角色授予的角色信息
ROLE_SYS_ PRIVS	为角色授予的系统权限信息
ROLE_TAB_PRIVS	为角色授予的对象权限信息
SESSION_PRIVS	当前会话所具有的系统权限信息
SESSION_ROLES	当前会话所具有的角色信息

例 9.22 查询角色 CONNECT 所具有的系统权限信息。SQL 语句如下：

```
SQL>SELECT * FROM ROLE_SYS_PRIVS WHERE ROLE='CONNECT';
```

查询结果如下：

```
    ROLE        PRIVILEGE       ADM
----------    -----------    -----
   CONNECT    CREATE VIEW      NO
   CONNECT    CREATE TABLE     NO
```

例 9.23 查询 DBA 角色被授予的角色信息。SQL 语句如下：

```
SQL>SELECT * FROM ROLE_ROLE_PRIVS WHERE ROLE='DBA';
```

查询结果如下：

```
 ROLE       GRANTED_ROLE      ADM
------   ---------------   ------
 DBA        OLAP_DBA          NO
 DBA        XDBADMIN          NO
...
```

9.5　概要文件管理

9.5.1　概要文件概述

1. 概要文件的作用

概要文件(Profile)是一个命名的数据库和系统资源限制的集合，是 Oracle 数据库安全策略的重要组成部分。利用概要文件，可以限制用户对数据库和系统资源的使用，同时还可以对用户口令进行管理，例如配置文件可以限制一个用户的并发会话数、每个会话占用 CPU 的时间、逻辑 I/O 可用的次数等。每个数据库用户必须被指定一个概要文件。通常 DBA 将用户分为几种类型，为每种类型的用户创建一个概要文件，然后将概要文件分配给每一个用户，而不必为每个用户单独创建一个概要文件。

在创建 Oracle 数据库的同时，系统会创建一个名为 DEFAULT 的默认概要文件。如果没有为用户显式地指定一个概要文件，用户将使用 Oracle 默认的概要文件。由于 DEFAULT 概要文件中没有对资源进行任何限制，也不需要用户进行密码管理，因此，应该根据需要为用户创建概要文件。

2. 资源限制级别和类型

概要文件通过对一系列资源参数的设置，从会话级和调用级两个级别对用户使用资源进行限制。会话级资源限制是对用户在一个会话过程中所能使用的资源进行限制，而调用级资源限制是对一条 SQL 语句在执行过程中所能使用的资源进行限制。

利用概要文件可以限制的数据库和系统资源如下：

- CPU 使用时间。
- 逻辑读/写。
- 每个用户的并发会话数。
- 用户连接数据库的空闲时间。
- 用户连接数据库的时间。
- 私有 SQL 区和 PL/SQL 区的使用。

3. 启用或停用资源限制

只有当数据库启用了资源限制时，为用户分配的概要文件才起作用。可以采用下列两种方法启用或停用数据库的资源限制。

(1) 在数据库启动前启用或停用资源限制

将数据库初始化参数文件中的参数 RESOURCE_LIMIT 的值设置为 TRUE 或 FALSE (默认)，来启用或停用系统资源限制。

(2) 在数据库启动后启用或停用资源限制

使用 ALTER SYSTEM 语句修改 RESOURCE_LIMIT 的参数值为 TRUE 或 FALSE，来启动或关闭系统资源限制。例如：

```
SQL>ALTER SYSTEM SET RESOURCE_LIMIT=TRUE;
```

9.5.2 概要文件管理

概要文件的管理主要包括创建、修改、删除概要文件，以及将概要文件分配给用户。

1. 创建概要文件

使用 CREATE PROFILE 语句创建概要文件，执行该语句必须具有 CREATE PROFILE 系统权限。CREATE PROFILE 语句的语法如下：

```
CREATE PROFILE profile__name LIMIT
resource__parameters | password__parameters;
```

其中各参数说明如下。

- profile_name：用于指定要创建的概要文件名称。
- resource_parameters：用于设置资源限制参数。表达式的形式如下：

```
resource__parameter_name  integer | UNLIMITED | DEFAULT
```

- password_parameters：用于设置口令参数。表达式的形式如下：

```
password_parameter_name   integer | UNLIMITED | DEFAULT
```

(1) 资源限制参数

① CPU_PER_SESSION：限制用户在一次会话期间可以占用的 CPU 时间总量，单位为百分之一秒。当达到该时间限制后，用户就不能在会话中执行任何操作了，必须断开连接，然后重新建立连接。

② CPU_PER_CALL：限制每个调用可以占用的 CPU 时间总量，单位为百分之一秒。当一个 SQL 语句执行时间达到该限制后，该语句以错误信息结束。

③ CONNECT_TIME：限制每个会话可持续的最大时间值，单位为分钟。当数据库连接持续时间超出该设置时，连接被断开。

④ IDLE_TIME：限制每个会话处于连续空闲状态的最大时间值，单位为分钟。当会话空闲时间超过该设置时，连接被断开。

⑤ SESSIONS_PER_USER：限制一个用户打开数据库会话的最大数量。

⑥ LOGICAL_READS_PER_SESSION：允许一个会话读取数据块的最大数量，包括从内存中读取的数据块和从磁盘中读取的数据块的总和。

⑦ LOGICAL_READS_PER_CALL：允许一个调用读取的数据块的最大数量，包括从内存中读取的数据块和从磁盘中读取的数据块的总和。

⑧ PRIVATE_SGA：在共享服务器操作模式中，执行 SQL 语句或 PL/SQL 程序时，Oracle 将在 SGA 中创建私有 SQL 区。该参数限制在 SGA 中一个会话可分配私有 SQL 区的最大值。

⑨ COMPOSITE_LIMIT：称为“综合资源限制”，是一个用户会话可消耗的资源总限额。该参数由 CPU_PER_SESSION、LOGICAL_READS_PER_SESSION、PRIVATE_SGA、CONNECT_TIME 几个参数综合决定。

(2) 口令管理参数

① FAILED_LOGIN_ATTEMPTS：限制用户在登录 Oracle 数据库时允许失败的次数。一个用户尝试登录数据库的次数达到该值时，该用户的账户将被锁定，只有解锁后才可以继续使用。

② PASSWORD_LOCK_TIME：设定当用户登录失败后用户账户锁定的时间长度。

③ PASSWORD_LIFE_TIME：设置用户口令的有效天数。达到限制的天数后，该口令将过期，需要设置新口令。

④ PASSWORD_GRACE_TIME：用于设定提示口令过期的天数。在这几天中，用户将接收到一个关于口令过期需要修改口令的警告。当达到规定的天数后，原口令过期。

⑤ PASSWORD_REUSE_TIME：指定一个用户口令被修改后，必须经过多少天后才可以重新使用该口令。

⑥ PASSWORD_REUSE_MAX：指定一个口令被重新使用前必须经过多少次修改。

⑦ PASSWORD_VERIFY_FUNCTION：设置口令复杂性校验函数。该函数会对口令进行校验，以判断口令是否符合最低复杂程度或其他校验规则。

例 9.24 创建一个名为 res_profile 的概要文件，要求每个用户最多可以创建 4 个并发会话；每个会话持续时间最长为 60 分钟；如果会话在连续 20 分钟内空闲，则结束会话；每个会话的私有 SQL 区为 100KB；每个 SQL 语句占用 CPU 时间的总量不超过 10 秒。

语句如下：

```
SQL>CREATE PROFILE res_profile LIMIT
   SESSIONS_PER_USER 4  CONNECT_TIME 60 IDLE_TIME 20 PRIVATE_SGA 100K
   CPU_PER_CALL 1000;
```

例 9.25 创建一个名为 pwd_profile 的概要文件，如果用户连续 4 次登录失败，则锁定该账户，10 天后该账户自动解锁：

```
SQL>CREATE PROFILE pwd_profile LIMIT FAILED_LOGIN_ATTEMPTS 4
   PASSWORD_LOCK_TIME 10;
```

2. 将概要文件分配给用户

可以在创建用户时为用户指定概要文件，也可以在修改用户时为用户指定概要文件，例如：

```
SQL>CREATE USER user5 IDENTIFIED BY user5 PROFILE res_profile;
SQL>ALTER USER user5 PROFILE pwd_profile;
```

3. 修改概要文件

概要文件创建后，可以使用 ALTER PROFILE 语句修改概要文件，执行该语句的用户必须具有 ALTER PROFILE 系统权限。ALTER PROFILE 语句的语法如下：

```
ALTER PROFILE profile_name LIMIT
resource_parameters | password_parameters;
```

ALTER PROFILE 语句中参数的设置情况与 CREATE PROFILE 语句相同。

例 9.26 修改 pwd_profile 概要文件，将用户口令有效期设置为 10 天，语句如下：

```
SQL>ALTER PROFILE pwd_profile  LIMIT  PASSWORD_LIFE_TIME 10;
```

对概要文件的修改只有在用户开始一个新的会话时才会生效。

4. 删除概要文件

当一个概要文件不再需要时，可以使用 DROP PROFILE 语句删除概要文件，执行该语句的用户必须具有 DROP PROFILE 系统权限。如果要删除的概要文件已经指定给用户，则必须在 DROP PROFILE 语句中使用 CASCADE 子句。

DROP PROFILE 语句的语法如下：

```
DROP PROFILE profile_name CASCADE;
```

例 9.27 删除概要文件 pwd_profile，语句如下：

```
SQL>DROP PROFILE pwd_profile CASCADE;
```

为用户指定的概要文件被删除后，系统自动将 DEFAULT 概要文件指定给该用户。

5. 查询概要文件

用户可以查询数据字典视图或动态性能视图来获得概要文件的相关信息。表 9.4 列出了与概要文件相关的数据字典视图或动态性能视图。

表 9.4　与概要文件相关的数据字典视图或动态性能视图

视　图	说　明
USER_PASSWORD_LIMITS	包含通过概要文件为用户设置的口令策略信息
USER_RESOURCE_LIMITS	包含通过概要文件为用户设置的资源限制参数
DBA_PROFILES	包含所有概要文件的基本信息

例如，查询当前资源限制信息，语句如下：

```
SQL>SELECT profile,resource_name,resource_type,limit
    FROM dba_profiles
    ORDER BY profile;
```

9.6　利用 OEM 进行安全管理

利用 OEM 数据库控制台可以实现对数据库的安全管理，包括用户管理、角色管理和概要文件管理。

以管理员身份启动并登录 OEM 数据库控制台，打开“管理”属性页，分别单击“方案”部分“用户和权限”标题下的“用户”、“角色”、“概要文件”、“审计设置”链接，可以完成对用户、角色、概要文件、审计的设置与管理。

1. 用户管理

单击“用户”链接后进入用户管理界面，如图 9.1 所示。通过该界面可以完成数据库用户的创建、编辑、查看、删除等操作。

单击“创建”按钮，进入创建用户的“一般信息”属性页，如图 9.2 所示，进行用户的一般信息设置，包括用户名、概要文件、验证方式、口令、默认表空间、临时表空间、是否锁定等。

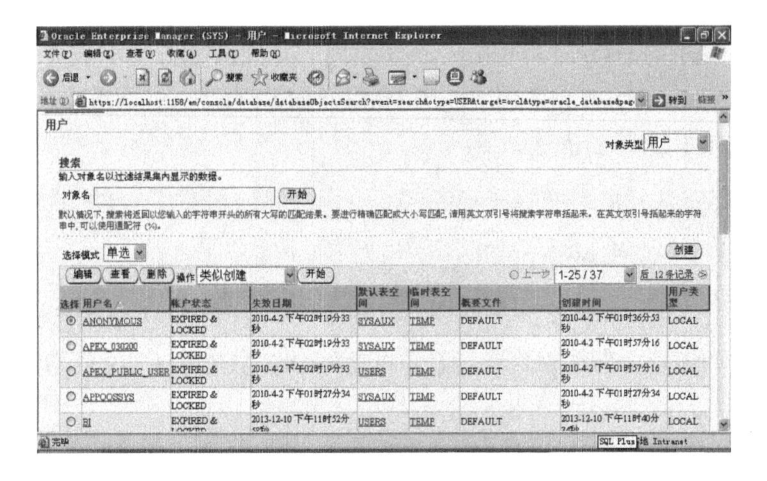

图 9.1　用户管理界面

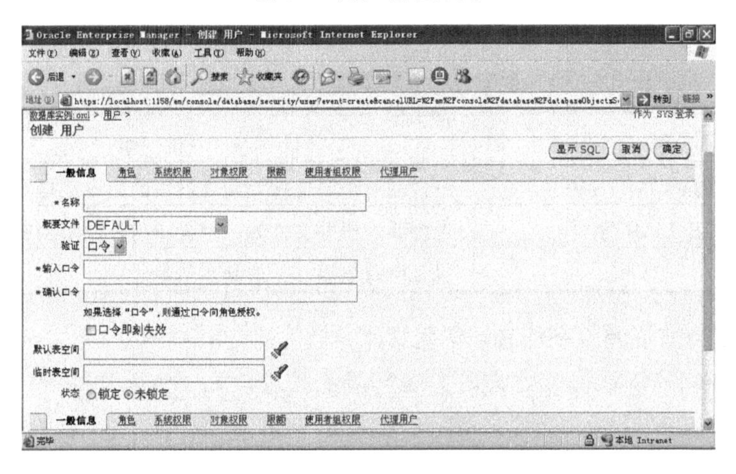

图 9.2　用户一般信息设置界面

设置完用户的一般信息后，单击“角色”标签，进入“角色”属性页，如图 9.3 所示。单击“编辑列表”按钮，进入“创建用户：修改角色”界面，进行用户角色的授予。最后单击“确定”按钮，完成用户角色的设置。

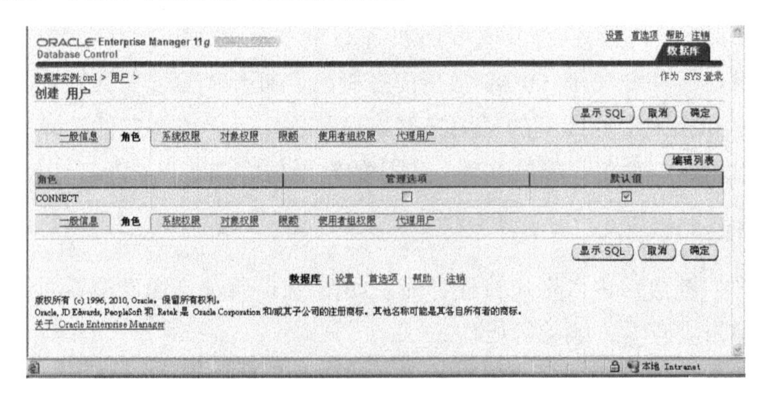

图 9.3　“角色”属性页

设置完用户角色后，单击“系统权限”标签进入系统权限设置属性页，如图 9.4 所示，与角色设置相似，可以进行用户系统权限的授予。

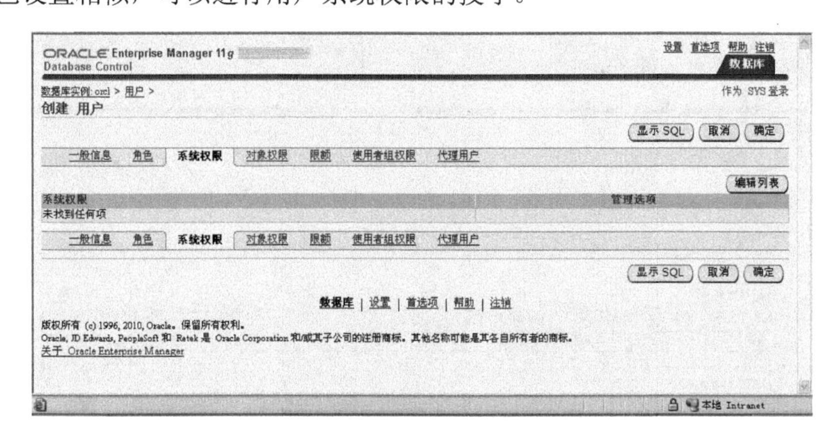

图 9.4　系统权限设置属性页

设置完用户的系统权限后，单击“对象权限”标签，进入如图 9.5 所示的“对象权限”属性页，进行用户对象权限的授予。

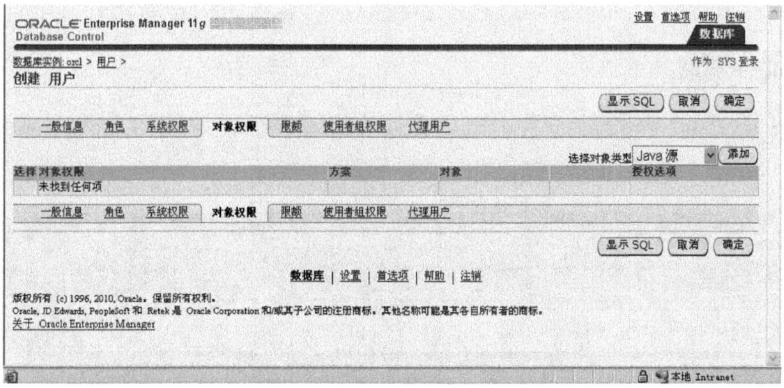

图 9.5　对象权限设置属性页

首先选择要授予用户权限的对象类型，如“表”，然后单击“添加”按钮，出现“添加表对象权限”界面。然后在“选择表对象”文本框中添加对象名称或通过单击文本框右侧的手电筒图标进行选择，从“可用权限”列表中选择合适的对象权限授予用户。最后，单击“确定”按钮，完成用户对象权限的授予。

设置完用户的对象权限后，单击“限额”标签，进入“限额”属性页，可以设置用户在不同表空间的使用配额。

设置完用户的各种属性后，单击“确定”按钮，完成新用户的创建。

在用户管理界面中选择一个用户后，单击“编辑”按钮，可以对该用户的一般信息、角色、系统权限、对象权限、限额等属性信息进行编辑；单击“查看”按钮，可以查看该用户的各种信息；单击“删除”按钮，可以删除该用户。

2. 角色管理

单击“角色”链接后进入角色管理界面，如图 9.6 所示，可以完成数据库角色的创建、编辑、查看、删除等操作。

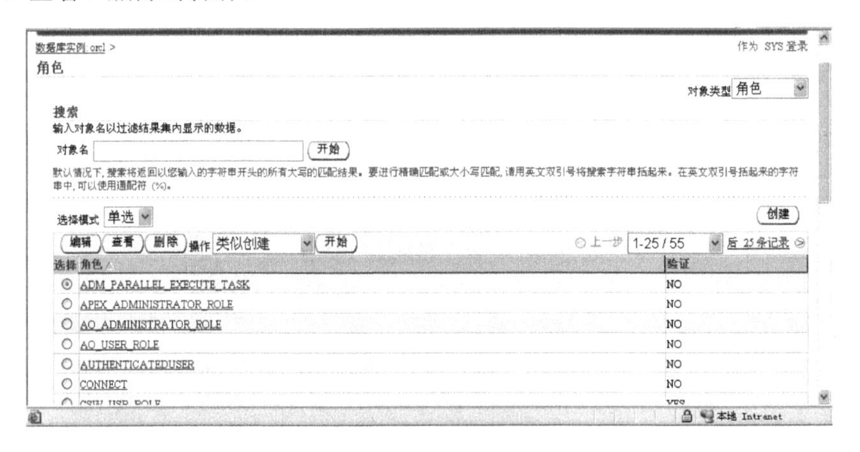

图 9.6　角色管理界面

对角色的管理过程与用户管理过程基本相似，可以参考用户管理。

3. 概要文件管理

单击“概要文件”链接后进入“概要文件”管理界面，如图 9.7 所示，可以完成概要文件的创建、编辑、查看、删除等操作。

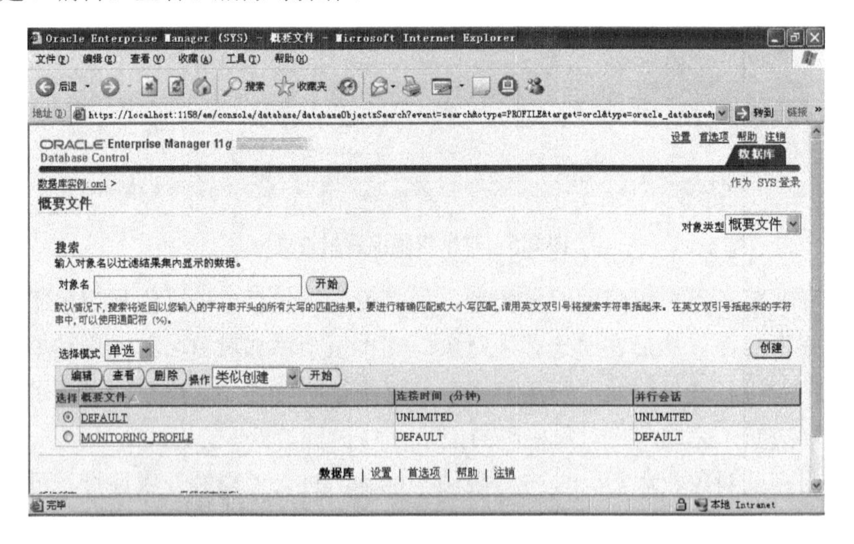

图 9.7　“概要文件”管理界面

单击“创建”按钮，进入“创建概要文件”界面，如图 9.8 所示。在“一般信息”属性页中可以设置概要文件名称以及资源限制参数，在“口令”属性页中可以对口令管理参数进行设置。最后单击“确定”按钮，完成概要文件的创建。

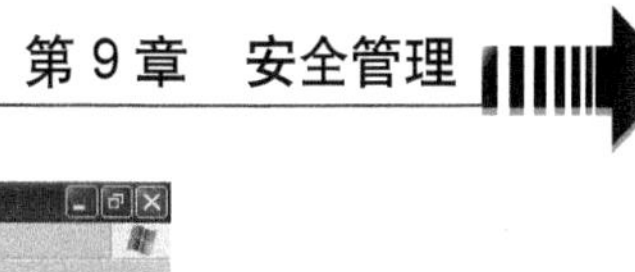

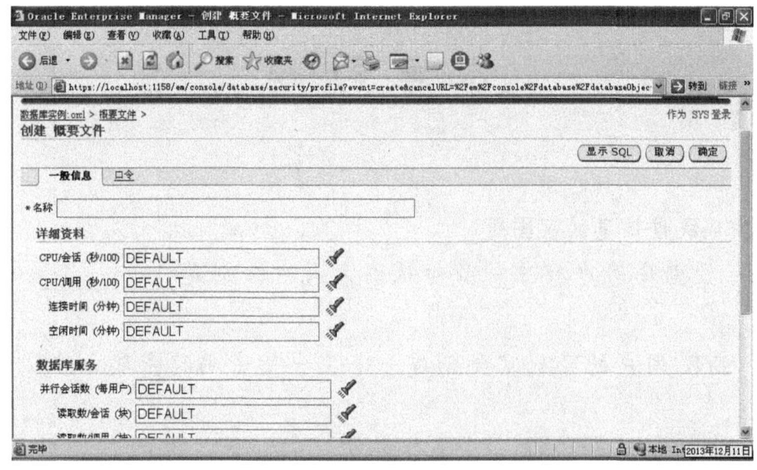

图 9.8　“创建概要文件”界面

在“概要文件”管理界面中，选择一个概要文件后，单击“编辑”按钮，可以编辑该概要文件各种参数的设置；单击“查看”按钮，可以查看该概要文件参数的设置；单击“删除”按钮，可以删除该概要文件。

上 机 实 训

(1) 创建一个用户 user_ex01，口令为 ex01，默认表空间为 USERS，用户在该表空间的限额为 10MB，口令设置为过期状态；创建用户 user_ex02，口令为 ex02，默认表空间为 USERS，用户在该表空间的限额为 20MB。

(2) 为用户 user_ex01 授予 CREATE SESSION、CREATE TABLE、CREATE VIEW、CREATE INDEX 等系统权限，以及 scott 模式下的 dept 表的 SELECT、INSERT、UPDATE 对象权限，user_ex01 获得权限后，为 user_ex02 用户授予 CREATE SESSION 权限，以及 dept 表的 SELECT 对象权限。

(3) 终止 user_ex01 用户，将获得的权限再授予其他用户。

(4) 创建一个用户 user_ex03，口令为 ex03，默认表空间为 USERS，用户在 USERS 表空间的限额为 5MB。

(5) 创建角色 role1 和 role2，把 CREATE SESSION、CREATE TABLE、CREATE VIEW 系统权限和 scott.dept 表的 select、insert 和 delete 对象权限授予 role1；将 CONNECT、RESOURCE 角色授予 role2。将角色 role1、role2 授予用户 user_ex03。

(6) 将用户 user_ex03 的 role2 角色屏蔽。

(7) 为用户 user_ex03 创建一个概要文件 profile1，要求用户创建的并发会话数最多 10 个；限定每个会话持续时间最长为 60 分钟，如果连续 10 分钟空闲，则结束会话；同时限定用户登录数据库连续登录 3 次失败后锁定账户，10 天后自动解锁。

本 章 习 题

1. 填空题

(1) 保存密码文件信息的视图是__________。

(2) Oracle 数据库用户有三种身份认证方式，分别是__________、__________和__________。

(3) 改变 SYS 用户的密码需要创建一个包含新密码的密码文件，使用的命令是__________。

(4) 包含所有的系统权限的数据字典视图是__________。

(5) 任何一个 Oracle 数据库都包含__________、__________和__________三种重要角色。

2. 问答题

(1) 简述 Oracle 数据库管理员的认证方式。

(2) 简述用户和角色的关系。

(3) 分别列举 4 种 Oracle 系统权限、对象权限，并说明其含义。

(4) 简述 Oracle 数据库的安全控制机制。

第 10 章 数据库的备份和恢复

学习目的与要求：

在数据库系统中，由于人为操作或自然灾害等因素可能造成数据丢失或破坏，从而给用户带来重大损失。而故障的发生是不可避免的，定期进行数据库的备份是保证数据库安全的一项重要措施，当意外情况发生时，可以依靠备份数据来恢复数据库。本章将主要介绍数据库备份与恢复的概念、类型，物理备份、逻辑备份、完全恢复、不完全恢复的方法与实现，以及闪回技术。

10.1　备份与恢复概述

10.1.1　备份与恢复的概念

1. 备份

数据库备份就是对数据库中部分或全部数据进行复制，形成副本，存放到一个相对独立的设备上，如磁盘、磁带，以备将来数据库出现故障时使用。备份能够减少不可预见的数据丢失或应用程序错误造成的损失。如果原始数据丢失，用户可以使用备份重建数据。

根据数据备份方式的不同，备份分为物理备份及逻辑备份。物理备份是指将组成数据库的物理文件进行复制，将形成的副本保存到某个独立的磁盘或磁带上。物理备份是备份恢复策略的主体。用户可以使用 Recovery Manager(RMAN)或操作系统工具进行物理备份。与物理备份相对的是逻辑备份，这种备份方式使用 Oracle 工具抽取逻辑数据(例如表或存储过程)并保存在二进制文件中。逻辑备份可以作为物理备份的补充。

进行 Oracle 备份恢复的方式有两种：使用 Recovery Manager(RMAN)进行备份恢复，或手工管理(User-managed)的备份恢复。RMAN 是用于备份、复原及恢复数据库文件的 Oracle 内置工具，无须单独安装。手工管理的备份恢复是使用操作系统命令进行备份，并使用 SQL*Plus 进行恢复。Oracle 同时支持上述两种方式，但强烈建议采用 RMAN 进行备份和恢复，因为采用 RMAN 的备份恢复方式更健壮、更简单。

无论用户采用 RMAN 还是手工管理备份恢复，都可以使用 Export Utility(导出工具)对模式对象进行逻辑备份，作为物理备份的补充。Export 能够将 Oracle 数据库内的数据写入二进制的操作系统文件，但是用户只能使用 Import Utility(导入工具)将逻辑备份的数据恢复到数据库中。

根据数据库备份时数据库服务器状态的不同，物理备份分为冷备份和热备份两种情况。冷备份又称停机备份，是指在关闭数据库的情况下将所有的数据库文件复制到另一个磁盘或磁带上去。热备份又称联机备份，是指在数据库运行的情况下对数据库进行的备份。要进行热备份，数据库必须运行在归档日志模式下。

根据备份的状态不同，物理备份又可以分为一致性备份和不一致备份。使用 NORMAL、IMMEDIATE、TRANSACTIONAL 选项关闭数据库，并且在数据库关闭状态下创建的备份就是一致性备份，这种备份在恢复后不需要再做修复操作就可以直接打开。一致性备份所包含的各个文件中的所有修改都具备相同的系统变更号(System Change Number，SCN)。也就是说，备份所包含的各个文件中的所有数据均来自同一时间点。非一致性备份指在数据库处于打开状态时，或数据库异常关闭后，对一个或多个数据库文件进行的备份。非一致备份所包含的各个文件中的所有修改不具备相同的 SCN，使用非一致备份恢复数据库后还需要对数据库进行修复。

根据数据库备份的规模不同，物理备份还可以分为完全备份和部分备份。完全备份是指对整个数据库内所有数据文件及控制文件的备份。进行部分备份是对部分数据文件、表空间、控制文件、归档重做日志文件等进行备份。

2. 恢复

数据库恢复是指在数据库发生故障后，使用备份还原数据库，使数据库恢复到无故障状态。

根据数据库恢复时使用的备份不同，恢复分为物理恢复和逻辑恢复两类。所谓的物理恢复就是，利用物理备份来恢复数据库，即利用物理备份文件恢复损坏的文件，这种恢复是在操作系统中进行的。逻辑恢复是指利用逻辑备份的二进制文件，使用 Oracle 提供的导入工具(如 Impdp、Import)将部分或全部信息重新导入数据库，恢复损坏或丢失的数据。

根据数据库恢复程度的不同，恢复可分为完全恢复和不完全恢复。数据库出现故障后，如果能够利用备份使数据库恢复到出现故障时的状态，称为完全恢复，否则称为不完全恢复。

根据数据库恢复的方式不同，恢复可分为介质恢复和实例恢复。介质恢复是指先利用备份复原数据再利用重做日志中的日志信息恢复数据库的方式。实例恢复也可称作崩溃恢复(Crash Recovery)，这种恢复方式由 Oracle 自动进行，通过读取当前的数据文件和联机重做日志文件(注意，不是归档文件，实例恢复与是否归档模式无关)来恢复数据库，使数据文件和控制文件恢复到崩溃前的一致性状态。

数据库的介质恢复分三个步骤进行：首先使用一个完整备份将数据库恢复到备份时刻的状态；然后利用归档日志文件和联机重做日志文件中的日志信息，采用前滚技术(Roll Forward)重做备份以后已经完成并提交的事务；最后利用回滚技术(Roll Back)取消发生故障时已写入日志文件但没有提交的事务，将数据库恢复到出现故障时的状态。

实例恢复分两个步骤进行：Oracle 启动实例并加载数据库后，首先采用前滚技术(Roll Forward)重做实例崩溃前已经完成并提交的事务；然后利用回滚技术(Roll Back)撤消发生故障时已写入日志文件但没有提交的事务，将数据库恢复到故障时刻的状态。

图 10.1 给出了恢复过程中的前滚和回滚的过程。这两个过程是对所有系统故障进行恢复的必要步骤。

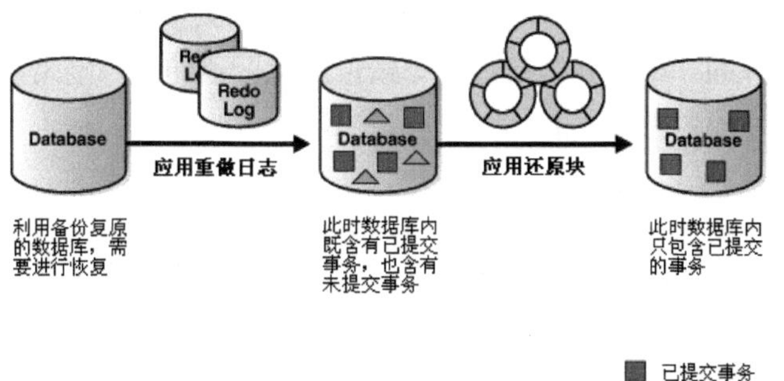

图 10.1　恢复过程中的前滚和回滚

因为实例恢复是 Oracle 自动进行的，而介质恢复是需要管理员手工参与的，所以我们在下面的章节中讨论的都是数据库的介质恢复。

例如，在如图 10.2 所示的案例中，在 T1 和 T3 时刻进行了两次数据库备份，在 T5 时刻数据库出现故障。如果使用 T1 时刻的备份 1 恢复数据库，则只能恢复到 T1 时刻的状态，即不完全恢复，因为缺少从 T1 时刻到 T2 时刻的归档日志；如果使用 T3 时刻的备份 2 恢复数据库，则可以恢复到 T3 时刻到 T5 时刻的任意状态，因为从 T3 时刻到 T5 时刻所有的日志文件是完整的(归档日志与联机日志)。

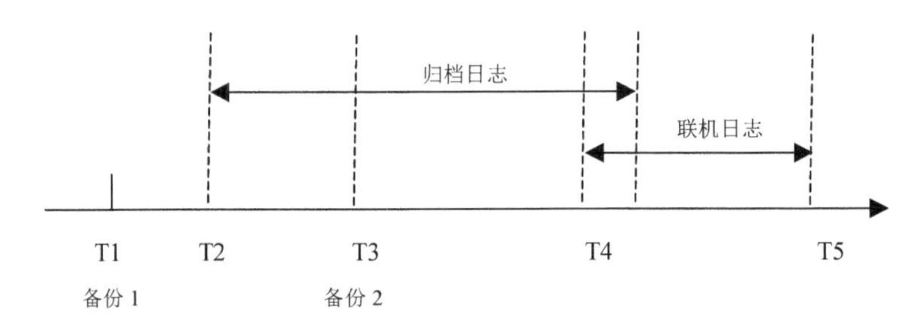

图 10.2　数据库恢复的过程

由图 10.2 的分析可以看出，如果数据库处于归档模式，且日志文件是完整的，则可以将数据库恢复到备份时刻后的任意状态，实现完全恢复或不完全恢复；如果数据库处于非归档模式，则只能将数据库恢复到备份时刻的状态，即实现不完全恢复。

10.1.2　Oracle 数据库故障类型和恢复措施

数据库管理员最重要的任务就是保护用户数据并使用户能够访问数据库。但数据库在运行过程中难免会出现各种类型的故障，不同类型的故障需要管理员采取不同的备份与恢复策略。

在 Oracle 数据库中常见的故障包括以下 6 种。

1. 语句故障

语句故障是指执行 SQL 语句时发生的故障。例如，对不存在的表执行 SELECT 操作、向已无空间可用的表中执行 INSERT 操作，违反约束限制或权限不足时执行操作等都会发生语句故障，Oracle 将返回给用户一个错误信息。语句故障通常不需要 DBA 干预，Oracle 会自动回滚产生错误的 SQL 语句操作。

2. 进程故障

进程故障是指用户进程、服务器进程或数据库后台进程由于某种原因而意外终止，此时该进程将无法使用，但不影响其他进程的运行。

Oracle 的后台进程 PMON 能够自动监测并恢复故障进程。如果该进程无法恢复，则需要 DBA 关闭并重新启动数据库实例。

3. 用户错误

用户错误是指用户在使用数据库时产生的错误。例如，用户意外删除某个表或表中的数据。用户错误无法由 Oracle 自动进行恢复，管理员可以使用逻辑备份来恢复。

4. 实例故障

实例故障是指由于某种原因导致数据库实例无法正常工作。例如，突然断电导致数据库服务器立即关闭、数据库服务器硬件故障导致操作系统无法运行等。实例故障时，需要进行实例重新启动，在实例重新启动的过程中，数据库后台进程 SMON 会自动对实例进行恢复。

5. 网络故障

网络故障是指由于通信软件或硬件故障，导致应用程序或用户与数据库服务器之间的通信中断。

数据库的后台进程 PMON 将自动监测并处理意外中断的用户进程和服务器进程。

6. 介质故障

介质故障是指由于各种原因引起的数据库数据文件、控制文件或重做日志文件的损坏或丢失，导致系统无法正常运行。例如，磁盘损坏导致文件系统被破坏。介质故障是数据库备份与恢复中最重要的故障类型，需要管理员提前做好数据库的备份，否则将导致数据库无法恢复。

本章将主要介绍针对介质故障的备份与恢复。

10.1.3　备份策略

为了在数据库出现故障时可以恢复数据库，最好的办法就是有严格的数据库备份和合适的数据保护系统。数据库管理员应该根据数据库系统的运行特点，制订合适的数据库备份方案。如果数据库可以在晚间关闭，或者对数据库服务器进行升级(如更换硬盘)，此时可以进行冷备份。如果数据库要求 24×7 小时不间断地工作，或者虽然允许关闭但关闭的时间不足以完成冷备份工作，此时就只能使用热备份。如果要对 Oracle 的版本进行升级或者更换操作系统等，则可以使用完全逻辑备份把整个数据库导出到一个文件中。如果只需要对重要的表数据进行备份，也可以使用逻辑备份，仅仅将指定的表数据备份出来。

通常，数据库管理员在制订数据库备份方案时，应遵循一定的原则与策略：

- 在刚建立数据库时，应该立即进行数据库的完全备份。
- 将所有数据库备份保存在一个独立磁盘或磁盘组上(必须是与当前数据库系统正在使用的文件不同的磁盘)，并使用基于 RAID 的存储系统来建立系统冗余数据。
- 应该保持控制文件的多路复用，且控制文件的副本应该存放在不同磁盘控制器下的不同磁盘设备上。

- 应该保持归档重做日志文件的多个拷贝。使用服务器参数文件中的 LOG_ARCHIVE_DUPLEX_DEST 和 LOG_ARCHIVE_MIN_SUCCEED_DEST 参数，Oracle 会自动双向归档日志文件。
- 通过在磁盘上保持最小备份和数据库文件前滚所需的所有归档重组日志文件，可以使得从备份中前滚数据库或数据库文件的过程简化和加速。
- 应该保持多个联机日志文件组，每个组中至少应该有两个日志成员，同一日志组的多个成员应该分散存放在不同的磁盘上。
- 至少保证两个归档重做日志文件的归档目标，不同归档目标应分散于不同的磁盘，且不要与数据库文件或联机重做日志文件存储在同一个物理磁盘设备上。
- 定期执行数据库备份以减少恢复时间。
- 如果条件允许，尽量保证数据库运行于归档模式。
- 增加、重命名、删除日志文件和数据文件，改变数据库结构时，控制文件都应该备份。
- 在非归档模式下，当数据库结构发生变化时，应该进行数据库的完全备份。
- 在归档模式下，对于经常使用的表空间，可采用表空间备份方法提高备份效率。
- 在归档模式下，通常不需要对联机重做日志文件进行备份。
- 使用 RESETLOGS 方式打开数据库后，应该进行一个数据库的完全备份。
- 对于重要的表中的数据，可以采用逻辑备份方式进行备份。
- 确保应用数据位于独立的表空间中，以保证出现介质故障的时候其他应用可以继续使用。

10.1.4 恢复策略

数据库备份的目的是在数据库出现故障时可以恢复数据库。因此，需要制订合适的数据库恢复方案，利用先前的备份，选择合适的恢复方法来恢复数据库。

数据库恢复遵循一定的原则与策略：

- 根据数据库介质故障原因，确定采用完全介质恢复还是不完全介质恢复。
- 如果数据库运行在非归档模式，则当介质故障发生时，只能进行数据库的不完全恢复，将数据库恢复到最近的备份时刻的状态。
- 如果数据库运行在归档模式，则当一个或多个数据文件损坏时，可以使用备份的数据文件进行完全或不完全恢复。
- 如果数据库运行在归档模式，则当数据库的控制文件损坏时，可以使用备份的控制文件实现数据库的不完全恢复。
- 如果数据库运行在归档模式，则当数据库的联机日志文件损坏时，可以使用备份的数据文件和联机重做日志文件不完全恢复数据库。
- 如果执行了不完全恢复，则当重新打开数据库时应该使用 RESETLOGS 选项。

10.2　物理备份与恢复

对数据库物理备份和恢复的方式有两种：手工管理的备份恢复方式和使用 RMAN 进行备份恢复的方式。本节主要介绍手工管理的备份恢复方式。

物理备份可以分为冷备份和热备份。冷备份是在没有任何用户连接和数据库关闭的情况下进行的备份。而热备份是在数据库仍旧运行且可以有用户连接到数据库的情况下进行的备份，甚至用户可以对正在备份的数据进行修改。

10.2.1　冷备份

如果数据库可以正常关闭，而且允许关闭足够长的时间，那么就可以采用冷备份(也叫脱机备份)。冷备份是备份操作中最简单的一种类型。由于冷备份是在数据库完全关闭的情况下进行的，在备份时没有任何访问和修改，因此数据文件是一致的。备份完成时，所有数据库文件都应该备份到磁盘或磁带。一旦完成文件复制，就可以重启数据库，用户可以重新开始他们的工作。不必为了进行冷备份而把数据库置于归档日志模式，但没有归档日志记录，就只能把数据库还原到冷备份完成的时间点。冷备份很简单，但备份方式受限。但是一旦拥有冷备份，就可以带来很大方便，可以提供很多功能。

为了进行冷备份，必须以一致的方式关闭数据库。换句话说，应该以 normal、immediate 或 transactional 选项关闭数据库，如果只能使用 shutdown abort 命令关闭数据库，那么数据库关闭后，不要立即进行数据库冷备份。需要执行 startup restrict(使用户不能访问数据库)命令启动数据库，使非正常关闭之前正在进行的事务恢复过程能完成。然后再以 normal、immediate 或 transactional 选项关闭数据库。此时，数据库中的所有事务或回滚都已经完成，数据处于一致状态。在数据库关闭时，可以将文件复制到磁盘的其他位置或者磁带。应该备份的文件包括：

- 数据库中所有数据文件及表空间，包括系统表空间、临时表空间和撤消表空间。
- 控制文件、备份的二进制控制文件和文本控制文件。
- 如果有正在使用的归档日志，还应包括归档日志。
- 警告日志。
- 如果存在 Oracle 密码文件，还应包括 Oracle 密码文件。
- 参数文件 init<SID>. ora 及 spfile 文件。

一旦完成了备份，就可以重新启动数据库。如果文件是备份在磁盘上，那么在数据库重新启动后，可以把这些文件备份到磁带。

在 SQL*Plus 环境中进行数据库冷备份的步骤如下。

(1) 启动 SQL*Plus，以 SYSDBA 身份登录数据库。

(2) 使用下面的语句查询当前数据库的所有数据文件、控制文件、联机重做日志文件的位置：

```
SQL>SELECT file_name FROM dba_data_files;
SQL>SELECT member FROM v$logfile;
SQL>SELECT name FROM v$controlfile;
```

(3) 关闭数据库：

```
SQL>SHUTDOWN IMMEDIATE
```

(4) 复制所有从步骤(2)得到的数据文件、联机重做日志文件以及控制文件到备份磁盘，可以直接在操作系统中使用复制、粘贴方式进行，也可以使用下面的操作系统命令：

```
SQL>HOST COPY 原文件名称 目标路径名称
```

(5) 重新启动数据库：

```
SQL>STARTUP
```

10.2.2 热备份

虽然冷备份简单、快捷，但是在很多情况下，例如数据库运行于 24×7 状态时(每天工作 24 小时，每周工作 7 天)，没有足够的时间可以关闭数据库进行冷备份，这时只能采用热备份。热备份是在数据库已启动且正在运行时进行的备份。在某个时间点，可以对整个数据库进行备份，也可以只备份表空间或者数据文件的一个子集。在执行热备份时，最终用户可以继续进行他们所有的正常操作。为此，在热备份之前需要保证数据库已经处于归档模式。可以执行 ARCHIVE LOG LIST 命令，查看当前数据库是否处于归档日志模式。如果没有处于归档日志模式，需要先将数据库转换为归档模式，并启动自动存档，或者在数据库装载时，设置参数“log_archive_start=true”，然后执行 SQL 语句“alter database archivelog;”，这样就可以使数据库运行在归档模式。

在 SQL*Plus 环境中进行数据库完全热备份的步骤如下。

(1) 启动 SQL*Plus，以 SYSDBA 身份登录数据库。

(2) 将数据库设置为归档模式。

(3) 以表空间为单位，进行数据文件备份。

① 查看当前数据库有哪些表空间，以及每个表空间中有哪些数据文件：

```
SQL>SELECT tablespace_name, file_name FROM dba_data_files
   ORDER BY tablespace_name;
```

② 分别对每个表空间中的数据文件进行备份，其方法如下。

将需要备份的表空间(如 USERS)设置为备份状态：

```
SQL>ALTER TABLESPACE USERS BEGIN BACKUP;
```

将表空间中所有的数据文件复制到备份磁盘：

```
SQL>HOST COPY
   /u01/app/oracle/oradata/orcl/USERS01.DBF
   D:\ORACLE\BACKUP\USERS01.DBF
```

结束表空间的备份状态：

```
SQL>ALTER TABLESPACE USERS END BACKUP;
```

对数据库中的所有表空间分别采用该步骤进行备份。

(4) 备份控制文件。

通常应该在数据库物理结构做出修改之后，如添加、删除或重命名数据文件，添加、删除或修改表空间，添加或删除重做日志文件和重做日志文件组等，都需要重新备份控制文件。

① 将控制文件备份为二进制文件：

```
SQL>ALTER  DATABASE  BACKUP  CONTROLFILE  TO
    'D:\ORACLE\BACKUP\CONTROL.BKP';
```

② 将控制文件备份为文本文件：

```
SQL>ALTER DATABASE BACKUP CONTROLFILE TO TRACE;
```

(5) 备份其他物理文件。

① 归档当前的联机重做日志文件：

```
SQL>ALTER  SYSTEM  ARCHIVE  LOG  CURRENT;
```

归档当前的联机重做日志文件，也可以通过日志切换完成：

```
SQL>ALTER  SYSTEM SWITCH LOGFIIE;
```

② 备份归档重做日志文件，将所有的归档重做日志文件复制到备份磁盘中。

③ 备份初始化参数文件，将初始化参数文件复制到备份磁盘中。

10.2.3　从冷备份中恢复

数据库的恢复主要包括三个步骤：第一步，文件还原(Restore)，从磁带或者磁盘备份把文件复制到实际数据库驻留的磁盘位置，这个位置是由控制文件指定的；第二步，前滚恢复(Roll Forward)，利用归档日志文件和联机重做日志文件中的日志信息，采用前滚技术重做备份以后已经完成并提交的事务；第三步，回滚撤消(Roll Back)，利用回滚技术取消发生故障时已写入日志文件但没有提交的事务，将数据库恢复到出现故障时的状态。使用冷备份的数据库一般都处于非归档模式，没有归档日志，所以只能简单地将所有的数据文件、控制文件和其他文件(如 init.ora、spfile 参数文件以及密码文件)还原到正确的位置。

利用非归档模式下的冷备份恢复数据库的步骤如下。

(1) 关闭数据库：

```
SQL>SHUTDOWN  IMMEDIATE
```

(2) 在操作系统中将备份的所有数据文件、控制文件、联机重做日志文件还原到原来所在的位置。

(3) 重新启动数据库：

```
SQL>STARTUP
```

注意

非归档模式下的数据库恢复是不完全恢复，只能将数据库恢复到最近一次完全冷备份的状态。

当然，在归档模式下，也可以进行冷备份，这样在数据库发生介质故障时，从冷备份恢复数据库时，不仅要进行文件的还原，还要应用归档日志和联机重做日志中的日志信息，作前滚恢复和回滚撤消，将数据库恢复到发生故障时的状态。

10.2.4 从热备份中恢复

冷备份恢复数据库简单快捷，但是更多情况下，只能使用热备份和相应的日志信息来进行数据库的恢复。而热备份只能在数据库处于归档模式下进行，因此，使用热备份恢复数据库，进行文件还原后必须进行恢复。恢复有两种类型：完全恢复和不完全恢复。完全恢复是指一个或多个数据文件损坏，利用热备份的数据文件替换损坏的数据文件，再根据归档日志文件和联机重做日志文件，采用前滚技术重做自备份以来的所有修改，采用回滚技术回滚未提交的操作，以恢复到数据库故障时刻的状态。因此，数据库完全恢复的前提条件是归档日志文件、联机重做日志文件以及控制文件都没有损坏。不完全恢复是指这样一个恢复过程：首先将数据库还原，然后利用部分(但不是全部)日志有选择性地前滚到一个预先确定的时间点或系统修改号 SCN。这种恢复产生的数据库不是当时的版本，而是发生问题前的某一时刻。

完全恢复可以在数据库级、表空间级、数据文件级或块级进行。数据库级完全恢复主要应用于所有或多数数据文件损坏的恢复；表空间级完全恢复是对指定表空间中的数据文件进行恢复；数据文件级完全恢复是针对特定的数据文件进行恢复。

数据库级的完全恢复只能在数据库装载但没有打开的状态下进行，而表空间级完全恢复和数据文件级完全恢复可以在数据库处于装载状态或打开的状态下进行。

归档模式下数据库完全恢复的基本语法为：

```
RECOVER[AUTOMATIC] [FROM 'location']
[DATABASE | TABLESPACE tspname | DATAFILE  dfname]
```

其中：

- AUTOMATIC：进行自动恢复，不需要 DBA 提供重做日志文件名称。
- location：指定归档重做日志文件的位置。默认为数据库默认的归档路径。

1. 数据库级完全恢复

在 SQL*Plus 环境中进行数据库级完全恢复的步骤如下。

(1) 如果数据库没有关闭，则强制关闭数据库：

```
SQL>SHUTDOWN ABORT
```

(2) 利用备份的数据文件还原所有损坏的数据文件。

(3) 将数据库启动到 MOUNT 状态：

```
SQL>STARTUP MOUNT
```

(4) 使用 RECOVER DATABASE 命令来启动数据库的恢复：

```
SQL>RECOVER  AUTOMATIC  DATABASE;
```

其中，AUTOMATIC 选项表示 Oracle 自动定位归档日志文件(根据 init.ora 或 SPFILE 中设定的归档日志文件存放的默认位置)。如果归档日志文件不是存放在默认位置，可以使用下面的命令设置存放位置，并指定从新存放位置处进行数据库的恢复：

```
SQL>SET LOGSOURCE /new_directory;
SQL>ALTER DATABASE RECOVER FROM '/new_directory';
```

(5) Oracle 完成介质恢复后，打开数据库：

```
SQL>ALTER DATABASE OPEN;
```

2. 表空间级完全恢复

数据库处于联机状态时，若一个或多个文件损坏，当数据库的写进程不能写入到损坏的文件时，Oracle 就会将这些文件自动脱机。否则的话，这些文件所在的表空间就必须脱机。此时，需要执行表空间的恢复来恢复这些损坏的文件。下面以 USRES 表空间的数据文件 users01.dbf 损坏为例模拟表空间级的完全恢复。

(1) 数据库处于装载状态下的恢复

① 如果数据库没有关闭，则强制关闭数据库：

```
SQL>SHUTDOWN  ABORT
```

② 利用备份的数据文件 users01.dbf 还原损坏的数据文件 users01.dbf。

③ 将数据库启动到 MOUNT 状态：

```
SQL>STARTUP MOUNT;
```

④ 执行表空间恢复命令：

```
SQL>RECOVER TABLESPACE USRES;
```

⑤ 打开数据库：

```
SQL>ALTER DATABASE OPEN;
```

(2) 数据库处于宕机状态下的恢复

① 如果数据库已经关闭，则将数据库启动到 MOUNT 状态：

```
SQL>STARTUP MOUNT;
```

② 将损坏的数据文件设置为脱机状态：

```
SQL>ALTER DATABASE DATAFILE
   '/u01/app/oracle/oradata/orcl/USRES01.DBF' OFFLINE;
```

③ 打开数据库：

```
SQL>ALTER DATABASE OPEN;
```

④ 将损坏的数据文件所在的表空间脱机：

```
SQL>ALTER TABLESPACEUSRES OFFLINE FOR RECOVER;
```

⑤ 利用备份的数据文件 users01.dbf 还原损坏的数据文件 users01.dbf。
⑥ 执行表空间恢复命令：

```
SQL>RECOVER TABLESPACE USRES;
```

⑦ 将表空间联机：

```
SQL>ALTER TABLESPACE USRES ONLINE;
```

如果数据文件损坏时数据库正处于打开状态，则可以直接执行步骤④~⑦。

3. 数据文件级完全恢复

数据文件的丢失或损坏的恢复过程取决于数据文件所在表空间的类型。可以使用动态性能视图 V$RECOVER_FILE 来查看需要恢复的文件。

假设数据库运行在归档模式下，数据库实例在遇到介质故障时会如何处理呢？如果实例不能读取数据文件，会产生一个操作系统错误，但是数据库将继续操作，当数据库发生写错误(例如，在一个检查点写文件头)，不能写入到一个系统表空间或撤消表空间的文件，实例将立即关闭。如果写错误发生在其他表空间中的文件，数据库将使得此数据文件脱机，而此数据文件所在表空间中其他数据文件依然保持联机状态。此时应该对受影响的文件进行复原和恢复工作。

如果数据库实例崩溃或因为数据文件的缺失或损坏而不能正常启动，但是仍然可以丢失一个数据文件而打开数据库，可以使用下面的语句查找哪个文件需要进行恢复：

```
SQL>SELECT file#, status, error, recover, tablespace_name, name
   FROM V$DATAFILE_HEADER
   WHERE RECOVER='YES' OR(RECOVER IS NULL AND ERROR IS NOT NULL);
```

查询处理的结果可能有如下几种：

- 如果查询结果是“no rows selected”，那么没有数据文件需要恢复。
- 如果 ERROR 列显示 NULL，RECOVER 列显示 YES，可以不需要复原直接恢复数据文件。
- 如果 ERROR 列显示不是 NULL，说明发生了介质故障，类似地，如果 RECOVER 列显示的值不是 NO，那么磁盘可能有问题。
- 在上面的所有情况中，首先检查问题是否是临时的，能否不替换介质来进行修

复，如果问题不是临时的，就需要执行介质恢复。

- RECOVER 列显示 NULL 表明产生了硬件错误。

下面以数据文件/u01/app/user/oradata/orcl/users01.dbf 损坏为例，模拟数据文件级的完全恢复。

(1) 数据库处于装载状态下的恢复

① 如果数据库没有正常关闭，则强制关闭数据库：

```
SQL>SHUTDOWN ABORT;
```

② 利用备份的数据文件 users01.dbf 还原损坏的数据文件 users01.dbf。

③ 将数据库启动到 MOUNT 状态：

```
SQL>STARTUP MOUNT;
```

④ 执行数据文件恢复命令：

```
SQL>RECOVER DATAFILE '/u01/app/oracle/oradata/orcl/users01.dbf';
```

⑤ 将数据文件联机：

```
SQL>ALTER DATABASE DATAFILE
   '/u01/app/oracle/oradata/orcl/users01.dbf' ONLINE;
```

⑥ 打开数据库：

```
SQL>ALTER DATABASE OPEN;
```

(2) 数据库处于打开状态下的恢复

① 将损坏的数据文件设置为脱机状态：

```
SQL>ALTER DATABASE DATAFILE
   '/u01/app/oracle/oradata/orcl/users01.dbf' OFFLINE;
```

② 利用备份的数据文件 users01.dbf 还原损坏的数据文件 users01.dbf。

③ 执行数据文件恢复命令：

```
SQL>RECOVER DATAFILE
   '/u01/app/oracle/oradata/orcl/users01.dbf';
```

④ 将数据文件联机：

```
SQL>ALTER DATABASE DATAFILE
   '/u01/app/oracle/oradata/orcl/users01.dbf' ONLINE;
```

4. 数据库完全恢复示例

下面以 SYSTEM 表空间的数据文件/u01/app/oracle/oradata/orcl/system01.dbf 损坏为例演示归档模式下的完全恢复操作。

(1) 首先进行一次归档模式下的数据库完整备份。

(2) 以 SYSDBA 身份登录数据库，进行下列操作：

```
SQL>CREATE TABLE test_rec(ID NUMBER PRIMARY KEY,NAME CHAR(20))
   TABLESPACE SYSTEM;
SQL>INSERT  INTO  test_rec  VALUES(1,'ZHANGSAN');
SQL>COMMIT;
SQL>INSERT  INTO  test_rec  VALUES(2,'LISI');
SQL>COMMIT;
SQL>ALTER SYSTEM SWITCH LOGFILE;
SQL>SELECT * FROM test_rec;
ID     NAME
------------------------
1     ZHANGSAN
2     LISI
SQL>SHUTDOWN ABORT;
```

(3) 删除 SYSTEM 表空间的数据文件/u01/app/oracle/oradata/orcl/system01.dbf，以模拟数据文件损坏的情形。

(4) 用备份的数据文件/u01/app/oracle/backup/orcl/system01.dbf 还原损坏(这里为被删除)的数据文件/u01/app/oracle/oradata/orcl/system01.dbf。

(5) 执行恢复操作。由于 SYSTEM 表空间不能在数据库打开后进行恢复，因此只能在数据库处于装载状态时进行恢复。语句如下：

```
SQL>STARTUP MOUNT
SQL>RECOVER  DATABASE;
SQL>ALTER DATABASE OPEN;
SQL>SELECT  *  FROM test_rec;
ID      NAME
--------------------------
1       ZHANGSAN
2       LISI
```

10.3 逻辑备份和恢复

10.3.1 概述

1. 逻辑备份与恢复的概念

逻辑备份是指利用 Oracle 提供的导出工具，将数据库中选定的记录集或数据字典的逻辑副本以二进制的形式存储到操作系统中。这个逻辑备份的二进制文件称为转储文件，以 dmp 格式存储。逻辑恢复是指利用 Oracle 提供的导入工具将逻辑备份形成的转储文件导入数据库内部，进行数据库的逻辑恢复。

与物理备份与恢复不同，逻辑备份与恢复必须在数据库运行的状态下进行，因此当数据库发生介质损坏而无法启动时，不能利用逻辑备份恢复数据库。因此，数据库备份与恢复是以物理备份与恢复为主，以逻辑备份与恢复为辅。

2. 逻辑备份与恢复的特点

逻辑备份与恢复有以下特点及用途。

(1) 可以在不同版本的数据库间进行数据移植，可以从 Oracle 数据库的低版本移植到高版本。

(2) 可以在不同操作系统上运行的数据库间进行数据移植，例如可以从 Windows NT 系统迁移到 Unix 系统等。

(3) 可以在数据库模式之间传递数据，即先将一个模式中的对象进行备份，然后再将该备份导入到数据库的其他模式中。

(4) 数据的导出与导入与数据库物理结构没有关系，是以对象为单位进行的，这些对象在物理上可能存储于不同的文件中。

(5) 对数据库进行一次逻辑备份与恢复操作能重新组织数据，消除数据库中的链接及磁盘碎片，从而使数据库的性能有较大的提高。

(6) 除了进行数据的备份与恢复外，还可以进行数据库对象定义、约束、权限等的备份与恢复。

10.3.2　数据泵技术(Data Pump)

在 Oracle 9i 及其先前的数据库版本中，Oracle 数据库提供了 Export 和 Import 实用程序，用于实现数据库逻辑备份与恢复。从 Oracle 10g 开始，又推出了数据泵技术，即 Data Pump Export(Expdp)和 Data Pump Import(Impdp)实用程序，实现数据库的逻辑备份与恢复。需要注意的是，这两类逻辑备份与恢复实用程序虽然在使用上非常相似，但相互之间并不兼容。使用 Export 备份的转储文件，只能使用 Import 进行导入；同样，使用 Expdp 备份的转储文件，也只能使用 Impdp 工具进行导入。

与 Export 和 Import 客户端实用程序不同，Expdp 和 Impdp 是服务器端实用程序，即 Export、Import 既可以在服务器端使用，也可以在客户端使用，而 Expdp、Impdp 只能在数据库服务器端使用。因此，利用数据泵技术可以在服务器端多线程并行地执行大量数据的导出与导入操作。

数据泵技术可以用来在两个数据库之间或单个数据库内把数据从一个对象模式复制到另一个对象模式。它还可以用来把整个数据库的逻辑结构副本、一个对象模式列表、一个表列表或一个表空间列表提取到可移植的操作系统文件中。Data Pump 也能传输或提取一个数据库、对象模式或表的元数据。

数据泵技术具有以下几个显著的特点。

(1) 导入/导出的所有工作都由数据库实例完成。

数据库实例可以在服务器端多线程并行地执行大量数据的导出与导入操作。这样，就克服了传统的客户端工具 EXP/IMP 由于单进程而存在的性能瓶颈。

(2) 可使用 DBMS_DATAPUMP PL/SQL API 建立、监测和调整数据泵任务。

数据泵导入/出实用程序(IMPDP/EXPDP)对于 API 来说只是命令行接口。也就是说，可以初始化一个导入/导出任务，然后关闭客户端，而该任务会在服务器上一直运行。到了深夜，可以重新连接到那个任务，检查其状态，甚至可以进一步提高并行程度，以便在深夜系统没有用户使用的情况下多完成一些工作。第二天早上，可以降低并行度甚至挂起该任务，为白天在线的用户释放资源。

(3) 可以对 IMPDP/EXPDP 导入/导出任务进行重新启动。

数据泵技术具有重新启动作业的能力，即当发生数据泵作业故障时，DBA 或用户进行干预修正后，可以发出数据泵重新启动命令，使作业从发生故障的位置继续进行。

由于 Expdp 和 Impdp 实用程序是服务器端程序，因此，数据库管理员必须指定数据库目录来保存转储文件和操作日志。而转储文件只能存放在 DIRECTORY 对象指定的特定数据库服务器操作系统目录中，而不能使用直接指定的操作系统目录。所以在使用 Expdp、Impdp 程序之前，需要创建 DIRECTORY 对象，并将该对象的 READ、WRITE 权限授予用户。例如：

```
SQL>CREATE OR REPLACE DIRECTORY  dumpdir  AS 'D:\ORACLE\DATAPUMP';
SQL>GRANT READ,WRITE ON DIRECTORY dumpdir TO SCOTT;
```

此外，如果用户要导出或导入非同名模式的对象，还需要具有 EXP_FULL_DATABASE 和 IMP_FULL_DATABASE 权限。例如：

```
SQL>GRANT EXP_FULL_DATABASE,IMP_FULL_DATABASE  TO  SCOTT;
```

授权完毕后，用户就可以使用数据泵针对该目录进行导入/导出操作了。

10.3.3 使用 Data Pump 导出数据

1. 启动导出过程的方法

要启动一个数据泵的导出过程，可以通过运行 expdp 程序，或者执行一个 DBMS_DATAPUMP 过程的 PL/SQL 程序。

2. 数据泵技术的导出模式

根据所要导出的内容范围的不同，Expdp 分为 5 种导出模式，在命令行中通过参数设置来指定。

(1) 全库导出模式(Full Export Mode)：通过参数 FULL 指定，导出整个数据库。

(2) 模式导出模式(Schema Mode)：通过参数 SCHEMAS 指定，是默认的导出模式，导出指定模式中的所有对象。

(3) 表导出模式(Table Mode)：通过参数 TABLES 指定，导出指定模式中指定的一组表、分区及其相关对象(如表的索引)。

(4) 表空间导出模式(Tablespace Mode)：通过参数 TABLESPACES 指定，导出指定表空间中所有表及相关对象的定义和数据(相关对象只导出定义，而数据不导出)。

(5) 传输表空间导出模式(Transportable Tablespace Mode)：通过参数 TRANSPORT_TABLESPACES 指定，导出指定表空间中所有表及相关对象的定义。通过该导出模式以及相应的导入模式，可以实现将一个数据库表空间的数据文件复制到另一个数据库中。

3. Expdp 语句

Expdp 语句的格式为：

```
expdp username/password parameter1[,parameter2,...]
```

其中，username 为用户名，password 为用户密码，parameter1、parameter2 等参数的名称和功能如表 10.1 所示。

表 10.1　expdp 的参数名称和功能

参　数	功　能
ATTACH	把导出结果附加在一个已经存在的导出作业中
CONTENT	指定导出的内容
DIRECTORY	指定导出文件和日志文件所在的目录位置
DUMPFILE	指定导出文件的名称清单
ESTIMATE	指定估算导出时所占磁盘空间的方法
ESTIMATE_ONLY	指定导出作业是否估算所占磁盘空间
EXCLUDE	指定执行导出时要排除的对象类型或相关对象
FILESIZE	指定导出文件的最大大小
FLASHBACK_SCN	导出数据时允许使用数据库闪回
FLASHBACK_TIME	指定时[H]值来使用闪回导出特定时刻的数据
FULL	指定执行数据库导出
HELP	指定显示 expdp 命令的帮助
INCLUDE	指定执行导出时要包含的对象类型或相关对象
JOB NAME	指定导出作业的名称
LOGFILE	指定导出日志文件的名称
NETWORK_LINK	指定网络导出时的数据库链接名
NOLOGFILE	禁止生成导出日志文件
PARALLEL	指定导出的并行进程个数
PARFILE	指定导出参数文件的名称
QUERY	指定过滤导出数据的 WHERE 条件
SCHEMAS	指定执行方案模式导出
STATUS	指定显示导出作此状态的时间间隔
TABLES	指定执行表模式导出
TABLESPACES	指定导出的表空间列表

续表

参　数	功　能
TRANSPORT_FULL_CHECK	指定检查导出表空间内部的对象和未导出表空间内部的对象间的关联方式
TRANSPORT_TABLESPACES	指定执行传输表空间模式导出
VERSION	指定导出对象的数据库版本

4. 基于命令行的数据泵导出实例

(1) 数据库导出模式。一个完全数据库导出要求用户拥有 EXP_FULL_DATABASE 角色。例如，可以使用 SYSTEM 用户实施完全数据库导出，转储文件名为 alldb.dmp，使用的命令如下：

```
C:>expdp system/passwd  directory=backup dumpfile=alldb.dmp  full=y
```

(2) 表导出模式。表导出方式将一个或多个表的结构及其数据导出到转储文件中。导出表时，每次只能导出一个模式中的表。

例如，导出 scott 模式下的 emp 表和 dept 表，转储文件名称为 emp_dept.dmp，日志文件命名为 emp_dept.log，作业命名为 emp_dept_job，导出操作启动 3 个进程。

使用的命令如下：

```
C:\>expdp scott/tiger DIRECTORY=dumpdir DUMPFILE=emp_dept.dmp
   LOGFILE=emp_dept.log TABLES=emp,dept JOB_NAME=emp_dept_job PARALLEL=3
```

执行结果为如图 10.3 所示。

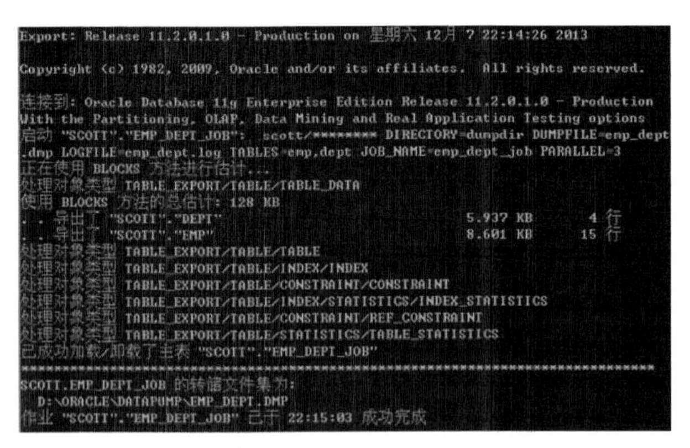

图 10.3　导出 scott 模式下的 emp 表和 dept 表的过程

(3) 模式导出模式。模式导出模式是将一个或多个模式中的对象结构及其数据导出到转储文件中。如果要导出其他用户的对象模式，必须具备 EXP_FULL_DATABASE 权限。

例如，导出 scott 模式下的所有对象及其数据。命令为：

```
C:\>expdp  scott/tiger  DIRECTORY=dumpdir  DUMPFILE=scott.dmp
   LOGFILE=scott.log   SCHEMAS=SCOTT   JOB_NAME=exp_scott_schema
```

(4) 表空间导出模式。表空间导出模式是将一个或多个表空间中的所有对象结构及其数据导出到转储文件中。要求用户必须具有 EXP_FULL_DATABASE 角色权限。

例如，导出 EXAMPLE、USERS 表空间中的所有对象及其数据。命令为：

```
c:\>expdp system/passwd DIRECTORY=dumpdir DUMPFILE=tsp.dmp
   TABLESPACES=example,users
```

(5) 按条件查询导出。按条件查询导出主要指在表模式导出中使用 QUERY 参数设置导出条件。例如，导出 scott.emp 表中部门号大于 10，且工资大于 2000 的员工信息，转储文件为 emp2.dmp，不记录日志文件。命令为：

```
C:\>expdp scott/tiger DIRECTORY=dumpdir DUMPFILE=exp2.dmp TABLES=emp
   QUERY='emp:"WHERE deptno=10 AND sal>2000"' NOLOGFILE=Y
```

5. 基于 DBMS_DATAPUMP 的数据泵导出实例

除了调用 expdp 可以导出数据外，使用 PL/SQL 程序包 DBMS_DATAPUMP 也可以启动数据泵的导出过程，使用该方式设置数据泵的导出比直接用命令行要麻烦一些，但是却为从数据库作业调度中安排数据泵导出作业的运行日程提供了方便，为数据泵导出操作提供了更好的功能和控制权。

由 PL/SQL 程序包启动 DATAPUMP 会话的流程如下。

(1) 获得一个指向某个 DATA PUMP 会话的句柄。

(2) 定义转储文件和日志文件。

(3) 定义任何过滤条件，比如要包含或排斥的对象模式或表的一个列表。

(4) 启动 DATAPUMP 会话。

(5) 断开与 DATAPUMP 会话的连接。

下面是使用 PL/SQL 程序包启动 DataPump 会话导出 HR 用户的对象模式的例子：

```
declare
   ---创建数据泵工作句柄
   h1  number;
begin
   --  建立一个用户定义的数据泵做 schema 的备份
   h1 := dbms_datapump.open(
      operation => 'EXPORT',
      job_mode => 'schema');
   --  定义存储文件
   dbms_datapump.add_file(
      handle => h1,
      filename => 'myhr1.dmp');
   --  定义过滤条件
   dbms_datapump.metadata_filter(
      handle => h1,
      name => 'schema_expt',
      value => 'in''HR' '');
   --  启动数据泵会话
```

```
    dbms_datapump.start_job(handle => h1);
    --   断开数据泵会话连接
    dbms_datapump.detach(handle -> h1);
end;
```

当执行 PL/SQL 代码段时，作业调度程序启动 DataPump 作业，可以通过 DBA_DATAPUMP_JOBS 或 USER_DATAPUMP_JOBS 数据目录视图或者通过检查日志文件来监视作业运行情况。

10.3.4 使用 Data Pump 导入数据

1. 启动导入过程的方法

导入和导出是一对操作，导出是从数据库中提取数据，而导入则是将提取出来的数据装入到数据库中。而且，导出的数据只能通过导入过程装入数据库。

与导出过程类似，要启动一个数据泵的导入过程，可以通过运行 impdp 程序，或者执行一个 DBMS_DATAPUMP 过程的 PL/SQL 程序。

2. 数据泵技术的导入模式

与 Expdp 导出模式相对应，Impdp 导入模式也分为 5 种。

- 全库导入模式(Full Import Mode)：用 Full 参数导入整个数据库。
- 模式导入模式(Schema Mode)：这是默认方式，用 Schemas 参数导入数据库中一个或更多模式。除非模式列表指明，否则不导入相关模式中的对象。
- 表导入模式(Table Mode)：使用 Tables 参数可以导入表或分区及其相关的对象。要导入其他用户模式的表，需要有 imp_full_database 角色权限。
- 表空间导入模式(Tablespace Mode)：通过使用 tablespaces 参数，可以导入给定表空间集合中创建的所有表及相关对象的定义和数据。
- 传输表空间导入模式(Transportable Tablespace Mode)：使用参数 TRANSPORT_TABLESPACES，可以导入指定表空间中所有表及相关对象的定义。

3. impdp 语句

impdp 的语法格式为：

```
impdp username/password parameter1[,parameter2,...]
```

其中，username 为用户名，password 为用户密码，parameter1、parameter2 等参数的名称和功能如表 10.2 所示。

4. 基于命令行的数据泵导入示例

(1) 数据库导入模式可以利用完整数据库的逻辑备份恢复数据库。例如：

```
C:>impdp  scott/tiger  DIRECTORY=dumpdir  DUMPFILE=expfull.dmp FULL=Y
    NOLOGFILE=Y
```

表 10.2　impdp 的参数名称和功能

参　数	功　能
ATTACH	把导入结果附加在一个已经存在的导入作业中
CONTENT	指定导入的内容
DIRECTORY	指定导入文件和日志文件所在的目录位置
DUMPFILE	指定导入文件的名称清单
ESTIMATE	指定估算导入时生成的数据库量的方法
EXCLUDE	指定执行导入时要排除的对象类型或相关对象
FLASHBACK_SCN	导入数据时允许使用数据库闪回
FLASHBACK_TIME	指定时间值来使用闪回导入特定时刻的数据
FULL	指定执行数据库导入
HELP	指定显示 impdp 命令的帮助
INCLUDE	指定执行导入时要包含的对象类型或相关对象
JOB NAME	指定导入作业的名称
LOGFILE	指定导入日志文件的名称
NETWORK_LINK	指定网络导入时的数据库链接名
NOLOGFILE	禁止生成导入日志文件
PARALLEL	指定导入的并行进程个数
PARFILE	指定导入参数文件的名称
QUERY	指定过滤导入数据的 WHERE 条件
REMAP_DATAFILE	把数据文件名变为目标数据库文件名
REMAP_SCHEMA	把源方案的所有对象导入到目标方案中
REMAP_TABLESPACE	把源表空间的所有对象导入到目标表空间中
REUSE_DATAFILES	在创建表空间时是否覆盖已存在的文件
SCHEMAS	指定执行方案模式导入
SKIP_UNUSABLE_INDEXS	导入时是否跳过不可用的索引
SQLFILE	导入时把 DDL 写入到 SQL 脚本文件中
STATUS	指定显示导入作业状态的时间间隔
STREAMS_CONFIGURATION	是否导入流数据
TABLE_EXISTS_ACTION	在表存在时导入作业要执行的操作
TABLES	指定执行表模式导入
TABLESPACES	指定导入的表空间列表
TRANSFROM	是否个性创建对象的 DDL 语句
TRANSPORT_DATAFILES	在导入表空间时要导入到目标数据库中的数据文件
TRANSPORT_FULL_CHECK	指定检查导入表空间内部的对象和未导入表空间内部的对象间的关联方式
TRANSPORT_TABLESPACES	指定执行传输表空间模式导入
VERSION	指定导入对象的数据库版本

(2) 表导入模式。如果 scott 模式下的 emp 表和 dept 表中数据丢失，可以使用逻辑备份文件 emp_dept.dmp 进行恢复。如果表结构存在，则只需要导入数据。可以按下列命令进行：

```
C:\>impdp  scott/tiger  DIRECTORY=dumpdir  DUMPFILE=emp_dept.dmp
   TABLES=emp, dept  NOLOGFILE=Y  CONTENT=DATA_ONLY
```

执行结果如图 10.4 所示。

```
C:\>impdp scott/tiger123 DIRECTORY=dumpdir DUMPFILE=emp_dept.dmp TABLES=emp,dept
 NOLOGFILE=Y CONTENT=DATA_ONLY

Import: Release 11.2.0.1.0 - Production on 星期六 12月 7 22:59:42 2013

Copyright (c) 1982, 2009, Oracle and/or its affiliates.  All rights reserved.

连接到: Oracle Database 11g Enterprise Edition Release 11.2.0.1.0 - Production
With the Partitioning, OLAP, Data Mining and Real Application Testing options
已成功加载/卸载了主表 "SCOTT"."SYS_IMPORT_TABLE_01"
启动 "SCOTT"."SYS_IMPORT_TABLE_01":  scott/******** DIRECTORY=dumpdir DUMPFILE=e
mp_dept.dmp TABLES=emp,dept NOLOGFILE=Y CONTENT=DATA_ONLY
处理对象类型 TABLE_EXPORT/TABLE/TABLE_DATA
. . 导入了 "SCOTT"."DEPT"                          5.937 KB       4 行
. . 导入了 "SCOTT"."EMP"                           8.601 KB      15 行
作业 "SCOTT"."SYS_IMPORT_TABLE_01" 已于 22:59:58 成功完成
```

图 10.4　导入 scott 模式下的 emp 表和 dept 表中的数据的执行过程

如果表结构也不存在了，则应该导入表的定义以及数据。命令为：

```
C:\>impdp  scott/tiger  DIRECTORY=dumpdir  DUMPFILE=emp_dept.dmp
   TABLES=emp,dept  NOLOGFILE=Y
```

(3) 模式导入模式。如果模式所有数据丢失，可以使用该模式的备份进行恢复。例如，如果 scott 模式中所有信息都丢失了，可以使用备份文件 scott.dmp 恢复，命令为：

```
C:\>impdp  scott/tiger  DIRECTORY=dumpdir  DUMPFILE=scott.dmp
   SCHEMAS=scott  JOB_NAME=imp_scott_schema
```

如果要将一个备份模式的所有对象导入另一个模式中，可以使用 REMAP_SCHEMAN 参数设置。例如，将备份的 scott 模式对象导入 oe 模式中，命令为：

```
C:\>impdp  scott/tiger  DIRECTORY=dumpdir  DUMPFILE=scott.dmp
   LOGFILE=scott.log  REMAP_SCHEMA=scott: oe  JOB_NAME=imp_oe_schema
```

(4) 表空间导入模式。如果一个表空间的所有对象及数据都丢失了，可以使用该表空间的逻辑备份进行恢复。例如，利用 EXAMPLE、USERS 表空间的逻辑备份 tsp.dmp 恢复 USERS、EXAMPLE 表空间，命令为：

```
C:\>impdp  scott/tiger  DIRECTORY=dumpdir  DUMPFILE=tsp.dmp
   TABLESPACES= example, users
```

如果要将备份的表空间导入另一个表空间中，可以使用 REMAP_TABLESPACE 参数设置。例如，将 USERS 表空间的逻辑备份导入 IMP_TBS 表空间，命令为：

```
C:\>impdp  scott/tiger  DIRECTORY=dumpdir  DUMPFILE=tsp.dmp
   REMAP_TABLESPACE=users: imptbs
```

(5) 按条件查询导入，可以对导入的数据进行选择过滤。

例如：

```
C:\>impdp  scott/tiger  DIRECTORY=dumpdir  DUMPFILE=emp_dept.dmp
   TABLES=emp,dept  QUERY='emp: "WHERE  deptno=20  AND  sal>2000"'
   NOLOGFILE=Y
```

(6) 追加导入。如果表中已经存在数据，可以利用备份向表中追加数据。

例如：

```
C:\>impdp scott/tiger DIRECTORY=dumpdir DUMPFILE=emp_dept.dmp
   TABLES=emp  TABLE_EXISTS_ACTION=APPEND
```

5. 基于 DBMS_DATAPUMP 的数据泵导入示例

与导出功能相同，使用 PL/SQL 程序包 DBMS_DATAPUMP 也可以启动数据泵的导入过程，虽然比命令行麻烦，但具有更大的灵活性。

下面的示例演示了如何使用 PL/SQL 程序包读取通过数据库连接 orcllib 进行访问的数据，并把 HR 对象模式导入到 HR_TEST 对象模式中，期间仅导入元数据，将日志文件写入日志文件 test2.log。

程序如下：

```
declare
   --  创建数据泵工作句柄
   h1   number;

begin
   --  建立一个用户定义的数据泵，通过数据泵连接 orcllib 进行访问
   h1:=dbms_datapump.open(
      operation => 'IMPORT',
      job_mode  => 'schema',
      remote_link => 'orcllib');
   --  把 HR 对象模式导入到 HR_TEST 对象模式中
   dbms_datapump.metadata_remap(
      handle => h1,
      name =>'REMAP_SCHEMA',
      old_value => 'HR',
      value => 'HR_TEST');
   --  将日志写入 test2.log 文件中
      dbms_datapump.add_file(
      handle=>h1,
      filename=>'test2.log',
      filetype => dbms_datapump.KU$_FILE_TYPE_LOG_FILE);
   --  启动数据泵会话
   dbms_datapump.start_job(handle => h1);
   --  断开数据泵会话连接
   dbms_datapump.detach(handle => h1);
end;
```

10.4 使用 RMAN 的备份和恢复

10.4.1 RMAN 简介

RMAN 是 Recovery Manager 的简称，全称为 Oracle 恢复管理器，是 Oracle 自带的对数据库进行备份、复原和恢复的实用程序。RMAN 和手工管理的方式都是实施物理备份和恢复的方法，但是，由于 RMAN 备份方式高效、简洁，所以 Oracle 强烈推荐采用 RMAN 进行备份和恢复。采用 RMAN 的优势在于：

- 可以进行完全备份和增量备份。
- 可生成备份脚本，使备份自动化。
- 拥有功能强大的报表功能。
- 既可在图形界面使用，也可在命令行下使用。
- 压缩备份，使备份中只包含已被写入的块。
- 不包含表空间备份方式，所以不会产生额外的重做。
- 能够对备份进行检验，并发现损坏的块。
- 能够并行地进行备份和检验备份。
- 能够对数据文件、控制文件、归档重做日志、备份片和 spfile 进行备份。
- 允许联机还原损坏的块。
- 可用 DUPLICATE 命令克隆数据库。

RMAN 有两种调用方式，一种是类似于 DOS，通过键盘操作的命令行方式，另一种是类似于 Windows，通过鼠标操作的图形化界面方式(EM)。

10.4.2 RMAN 的体系结构

RMAN 的体系结构如图 10.5 所示。

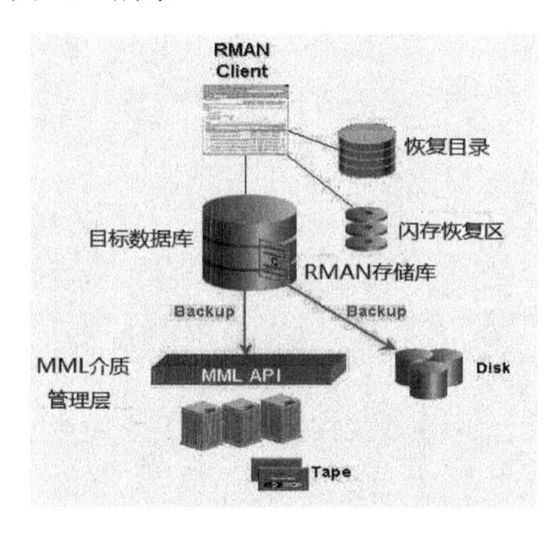

图 10.5　RMAN 的体系结构

该体系结构中包括一个目标数据库、存储库和介质管理层(Media Management Layer，MML)，还包括服务进程、通道、备份集和备份片。目标数据库是要备份或要还原的数据库。RMAN 使用服务器会话与目标数据库连接。存储库是一个独立的数据库或模式，它包含了目标数据库的元数据以及维护该数据库所需的所有备份和恢复信息。它可以跟踪每一个备份的所有相关信息，包括所有文件信息、备份时间和备份时的数据库版本。通过执行非常简单的还原和恢复命令，就可用这些信息还原文件和恢复数据库。这些操作所需要的全部信息都保存在这个存储库中。可以用以下两种方式之一来实现这个存储库：

- 使用控制文件。
- 作为一个恢复目录数据库。

实现存储库的默认选项是使用控制文件，因为备份信息都是写在控制文件中的，使恢复目录成为可选的。但是使用控制文件会限制 RMAN 的功能，而恢复目录使我们能够运用所有 RMAN 的特性。下面是使用恢复目录的优点：

- 目录可以存储目标数据库的物理结构，还可以存储数据文件、控制文件和归档日志的备份。
- 可以存储公共任务的脚本。
- 可以在一个地方对多个数据库进行管理。
- 可以提供完整的报告。
- 可以访问比较早的备份和元数据。
- 在控制文件丢失时也可以进行恢复。
- 在试图从以前的备份集进行还原时，有一套完整的选项。
- 恢复时有更大的灵活性和更多的选择。

使用 RMAN 恢复的一个缺点是它本身也需要管理。但它只是一个很小的数据库或模式，所以维护的工作量是最少的。同时，一个 RMAN 目录能管理多个数据库。通过热备份或数据库导出可以轻松地执行备份。另外，还需要让目录恢复和控制文件保持同步，这是用 RMAN 提供的 resync 命令实现的。

MML 是一个第三方软件，它对磁带备份的读取、写入、加载和标记进行管理。MML 和 RMAN 可以集成在一起，以流水线方式完成从数据库到磁带库的备份、还原和恢复，并跟踪文件在磁带上的目录位置。

Oracle 发布了一个介质管理 API，第三方软件商可用这套 API 开发与 RMAN 协同工作的软件。在执行备份之后，随着时间的流逝，可能会出现系统无法使用磁带的情况，因此 RMAN MML 选项将会执行交叉检验，以确定是否有系统可用的备份片。丢失的备份将会打上“Expired”的标记。执行交叉检验的命令如下：

```
RMAN>crosscheck backup;
```

上面的命令将检查 RMAN 目录是否与磁盘上的备份文件同步，是否与介质管理目录同步。

要使用 RMAN 进行备份和恢复操作，必须进行通道的分配。通道就是一些服务器进程，这些进程读写备份文件、连接目标数据库与目录、为磁带(在 RMAN 中称为 sbt)或磁盘上的备份或恢复分配和打开 I/O 通道。通过通道可以设置很多配置选项，如实现备份操作的并行度，或者为指定通道配置默认设置。分配一个通道就会在目标服务器中启动一个服务器进程，并且建立一个 RMAN 与目标服务器的连接。通道能够做的事情包括：确定文件的最大尺寸、读取文件的最大速率、能够同时打开的最大文件数、可同时访问同一个设备的进程数、I/O 设备(磁盘或 sbt 磁带)的类型等。除非显式地分配一个通道并为实际的通道指定覆盖选项，系统会用默认选项自动分配一个通道。

备份集包括一个或多个数据文件或归档日志。一个备份集由许多备份片组成，每个备份片是一个单独的输出文件。备份集是一组完整的备份片，这些备份片组成了一个完全备份或增量备份，备份的内容是在 Backup 命令中指定的那些对象。每个备份都会创建一个由一个或多个备份片(也就是大量数据文件的备份)组成的备份集，采用 RMAN 专用格式，而且这些文件在可以使用之前必须使用 RESTORE 命令进行处理。

10.4.3 配置 RMAN

1. 设置恢复目录和目标数据库

设置恢复目录的过程非常简单。通过 OEM GUI，或者通过 SQL*Plus 的一些简单命令和 RMAN 命令行接口就可以完成。在 SQL*Plus 中，需要做的全部动作就是：创建一个存储目录数据的表空间，创建一个 RMAN 用户，然后把 recovery_catalog_owner 的角色授予该用户。在 RMAN 中，相应的语句如下：

```
SQL>create tablespace cattbs datafile
   '/u01/app/oracle/oradata/orcl/cattbs.dbf' size 1024M;
SQL>create user rman identified by rman temporary tablespace temp
   default tablespace cattbs quota unlimited on cattbs;
SQL>grant connect, resource, recovery_catalog_owner to rman;
```

直接在操作系统命令行中输入“RMAN”，进入 RMAN 工作环境，登录并创建恢复目录：

```
RMAN>connect catalog rman/rman
RMAN>create catalog
```

现在需要在恢复目录中注册目标数据库。为此，要连接目标数据库和目录数据库，然后在目录中注册目标数据库。

无论在目标数据库还是在目录数据库上，都可以完成下述操作。

在操作系统命令行输入“RMAN target /”连接到目标数据库，然后输入下面的命令，连接到恢复目录，注册到目标数据库：

```
RMAN>connect catalog rman/rman
RMAN>register database;
```

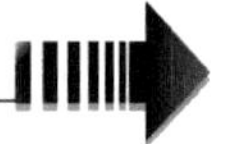

2. 分配通道

一个通道是与某种类型的设备相联系的，RMAN 可以使用的通道设备包括磁盘(DISK)和磁带(TAPE)两种。通道分配可以自动或手工进行。如果在 RUN 的外部使用 BACKUP、RESTORE、DELETE 命令，或是在 RUN 命令的内部使用这些命令，如果没有手动定义通道，则 RMAN 会使用自动通道配置。我们主要来看手工来进行通道的分配。手工分配通道时，必须使用 RUN 命令。RUN 命令的语法格式为：

```
RMAN>run {命令}
```

可以使用 ALLOCATE 命令进行手工通道的分配。语法如下：

```
RUN
{
   ALLOCATE CHANNEL 通道名称 DEVICE TYPE 设备类型
   ...
}
```

例如，手工分配两个通道，其中一个设备类型为磁带，另一个为磁盘：

```
RUN
{
   ALLOCATE CHANNEL c1 DEVICE TYPE sbt;
   ALLOCATE CHANNEL c2 DEVICE TYPE disk RATE 500K;
}
```

其中，sbt 表示设备类型为磁带，disk 表示设备类型为磁盘，RATE 表示设置通道的 I/O 限制。

10.4.4　使用 RMAN 进行备份

进行 RMAN 与恢复目录/目标数据库的连接、目标数据库的注册及 RMAN 的通道分配，所有的这些准备工作完成后，就可以使用 RMAN 对数据库进行备份和恢复了。

RMAN 的 BACKUP 命令用于完成备份集的备份过程。使用 BACKUP 命令，可以将多个文件、表空间、整个数据库以备份集的形式备份到磁盘或者磁带上。BACKUP 命令以特殊的格式存储备份数据，不备份空的数据块。

BACKUP 命令的语法如下：

```
RMAN>BACKUP <level>(<backup type><option>);
```

其中，level 表示备份的增量级，可以取值为 FULL 或 Incremental，FULL 表示全备份，Incremental 表示增量备份，共有 4 个增量级(1、2、3、4)。

backup type 表示备份对象，允许的取值如下。

- Database：备份中包含所有的数据文件、控制文件。
- Tablespace：备份一个或多个指定的表空间。
- Datafile：备份数据文件。

- Archivelog [all]：备份归档日志文件。
- Current controlfile：在线备份控制文件。
- Datafilecopy [tag]：备份使用 copy 命令备份的数据文件。
- Controlfilecopy：备份使用 copy 命令备份的控制文件。
- Backupset [all]：备份使用 backup 命令备份的文件。

option 是可选项，主要参数如下。

- Tag：标记。
- Format：表示文件存储格式(指定生成备份文件的存储路径及名称)。
- Include current controlfile：表示备份控制文件。
- Filesperset：表示每个备份集所包含的备份片(备份文件)个数。
- Channel：用于指定 backup 命令所使用的通道。
- Delete [all]input：表示备份结束时是否删除归档日志。
- Maxsetsize：表示备份集的最大尺寸。
- Skip [offline、readonly、inaccessible]：备份时，可以跳过一些特殊属性的表空间，如 RMAN>backup database skip readonly 表示不备份只读表空间。

下面通过例子来介绍 RMAN 对不同备份对象的备份方法。

(1) 备份整个数据库。

例如，手动分配通道，备份数据库：

```
RMAN>run
{
   Allocate channel c1 type disk;
   Backup database;
}
```

执行结果如图 10.6 所示。

```
分配的通道: c1
通道 c1: SID=142 设备类型=DISK

启动 backup 于 09-5月 -14
通道 c1: 正在启动全部数据文件备份集
通道 c1: 正在指定备份集内的数据文件
输入数据文件: 文件号=00005 名称=D:\APP\USER\ORADATA\ORCL\CATTBS.DBF
输入数据文件: 文件号=00001 名称=D:\APP\USER\ORADATA\ORCL\SYSTEM01.DBF
输入数据文件: 文件号=00002 名称=D:\APP\USER\ORADATA\ORCL\SYSAUX01.DBF
输入数据文件: 文件号=00003 名称=D:\APP\USER\ORADATA\ORCL\UNDOTBS01.DBF
输入数据文件: 文件号=00004 名称=D:\APP\USER\ORADATA\ORCL\USERS01.DBF
通道 c1: 正在启动段 1 于 09-5月 -14
通道 c1: 已完成段 1 于 09-5月 -14
段句柄=D:\APP\USER\FLASH_RECOVERY_AREA\ORCL\BACKUPSET\2014_05_09\O1_MF_NNNDF_TAG
20140509T153756_9PS1GOL2_.BKP 标记=TAG20140509T153756 注释=NONE
通道 c1: 备份集已完成, 经过时间:00:02:15
通道 c1: 正在启动全部数据文件备份集
通道 c1: 正在指定备份集内的数据文件
备份集内包括当前控制文件
备份集内包括当前的 SPFILE
通道 c1: 正在启动段 1 于 09-5月 -14
通道 c1: 已完成段 1 于 09-5月 -14
段句柄=D:\APP\USER\FLASH_RECOVERY_AREA\ORCL\BACKUPSET\2014_05_09\O1_MF_NCSNF_TAG
20140509T153756_9PS1LZPG_.BKP 标记=TAG20140509T153756 注释=NONE
通道 c1: 备份集已完成, 经过时间:00:00:03
完成 backup 于 09-5月 -14
释放的通道: c1

RMAN>
```

图 10.6　执行结果

如果备份的同时还要备份归档日志的话，可以在 backup 命令的后面添加 plus archivelog。

(2) 备份表空间。

例如，使用 RMAN 对表空间 SYSTEM、USERS、SYSAUX 进行备份，每个备份集包含的备份片的个数为 5：

```
RMAN>BACKUP TABLESPACE SYSTEM,USERS,SYSAUX FILESPERSET 5;
```

(3) 备份控制文件。

备份控制文件可以使用自动备份，也可以手工进行备份。开启控制文件的自动备份的语法为：

```
RMAN>CONFIGURE CONTROLFILE AUTOBACKUP ON;
```

如果开启了控制文件的自动备份功能，则执行 BACKUP 及 COPY 命令时，会自动备份控制文件。否则需要手工进行控制文件的备份。例如：

```
RMAN>BACKUP CURRENT CONTROLFILE TAB='Saturday_backup';
```

(4) 备份表空间的同时备份控制文件：

```
RMAN>BACKUP TABLESPACE USERS INCLUDE CURRENT CONTROLFILE;
```

(5) 备份归档日志。备份归档日志的语句为：

```
BACKUP ARCHIVELOG [ALL,DELETE INPUT,DELETE ALL INPUT]
```

或者是在备份其他对象的同时备份归档日志，可以使用语句：

```
BACKUP ... PLUS ARCHIVELOG;
```

其中，ALL 选项表示备份全部归档日志文件。DELETE INPUT 表示备份结束后删除归档日志，DELETE ALL INPUT 表示备份结构后删除所有的归档日志目录文件。

10.4.5 使用 RMAN 进行恢复

使用 RMAN 备份的数据库也只能使用 RMAN 提供的恢复命令进行恢复。RMAN 的恢复目录中存储了目标数据库的备份信息，RMAN 根据恢复目录中的同步号和归档日志备份数据，自动将数据库恢复到某一个同步的数据一致性状态。RMAN 的恢复分为完全恢复和不完全恢复两种类型。

使用 RMAN 来执行恢复任务是非常简单的，因为 RMAN 自动地执行整个的恢复过程。RMAN 恢复数据库时用到两个命令，即 RESTORE 和 RECOVER。RESTORE 命令将备份数据复制到指定的目录，RECOVER 命令对数据库实施同步恢复。

(1) RESTORE 命令

该命令使用备份集或图像副本从磁盘或磁带中重建数据文件、表空间、控制文件、归档日志文件及服务器参数文件等。

对于使用 BACKUP 命令所产生的所有备份集，在数据库恢复时都要求使用 RESTORE 命令。这是因为备份集中的备份片是以专有的 RMAN 格式存储的，需要使用 RESTORE 命令进行重建，重建的结果是自动产生目标数据库的物理文件结构。

如果备份文件是由 COPY 命令或 BACKUP AS COPY 命令生成的图像副本，则不需要使用 RESTORE 命令。

(2) RECOVER 命令

无论是使用 BACKUP、COPY 还是 BACKUP AS COPY，在恢复数据库时都需要用到 RECOVER 命令，该命令用于执行介质恢复，把归档日志文件或增量备份应用到复原后的数据文件，来完成数据库的同步恢复。

在执行 RECOVER 命令时，RMAN 需要读取归档日志，如果没有归档日志，或者数据库运行在非归档方式下，则恢复过程会产生错误。所以无论使用 RMAN 对数据库进行完全或者不完全恢复，数据库都应该工作在归档模式下。

在使用 RESTORE 和 RECOVER 命令前，必须将数据库置于合适的状态。例如，如果正在恢复一个单独的数据库，可以保持数据库处于打开状态并使得表空间脱机，一旦完成了数据文件的恢复，就可以使得表空间联机。然而，如果要恢复整个数据库，就必须首先关闭数据库，然后启动到 mount 状态，然后再执行文件复原和介质恢复过程，正确无误地执行 RECOVER 命令后，再打开数据库。

例如，使用 RMAN 进行整个数据库的完全恢复，过程如下。

(1) 如果数据库处于打开状态，先关闭数据库，加载数据库到 mount 状态：

```
SQL>shut down immediate;
C:\>sqlplus /nolog
SQL>conn / as sysdba
SQL>startup mount;
```

(2) 进入 RMAN 的命令环境，执行 RESTORE 和 RECOVER 命令：

```
RMAN>run
{
   Allocate channel ch1 type disk;
   Restore database;
   Recover database;
   Alter database open;
}
```

执行结果如图 10.7 所示。

RESTORE 命令从 BACKUPSET 重建数据文件，RECOVER 命令确定是否需要应用归档日志文件。如果需要，就将那些归档日志用于数据库，以保持数据库的一致性，或者用于在恢复过程中确定时间点。

如果只需进行表空间的恢复，数据库必须处于 OPEN 状态，因为数据库在关闭状态下表空间是不能操作的。在恢复表空间之前，首先将要恢复的表空间离线，然后实施表空间恢复，再将表空间联机。

```
分配的通道: ch1
通道 ch1: SID=133 设备类型=DISK

启动 restore 于 08-12月-13

通道 ch1: 正在开始还原数据文件备份集
通道 ch1: 正在指定从备份集还原的数据文件
通道 ch1: 将数据文件 00001 还原到 D:\APP\USER\ORADATA\ORCL\SYSTEM01.DBF
通道 ch1: 将数据文件 00002 还原到 D:\APP\USER\ORADATA\ORCL\SYSAUX01.DBF
通道 ch1: 将数据文件 00003 还原到 D:\APP\USER\ORADATA\ORCL\UNDOTBS01.DBF
通道 ch1: 将数据文件 00004 还原到 D:\APP\USER\ORADATA\ORCL\USERS01.DBF
通道 ch1: 将数据文件 00005 还原到 D:\APP\USER\ORADATA\ORCL\EXAMPLE01.DBF
通道 ch1: 将数据文件 00006 还原到 D:\APP\USER\ORADATA\ORCL\CATTBS.DBF
通道 ch1: 正在读取备份片段 D:\APP\USER\FLASH_RECOVERY_AREA\ORCL\BACKUPSET\2013_1
2_08\O1_MF_NNNDF_TAG20131208T000019_9B6KJNJM_.BKP
通道 ch1: 段句柄 = D:\APP\USER\FLASH_RECOVERY_AREA\ORCL\BACKUPSET\2013_12_08\O1_
MF_NNNDF_TAG20131208T000019_9B6KJNJM_.BKP 标记 = TAG20131208T000019
通道 ch1: 已还原备份片段 1
通道 ch1: 还原完成, 用时: 00:02:25
完成 restore 于 08-12月-13

启动 recover 于 08-12月-13

正在开始介质的恢复
介质恢复完成, 用时: 00:00:02

完成 recover 于 08-12月-13

数据库已打开
释放的通道: ch1

RMAN> >
```

图 10.7　使用 RMAN 进行整个数据库的完全恢复

具体的命令如下：

```
RMAN>run
{
   SQL 'ALTER TABLESPACE user OFFLINE';
   Restore database;
   Recover database;
   SQL 'ALTER TABLESPACE user ONLINE';
}
```

如果只是某些数据文件出现损坏，则可以用 RMAN 实现数据文件的恢复。具体的语句如下：

```
RMAN>run
{
   Allocate channel ch1 type disk;
   SQL 'alter database mount';
   Restore databasefile 1;
   Restore databasefile 2;
   Restore databasefile 3;
   restore archivelog all;
   Recover database;
   SQL 'alter database open';
}
```

10.5　自动备份与恢复

10.5.1　闪回技术概述

为了使 Oracle 数据库能够从任何的逻辑误操作中迅速恢复，Oracle 推出了闪回技术。

该技术首先以闪回查询(Flashback Query)出现在 Oracle 9i 版本中，后来在 Oracle 10g 中对该技术进行了全面扩展，提供了闪回数据库、闪回删除、闪回表、闪回事务及闪回版本查询等功能，在 Oracle 11g 中，Oracle 继续对该技术进行了改进和增强，增加了闪回数据归档功能。

在 Oracle 11g 中，闪回技术包括以下各项。

- 闪回数据库(Flashback Database)：该特性允许用户通过 flashback database 语句，使数据库迅速回滚到以前的某个时间点或某个 SCN(系统修改号)上，而不需要进行时间点的恢复操作。该功能并不基于撤消表空间中的回滚信息，而是基于闪回日志。
- 闪回删除(Flashback Drop)：类似于操作系统的垃圾回收站，可以从中恢复被 drop 的表或索引。该功能基于回滚信息。
- 闪回版本查询(Flashback Version Query)：查询特定的表在某个时间段内所进行的任何修改操作，该功能基于回滚信息。
- 闪回事务查询(Flashback Transaction Query)：查询特定事务或所有事务在某个时间段内对数据库所进行的修改，通过该特性，大大方便了对数据库的性能优化、事务审计及错误诊断等操作。该功能基于回滚信息。
- 闪回表(Flashback Table)：可以将数据库表恢复到先前的某一个时间点上。注意，该功能与最早的 Oracle 9i 中的闪回查询不同，闪回查询仅是得到表在先前某个时间点上的快照而已，并不改变当前表的状态；而闪回表却能够将表及附属对象一起回到以前的某个时间点。该功能基于回滚信息。
- 闪回数据归档(Flashback Data Archive)：可以查询指定对象的任何时间点(只要满足保护策略)的数据，而且不需要利用到回滚信息，在有审计需要的环境，或者是安全性特别重要的高可用数据库中，是一个非常好的特性。缺点是如果该表变化很频繁，则对空间的要求可能很高。闪回数据归档是对对象的保护，是闪回数据库的一个强力补充。

闪回技术是数据库恢复技术历史上一次重大的进步，从根本上改变了数据恢复。传统的恢复技术复杂、低效，为了恢复不正确的数据，整个数据文件或数据库都需要恢复，而且还要测试应该恢复到何种状态，需要很长的时间。采用闪回技术，可以针对行级和事务级发生过变化的数据进行恢复，减少了数据恢复的时间，而且操作简单，通过 SQL 语句就可以实现数据的恢复，大大提高了数据库恢复的效率。

10.5.2 闪回恢复区(Flash Recovery Area)

闪回恢复区是一个 Oracle 管理的目录、文件系统或自动存储管理磁盘组(ASM Disk Group)，其作用是为 Oracle 备份与恢复文件提供一个集中的存储位置。Oracle 在其中创建归档重做日志；RMAN 在其中存储备份文件，并在执行介质恢复时使用其中的备份；Flash

Recovery Area 还可以作为磁带机的磁盘缓存。

下面几种与恢复相关的文件存放在闪回恢复区中：

- 当前的控制文件(Control File)。
- 联机重做日志(Online Log)。
- 归档重做日志(Archived Log)。
- 闪回日志(Flashback Log)。
- 控制文件的自动备份(Control File Autobackup)。
- 控制文件副本(Control File Copy)。
- 数据文件副本(Datafile Copy)。
- 备份片(Backup Piece)。

闪回恢复区与闪回技术密切相关，要闪回数据库，首先就要对闪回恢复区进行配置。可以通过以下两种方式配置闪回恢复区。

(1) 使用 DBCA 创建数据库的过程中，会有专门页面指定闪回恢复区的位置和大小。

(2) 如果在创建数据库时没有指定快速恢复区，则可以在数据库创建完成后，通过修改 DB_RECOVERY_FILE_DEST 和 DB_RECOVERY_FILE_DEST_SIZE 两个初始化参数设定闪回恢复区的位置与大小。若设定 DB_RECOVERY_FILE_DEST 的值为空，则表示停用闪回恢复区。

闪回恢复区设置完成后，执行备份 BACKUP 或 BACKUP AS COPY 命令，备份就会送到闪回恢复区中进行集中存储。

10.5.3 闪回技术

1. 闪回数据库(Flashback Database)

(1) 概述

闪回数据库就是将整个数据库迅速回退到先前的一个时间点，从而修正逻辑数据错误或用户操作错误。闪回数据库实际上是数据库恢复的另一种方式。传统的数据库恢复时间是由所需重建的数据文件的大小和所要应用的归档日志的大小所决定的，而使用闪回数据库恢复，其恢复时间是由恢复过程中需要备份的变化的数量决定，而不是数据文件和归档日志的大小决定的。所以使用闪回数据库恢复比使用传统的恢复方法要快得多。

在对数据库进行闪回时，需要使用两种日志：闪回日志和重做日志。其中闪回日志记录了在数据库正常工作期间，被修改的数据块的“图像”。 在数据库正常操作期间，Oracle 不定期地将被修改的数据块的“图像”记录在闪回日志中。闪回日志的写入是顺序的，且不会被归档。Oracle 能自动地在闪回恢复区中创建、删除闪回日志，并自动地调整其容量。

对于修正逻辑数据错误和用户操作失误，闪回数据库比传统的数据库恢复更有优势。但是必须指出的是，闪回数据库有其自身的局限性：

- 使用闪回数据库恢复不能解决介质故障。若要从介质故障中恢复，仍然需要重建数据文件和恢复归档日志文件。
- 截短数据文件(缩小数据文件到较小的尺寸)，用闪回数据库不能恢复此类操作。
- 如果控制文件已被重建，不能使用闪回数据库。
- 不能完成删除表空间的恢复。
- 最多只能将数据库闪回到在闪回日志中最早可用的那个 SCN，并不能将数据库闪回到任意的 SCN 值。

(2) 配置闪回数据库

要对数据库进行闪回操作，首先需要进行以下配置。

① 配置闪回恢复区。

② 数据库需要运行在归档模式下。

③ 设定保存期限参数 DB_FLASHBACK_RETENTION_TARGET，指定可以在多长时间内闪回数据库，凡是超过这个时间的闪回日志将会在快速恢复区空间紧张的时候被自动删除。该值以分钟为单位，默认为 1440(1 天)。

④ 启用闪回数据库功能，将数据库进入到 MOUNT 状态下使用 ALTER DATABASE FLASHBACK ON 命令启动闪回数据库功能。

下面通过具体的实例演示如何启动闪回数据库功能。

登录系统：

```
SQL>conn /as sysdba;
Connected.
```

配置闪回恢复区：

```
SQL>ALTER SYSTEM SET db_recovery_file_dest_size=2g SCOPE=BOTH;
System altered.
SQL>ALTER SYSTEM SET
   db_recovery_file_dest='/u01/app/oracle/flash_recovery_area'
   SCOPE=BOTH;
System altered.
```

确定数据库是否运行在归档模式下，如果不是，需要转换到归档模式。

设置闪回日志的保存期限为 2 天，1440×2=2880：

```
SQL>alter system set db_flashback_retention_target=2880;
Database altered.
```

启动闪回数据库，将数据库置为打开状态：

```
SQL>alter database flashback on;
Database altered.
SQL>alter database open;
Database altered.
```

(3) 闪回数据库操作

进行上述设定后，用户就可以使用 flashback database 命令对数据库进行闪回了。

flashback database 命令的具体格式为：

```
FLASHBACK [STANDBY]  DATPBASE [database]  TO
   [SCN | TIMESTAMP expression]|[BEFORE  SCN | TIMESTAMP expression]
```

其中：

- STANDBY：指定执行闪回的数据库为备用数据库。
- TO SCN：将数据库恢复到指定 SCN 的状态。
- TO TIMESTAMP：将数据库恢复到指定的时间点。
- TO BEFORE SCN：将数据库恢复到指定 SCN 的前一个 SCN 状态。
- TO BEFORE TIMESTAMP：将数据库恢复到指定时间点前一秒的状态。

下面以一个闪回数据库操作的例子来说明闪回数据库的操作方法。

① 查询数据库系统当前时间和当前 SCN：

```
SQL>SELECT SYSDATE  FROM  DUAL;
SYSDATE
--------------------------------
2014-04-25  12:36:19
SQL>SELECT CURRENT_SCN FROM V$DATABASE;
CURRENT_SCN
735884
```

② 查询数据库中当前最早的闪回 SCN 和时间：

```
SQL>SELECT  OLDEST_FLASHBACK_SCN, OLDEST_FLASHBACK_TIME
   FROM  V$FLASHBACK_DATABASE_LOG;
OLDEST_FLASHBACK_SCN  OLDEST_FLASHBACK_TI
------------------------------------------------------------
   730955              2014-04-25  10:26:50
```

③ 改变数据库的当前状态：

```
SQL>SET TIME ON
12:37:38 SQL>CREATE TABLE test_flashback(ID NUMBER, NAME CHAR (20));
12:37:45 SQL>INSERT  INTO  test_flashback  VALUES (1,'DATABASE');
12:37:52 SQL>COMMIT;
```

④ 进行闪回数据库恢复，将数据库恢复到创建表之前的状态：

```
12:37:56 SQL>SHUTDOWN IMMEDIATE
12:38:49 SQL>STARTUP MOUNT EXCLUSIVE
12:43:42 SQL>FLASHBACK DATABASE TO TIMESTAMP
        (TO_TIMESTAMP('2013-7-25 11:00:00','YYYY-MM-DD HH24:MI:SS'));
12:44:38 SQL>ALTER DATABASE OPEN RESETLOGS;
```

⑤ 验证数据库的状态(test_flashback 表应该不存在)：

```
12:44:58  SQL>SELECT * FROM  test_flashback;
```

```
SELECT  *  FROM  test_flashback
*
第 1 行出现错误:
ORA-00942: 表或视图不存在
```

2. 闪回表(Flashback Table)

(1) 概述

Oracle 表闪回技术使用户能够通过一个 SQL 语句将表恢复到某一特定的时间点。与 Oracle 9i 版本中的闪回查询不同，闪回查询只是得到表在过去某个时间点上的快照，并不改变表的当前状态，而闪回表使得用户能够在数据库处于联机状态时恢复特定表的数据，并同时恢复相关的索引、触发器及约束。

Oracle 11g 的 Flashback Table 有以下特性：

- 在线操作。
- 恢复到指定时间点或 SCN 的任何数据。
- 自动恢复相关属性，如索引、触发器等。
- 满足分布式的一致性。
- 满足数据一致性，所有相关对象将自动一致。
- 闪回表技术是基于撤消数据来实现的，因此，要想闪回表到过去的某个时间点上，必须确保与撤消表空间有关的参数设置合理。

(2) 闪回表操作

闪回表操作的基本语法为：

```
FLASHBACK TABLE [schema.]table TO SCN | TMESTAMP <exp>
 [ENABLE|DISABLE TRIGGERS]
```

其中：

- SCN：将表恢复到指定的 SCN 时的状态。
- TIMESTAMP：将表恢复到指定的时间点。
- ENABLEIDIABLE TRIGGER：在恢复表中数据的过程中，表上的触发器是激活还是禁用(默认为禁用)。

使用闪回表功能要注意如下几点。

被闪回的表必须启用行移动功能，比如：

```
SQL>alter table hr.employees enable row movement;
Table altered.
```

FLASHBACK TABLE 命令的执行者必须有 FLASHBACK ANY TABLE 系统权限或者在被闪回的表上具有 FLASHBACK 对象权限。

FLASHBACK TABLE 属于 DDL 命令，所以自带提交功能。

SYS 用户的任何表都无法使用此功能。

下面通过一个使用闪回表功能的例子来说明闪回表的操作：

```
SQL>CONN scott/tiger
SQL>SET TIME ON
09:14:01 SQL>CREATE TABLE test (ID NUMBER PRIMARY KEY, name CHAR (20)):
09:14:12 SQL>INSERT INTO test VALUES (1, 'ZHANG');
09:14:24 SQL>COMMIT;
09:14:32 SQL>INSERT  INTO  test  VALUES(2, 'ZHAO');
09:14:39 SQL>COMMIT;
09:14:43 SQL>INSERT  INTO  test  VALUES(3, 'WANG');
09:14:49 SQL>COMMIT;
09:16:31 SQL>SELECT current_scn FROM  v$database;
CURRENT_SCN
----------------------
675371
09:16:50  SQL>UPDATE test SET name='LIU' WHERE id=1;
09:17:02   SQL>COMMIT;
09:17:05  SQL>SELECT * FROM  test;
ID   NAME
---------------
L     LIU
2    ZHAO
3    WANG
09:17:13   SQL>DELETE FROM test WHERE id=3;
09:17:51   SQL>COMMIT;
09:18:02   SQL>SELECT * FROM test;
ID   NAME
-----------
1   LIU
2   ZHAO
```

① 启动 test 表的 ROW MOVEMENT 特性：

```
09:19:33 SQL>ALTER TABLE test ENABLE ROW MOVEMENT;
```

② 将 test 表恢复到 2013-3-24 09:17:05 时刻的状态：

```
09:20:06  SQL>FLASHBACK  TABLE  test  TO  TIMESTAMP
       TO_TIMESTAMP('2013-3-24  09:17:05','YYYY-MM-DD  HH24: MI:SS')
09:20:18  SQL>SELECT * FROM  test;
ID   NAME
---------------
1    LIU
2    ZHAO
3    WANG
```

③ 将 test 表恢复到 SCN 为 675371 的状态：

```
09:20:25  SQL>FLASHBACK TABLE  test  TO  SCN  675371;
09:20:50  SQL>SELECT * FROM  test;
ID   NAME
------------------
1   ZHANG
2   ZHAO
3   WANG
```

闪回表在数据库处于联机状态时将表恢复到某个时间点是非常方便的，但是 Flashback Table 无法解决物理故障。例如，磁盘故障或数据段及索引非一致性问题。

3. 闪回删除(Flashback Drop)

(1) 概述

用户在某次操作过程中，可能因为误操作将某个表删除，闪回删除可将使用 DROP TABLE 语句删除的表恢复。与其他恢复方法相比，闪回删除简单、快速，没有任何事务的丢失。

闪回删除主要是通过将删除的数据库对象及其相关对象的拷贝保存到“回收站”(Recycle Bin)实现的。当执行 DROP TABLE 操作时，并不立即回收表及其关联对象的空间，而是将它们重命名后放入一个称为“回收站”的逻辑容器中保存，直到用户决定永久删除它们或存储该表的表空间存储空间不足时，表才真正被删除。因此，利用“回收站”中的信息，可以很容易地恢复被意外删除的表。

为了使用闪回删除技术，必须开启数据库的“回收站”。

(2) 回收站管理

回收站是所有被删除的数据库对象及其相关对象的逻辑存储容器。当一个表被删除时(DROP)，回收站会将该表及其与该表相关的索引、约束、触发器、嵌套表、大的二进制对象(LOB)段和 LOB 索引段等对象存储在回收站中。

Oracle 回收站将用户所做的 DROP 语句的操作记录在一个系统表里，即把被删除的对象写到一个数据字典表中，当不再需要被删除的对象时，可以使用 PURGE 命令对回收站空间进行清除。

为了避免被删除表与同类对象名称的重复，被删除表(以及相依对象)放到回收站中后，Oracle 系统对被删除的对象名做出转换。被删除对象(如表)的名字转换格式如下：

```
BIN$globalUID$version
```

其中：

- globalUID：是全局唯一的、24 个字符长的标识对象，它是 Oracle 内部使用的标识，对用户来说没有任何实际意义，该标识与对象未删除前的名称没有关系。
- $version：是 Oracle 数据库分配的版本号。

① 启动“回收站”

要使用数据库的闪回删除功能，需要启动数据库的“回收站”，即把参数 RECYCLEBIN 设置为 ON。在 Oracle 11g 中，默认情况下“回收站”已启动。

通过如下语句查看：

```
SQL>SHOW PARAMETER RECYCLEBIN
NAME            TYPE        VALUE
--------------------------------------------------
recyclebin     string       on
```

如果 RECYCLEBIN 的值为 OFF，则可以执行 ALTER SYSTEM 语句进行设置：

```
SQL>ALTER SYSTEM SET RECYCLEBIN=ON;
```

② 查看“回收站”

当执行 DROP TABLE 操作时，表及其关联对象被命名后保存在“回收站”中，可以通过查询 USER_RECYCLEBIN、DBA_RECYCLEBIN 视图来获得被删除的表及其关联对象信息：

```
SQL>DROP TABLE test;
SQL>SELECT OBJECT_NAME, ORIGINAL_NAME, TYPE  FROM
   USER_RECYCLEBIN;
OBJECT_NAME                      ORIGINAL_NAME     TYPE
-----------------------------------------------------------------
BIN$i+nXRT6iTp6Gb3zoP/R5Fw==$0   SYS_C0 0 5424     INDEX
BIN$CNt6ngcJQvCOmbLWix3+QQ==$0   TEST              TABLE
```

其中，OBJECT_NAME 列对应被删除对象在“回收站”中的名字，该名字在整个数据库中是唯一的，而 ORIGINAL_NAME 列对应于对象删除前的名字。之所以对象重命名，是为了避免用户删除一个表后又重建同名表，或两个用户同时删除同名表的情况发生。可以查询“回收站”中的表，但必须使用表在“回收站”中的新名字(OBJECT_NAME)，而不是原来的名字(ORIGINAL_NAME)。例如：

```
SQL>SELECT * FROM  "BIN$CNt6ngcJQvCOmbLWix3+QQ==$0";
ID      NAME
--------------------------
1      ZHANG
2      ZHAO
3      WANG
```

如果在删除表时使用了 PURGE 短语，则表及其关联对象被直接释放，空间被回收，相关信息不会进入“回收站”中：

```
SQL>CREATE TABLE rest_purge (ID  NUMBER  PRIMARY  KEY, name  CHAR (20));
SQL>DROP TAELE test_purge PURGE;
SQL>SELECT OBJECT_NAME, ORIGINAL_NAME, TYPE  FROM USER_RECYCLEBIN;
```

③ 清空回收站

由于被删除表及其关联对象的信息保存在“回收站”中，其存储空间并没有释放，因此需要定期清空“回收站”，或清除“回收站”中没用的对象(表、索引、表空间)，释放其所占的磁盘空间。

可以使用 PURGE 命令删除“回收站”中的对象，并释放其占用的空间。语法为：

```
PURGE [TABLE table | INDEX index]| [RECYCLEBIN | DBA_RECYCLEBIN]
   |[TABLESPACE tablespace [USER user]]
```

其中：

- TABLE：从“回收站”中清除指定的表，并回收其磁盘空间。

- INDEX：从“回收站”中清除指定的索引，并回收其磁盘空间。
- RECYCLEBIN：清空用户“回收站”，并回收所有对象的磁盘空间。
- DBA_RECYCLEBIN：清空整个数据库系统的“回收站”，只有具有 SYSDBA 权限的用户才可以使用。
- TABLESPACE：清除“回收站”中指定的表空间，并回收磁盘空间。
- USER：清除“回收站”中指定表空间中特定用户的对象，并回收磁盘空间。

例如：

```
SQL>PURGE INDEX "BIN$i+nXRT6iTp6Gb3zoP/R5Fw==$0";
SQL>PURGE TABLE TEST;
SQL>PURGE RECYCLEBIN;
```

(3) 闪回删除操作

闪回删除的基本语法为：

```
FLASHBACK TABLE [schema.]table TO BEFORE DROP [RENAME TO table]
```

注意

只有采用本地管理的、非系统表空间中的表，才可以使用闪回删除操作。

例如：

```
SQL>CREATE TABLE example (ID NUMBER PRIMARY KEY, NAME CHAR (20));
SQL>INSERT INTO example VAIUES (1, 'BEFORE DROP');
SQL>CQMMIT;
SQL>DROP TABLE example;
SQL>FLASHBACK TABLE example TO BEFORE DROP RENAME TO new__example;
SQL>SELECT * FROM new__example;
ID       NAME
-------------------------------
1      BEFORE   DROP
```

4. 闪回版本查询(Flashback Version Query)

Oracle 的闪回版本查询能找到所有已经提交了的行的记录。利用这个功能，可以查看一行记录在一段时间内的变化情况，即一行记录的多个提交的版本信息，从而可以实现数据的行级恢复。使用该功能，可以很轻松地实现对应用系统的审计，而没有必要使用细粒度的审计功能或 LOGMNR 了。

闪回版本查询功能依赖于 AUM(Automatic Undo Management)，AUM 是指采用撤消表空间记录增、删、改数据的方法。

要用 Flashback Version Query 实现对数据行改变的记录进行查询，主要使用带 flashback_query 子句的 SELECT 语句来实现，语法格式如下：

```
SELECT  column_name [, ...]
FROM table_name
[VERSIONS BETWEEN SCN |TIMESTAMP
```

```
[MINVALUE | exp AND MAXVALUE | exp]
[AS OF SCN | TIMESTAMP expression]
WHERE condition
```

其中：

- VERSIONS BETWEEN：用于指定闪回版本查询时查询的时间段或 SCN 段。
- AS OF：用于指定闪回查询时查询的时间点或 SCN。

在闪回版本查询的目标列中，可以使用下列几个伪列返回版本信息。

- VERSIONS_STARTTIME：基于时间的版本有效范围的下界。
- VERSIONS_STARTSCN：基于 SCN 的版本有效范围的下界。
- VERSIONS_ENDTIME：基于时间的版本有效范围的上界。
- VERSIONS_ENDSCN：基于 SCN 的版本有效范围的上界。
- VERSIONS_XID：操作的事务 ID。
- VERSIONS_OPERATION：执行操作的类型，I 表示 INSERT，D 表示 DELETE，U 表示 UPDATE。

下面是一个闪回版本查询及其恢复操作的示例：

```
SQL>UPDATE  scott.emp  SET  sal=6000  WHERE  empno=7844;
SQL>UPDATE  scott.emp  SET  sal=6500  WHERE  empno=7844;
SQL>UPDATE scott.emp SET sal=7000 WHERE empno=7844;
SQL>COMMIT;
SQL>UPDATE  scott.emp  SET  sal=7800  WHERE  empno=7844;
SQL>COMMIT;
SQL>SET  LINESIZE 600
SQL>COL  STARTTIME  FORMAT  A30
SQL>COL  ENDTIME  FORMAT  A30
SQL>COL  OPERATION  FORMAT  A10
```

(1) 基于 VERSIONS BETWEEN TIMESTAMP 的闪回版本查询：

```
SQL>SELECT  versions_xid  XID.versions_starttime  STARTTIME,
    versions_endtime ENDTIME, versions_operation OPERATION, sal
    FROM  scott.emp
    VERSIONS BETWEEN TIMESTAMP MINVALUE AND MAXVALUE
    WHERE   empno=7844
    ORDER BY STARTTIME;
XID              STARTTIME                    ENDTIME                  OPERATION  SAL
------------------------------------------------------------------------------------------
090008004D010000 23-3月-13  10.21.39上午 23-3月-13 10.24.33上午  U   1000
060017003A010000 23-3月-13  10.24.33上午 23-3月-13 10.25.03上午  U   6000
0400IE002E010000 23-3月-13  10.25.03上午 23-3月-13 10.25.12上午 U   7000
```

(2) 基于 VERSIONS BETWEEN SCN 的闪回版本查询：

```
SQL>SELECT versions_xid XID,versions_startscn STARTSCN,
    versions_endscn  ENDSCN, versions_operation  OPERATION, sal
    FROM  scott.emp
    VERSIONS BETWEEN SCN MINVALUE AND MAXVALUE
```

```
   WHERE    empno=7844
   ORDER BY STARTSCN;
XID               STARTSCN      ENDSCN      OPERATION       SAL
-------------------------------------------------------------------------
090008004D010000    619960       620034         U          1000
060017003A010000    620034       620045         U          6000
0400IE002E010000    620045       620076         U          7000
```

(3) 查询当前 7844 号员工的工资:

```
SQL>SELECT empno,sal FROM scott.emp WHERE empno=7844;
EMPNO    SAL
----------------------
7844     7800
```

(4) 如果需要，可以将数据恢复到过去某个时刻的状态:

```
SQL>UPDATE  scott.emp  SET  sal=(
   SELECT sal FROM scott.emp AS OF TIMESTAMP
   TO_TIMESTAMP('2013-3-23   10:25:03','YYYY-MM-DD  HH24:MI:SS')
   WHERE empno=7844) WHERE empno=7844;
SQL>COMMIT;
SQL>SELECT empno, sal FROM scott.emp WHERE empno=7844;
EMPNO     SAL
---------------
7844      6000
```

在进行闪回版本查询时，可以同时使用 VERSIONS 短语和 AS OF 短语。AS OF 短语决定了进行查询的时间点或 SCN，VERSIONS 短语决定了可见的行的版本信息。对于在 VERSIONS BETWEEN 下界之前开始的事务，或在 AS OF 指定的时间或 SCN 之后完成的事务，系统返回的版本信息为 NULL。

可以将 VERSIONS BETWEEN TIMESTAMP 与 AS OF TIMESTAMP 配合使用。

例如:

```
SQL>SELECT  versions_xid  XID, versions_starttime  STARTTIME,
   versions_endtime  ENDTIME, versions_operation  OPERATION  sal
   FROM  scott.emp
   VERSIONS BETWEEN TIMESTAMP MINVALUE AND MAXVALUE
   AS OF TIMESTAMP
   TO_TIMESTAMP('2013-3-23  10:24:40','YYYY-MM-DD HH24:MI:SS')
   . WHERE  empno =7844
   ORDER BY STARTTIME;
XID               STARTTIME                ENDTIME                 OPERATION  SAL
-------------------------------------------------------------------------
090008004D010000  23-3月-13 10.21.39 上午  23-3月-13 10.24.33 上午  U  1000
060017003A010000  23-3月-13 10.24.33 上午                           U  6000
```

也可以将 VERSIONS BETWEEN SCN 与 AS OF SCN 配合使用。例如:

```
SQL>SELECT  versions_xid  XID, versions_startscn  STARTSCN,
   versions_endscn  ENDSCN, versions_operation  OPERATION  sal
```

```
   FROM  scott.emp
   VERSIONS BETWEEN SCN MINVALUE AND MAXVALUE  AS OF SCN  620045
   WHERE   empno=7844
   ORDER BY STARTSCN;
XID                     STARTSCN       ENDSCN     OPERATION       SAL
---------------------------------------------------------------------
090008004D010000     619960          620034          U           1000
060017003A010000     620034          620045          U           6000
0400IE002E010000     620045                          U           7000
```

5. 闪回事务查询

事务是关系数据库系统常用到的一个概念，具体来说，事务就是访问数据库时一系列的逻辑相关动作。比如银行转账过程可以由选择账户、选择转账金额、账户扣除金额、另一账户增加金额等一系列处理组成，这一系列处理就构成一个事务。Oracle 11g 的闪回事务查询就是对过去某段时间内所完成的事务的查询和撤消。

闪回事务查询依赖于回滚数据，它也是利用初始化的数据库参数 UNDO_RETENTION 来确定已经提交的回滚数据在数据库中的保存时间。

前面介绍的闪回版本查询可以实现审计某段时间内表的所有改变，但这仅仅是发现在某个时间段内所做过的操作，对于错误的事务还不能进行撤消处理。而闪回事务查询可实现撤消处理，因为可以从 FLASHBACK TRANSATION_QUERY 中查看回滚段中存储的事务信息。例如：

```
SQL>SELECT  operation, undo_sql, table_name
   FROM  FLASHBACK_TRANSACTION_QUERY;
SQL>SELECT  operation, undo_sql,table_name
   FROM FLASHBACK TRANSACTION_QUERY
   WHERE  xid=HEXTORAW('0400IE002E010000');
SQL>SELECT  operation, undo_sql, table_name
   FROM FLASHBACK TRANSACTION QUERY
   WHERE start_timestamp>=
   TO_TIMESTAMP('2013-2-23 10:25:20','YYYY-MM-DD HH24:MI:SS')  AND
   commit_timestamp<=
   TO_TIMESTAMP('2013-3-23  10:40:20','YYYY-MM-DD  HH24: MI:SS');
```

通常，将闪回事务查询与闪回版本查询相结合，先利用闪回版本查询获取事务 ID 及事务操作结果，然后利用事务 ID 查询事务的详细操作信息。例如：

```
SQL>SEIECT versions_xid,sal
   FROM scott.emp
   VERSIONS BETWEEN SCN MINVALUE  AND MAXVAIUE WHERE  empno=7844;
VERSIONS_XID          SAL
----------------------------------------
0100250044010000      7500
0400IE002E010000      7000
060017003A010000      6000
090008004D010000      1000
SQL>SELECT operation,undo_sql FROM  FLASHBACK_TRANSACTION_QUERY
```

```
   WHERE  xid=HEXTORAW('04 00IE002EO010000');
OPERATION   UNDO_SQL
----------------------------------------------------------------------
UPDATE   update  "SCOTT"."EMP"  set "SAL" = '6500'
where ROWID='AAAMf PAAEAAAAAgAAJ';
UPDATE   update  "SCOTT"."EMP "  set "SAL" = '6000'
where  ROWID='AAAMf PAAEAAAAAgAAJ';
BEGIN
```

6. 闪回数据归档(Flashback Data Archive)

(1) 概述

Oracle 11g 提供了闪回数据库、闪回删除、闪回表、闪回事务及闪回版本查询等众多功能，除了闪回数据库是依赖于闪回日志外，其他闪回技术都是依赖于 Undo 撤消数据，都与数据库初始化参数 UNDO_RETENTION 密切相关(该参数决定了撤消数据在数据库中的保存时间)，都是从撤消数据中读取信息来重建旧数据的。但是这样操作存在一个限制，就是回滚段中的信息不能被覆盖。而回滚段是循环使用的，只要事务提交，先前的回滚信息就可能被覆盖，虽然可以通过 undo_retention 等参数来延长回滚信息的存活期，但该参数会影响所有的事务，设置过大，可能导致撤消表空间快速膨胀。

从 Oracle 11g 开始，闪回家族又引入一个新的成员——闪回数据归档。该技术与上面所说的诸多闪回技术的实现机制不同，通过将变化数据存储到创建的闪回归档区(Flashback Archive)中，以与撤消数据区别开来，这样就可以通过为闪回归档区单独设置存储策略，使得可以闪回到指定时间之前的旧数据而不影响回滚策略。并且，可以根据需要指定哪些数据库对象需要保存历史变化数据，而不是将数据库中所有对象的变化数据都保存下来，这样可以极大地减少空间需求。

注意

闪回数据归档并不是记录数据库的所有变化，而只是记录了指定表的数据变化。所以闪回数据归档是针对对象的保护，是闪回数据库的有力补充。

通过闪回数据归档可以查询指定对象的任何时间点(只要满足保护策略)的数据，而且不需要利用撤消数据，这在有审计需要的环境，或是安全性特别重要的高可用数据库中是一个非常好的特性。缺点是如果该表变化很频繁，那么对空间的要求可能很高。

(2) 闪回数据归档区

闪回数据归档区是闪回数据归档的历史数据存储区域，在一个系统中，可以有一个默认的闪回数据归档区，也可以创建其他许多的闪回数据归档区域。每一个闪回数据归档区都可以有一个唯一的名称。同时，每一个闪回数据归档区都对应了一定的数据保留策略。例如可以配置归档区 FLASHBACK_DATA_ARCHIVE_1 中的数据保留期为 1 年，而归档区 FLASHBACK_DATA_ARCHIVE_2 的数据保留期为 2 天或者更短。以后如果将表放到对应的闪回数据归档区，就会按照该归档区的保留策略来保存历史数据。

闪回数据归档区是一个逻辑概念，是从一个或者多个表空间中拿出一定的空间，来保

存表的修改历史，这样就摆脱了对 Undo 撤消数据的依赖，不利用撤消数据就可以闪回到归档策略内的任何一个时间点上。创建闪回数据归档区可以使用 CREATE FLASHBACK ARCHIVE ... 命令来完成。

下面我们通过一些实例来演示如何创建闪回数据归档区。

① 创建一个系统默认的、磁盘限额为 100MB、保留策略为 1 年的闪回数据归档区：

```
SQL>CREATE FLASHBACK ARCHIVE DEFAULT fbar_1 TABLESPACE "USERS" 2
   QUOTA 100M RETENTION 1 YEAR;
```

② 在 TBS_DATA1 上创建 fbar_2 闪回数据归档区，保留策略为 2 天：

```
SQL>CREATE FLASHBACK ARCHIVE fbar_2 TABLESPACE "TBS_DATA1"
   RETENTION 2 DAY;
```

一个归档区可以不仅仅对应一个表空间，可以采用如下的命令增加或者删除该归档区的表空间的个数，这样也达到了增加或者减少该归档区空间的目的。

③ 给数据归档区 fbar_2 增加一个表空间：

```
SQL>ALTER FLASHBACK ARCHIVE fbar_2 ADD TABLESPACE "TBS_DATA2" QUOTA 100M;
```

也可以从归档区中删除表空间。

注意

这个删除仅仅是表示从数据归档区删除，并不是真正删除该表空间。

④ 删除数据归档区 fbar_2 的表空间 TBS_DATA2：

```
SQL>ALTER FLASHBACK ARCHIVE fbar_2 REMOVE TABLESPACE "TBS_DATA2";
```

对已经分配给闪回数据归档区的表空间，可以修改归档区对应的磁盘限额。

⑤ 修改归档区的磁盘限额：

```
SQL>ALTER FLASHBACK ARCHIVE fbar_2 MODIFY TABLESPACE "TBS_DATA2"
   QUOTA 200M;
```

⑥ 修改归档区的保留策略：

```
SQL>ALTER FLASHBACK ARCHIVE fbar_1 MODIFY RETENTION 1 month;
```

(3) 使用闪回数据归档

闪回数据归档区创建完成以后，就可以指定特定的表，使其对应到特定的数据归档区。把表指定到对应的数据归档区有两种方法，一是在创建的时候直接指定归档区，一种是对现有的表指定一个归档区。注意，如果不指定归档区的名称，则指定到默认归档区，否则，就属于指定的数据归档区。

以下我们基于前面所创建的两个闪回数据归档区 fbar_1(默认的闪回数据恢复区)和 fbar_2，创建 3 个表，一个指定到默认归档区 fbar_1，一个指定到数据归档区 fbar_2，另外一个为了进行对比，没有指定到任何数据归档区。

① 创建表：

```
SQL>connect scott/tiger
Connected.
SQL>create table test1(a int) flashback archive;
Table created.
SQL>create table test2(b int);
Table created.
SQL>alter table test2 flashback archive data_test2;
Table altered.
SQL>create table test3(c int);
Table created.
```

② 在表中插入数据，完成以后，做 select 查询显示如下：

```
09:33:38 SQL>select * from test2;
B
4
5
6
09:33:43 SQL>select * from test3;
C
7
8
9
09:33:46 SQL>select to_char(sysdate,'yyyy-mm-dd hh24:mi:ss') time from
dual;
TIME 2013-09-04 09:33:52
```

可以看到，这些数据是在 9:33 分左右写进去的。最新数据保留策略应当是，表 test1 对应的是默认的数据归档区 fbar_1，数据保留策略是一个月，表 test2 对应的是数据归档区 fbar_2，数据保留策略是 2 天，而表 test3 没有数据保留策略。然后，对这 3 个表再进行一些操作，如删除现有记录，并插入一些新记录。最后，不使用 undo 数据，查询时间点 2013-09-04 09:33:52，看是否能找回原来的数据。

③ 对表进行更新操作，查询显示结果：

```
09:34:19 SQL>delete from test1;
3 rows deleted.
09:34:23 SQL>delete from test2;
3 rows deleted.
09:34:30 SQL>delete from test3;
3 rows deleted.
09:34:35 SQL>insert into test1 values(10);
1 row created.
09:34:47 SQL>insert into test2 values(20);
1 row created.
09:34:53 SQL>insert into test3 values(30);
1 row created.
09:34:58 SQL>commit;
Commit complete.
```

```
09:36:32 SQL>select * from test1;
A
10
09:36:51 SQL>select * from test2;
B
20
09:36:56 SQL>select * from test3;
C
30
```

④ 利用 Flashback 功能去查询数据，发现可以获得正确的数据，但是，不能确认的是，这些数据的获得到底是经过 undo 获得的还是数据归档区获得的：

```
09:43:17 SQL>select * from test1 as of timestamp
09:43:17 2 to_timestamp('2013-09-04 09:33:52', 'yyyy-mm-dd hh24:mi:ss');
A
1
2
3
09:43:17 SQL>select * from test2 as of timestamp
09:43:24 2 to_timestamp('2013-09-04 09:33:52', 'yyyy-mm-dd hh24:mi:ss');
B
4
5
6
09:43:25 SQL>select * from test3 as of timestamp
09:43:30 2 to_timestamp('2013-09-04 09:33:52', 'yyyy-mm-dd hh24:mi:ss');
C
7
8
9
```

⑤ 为了证明查询使用的是闪回数据归档，创建新的 undo 表空间，切换 undo 表空间，为了确保生效，可以重新启动数据库例程。

切换到新的 undo 表空间，如果没有，需要重新创建：

```
SQL>ALTER SYSTEM SET undo_tablespace=TBS_UNDO2;
System altered.
```

删除原来的 undo 表空间：

```
SQL>drop tablespace UNDOTBS1;
Tablespace dropped.
```

⑥ 排除了 undo 查询的可能，再次执行查询：

```
SQL>select * from test3 as of timestamp 2 to_timestamp('2013-09-04
09:33:52', 'yyyy-mm-dd hh24:mi:ss');
select * from test3 as of timestamp
*
ERROR at line 1:ORA-01555: snapshot too old: rollback segment number
with name "" too small
```

```
SQL>select  *  from  test1  as  of  timestamp  2  to_timestamp('2013-09-04
09:33:52', 'yyyy-mm-dd hh24:mi:ss');
A
1
2
3
SQL>select  *  from  test2  as  of  timestamp2  to_timestamp('2013-09-04
09:33:52', 'yyyy-mm-dd hh24:mi:ss');
B
4
5
6
```

可以看到，没有设置数据归档策略的表 test3，查询的时候会报 01555 错误。但是，设置过数据归档策略的 test1 与 test2 都能正常查询到数据，数据归档生效了。

(4) 清除闪回数据归档区的数据

前面介绍过如何给闪回数据归档区增加空间，本节通过一些具体示例介绍如何清除闪回归档区中的数据。

① 清除所有归档区的数据：

```
SQL>ALTER FLASHBACK ARCHIVE data_test1 PURGE ALL;
```

② 清除一天以前的数据：

```
SQL>ALTER FLASHBACK ARCHIVE data_test1 2 PURGE
   BEFORE TIMESTAMP (SYSTIMESTAMP - INTERVAL '1' DAY);
```

③ 清除特定 SCN 之前的数据：

```
SQL>ALTER FLASHBACK ARCHIVE data_test1 PURGE BEFORE SCN 728969;
```

④ 将指定的表不再设置数据归档：

```
SQL>ALTER TABLE test1 NO FLASHBACK ARCHIVE;
```

⑤ 删除数据归档区：

```
SQL>DROP FLASHBACK ARCHIVE data_test2;
```

如果将表指定了闪回数据归档区，则不能对表进行如下操作：

- 删除、重令名或者修改列。
- 分区或者子分区操作。
- 转换 long 到 lob 类型。
- ALTER TABLE ... UPGRADE TABLE 操作。
- drop、rename、truncate 表。

例如：

```
SQL>drop table test1;
ERROR  at  line  1:ORA-55610:  Invalid  DDL  statement  on  history-tracked
table
```

(5) 与闪回数据归档有关的视图

可以通过下列视图来得到与闪回数据归档有关的信息。

- DBA_FLASHBACK_ARCHIVE：DBA 视图，闪回归档区信息。
- DBA_FLASHBACK_ARCHIVE_TS：DBA 视图，闪回归档有关的表空间。
- DBA_FLASHBACK_ARCHIVE_TABLES：DBA 视图，对应表所对应的闪回归档信息。
- USER_FLASHBACK_ARCHIVE：用户闪回归档区的创建信息。
- USER_FLASHBACK_ARCHIVE_TABLES：用户表对应的闪回归档区域。

上 机 实 训

(1) 使用冷备份对数据库进行完全备份。假定丢失了一个数据文件 user01.dbf，试用此完全备份对数据库进行恢复，并验证恢复是否成功。

(2) 使用热备份对表空间 users 的数据文件 user01.dbf 进行备份，之后删除数据文件 user01.dbf，然后用备份对数据库进行恢复，并验证恢复是否成功。

(3) 使用 EXPDP 命令将数据库的 USERS 表空间中的所有内容导出。

(4) 使用下面的语句创建 emp_tmp 表，然后导出该表，将该表中的数据删除，然后利用导出文件恢复：

```
CREATE TABLE emp_tmp
AS
SELECT * FROM scott.emp;
```

(5) 导出 SCOTT 模式下的所有数据库对象。然后创建一个用户 TOM，使用 IMPDP 命令将 SCOTT 模式下的所有数据库对象导入。

(6) 设定 SQL>SET TIME ON 后，在数据库中执行下面的操作：

```
SQL>CREATE TABLE student(
      sno  NUMBER  PRIMARY KEY,
      sname  VARCHAR2 (20));
SQL>INSERT INTO student VALUES(100,'zhangsan');
SQL>COMMIT;
SQL>INSERT INTO student VALUES(200,'liping');
SQL>COMMIT;
SQL>INSERT INTO student VALUES(300,'wangri');
SQL>COMMIT;
SQL>UPDATE student SET sname='zhangtao' WHERE sno=100;
SQL>COMMIT;
SQL>DELETE FROM student WHERE sno=100;
SQL>COMMIT;
```

① 利用闪回查询，查询某个时刻 student 表中的数据。

② 利用闪回版本查询，查询两个时间点之间 sno=100 的记录版本信息。

③ 利用闪回表技术，将 student 恢复到删除操作进行之前的状态。

④ 执行“DROP TABLE student;”语句，然后利用闪回删除技术恢复 student 表。

本 章 习 题

1. 填空题

(1) PL/SQL 语言将__________、__________，__________和__________等结构化程序设计的要素引入到 SQL 语言中，这样就能够编制比较复杂的 SQL 程序了。

(2) 在 PL/SQL 中控制结构分为 3 类：__________、__________和__________。

(3) 游标是从数据表中提取出来的数据，以__________的形式存放在内存中。

(4) %ROWCOUNT 属性用于返回游标的__________。

(5) 自定义异常的 3 个步骤为：__________、__________和__________。

(6) 根据触发器作用对象的不同，触发器的类型可以分为__________、__________和__________3 种类型。

2. 问答题

(1) 简述 PL/SQL 语言的特点。

(2) 简述游标的作用和游标操作的基本步骤。

(3) 说明游标与游标变量的区别。

(4) 简述用户定义异常的好处，分析用户定义的异常是否越多越好。

(5) 简述过程具体的作用以及带参数过程的作用。

(6) 简述触发器与存储过程之间的关系。

第 11 章 SQL 语言基础

学习目的与要求：

SQL(Structured Query Language)语言是在 Oracle 数据库中定义和操作数据的基本语言，是用户与数据库之间交互的标准语言。

本章将介绍 SQL 语言的应用基础，包括数据查询语句、数据操纵语句(数据的插入/修改/删除)、事务控制语句和 Oracle 基本函数。

11.1 SQL 概述

11.1.1 SQL 语言简介

提到数据库，我们就会想到 SQL 语言。SQL 语言是实现数据库查询的标准语法，下面先来看看 SQL 语言的发展历程，如表 11.1 所示。

表 11.1 SQL 语言的发展

年 份	SQL 的发展
1974	Boyce 和 Chamberlin 在关系模型基础上提出了 Structured English Query Language(SEQUEL)，简称 SQL 语言
1975—1979	IBM 的 San Jose 首次在 IBM 370 计算机上研制了 System R 关系型数据库系统，支持 SQL
1977	Oracle 第一个推出这种关系型数据库
1986	美国国家标准协会(ANSI)颁布了第一个 SQL 标准，它是一个美国标准，即 SQL86
1987	国际标准化组织(ISO)将 SQL 采纳为国际标准，SQL 语言成为关系数据库的标准语言
1989	ISO 颁布 SQL89 标准
1992	SQL92 标准颁布
1999	SQL99 标准颁布

Oracle 数据库完全遵循 SQL 标准，将最新的 SQL99 标准集成到 Oracle 产品中，并进行了部分功能的扩展。

SQL 语言是关系数据库操作的基础语言，将数据查询、数据操纵、数据定义、事务控制、系统控制等功能集于一身，使得数据库应用开发人员和数据库管理员等都可以通过 SQL 语言实现对数据库的访问和操作。

11.1.2 SQL 语言的特点

SQL 语言之所以能成为关系数据库的标准语言，并得到广泛应用，主要是由于 SQL 语言具有以下特点。

1. 功能强大

SQL 语言集数据查询、数据操纵、数据定义和数据控制功能于一体，且具有统一的语言风格，使用 SQL 语句就可以独立完成数据管理的核心操作。

2. 集合操作

SQL 采用集合操作方式，对数据的处理是成组进行的，而不是一条一条地处理的。通过使用集合操作方式，可以加快数据的处理速度。

执行 SQL 语句时，每次只能发送并处理一条语句。若要降低语句发送和处理次数，则可以使用 PL/SQL。

3. 非过程化

SQL 还具有高度的非过程化特点，执行 SQL 语句时，用户只需要知道其逻辑含义，而不需要知道 SQL 语句的具体执行步骤。这使得在对数据库进行存取操作时，无须了解存取路径，大大减轻了用户的负担，并且有利于提高数据的独立性。

4. 语言简洁

虽然 SQL 的语言功能极强，但又十分简洁，语法接近于自然语言，因此简单易学。

11.1.3　SQL 语言的分类

根据 SQL 语言实现功能的不同，SQL 语言主要可以分为以下几类。

(1) 数据查询语言(Select)：用于检索数据库数据。在 SQL 的所有语句中，Select 语句的功能和语法最复杂，同时也最灵活。

(2) 数据操纵语言(Data Manipulation Language，DML)：用于改变数据库的数据，包括 Insert、Update 和 Delete 三种语句。其中，Insert 语句用于将数据插入到数据库中，Update 语句用于更新已经存在的数据库数据，而 Delete 语句则用于删除已经存在的数据库数据。

(3) 事务控制语言(Transactional Control Language，TCL)：用于维护数据的一致性，包括 Commit，Rollback 和 Savepoint 三条语句。其中，Commit 语句用于确认已经进行的数据库改变，Rollback 语句用于取消已经进行的数据库改变，而 Savepoint 语句则用于设置保存点，以取消部分数据库改变。

(4) 数据定义语言(Data Definition Language，DDL)：用于建立、修改和删除数据库对象。例如，使用 CREATE TABLE 可以创建表，使用 ALTER TABLE 语句则可以对表结构进行修改，而如果想删除某个表，则可以使用 DROP TABLE 语句。这里需要注意的是，DDL 语句会自动提交事务。

(5) 数据控制语言(Data Control Language，DCL)：用于执行权限授予和权限回收操作，包括 GRANT 和 REVOKE 两条命令，其中，GRANT 命令用于给用户或者角色授予权限，而 REVOKE 命令则用于回收用户或角色所具有的权限。需要注意的是，DCL 语句也是自动地对事务进行提交的。

11.1.4 SQL 语句的编写规则

(1) SQL 关键字不区分大小写，既可以使用大写格式，也可以使用小写格式，或者混用大小写格式。例如：

```
SQL>SELECT ename,salary,job.depno FROM emp;
SQL>select ename.salary,job,deptno from emp;
```

上面两个 SQL 语句是相同的。

(2) 对象名和别名也不区分大小写，它们既可以使用大写格式，也可以使用小写格式，或者混用大小写格式，例如：

```
SQL>SELECT ename,salary,job.depno FROM emp;
SQL>SELECT ename,SALARY,JOB,deptno from emp;
```

以上两个 SQL 语句也没有区别。

(3) 字符值和日期值是区分大小写的。当在 SQL 语句中引用字符值和日期值时，必须给出正确的大小写数据，否则不能得到正确的查询结果，例如：

```
SELECT ename,salary,job.deptno FROM emp where ename='SCOTT';
SELECT ename.salary job,deptno FROM emp where ename ='scott';
```

前一个 SQL 语句能得到相应的执行结果，而后一个 SQL 查询的结果为空。因为字符值‘SCOTT’和‘scott’是不一样的两个名称。

(4) 在应用程序中编写 SQL 语句时，如果 SQL 语句的文本很短，可以将语句文本放在一行；如果 SQL 语句的文本很长，可以将语句文本分布到多行上，并且可以通过使用跳格和缩进提高可读性。另外，在 SQL*Plus 中的 SQL 语句要以分号结束。例如：

```
SQL>SELECT ename,salary FROM emp;
SQL>SELECT a.dept_name, b.ename, b.salary, b.job
   FROM department a RIGHT JOIN employee b
   ON a.dept_no=b.dept_no AND a.dept_no='01';
```

11.2 数 据 查 询

11.2.1 数据查询语法

在 Oracle 数据库中，数据查询语句 SELECT 是使用频率最高的语句，可以完成不同类型的复杂数据的查询任务。SELECT 语句的基本语法为：

```
SELECT [ALL|DISTINCT]column_name[,expression]
[INTO new_table]
FROM  table1 [,table2,view,...]
[WHERE condition]
[GROUP BY column1 [,column2,...] [HAVING group_condition]]
[ORDER BY column1  [ASC|DESC][,column2,...]]
```

其中：

- SELECT：用于指定由查询返回的列，可以一次指定多个列，用“,”分开即可，并且可以调整列的顺序，使用通配符“*”表示选择表中的所有列，但实际查询中，很少用*，因为查询效率很低。
- INTO：指定将查询结果存储到 new_table_name 所指定的表或视图中。
- FROM：用于指定查询的表或视图。
- WHERE：用于指定限制返回的记录的搜索条件，若无此子句，则查询返回表中所有记录。
- GROUP BY，用于指定结果按特定列进行分组。
- HAVING：根据 group_condition 筛选满足条件的组，一般与 GROUP BY 子句一起使用，如果没有 GROUP BY 子句，则把整个查询的结果集看作一个分组。
- ORDER BY：对返回结果进行排序，可以有 ASC 和 DESC 两种排序方法，默认使用 ASC。

11.2.2　基本查询

基本查询主要指对单个表或视图进行无条件查询、有条件查询和查询排序等。

1. 无条件查询

(1) 查询表中所有的记录，可以用“*”表示所有列。例如：

```
SQL>SELECT * FROM emp;
```

(2) 查询表中所有记录的指定字段，多个字段间用逗号分隔。例如：

```
SQL>SELECT deptno,dname FROM dept;
```

(3) 允许查询结果中显示重复记录(默认就是 all)：

```
SQL>SELECT all deptno,dname FROM dept;
```

(4) 不允许查询结果中显示重复记录，可以使用 DISTINCT，例如：

```
SQL>SELECT  DISTINCT deptno FROM emp;
```

(5) 指定查询前 n 行记录，可以使用 TOP n，例如：

```
SQL>SELECT  top n ename,salary FROM emp;
```

(6) 指定查询记录数的百分比：

```
SQL>SELECT top n percent  ename,salary FROM emp;
```

(7) 带表达式的查询。

如果需要对查询目标列进行计算，那么可以在目标列表达式中使用算数表达式或者函数。例如：

```
SQL>SELECT  empno,UPPER(ename),sal*1.2  FROM emp;
```

(8) 更改列名显示的查询。

可以为查询的目标列或目标表达式起别名，即改变列标题。例如：

```
SQL>SELECT ename employeename,sal salary FROM emp;
```

(9) 使用字符常量。

如果需要在查询结果中加入字符，可以在目标列表达式中使用字符常量。例如：

```
SQL>SELECT empno,'Name is: ',ename FROM emp;
```

(10) 使用连接字符串。

可以使用“||”运算符将查询的目标列或目标表达式连接起来。例如：

```
SQL>SELECT  '员工号：'||empno||'员工名：'||ename FROM emp;
```

2. WHERE 条件查询

WHERE 子句的语法形式为：

```
WHERE condition_expression
```

其中，condition_expression 为查询时返回记录应满足的判断条件。condition_expression 可以是各种字段、常量、表达式和关系运算符、逻辑运算符以及特殊运算符的组合。

其中 WHERE 子句中可以使用的关系运算符如表 11.2 所示。

表 11.2　WHERE 子句中的关系运算符

关系运算符	含　义	举　例
=	等于	SELECT * FROM A WHERE B=C;
!=	不等于	SELECT * FROM A WHERE B!=C;
<>	不等于	SELECT * FROM A WHERE B<>C;
<	小于	SELECT * FROM A WHERE B<C;
>	大于	SELECT * FROM A WHERE B>C;
<=	小于等于	SELECT * FROM A WHERE B<=C;
>=	大于等于	SELECT * FROM A WHERE B>=C;
LIKE	值片段相等	%：匹配所有字符，如‘A%’，匹配以字母 A 开头的所有列值
		_：匹配单个字符，如‘A___’，匹配以字母 A 开头的任意三个字符

WHERE 子句中的逻辑运算符用于连接多个搜索条件。其中可以使用的逻辑运算符包括 OR、AND、NOT。逻辑运算符的优先次序是 NOT、AND、OR，在同一优先级上的取值顺序是从左到右。

WHERE 子句中可以使用 IN、BETWEEN…AND…等特殊运算符来限定满足条件的列，还可以使用 IS NULL 来判断列值是否为空。

具体含义见表 11.3。

表 11.3　WHERE 子句中的逻辑运算符和其他关键词

逻辑运算符	说　明
OR	OR 连接的两个条件中，任意满足一个，可获得逻辑真值
AND	AND 连接的两个条件中，两个条件必须同时满足，可获得逻辑真值
NOT	NOT 后连接的条件，在不满足的时候，能获得逻辑真值
BETWEEN ... AND ...	BETWEEN 和 AND 组合用，可指定特定的范围；而 NOT BETWEEN ... AND ... 指定在特定范围之外
IN	IN 关键字可用来指定几个特定的值，而 NOT IN 指定不在特定值集合内
IS NULL	要判断的列值或表达式的结果为空时返回逻辑真值，而 IS NOT NULL 在判断的列值或表达式的结果有内容时返回逻辑真值

常见的 WHERE 查询实例。

(1)　关系运算：

```
SQL>Select * from emp where deptno='10' ;
SQL>Select empno,ename,sal from emp where sal>1500;
```

(2)　in 查询(或 not in)：

```
SQL>Select * from emp where deptno in (10,20);
```

(3)　确定范围 between ... and ...　查询：

```
SQL>Select * from emp where sal between 1000 and 3000;
```

(4)　like (模式匹配)查询：

```
SQL>Select * from emp where name like '%S%'; (查询名字中含有“S”的员工信息)
SQL>Select * from employee where name like 'S_'; (查询名字中以“S”开头的员工信息)
```

(5)　IS NULL/ IS NOT NULL 判断：

```
SQL>SELECT * FROM emp WHERE comm IS NULL; (查询奖金为空的员工信息)
```

(6)　逻辑运算。

如果查询条件有多个，就可以用逻辑运算符把多个条件连接起来。逻辑运算中 NOT 的优先级最高，OR 的优先级最低。

例 11.1　查询 10 号部门中工资高于 2000 的员工信息：

```
SQL>SELECT * FROM emp WHERE deptno=10 AND sal>2000;
```

例 11.2　查询 10 号部门和 30 号部门中年工资超过 20000 的员工信息：

```
SQL>SELECT * FROM emp WHERE (deptno=10 OR deptno=30) AND sal*12>20000;
```

注意

使用 BETWEEN ... AND、NOT BETWEEN ... AND、IN、NOT IN 运算符的查询条件

都可以转换为 NOT、AND、OR 的逻辑运算。例如，下面的两个语句是等价的:

```
SQL>SELECT * FROM emp WHERE sal BETWEEN 1500 AND 3000;
SQL>SELECT * FROM emp WHERE sal>1500 AND sal<3000;
```

3. 使用 ORDER BY 进行排序

在执行查询操作时，可以使用 ORDER BY 子句对查询的结果进行排序，可以按升序或降序排序，可以按一列或多列进行排序，也可以按表达式或者别名进行排序。

(1) 升/降序排序

可以在 ORDER BY 子句中使用 ASC 或 DESC 设置是按照升序还是降序对查询结果进行排序，默认为升序。例如：

```
SQL>SELECT empno,ename,sal FROM emp ORDER BY sal DESC;
```

(2) 多列排序

如果需要对多个列进行排序，只需要在 ORDER BY 子句后指定多个列名。这样当输出排序结果时，首先根据第一列进行排序，当第一列的值相同时，再对第二列进行比较排序。其他列以此类推。例如，查询员工信息，按员工工种升序、工资降序排列。语句为：

```
SQL>SELECT * FROM emp ORDER BY job,sal DESC;
```

(3) 按表达式排序

对查询结果进行排序时，也可以按照特定的表达式进行排序。例如，查询员工信息，并按员工的年工资升序排列。语句为：

```
SQL>SELECT * FROM emp ORDER BY sal*12;
```

(4) 别名排序

如果为目标列或表达式定义了别名，那么排序时可以使用目标列或表达式的别名。

例如：

```
SQL>SELECT empno,sal*12 year_salary FROM emp ORDER BY year_salary;
```

(5) 使用列位置编号排序

对查询结果进行排序时，也可以按照目标列或表达式的位置编号进行排序。如果列名或表达式名称很长，那么使用位置编号排序可以缩短语句的长度。例如：

```
SQL>SELECT empno,sal*12 year_salary FROM emp ORDER BY 2;
```

11.2.3 分组查询

在数据查询过程中，经常需要将数据进行分组，以便对各个组进行统计分析。在 Oracle 数据库中，分组统计是由 GROUP BY 子句、集合函数、HAVING 子句共同实现的。基本语法为：

```
SELECT column,group_function,...
```

```
FROM table
[WHERE condition]
[GROUP [BY ROOLUP|CUBE|GROUPING SETS] group_by_expression]
[HAVING group_condition]
[ORDER BY column[ASC | DESC]];
```

其中：

(1) GROUP BY 子句用于指定分组列或分组表达式。

(2) 集合函数用于对分组进行统计，如果没有对查询进行分组，则整个查询结果作为一个大的分组；如果对查询结果分组，则集合函数将作用于每一个分组，即对每个分组进行统计。Oracle 中常用的集合函数如表 11.4 所示。

表 11.4 常用的集合函数

函 数	功 能	例 子
COUNT	返回结果集中记录的个数	select count(distinct deptno) from emp;
AVG	返回结果集中所选列的平均值	select avg(comm) from emp;
MAX	返回结果集中所选列的最大值	select max(sal) from emp;
MIN	返回结果集中所选列的最小值	select min(sal) from emp;
SUM	返回结果集中所选列的总和	select sum(comm) from emp;
STDDEV	返回结果集中所选列的标准差	select stddev(sal) from emp;
VARIANCE	返回结果集中所选列的方差	select variance(sal) from emp;

使用集合函数应注意以下几点：

- 集合函数只能出现在选择列表、ORDER BY 子句、HAVING 子句中，而不能出现在 WHERE 子句和 GROUP BY 子句中。
- 除了 count(*)之外，其他集合函数都会忽略 NULL 行。
- 如果选择列表同时包含列、表达式和组处理函数，则这些列、表达式都必须出现在 GROUP BY 子句中。
- 在组处理函数中可以指定 ALL 和 DISTINCT 选项。其中 ALL 是默认选项，表示统计所有的行(包括重复的行)，而 DISTINCT 只会统计不同的行。

(3) HAVING 子句用于在完成分组结果统计之后，对分组的结果进行筛选。HAVING 子句和 WHERE 子句的相似之处都是定义过滤条件，但是二者不同，HAVING 子句是对分组后形成的组进行过滤，而 WHERE 子句是对表中的记录进行过滤。

(4) 在分组查询中，SELECT 子句后面的所有目标列或目标表达式要么是分组列，要么是分组表达式，要么是集合函数。

1. 单列分组查询

通过指定 GROUP BY 子句可以将查询结果按照某个指定列进行分组，列值相同的记录为一组，然后对每个组进行统计。例如，查询每个部门的人数和平均工资，语句为：

```
SQL>SELECT deptno,count(*),avg(sal),max(sal) FROM emp
    GROUP BY deptno order by deptno;
```

查询结果为:

```
DEPTNO  COUNT(*)      AVG(SAL)  MAX(SAL)
10             3    2916.66667   5000
20             5          2175   3000
30             6    1566.66667   2850
```

注意

按照某个分组进行统计时，目标列只能是分组列或者集合函数，如果出现其他非分组列或非集合函数，就会出现错误。例如:

```
SQL>SELECT ename,count(*),avg(sal),max(sal) FROM emp GROUP BY deptno;
```

2. 多列分组查询

与 ORDER BY 子句类似，也可以在 GROUP BY 子句中指定多个分组列来进行多列分组查询。在多列分组统计时，系统根据分组列组合的不同值进行分组查询并统计。例如，要查询每个部门不同工种的员工人数和最高工资。语句为:

```
SELECT deptno,job,count(*),max(sal) FROM emp
GROUP BY deptno,job;
```

3. 使用 ROLLUP 和 CUBE 限定词生成报表

使用 GROUP BY 子句进行多列分组，只能生成简单的分组统计结果。如果想要生成横向统计、纵向统计和不分组统计等，可以使用 ROLLUP 和 CUBE 选项。其中，在 GROUP BY 子句中使用 ROLLUP 选项，可以生成横向统计和不分组统计；而使用 CUBE 选项，可以生成横向统计、纵向统计和不分组统计。

例 11.3 查询每个部门、每个工种的平均工资及其横向统计结果。查询结果的形式如表 11.5 所示。

表 11.5 利用 ROLLUP 分组查询的结果

工种 / 部门号	CLERK	MANAGER	PRESIDENT	ANALYST	SALESMAN	横向统计
10	1300	2450	5000			2916
20	950	2975		3000		2175
30	950	2850			1400	1566
合计						2073

查询语句为:

```
SQL>SELECT deptno,job,avg(sal) FROM emp GROUP BY ROLLUP(deptno,job);
```

查询结果如图 11.1 所示。

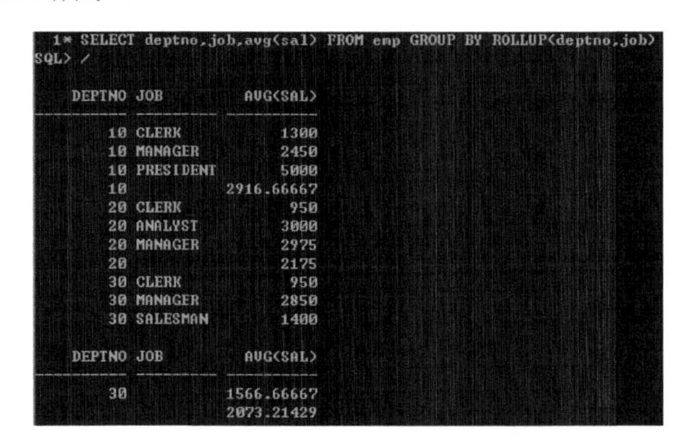

```
  1* SELECT deptno,job,avg(sal) FROM emp GROUP BY ROLLUP(deptno,job)
SQL> /

    DEPTNO JOB         AVG(SAL)
---------- --------- ----------
        10 CLERK           1300
        10 MANAGER         2450
        10 PRESIDENT       5000
        10           2916.66667
        20 CLERK            950
        20 ANALYST         3000
        20 MANAGER         2975
        20                 2175
        30 CLERK            950
        30 MANAGER         2850
        30 SALESMAN        1400

    DEPTNO JOB         AVG(SAL)
---------- --------- ----------
        30           1566.66667
                     2073.21429
```

图 11.1　例 11.3 的查询结果

例 11.4 查询每个部门、每个工种的平均工资及其横、纵向统计结果，查询结果的形式如表 11.6 所示。

表 11.6　利用 CUBE 分组查询的结果

工种 部门号	CLERK	MANAGER	PRESIDENT	ANALYST	SALESMAN	横向统计
10	1300	2450	5000			2916
20	950	2975		3000		2175
30	950	2850			1400	1566
合计	1037	2758	5000	3000	1400	2073

查询语句为：

```
SQL>SELECT deptno,job,avg(sal) FROM emp GROUP BY CUBE(deptno,job);
```

查询结果如图 11.2 所示。

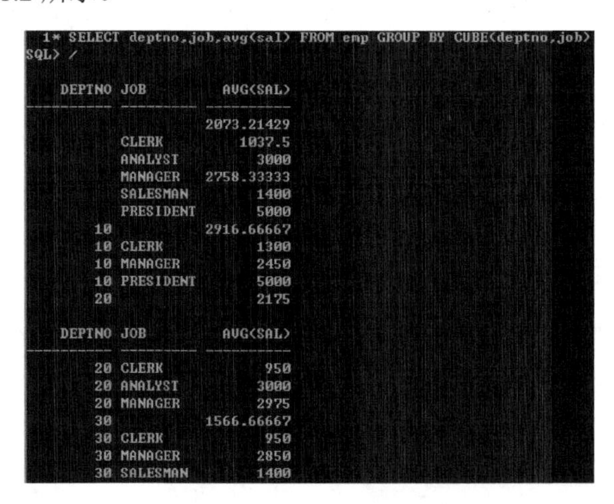

```
  1* SELECT deptno,job,avg(sal) FROM emp GROUP BY CUBE(deptno,job)
SQL> /

    DEPTNO JOB         AVG(SAL)
---------- --------- ----------
                     2073.21429
           CLERK         1037.5
           ANALYST         3000
           MANAGER   2758.33333
           SALESMAN        1400
           PRESIDENT       5000
        10           2916.66667
        10 CLERK           1300
        10 MANAGER         2450
        10 PRESIDENT       5000
        20                 2175

    DEPTNO JOB         AVG(SAL)
---------- --------- ----------
        20 CLERK            950
        20 ANALYST         3000
        20 MANAGER         2975
        30           1566.66667
        30 CLERK            950
        30 MANAGER         2850
        30 SALESMAN        1400
```

图 11.2　例 11.4 的查询结果

4. 使用 HAVING 子句

HAVING 子句通常与 GROUP BY 子句一起使用，在完成对分组结果统计后，可以使用 HAVING 子句对分组结果做进一步筛选，HAVING 子句将返回满足条件的组。

例如，查询最低工资大于 1500 的各种工作，语句为：

```
SQL>SELECT distinct job FROM emp
   GROUP BY job HAVING min(sal)>1500;
```

查询结果为：

```
JOB
----------
PRESIDENT
MANAGER
ANALYST
```

注意

分组函数不能出现在 WHERE 子句中。例如，下面的语句就会报错：

```
SQL>SELECT deptno,avg(sal),max(sal) FROM emp
WHERE avg(sal)>2000 GROUP BY deptno;
```

11.2.4 连接查询

在数据库中，为了使数据库规范化，相关数据可能存储在不同的表中，这样就可以消除数据冗余、插入异常和删除异常。但是在查询数据时，为了获取完整信息，需要从多个表中获取数据，连接查询就是从多个表中查询数据。例如，员工信息表 EMP 中只有员工所在部门的编号，而部门名称在部门信息表 DEPT 中，所以想要查询某个员工所在部门的名称，就需要对 EMP 表和 DEPT 表进行连接查询。

在 Oracle 数据中，实现连接查询的方法有交叉连接、内连接和外连接 3 种类型。

1. 交叉连接

交叉连接也称为笛卡尔积连接，是当从两个或两个以上的表中无条件地选择数据，即在 WHERE 子句中没有指定连接条件。其查询的结果为一个表中每一行与其他表的每一行连接在一起所生成的表，查询结果的记录数是多个表记录数的乘积。比如 emp 表中有 14 条记录，dept 表有 4 条记录，那么两个表交叉连接后有 56 条记录。语句为：

```
SQL>SELECT empno,ename,sal,dname,loc FROM emp,dept;
```

实际应用中，交叉连接产生的结果中包含了大量的无意义数据。为了避免这种情况，需要对结果进行筛选，过滤其中无意义的数据，从而使得结果满足用户需求。

2. 内连接

内连接是根据指定条件进行连接查询，只有满足连接条件的数据才会出现在结果集

中。两个表进行内连接查询时，先在第一个表中查找到第一个记录，然后在第二个表中从头进行扫描，逐个查找满足连接条件的记录，找到后将其与第一个表中查找到的记录拼接，形成结果集中第一个记录，这样扫描完第二个表后，再在第一个表中查找第二个记录，然后再从头扫描第二个表，逐个查找满足连接条件的记录，找到后将其与第一个表中查找到的第二个记录拼接，形成结果集中的一个记录。重复上述过程，直到第一个表中的记录全部处理完毕。

根据连接条件的不同，内连接可以分为相等连接和不等连接两种。如果在同一个表或视图中进行连接查询，则称为自身连接。

(1) 相等连接

连接条件中使用等号运算符的连接查询就是相等连接。在连接查询中，进行连接的不同表中，比较列的名称可以不同，但必须类型一致。如果连接的表中有相同名称的列，则需要用“表名.列名”的方式来区分不同表中的列。例如，查询所有职位为‘CLERK’的员工姓名和所在部门名称。语句为：

```
SQL>SELECT  emp.ename, dept.dname
   FROM  emp, dept
   WHERE emp.deptno = dept.deptno and emp.job = 'CLERK';
```

(2) 不等连接

连接条件中使用除等号外的其他关系运算符的连接查询称为不相等连接。例如，查询 10 号部门员工的工资等级，语句为：

```
SQL>SELECT empno,ename,sal,grade
   FROM emp,salgrade
   WHERE sal BETWEEN losal AND hisal AND deptno=10;
```

查询结果为：

```
EMPNO     ENAME          SAL       GRADE
------  --------     ---------- -------
7839      KING          5000         5
7782      CLARK         2450         4
7934      MILLER        1300         2
```

(3) 自身连接

如果一个连接查询是在同一个表或视图中进行连接，称为自身连接，相当于同一个表做两个或多个表用。自身连接主要是来显示上下级关系或者层次关系的。例如，查询员工的直接上级领导的工资，语句为：

```
SQL>SELECT e.empno,e.ename,m.empno,m.sal
   FROM emp e,emp m
   WHERE e.mgr=m.empno;
```

3. 外连接

内连接值返回在两个表中特定列有匹配值的记录，而外连接则可以将一个表在另一个表中没有匹配值的记录也加入到结果集中。根据结果集中包含的不符合连接条件的记录来源的不同，外连接分为左外连接、右外连接和全外连接。

(1) 左外连接

除了满足连接条件的记录外，将连接操作符左边表中的不符合连接条件的记录也加入到结果集中，与之对应的连接操作符右侧表列用 NULL 填充。这样的连接称为左外连接。

在 Oracle 11g 数据库中，表示左外连接的方式有以下两种。

① ANSI 连接方式：

```
SELECT table1.column ..., table2.column ...
FROM table1 LEFT JOIN table2
ON table1.column<关系表达式> table2.column
```

② Oracle 连接方式：

```
SELECT table1.column ..., table2.column ...
FROM table1,table2
WHERE table1.column<关系表达式> table2.column(+)
```

例 11.5 在上面查询员工的直接上级领导信息时，最高领导 KING 的 mgr 字段为空，所以显示不出他的信息，如果想要显示所有员工的姓名、工种、工资和其领导的姓名，使用的 SQL 语句如下：

```
SQL>SELECT e.empno,e.job,m.ename manager,e.sal
   FROM emp e LEFT JOIN emp m
   ON e.mgr=m.empno;
```

或者：

```
SQL>SELECT e.empno,e.job,m.ename manager,e.sal
   FROM emp e,emp m
   WHERE e.mgr=m.empno(+);
```

查询结果如图 11.3 所示。

EMPNO	JOB	MANAGER	SAL
7902	ANALYST	JONES	3000
7788	ANALYST	JONES	3000
7900	CLERK	BLAKE	950
7844	SALESMAN	BLAKE	1500
7654	SALESMAN	BLAKE	1250
7521	SALESMAN	BLAKE	1250
7499	SALESMAN	BLAKE	1600
7934	CLERK	CLARK	1300
7876	CLERK	SCOTT	1100
7782	MANAGER	KING	2450
7698	MANAGER	KING	2850
7566	MANAGER	KING	2975
7369	CLERK	FORD	800
7839	PRESIDENT		5000

图 11.3 例 11.5 的查询结果

(2) 右外连接

除了满足连接条件的记录外，将连接操作符右边表中的不符合连接条件的记录也加入到结果集中，与之对应的连接操作符左侧表列用 NULL 填充。这样的连接称为右外连接。

在 Oracle 11g 数据库中，表示右外连接的方式有以下两种。

① ANSI 连接方式：

```
SELECT table1.column ..., table2.column ...
FROM table1 RIGHT JOIN table2
ON table1.column<关系表达式> table2.column
```

② Oracle 连接方式：

```
SELECT table1.column ..., table2.column ...
FROM table1,table2
WHERE table1.column(+)<关系表达式> table2.column
```

例 11.6 显示所有部门的部门名称以及部门中的员工人数，没有员工的部门信息也要显示。SQL 语句如下：

```
SQL>SELECT dept.dname,count(e.empno)
   FROM dept RIGHT JOIN emp
   ON dept.deptno=emp.deptno
   GROUP BY dept.dname;
```

或者：

```
SQL>SELECT dept.dname,count(e.empno)
   FROM dept,emp
   WHERE dept.deptno=emp.deptno(+) GROUP BY dept.dname;
```

查询结果如图 11.4 所示。

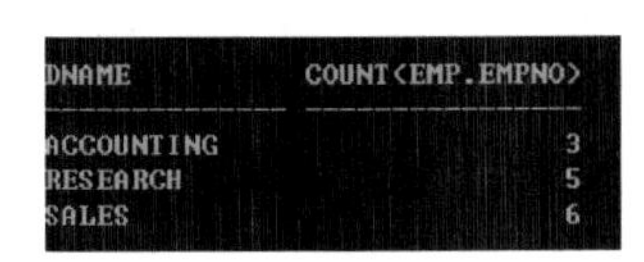

DNAME	COUNT(EMP.EMPNO)
ACCOUNTING	3
RESEARCH	5
SALES	6

图 11.4　例 11.6 的查询结果

(3) 全外连接

除了满足连接条件的记录外，将连接操作符两边表中的不符合连接条件的记录都加入到结果集中，这样的连接就是全外连接。

在 Oracle 11g 数据库中，表示全外连接的方式为：

```
SELECT table1.column ..., table2.column ...
FROM table1 FULL JOIN table2
ON table1.column<关系表达式> table2.column
```

原始的 emp 表中的所有员工都是有部门编号的，为了测试全外连接，我们执行下面的语句，插入一条员工信息：

```
SQL>INSERT INTO emp(empno,ename,sal,hiredate)
   VALUES(1000,'ZHANGSAN',1890,to_date('20-10-2010','dd-mm-yyyy'));
```

这样，要查询所有员工及对应部门的信息，包括没有部门编号的员工信息和没有任何员工的部门信息时，可以使用全外连接。查询语句为：

```
SQL>SELECT emp.ename, emp.deptno, dept.dname
   FROM emp FULL JOIN dept
   ON emp.deptno=dept.deptno;
```

查询结果如图 11.5 所示。

ENAME	DEPTNO	DNAME
ZHANGSAN		
SMITH	20	RESEARCH
ALLEN	30	SALES
WARD	30	SALES
JONES	20	RESEARCH
MARTIN	30	SALES
BLAKE	30	SALES
CLARK	10	ACCOUNTING
SCOTT	20	RESEARCH
KING	10	ACCOUNTING
TURNER	30	SALES
ADAMS	20	RESEARCH
JAMES	30	SALES
FORD	20	RESEARCH
MILLER	10	ACCOUNTING
		OPERATIONS

已选择16行。

图 11.5　显示所有员工及对应部门的信息

(+)操作符不能用于全外连接，只能在左外连接和右外连接中使用。

11.2.5　子查询

在 SQL 语句中，还可以包含其他的 SELECT 语句，被包含的 SELECT 语句称为子查询。SQL 语句中，子查询被放在圆括号内。子查询可以嵌套，嵌套子查询的执行次序是由里向外，即先处理子查询，然后将其查询的结果用于父查询。使用嵌套子查询的方法，可以用一系列简单的查询构成复杂的查询，从而增强 SQL 语句的功能。

子查询可以嵌套在很多位置，在 SELECT 语句中，子查询可以出现在 FROM 子句、WHERE 子句、HAVING 子句中，用于返回一行或多行，也可以出现在 INSERT 语句、UPDATE 语句和 DELETE 语句中，用于向一个表中插入、修改或删除一行或多行数据。甚至可以出现在 DDL 语句中。

根据返回结果集中行数的不同，子查询可以分为单行子查询、多行子查询。根据子查询与外部父语句的关系，子查询又可以分为关联子查询和无关子查询。

1. 单行子查询

只返回一行数据的子查询就是单行子查询。其中，如果返回的这行数据中只包含一列数据，那么这样的子查询也称为标量子查询。标量子查询可以出现在 SQL 语句中任何使用一个表达式或一个实际值的地方(例如比较运算符的右侧)。例如，查询工资最高的员工信息，语句为：

```
SQL>SELECT ename,deptno,sal FROM emp
   WHERE sal=(select max(sal) from emp);
```

单行子查询也可以返回多列数据。多列数据进行比较时，既可以成对比较，也可以非成对比较。成对比较要求多个列数据必须同时匹配。

例如，查询与员工 SMITH 的部门和工种完全相同的员工的信息。语句为：

```
SQL>SELECT ename,deptno,sal,job FROM emp
   WHERE (deptno,job) = (SELECT deptno,job FROM emp WHERE ename='SMITH');
```

例如，查询与 7844 号员工相同工种，工资比 7943 号员工高的员工姓名、工种和工资。语句为：

```
SQL>SELECT ename, job, salary
   FROM  emp
   WHERE job = (SELECT job  FROM emp WHERE  empno = 7844)
   AND sal >(SELECT sal FROM emp WHERE  empno = 7943);
```

2. 多行子查询

多行子查询是指返回多行数据的子查询。当在 WHERE 子句中使用多列子查询时，必须使用 IN、ALL、ANY、EXISTS 等多行比较运算符。具体如表 11.7 所示。

表 11.7　多行比较运算符

运 算 符	含　义
IN	与子查询返回结果中的任何一个值相等
NOT IN	与子查询返回结果中的任何一个值都不等
>ANY	比子查询返回结果中的某一个值大
=ANY	与子查询返回结果中的某一个值相等
<ANY	比子查询返回结果中的某一个值小
>ALL	比子查询返回结果中的所有值都大
<ALL	比子查询返回结果中的任何一个值都小
EXISTS	子查询至少返回一行时条件为 TRUE
NOT EXISTS	子查询不返回任何一行时条件为 TRUE

例 11.7 查询所有拥有一个或多个员工的部门，语句为：

```
SQL>SELECT deptno,dname FROM dept
   WHERE deptno in(SELECT DISTINCT(deptno) FROM emp);
```

上面的例子中，子查询代替了连接查询来实现。

例 11.8 查询比 CLERK 职位的所有员工的工资高的员工信息：

```
SQL>SELECT empno,ename,sal
   FROM emp
   WHERE sal>ALL(SELECT sal  FROM emp WHERE job='CLERK');
```

例 11.9 查询与 20 号部门某个员工的工资和工种都相同的员工信息：

```
SQL>SELECT empno,ename,sal,job FROM emp
   WHERE(sal,job)in(SELECT sal,job FROM emp WHERE deptno=20);
```

3. 关联子查询

在上面的各种查询中，子查询在执行时并不需要外部父查询的信息，这种查询称为无关联子查询。如果子查询在执行时需要引用外部父查询的信息，那么这种查询就称为关联子查询。关联子查询会引用外部查询中的一列或多列。在执行时，外部查询的每一行都被一次一行地传递给子查询。子查询依次读取外部查询传递来的每一值，并将其用到子查询上，直到外部查询所有的行都处理完为止，然后返回查询结果。一般常用 EXISTS 或 NOT EXISTS 谓词来实现关联子查询。

例 11.10 查询比本职位的平均工资高的员工信息：

```
SQL>SELECT ename,job,sal
   FROM emp t
   WHERE sal>(SELECT avg(sal) FROM emp WHERE t.job=job);
```

例 11.11 查询所有领导的信息，用关联子查询来实现：

```
SQL>SELECT ename,job,sal
   FROM emp m
   WHERE exists(SELECT * FROM emp e WHERE e.mgr=m.empno)
```

子查询除了可以在 WHERE 子句中使用外，还可以在 FROM 子句、HAVING 子句中使用。当在 FROM 子句中使用子查询时，该子查询被当作内嵌视图使用，必须为该子查询指定别名。

例 11.12 查找部门平均工资超过 2500 的那些部门员工的平均工资：

```
SQL>SELECT deptno,dname,avg_sal
   FROM(SELECT deptno,dname,avg(sal) as avg_sal
         FROM emp
         GROUP BY deptno)
   WHERE avg_sal>2500;
```

例 11.13 查找部门平均工资超过所有员工平均工资的部门编号和部门平均工资：

```
SQL>SELECT deptno, avg(sal)
   FROM emp
   GROUP BY deptno
   HAVING avg(sal)>(SELECT avg(sal) FROM emp GROUP BY empno)
   ORDER BY deptno;
```

11.2.6 合并查询

在查询过程中，有时需要将两个或多个查询结果合并，可以使用集合运算符来进行合并查询。常用的集合运算符有 UNION(并运算)、INTERSECT(交运算)和 MINUS(差运算)。

进行合并查询的语法为：

```
SELECT query_statement1 [UNION | UNION ALL | INTERSECT | MINUS]
SELECT query_statement2;
```

在使用集合操作符进行合并查询时，要注意以下几点：

- 合并的查询结果集必须具有相同的列数和数据类型。
- 对最终结果集进行排序时，ORDER BY 子句只能加在最后一个查询语句之后。

1. UNION

UNION 运算符可以将多个查询结果集相加，形成一个结果集，其结果等同于集合运算中的并运算。即 UNION 运算符可以将第一个查询中的所有行与第二个查询中的所有行相加，并消除其中重复的行，形成一个合集。默认按第一列进行排序。

例 11.14 查询职位为 ANALYST 的员工号、员工名、工资和部门号以及工资大于 2500 的所有员工的员工号、员工名、工资和部门号。语句为：

```
SQL>SELECT empno,ename,sal,deptno FROM emp WHERE job='ANALYST'
   UNION
   SELECT empno,ename,sal,deptno FROM emp WHERE sal>2500;
```

查询结果如图 11.6 所示。

```
  1  SELECT empno,ename,sal,deptno FROM emp WHERE job='ANALYST'
  2       UNION
  3*      SELECT empno,ename,sal,deptno FROM emp WHERE sal>2500
  4  /

     EMPNO ENAME             SAL     DEPTNO
---------- ---------- ---------- ----------
      7566 JONES            2975         20
      7698 BLAKE            2850         30
      7788 SCOTT            3000         20
      7839 KING             5000         10
      7902 FORD             3000         20
```

图 11.6　例 11.14 的查询结果

上面的查询结果中，职位为 ANALYST 并且工资大于 2500 的员工信息并没有重复出现，如果要保留重复记录，需要使用 UNION ALL 运算符。例如：

```
SQL>SELECT empno,ename,sal,deptno FROM emp WHERE job='ANALYST'
   UNION ALL
   SELECT empno,ename,sal,deptno FROM emp WHERE sal>2500;
```

查询结果如图 11.7 所示。

```
     EMPNO ENAME             SAL     DEPTNO
---------- ---------- ---------- ----------
      7788 SCOTT            3000         20
      7902 FORD             3000         20
      7566 JONES            2975         20
      7698 BLAKE            2850         30
      7788 SCOTT            3000         20
      7839 KING             5000         10
      7902 FORD             3000         20

已选择7行。
```

图 11.7　使用 UNION ALL 合并查询的结果

2. INTERSECT

INTERSECT 操作符也用于对两个 SQL 语句所产生的结果集进行处理的。不同之处在于，UNION 是并集运算，而 INTERSECT 是交集运算。

例 11.15 查询职位为 SALESMAN 且工资大于 1500 的员工号、员工名、工资和部门号。语句为：

```
SQL>SELECT empno,ename,sal,deptno FROM emp WHERE job='SALESMAN'
   INTERSECT
   SELECT empno,ename,sal,deptno FROM emp WHERE sal>1500;
```

查询结果如图 11.8 所示。

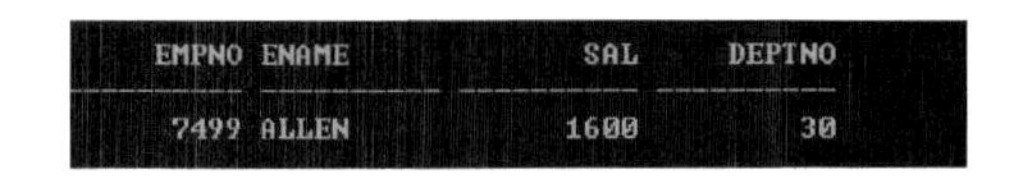

EMPNO	ENAME	SAL	DEPTNO
7499	ALLEN	1600	30

图 11.8 例 11.15 的查询结果

3. MINUS

MINUS 运算符可以获取两个给定的结果集之间的差集，也就是说，该集合操作符会返回所有在第一个查询结果集中存在，但是不在第二个查询结果集中的记录。

例 11.16 查询职位为 CLERK 且不在 30 号部门的员工号、员工名和工资。语句为：

```
SQL>SELECT empno,ename,sal FROM emp WHERE job='CLERK'
   MINUS
   SELECT empno,ename,sal FROM emp WHERE deptno=30;
```

查询结果如图 11.9 所示。

EMPNO	ENAME	SAL
7369	SMITH	800
7876	ADAMS	1100
7934	MILLER	1300

图 11.9 例 11.16 的查询结果

11.3 数据操纵

除了能够完成对数据库中数据的查询功能外，SQL 语句还可以实现数据操纵的功能，即实现数据的插入(INSERT)、修改(UPDATE)和删除(DELETE)操纵，对数据库的数据进行修改。

11.3.1 插入数据

在 Oracle 11g 中，可以使用 INSERT 语句向表或视图中插入数据。既可以一次插入一行记录，也可以利用子查询结果一次插入多行记录。

1. 插入单行记录

可以使用 INSERT INTO ... VALUES 语句向表或视图中插入单行记录，语法为：

```
INSERT INTO table_name|view_name [(column1[,column2 ...])]
VALUES(value1[,value2, ...]);
```

其中：

- table_name | view_name：表示要插入的表或视图的名字。
- column1、column2 ...：表示插入的表中的列的名字。
- value1、value2 ...：表示插入到表中的值的列表。

注意

① 可以在 INTO 子句中不指明任何列，但此时必须要求 VALUES 子句中列值的个数、顺序、类型必须与表中列的个数、顺序、类型相匹配。

② 如果在 INTO 子句中指定了列名，则 VALUES 子句中提供的列值的个数、顺序、类型必须与指定列的个数、顺序、类型按位置对应。

③ 插入数据必须满足表的所有完整性约束。

④ 插入字符型数据或日期型数据时必须加单引号。日期型数据需要按系统默认格式输入或使用 TO_DATE 函数进行日期转换。

例 11.17 向 emp 表插入一条记录，员工号为 1234，员工名为 jack，职位是 CLERK，入职日期为 2012 年 7 月 10 日。语句为：

```
SQL>INSERT INTO emp(empno,ename,job,hiredate)
   VALUES(1234,'jack','CLERK', to_date('2012-07-10','yyyy-mm-dd'));
```

或者：

```
SQL>INSERT INTO emp(empno,ename,job,hiredate)
   VALUES(1234,'jack','CLERK',to_date('2012-07-10','yyyy-mm-dd'));
```

2. 插入批量数据

INSERT 语句除了可以向表或视图中插入一行数据外，还可以利用子查询的结果一次向表中插入多条数据。语法为：

```
INSERT INTO table_name|view_name[(column1[,column2,...])] subquery;
```

其中，subquery 表示子查询语句。

注意

使用子查询进行批量数据的插入时，INTO 子句指定的列名可以与子查询指定的列名不同。但子查询中列的个数、顺序、类型必须与 INTO 子句中指定的列的个数、顺序、类型相匹配。

例 11.18 将 emp 表中 ACCOUNTING 部门的员工信息插入到 emp_account 表中(假设该表已经创建)。语句为：

```
SQL>INSERT INTO emp_account
    SELECT * FROM emp
    WHERE deptno=(SELECT deptno FROM dept WHERE dname='ACCOUNTING');
```

例 11.19 向 emp 表中插入一行记录，其员工名为 JOHNSON，员工号为 1235，其他信息与员工名为 SMITH 的员工信息相同。语句为：

```
SQL>INSERT INTO emp
    SELECT 1235,'JOHNSON',job,mgr,hiredate,sal,comm.,deptno
    FROM emp
    WHERE name='SMITH';
```

3. 向多个表插入数据

Oracle 数据库在 9i 版本之前，如果想把数据插入多个表中，需要使用多条 INSERT 语句，从 9i 开版本开始，可以使用一条 INSERT 语句同时向多个表中插入数据。根据数据插入的条件不同，可以分为无条件插入和有条件插入。无条件插入指将数据插入到所有指定的表中，而有条件插入指将数据按条件插入到对应的表中。

(1) 无条件多表插入

使用 INSERT 语句进行无条件多表插入的语法为：

```
INSERT [ALL]
INTO table1 VALUES(column1,column2[,...])
INTO table2 VALUES(column1,column2[,...])
...
Subquery;
```

例 11.20 假设有两个表 emp_sal 和 emp_comm，其定义分别是：

```
SQL>CREATE TABLE emp_sal AS SELECT empno,hiredate,sal FROM emp WHERE 1=2;
SQL>CREATE TABLE emp_comm AS SELECT empno,mgr,comm FROM emp WHERE 1=2;
```

利用无条件多表插入，将 emp 表中工资高于 2000 的员工信息查询后分别插入 emp_sal 和 emp_mgr 表。语句为：

```
SQL>INSERT ALL
    INTO emp_sal VALUES(empno,hiredate,sal)
    INTO emp_comm VALUES(empno,mgr,comm)
    SELECT empno,hiredate,mgr,sal,comm FROM emp;
```

插入结果如图 11.10 和 11.11 所示。

(2) 有条件多表插入

使用 INSERT 语句进行有条件多表插入的语法为：

```
INSERT  ALL | FIRST
WHEN condition1 THEN INTO table1(column1,column2[,...])
```

```
WHEN condition2 THEN INTO table2(column1,column2[,...])
...
ELSE INTO tablen(column1,column2[,...])
Subquery;
```

```
SQL> select * from emp_sal;

     EMPNO HIREDATE              SAL
---------- -------------- ----------
      1000 20-10月-10           1890
      7369 17-12月-80            800
      7499 20-2月 -81           1600
      7521 22-2月 -81           1250
      7566 02-4月 -81           2975
      7654 28-9月 -81           1250
      7698 01-5月 -81           2850
      7782 09-6月 -81           2450
      7788 19-4月 -87           3000
      7839 17-11月-81           5000
      7844 08-9月 -81           1500
      7876 23-5月 -87           1100
      7900 03-12月-81            950
      7902 03-12月-81           3000
      7934 23-1月 -82           1300
```

图 11.10　插入操作后 emp_sal 表的内容

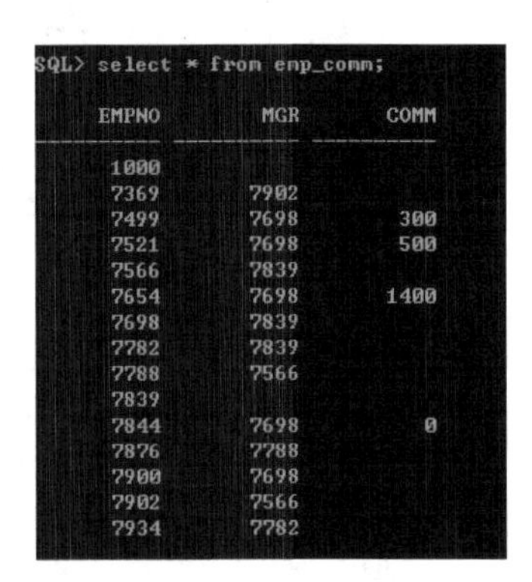

```
SQL> select * from emp_comm;

     EMPNO        MGR       COMM
---------- ---------- ----------
      1000
      7369       7902
      7499       7698        300
      7521       7698        500
      7566       7839
      7654       7698       1400
      7698       7839
      7782       7839
      7788       7566
      7839
      7844       7698          0
      7876       7788
      7900       7698
      7902       7566
      7934       7782
```

图 11.11　插入操作后 emp_comm 表的内容

其中：

- ALL：表示一条记录可以同时插入多个满足条件的表中。
- FIRST：表示一条记录只插入第一个满足条件的表中。

例 11.21 将 emp 表中的员工信息按照不同职位分别复制到 emp_clerk、emp_salesman、emp_analyst、emp_manager 和 emp_other 表中。语句为：

```
SQL>Create table emp_clerk as SELECT * FROM emp WHERE 1=2;
SQL>Create table emp_salesman as SELECT * FROM emp WHERE 1=2;
SQL>Create table emp_analyst as SELECT * FROM emp WHERE 1=2;
SQL>Create table emp_manager as SELECT * FROM emp WHERE 1=2;
SQL>Create table emp_other as SELECT * FROM emp WHERE 1=2;
SQL>INSERT FIRST
   WHEN job='CLERK'  THEN INTO emp_clerk
   WHEN job='SALESMAN' THEN INTO emp_ salesman
   WHEN job='ANALYST' THEN INTO emp_ analyst
   WHEN job='MANAGER' THEN INTO emp_manager
   ELSE INTO emp_other
   SELECT * FROM emp;
```

插入结果如图 11.12~11.16 所示。

```
SQL> select * from emp_clerk;

     EMPNO ENAME      JOB              MGR HIREDATE              SAL       COMM
---------- ---------- --------- ---------- -------------- ---------- ----------
    DEPTNO
----------
      7369 SMITH      CLERK           7902 17-12月-80            800
        20

      7876 ADAMS      CLERK           7788 23-5月 -87           1100
        20

      7900 JAMES      CLERK           7698 03-12月-81            950
        30

      7934 MILLER     CLERK           7782 23-1月 -82           1300
        10
```

图 11.12　例 11.21 插入操作后 emp_clerk 表的内容

```
SQL> select * from emp_salesman
  2  /

     EMPNO ENAME      JOB              MGR HIREDATE          SAL       COMM
---------- ---------- --------- ---------- -------------- ---------- ----------
    DEPTNO
----------
      7499 ALLEN      SALESMAN        7698 20-2月 -81         1600        300
        30

      7521 WARD       SALESMAN        7698 22-2月 -81         1250        500
        30

      7654 MARTIN     SALESMAN        7698 28-9月 -81         1250       1400
        30

      7844 TURNER     SALESMAN        7698 08-9月 -81         1500          0
        30
```

图 11.13 例 11.21 插入操作后 emp_salesman 表的内容

```
SQL> select * from emp_analyst;

     EMPNO ENAME      JOB              MGR HIREDATE          SAL       COMM
---------- ---------- --------- ---------- -------------- ---------- ----------
    DEPTNO
----------
      7788 SCOTT      ANALYST         7566 19-4月 -87         3000
        20

      7902 FORD       ANALYST         7566 03-12月-81         3000
        20
```

图 11.14 例 11.21 插入操作后 emp_analyst 表的内容

```
SQL> select * from emp_manager
  2  /

     EMPNO ENAME      JOB              MGR HIREDATE          SAL       COMM
---------- ---------- --------- ---------- -------------- ---------- ----------
    DEPTNO
----------
      7566 JONES      MANAGER         7839 02-4月 -81         2975
        20

      7698 BLAKE      MANAGER         7839 01-5月 -81         2850
        30

      7782 CLARK      MANAGER         7839 09-6月 -81         2450
        10
```

图 11.15 例 11.21 插入操作后 emp_manager 表的内容

```
  1* select * from emp_other
SQL> /

     EMPNO ENAME      JOB              MGR HIREDATE          SAL       COMM
---------- ---------- --------- ---------- -------------- ---------- ----------
    DEPTNO
----------
      1000 ZHANGSAN                        20-10月-10         1890


      7839 KING       PRESIDENT            17-11月-81         5000
        10
```

图 11.16 例 11.21 插入操作后 emp_other 表的内容

11.3.2 修改数据

在 Oracle 11g 中，使用 UPDATE 语句来修改数据库中的数据，可以一次修改一条记录，也可以一次修改多条记录，还可以利用子查询来修改数据。UPDATE 语句的语法为：

```
UPDATE table_name|view_name
SET column1=value1[,column2=value2 ...]
[WHERE condition];
```

例 11.22 将员工号为 1234 的员工入职日期修改为 2003 年 4 月 29 日。语句为：

```
SQL>UPDATE emp
```

```
   SET hiredate=to_date('2003/04/29','yyyy/mm/dd')
   WHERE empno=1234;
```

例 11.23 为职位为 ANALYST 的所有员工工资增加 10%。语句为：

```
SQL>UPDATE emp
   SET sal=sal*1.1
   WHERE job='ANALYST';
```

例 11.24 将与员工 WARD 职位相同的员工的工资(sal)、奖金(comm)更新为与 WARD 完全相同。语句为：

```
SQL>UPDATE emp
   SET (sal,comm)=(SELECT sal,comm FROM emp WHERE ename='WARD')
   WHERE job=(SELECT job FROM emp WHERE ename='WARD');
```

注意

在使用子查询来修改数据时，必须保证子查询的结果为一行数据。如果返回多行数据，就会出现错误。

11.3.3 删除数据

在 Oracle 11g 中，使用 DELETE 语句来删除数据库中的数据，可以一次删除一条记录或多条记录，还可以利用子查询来删除数据。语法为：

```
DELETE FROM table_name | view_name [where condition]
```

例 11.25 删除员工号为 1235 的员工信息。语句为：

```
SQL>DELETE FROM emp WHERE empno=1235;
```

例 11.26 删除 ACCOUNTING 部门的员工信息。语句为：

```
SQL>DELETE FROM emp
   WHERE deptno=(select deptno from dept where dname='ACCOUNTING');
```

如果在 DELETE 语句中没有 WHERE 条件，则表示删除表中所有记录。如果用户确定要删除表中的所有记录，则建议使用 TRUNCATE 语句。使用 TRUNCATE 语句删除表中记录的语法为：

```
TRUNCATE TABLE table_name;
```

例 11.27 删除 emp_clerk 表中的所有记录。语句为：

```
SQL>TRUNCATE TABLE emp_clerk;
```

使用 DELETE 语句删除数据，实际上是将数据标记为 UNUSED，并不释放空间，同时将操作过程写入日志文件，因此 DELETE 操作可以回滚。而 TRUNCATE 语句删除数据是立即删除，释放存储空间，并且不写入日志文件。因此 TRUNCATE 语句的执行效率较高，但该操作不可回滚。

11.4 事务控制

11.4.1 事务概述

事务(Transaction)是访问数据库的一个操作序列，这个操作序列由一组相关的 DML 语句构成。数据库应用系统通过事务集来完成对数据库的存取。事务是数据库并发控制的基本单位。

一个事务开始于用户提交的第一条可执行的 SQL 语句，结束于后来进行的提交或回滚操作。使用 COMMIT 或 ROLLBACK 语句能够显式地结束事务，而提交一个 DDL 语句可以隐式地结束事务。

事务的性质包括如下几个。

(1) 原子性(Atomicity)：即不可分割性，事务要么全部被执行，要么就全部不被执行。如果事务的所有子事务全部提交成功，则所有的数据库操作被提交，数据库状态发生转换；如果有子事务失败，则其他子事务的数据库操作被回滚，即数据库回到事务执行前的状态，不会发生状态转换。

(2) 一致性(Consistency)：事务的执行使得数据库从一种一致性状态转换成另一种一致性状态。

(3) 隔离性(Isolation)：在事务正确提交之前，不允许把该事务对数据的任何改变提供给任何其他事务，即在事务正确提交之前，它可能的结果不应显示给任何其他事务。

(4) 持久性(Durability)：事务正确提交后，其结果将永久保存在数据库中，即使在事务提交后有了其他故障，事务的处理结果也会得到保存。

11.4.2 Oracle 事务管理

1. 事务的设置

Oracle 数据库中允许事务的并发运行，可能导致 4 个问题。

- 更新丢失：当系统允许两个事务同时更新同一数据时，发生更新丢失。
- 脏读：当一个事务读取另一个事务尚未提交的修改时，产生脏读。
- 非重复读：同一查询在同一事务中多次进行，由于其他提交事务所做的修改或删除，每次返回不同的结果集，此时发生非重复读。
- 幻像：同一查询在同一事务中多次进行，由于其他提交事务所做的插入操作，每次返回不同的结果集，此时发生幻像读。

为了解决上述问题，Oracle 数据库支持对事务的隔离等级进行设置和修改。事务的隔离级别指的是一个事务对数据库的修改与并行的另一个事务的隔离程度。

Oracle 支持 SQL92 标准中的 READ COMMITED 和 SERIALIZABLE 和非 SQL92 标准

的 READ-ONLY。

(1) 提交读(READ COMMITED)

这是 Oracle 默认的事务隔离级别。用于设置语句级的一致性。事务中的每一条语句都遵从语句级的读一致性。该隔离级别保证不会脏读；但可能出现非重复读和幻像。在该级别的事务中可以执行 DML 操作。

(2) 串行化(SERIALIZABLE)

简单地说，串行化就是使事务看起来像是一个接着一个地顺序执行。仅仅能看见在本事务开始前由其他事务提交的更改和在本事务中所做的更改。该隔离级别保证不会出现非重复读和幻像。串行化隔离级别提供了只读事务所提供的读一致性(事务级的读一致性)，同时又允许 DML 操作。如果有在串行化事务开始时未提交的事务在串行化事务结束之前修改了串行化事务将要修改的行并进行了提交，则串行化事务不会读到这些变更，因此会发生无法序列化访问的错误。

(3) 只读(READ-ONLY)

遵从事务级的读一致性，仅仅能看见在本事务开始前由其他事务提交的更改。不允许在本事务中进行 DML 操作。只读是串行化的子集。它们都避免了非重复读和幻像。区别是在只读中只能进行查询；而在串行化中可以进行 DML 操作。

在 Oracle 中，使用 SET TRANSACTION ...设置事务的隔离级别，语法为：

```
SET TRANSACTION ISOLATION LEVEL [READ COMMITTED| SERIALIZABLE]
SET TRANSACTION READ ONLY;
```

也可以设置会话的隔离级别，使用的语句为：

```
SQL>ALTER SESSION SET ISOLATION_LEVEL= READ COMMITTED;
SQL>ALTER SESSION SET ISOLATION_LEVEL= SERIALIZABLE;
```

2. 事务提交

当一个事务开始时，Oracle 为此事务分配一个可用的撤消表空间来记录其产生的回滚条目。

一个事务在满足以下条件之一时结束：

- 用户提交了 COMMIT 语句，或不包含保存点子句的 ROLLBACK 语句。
- 用户执行了 CREATE、DROP、RENAME 或 ALTER 等 DDL 语句。如果当前事务中包含 DML 语句，那么 Oracle 首先提交此事务，然后将 DLL 语句作为一个只包含一条 SQL 语句的新事务运行并提交。
- 用户断开了与 Oracle 的连接。当前事务将被提交。
- 用户进程异常结束。则当前事务被回滚。

当一个事务结束后，下一个可执行的 SQL 语句将会自动地开始一个新事务。

应用程序在退出时，应该显式地进行提交或回滚操作。

提交一个事务意味着将此事务中的 SQL 语句对数据的修改永久地记录到数据库中。在一个修改了数据的事务被提交之前，Oracle 进行以下操作：

- 生成撤消信息。撤消信息包含事务中各个 SQL 语句所修改的数据的原始值。
- 在 SGA 的重做日志缓冲区中生成重做日志项。重做日志记录中包含对数据块和回滚块所进行的修改操作。这些记录可能在事务提交之前被写入磁盘。
- 对数据的修改已经被写入 SGA 中的数据库缓冲区。这些修改可能在事务提交之前被写入磁盘。

当事务被提交之后，Oracle 进行以下操作：

- 撤消表空间内部的事务表，将记录此次提交，Oracle 为此事务分配一个唯一的系统变化号(SCN)，并将其记录在事务表中。
- 重做日志写进程 LGWR 将 SGA 内重做日志缓冲区中的重做日志项写入重做日志文件。同时还将此事务的 SCN 也写入重做日志文件。由以上两个操作构成的原子事件标志着一个事务成功地提交。
- Oracle 释放加于表或数据行上的锁。
- Oracle 将事务标记为完成。

3. 事务回滚

回滚的含义是撤消一个未提交事务中已执行的 SQL 语句对数据的修改。Oracle 使用撤消表空间(或回滚段)来存储被修改的数据的原始值。而重做日志内则保存了对数据修改操作的记录。

用户可以使用 ROLLBACK 命令回滚整个未提交的事务。执行该命令后，事务中的所有操作都被取消，数据库恢复到事务开始之前的状态，同时事务所占用的系统资源和数据库资源被释放。除此之外，用户还可以部分回滚未提交事务，即从事务的最末端回滚到事务中任意一个先前设置的保存点(Savepoint)处。保存点是用户在事务内使用 SAVEPOINT 语句设置的标记，可以将一个大的事务划分为若干较小的片段。

例如，下面的事务中包含了两个插入操作，一个更新操作和两个保存点。

语句为：

```
SQL>INSERT INTO dept VALUES(50,'IT','QINGDAO');
SQL>SAVEPOINT a1;
SQL>UPDATE emp SET ename='TOM' where empno='1235'
SQL>SAVEPOINT a2;
SQL>INSERT INTO emp(empno,ename,dept,sal) VALUES(1236,'EDISON',50,2400);
```

该事务提交之前，可以进行整个事务或部分事务的回滚操作。

例如：

```
SQL>ROLLBACK TO a2;      //回滚最后一个插入操作
SQL>ROLLBACK TO a1;      //回滚后面的插入操作和更新操作
SQL>ROLLBACK;            //回滚全部操作
```

11.5　SQL 函数

在 Oracle 中，经常会使用数据库系统提供的各种函数来完成用户需要的功能。根据函数参数的不同，SQL 函数可以分为数值类函数、字符函数、日期函数、转换函数、集合函数等多种。

11.5.1　字符类函数

字符类函数指专门处理字符型数据的函数，函数的参数和返回值大多是字符类型。常用的字符类函数如表 11.8 所示。

表 11.8　常用的字符类函数

函　数	说　明
ASCII(c)	返回字符串 c 的首字符的 ASCII 码值
CHR(n)	返回十进制 ASCII 码 n 对应的字符
CONCAT(c1,c2)	返回将字符串 c2 添加到字符串 c1 后面而形成的字符串
INITCAP(c)	返回将 c 的每个首字符都大写，其他字符都小写的字符串。单词之间以空格、控制字符和标点符号分界
INSTR(c1, c2[, n[, m]])	在 c1 中从 n 开始搜索 c2 第 m 次出现的位置，并返回该位置数字。如果 n 是负数，则搜索从右向左进行，但位置数字仍然从左向右计算。n 和 m 默认都是 1
LOWER(c)	返回将 c 全部字符都小写的字符串
LENGTH(c)	返回 c 的长度，包括所有的后缀空格。如果 c 是 NULL，则返回 NULL
LPAD(c1, n[, c2])	在 c1 的左边填充 c2，直到字符串的总长度到达 n。c2 的默认值为空格。如果 c1 的长度大于 n，则返回 c1 左边的 n 个字符
LTRIM(c1[, c2])	去掉 c1 左边所包含的 c2 中的任何字符，当遇到不是 c2 中的字符时结束，然后返回剩余的字符串。c2 默认为空格
RPAD(c1,n[,c2])	在 c1 的右边填充 c2，直到字符串的总长度到达 n。c2 的默认值为空格。如果 c1 的长度大于 n，则返回 c1 右边的 n 个字符
RTRIM(c1[, c2])	去掉 c1 右边所包含的 c2 中的任何字符，当遇到不是 c2 中的字符时结束，然后返回剩余的字符串。c2 默认为空格
REPLACE(c1, c2[, c3])	把 c1 中出现的 c2 都替换成 c3，返回剩余的字符串。c3 默认为 NULL
SUBSTR(c, m[, n])	返回 c 的子串，其中 m 是子串开始的位置，n 是子串的长度。如果 m 为 0，则从 c 的首字符开始；如果 m 是负数，则从 c 的结尾开始
TRANSLATE(c1, c2, c3)	把所有在 c2 中出现的字符用对应在 c3 中出现的字符代替，然后返回被替代之后的 c1 字符串

续表

函 数	说 明
TRIM([c1] c2 FROM c3)	c1 是保留字，可以取如下字符串：LEADING、TRAILING、BOTH。从 c3 字符串的 c1 处开始，删除 c2 字符，然后返回剩余的 c3 字符串
UPPER(c)	返回将 c 全部字符串都大写的字符串

例 11.28：

```
SQL>SELECT ASCII('ABC'), CHR(65), INITCAP('i love you') FROM dual;
```

执行结果为：

```
ASCII('ABC')   CHR(65)   INITCAP('i love you')
------------   -------   ---------------------
       65         A              I Love You
```

例 11.29：

```
SQL>SELECT CONCAT('ab','cd') ,'ab'||'cd' FROM dual;
```

执行结果为：

```
CONCAT('ab','cd')  'ab'||'cd'
-----------------   ------
abcd       abcd
```

例 11.30：

```
SQL>SELECT LPAD('abd',5,'*'), INSTR('mississippi','i',3,3),
   SUBSTR('welcome',1,3), REPLACE('database','a','A'),
   TRANSLATE('abcfgabc','abc','A')  FROM dual;
```

执行结果为：

```
LPAD('abd'   INSTR('mississippi','i',3,3)  SUBSTR    REPLACE  TRANSLATE
---------    --------------------------  --------   --------  ---------
   **abd                            11        web     dAtAbAse    AfgA
```

11.5.2 数值类函数

数值函数指处理数值型数据的函数，函数的参数和返回值都是数值类型。常用的数值类函数如表 11.9 所示。

表 11.9 常用的数值类函数

函 数	说 明
ABS(n)	返回 n 的绝对值
ACOS(n)	返回 n 的反余弦值
ASIN(n)	返回 n 的反正弦值

续表

函　数	说　明
ATAN(n)	返回 n 的反正切值
ATAN2(n, m)	返回数字 n 除以 m 的反正切值，m 不能为 0
CEIL(n)	返回大于等于 n 的最小整数
COS(n)	返回 n 的余弦值
COSH(n)	返回 n 的双曲余弦值
EXP(n)	返回 e 的 n 次幂(e=2.71828183...)
FLOOR(n)	返回小于等于 n 的最大整数
LN(n)	返回 n 的自然对数，n 不能为 0
LOG(m, n)	返回以 m 为底的 n 的对数，m 不能为 0
MOD(m, n)	返回 m 除以 n 之后的余数，如果 n 为 0，则返回 m
POWER(m, n)	返回 m 为底的 n 次幂。m 和 n 可为任意数字，但如果 m 为负数，则 n 必须为正数
ROUND(n,[m])	执行四舍五入运算。如果省略 m，则四舍五入到整数位；如果 m 是负数，则到小数点前 m 位；如果 m 是正数，则到小数点后 m 位
SIGN(n)	检测 n 的正负。如果 n<0，则返回-1；如果 n=0，则返回 0；如果 n>0，则返回 1
SIN(n)	返回 n 的正弦值
SINH(n)	返回 n 的双曲正弦值
SQRT(n)	返回 n 的平方根，n 必须大于 0
TAN(n)	返回 n 的正切值
TANH(n)	返回 n 的双曲正切值
TRUNC(n,[m])	执行截取数字。如果省略 m，则将 n 的小数部分截取；如果 m 是负数，则截取到小数点前 m 位；如果 m 是正数，则截取到小数点后 m 位

例 11.31：

```
SQL>SELECT MOD(14,5),ceil(-32.85),ROUND(1234.5678),TRUNC(1234.5678,2),
   SQRT(64) FROM dual;
```

执行结果为：

```
MOD(14,5) ceil(-32.85) ROUND(1234.5678) TRUNC(1234.5678,2) SQRT(64)
--------- ------------ ---------------- ------------------ ---------
    4          -32               1235            1234.56          8
```

例 11.32：

```
SQL>SELECT SIN(30*3.14159265359/180) "sin(30°)", EXP(1), log(2,1024),
   power(5,3) FROM dual;
```

执行结果为：

```
sin(30°)       EXP(1)       LOG(2,1024)    power(5,3)
--------    ----------     -----------    -----------
   .5       2.71828183          10            125
```

11.5.3 日期类函数

日期类函数指处理日期型数据的函数，函数的参数为 Date 或 TIMESTAMP 类型，返回值大多为 Date 类型的数据。常用的日期类函数如表 11.10 所示。

表 11.10 常用的日期类函数

函 数	说 明
ADD_MONTHS(d, n)	返回日期时间 d 加 n 月所对应的日期时间。n 为正表示 d 之后；n 为负则表示 d 之前；n 为小数则自动先删除小数部分(如 3.9 会变成 3)
CURRENT_DATE	返回当前会话时区所对应的日期
CURRENT_TIMESTAMP([p])	返回当前会话时区所对应的日期时间。P 为精度，可以是 0~9 之间的一个整数，默认为 6
DBTIMEZONE	返回数据库所在的时区
EXTRACT(c FROM d)	返回日期时间 d 中指定的部分 c。c 的取值为 YEAR、MONTH、DAY。指定的 c 必须在 d 中存在
LAST_DAY(d)	返回日期 d 所在月份的最后一天
LOCALTIMESTAMP([p])	返回当前会话时区的日期时间。P 为精度，可以是 0~9 之间的整数，默认为 6。与 CURRENT_TIMESTAMP 在返回值的数据类型上不同
MONTHS_BETWEEN(d1, d2)	返回日期 d1 和 d2 之间相差的月数。如果 d1 小于 d2，则返回负数；如果 d1 和 d2 的天数相同或都是月底，则返回整数；否则 Oracle 以每月 31 天为准来计算结果的小数部分
NEXT_DAY(d, c)	返回日期 d 后由 c 指定的工作日对应的日期
ROUND(d[, fmt])	返回日期时间 d 的四舍五入结果
SESSIONTIMEZONE	返回上次 ALTER SESSION 语句后数据库时区的偏移量
SYS_EXTRACT_UTC(ts)	返回时间标记 ts 所对应的格林尼治(GMT)时间
SYSDATE	返回当前数据库的日期时间
SYSTIMESTAMP	返回当前数据库的一个 TIMESTAMP WITH TIME ZONE 类型的日期时间
TRUNC(d [, fmt])	返回根据 fmt 指定的精度截断后的日期 d。其中 d 是一个日期，fmt 是一个指定日期精度的字符串。如果 fmt 为 YEAR，则为本年的 1 月 1 日；如果 fmt 为 MONTH，则为本月的 1 日；如果 fmt 是 DAY，则得到最近一个星期日
TZ_OFFSET(tz)	返回时区名 tz 指定的时区与格林尼治相比的时区偏差

例 11.33：

```
SQL>SELECT ADD_MONTHS(sysdate,3), NEXT_DAY(sysdate,'MONDAY'),
   EXTRACT (year from sysdate) year, extract(month from sysdate) month,
   extract(day from sysdate) day FROM dual;
```

执行结果为：

```
ADD_MONTHS(sysdate,3), NEXT_DAY(sysdate,'MONDAY') YEAR  MONTH   DAY
--------------------   ------------------------  -----  ------  ----
04-3月-14                       09-12月-13        2013    12      4
```

例 11.34：

```
SQL>SELECT MONTHS_BETWEEN(sysdate,to_date('31-08-1998','dd-mm-yyyy'),
    TZ_OFFSET(dbtimezone) Chicago FROM dual;
```

执行结果为：

```
MONTHS_BETWEEN(sysdate, to_date('31-08-1998','dd-mm-yyyy')  CHICAGO
----------------------------------------------------------  --------
                                                183.156478    +00:00
```

11.5.4 转换类函数

转换函数用于操作多类型数据，在数据类型之间进行转换。Oracle 数据库中常用的转换函数如表 11.11 所示。

表 11.11 常用的转换类函数

函 数	说 明
ASCIISTR(c)	将字符串 c 转变为 ASCII 字符串，即把 c 中的 ASCII 字符保留不变，但非 ASCII 字符则以 ASCII 表示返回
BIN_TO_NUM(n1, n2, n3)	将每位由 n1、n2、n3 等组成的二进制数转变为十进制数
CAST(c AS t)	将表达式 c 转换成数据类型 t。t 可以是内建数据类型，也可以是程序员自定义的数据类型
NUMTODSINTERVAL(n, c)	把数字 n 转换成 c 指定的 INTERVAL DAY TO SECOND 类型的数据。c 的取值为 DAY、HOUR、MINUTE、SECOND
NUMTOYMINTERVAL(n, c)	把数字 n 转换成 c 指定的 INTERVAL YEAR TO MONTH 类型的数据。c 的取值为 YEAR、MONTH
TO_CHAR(x[, fmt])	返回将 x 按 fmt 格式转换后的字符串。x 是一个日期或者数字，fmt 是一个规定了 x 采用何种格式转换的格式字符串
TO_DATE(c[, fmt])	将符合 fmt 的特定日期格式的字符串 c 转换成 DATE 类型的数据
TO_DSINTERVAL(c)	将符合特定格式的字符串 c 转换成 INTERVAL DAY TO SECOND 类型的数据
TO_NUMBER(c[, fmt])	将符合 fmt 指定的特定数字格式的字符串 c 转换成数字类型的数据
TO_TIMESTAMP_TZ(c[, fmt])	将符合 fmt 指定的特定日期格式的字符串 c 转换成 TIMESTAMP WITH TIME ZONE 类型的数据
TO_YMINTERVAL(c)	将符合特定格式的字符串 c 转换成 INTERVAL YEAR TO MONTH 类型的数据
UNISTR(c)	返回字符串 c 对应的 UNICODE 字符

例 11.35：

```
SQL>SELECT to_timestamp_tz('2003-04-5','yyyy-mm-dd') FROM dual;
```

例 11.36：

```
SQL>SELECT to_char(sysdate,'AM'), TO_DATE('04-05-27 13:14:15',
   'yy-mm-dd hh:mi:ss')  FROM dual;
```

11.5.5 其他函数

除了上述介绍的函数外，Oracle 还提供了集合类函数(详见 11.2.3 节)和其他常用的函数。其他常用的函数介绍如表 11.12 所示。

表 11.12 其他常用函数

函　数	说　明
COALESCE(e1[, e2][, e3] ...)	返回参数列表中第一个非空表达式的值
GREATEST(e1, e2, e3 ...))	返回参数中的最大值
LEAST(e1, e2, e3 ...)	返回参数中的最小值
NLS_CHARSET_ID(c)	返回字符集 c 的 ID 号
NLS_CHARSET_NAME(id)	根据字符集 id 返回字符集名称
NVL(e1, e2)	如果 e1 为 NULL，则返回 e2，否则返回 e1
NVL2(e1, e2, e3)	如果 e1 为 NULL，则返回 e3，否则返回 e2
UID	返回当前会话的用户 ID
USER	返回当前会话的数据库用户名

例 11.37：

```
SQL>SELECT  greatest(10,'101',9),least('ABCD','abcd','ABC','AB')FROM  dual;
```

例 11.38 查询 30 号部门各个员工的员工名以及工资与奖金之和：

```
SQL>SELECT ename,sal,comm,sal+nvl(comm,0) FROM emp
   WHERE deptno=30 ORDER BY ename;
```

上 机 实 训

(1) 利用下面的脚本创建 STUDENT、COURSE 和 SC 表，根据要求完成练习：

```
CREATE TABLE STUDENT(
   SNO  CHAR(10) PRIMARY KEY,
   SNAME VARCHAR2(20) NOT NULL,
   SEX  CHAR(2),
   BIRTHDAY DATE DEFAULT SYSDATE,
   CLASS VARCHAR(30)
```

```
    );
CREATE TABLE COURSE(
    CNO CHAR (8) PRIMARY KEY,
    CNAME VARCHAR(30) NOT NULL
    );
CREATE TABLE SC (
    SNO CHAR(10),
    CNO CHAR (8),
    SEMESTER NUMBER(2),
    SCORE NUMBER(6,1),
    PRIMARY KEY(SNO,CNO),
    FOREIGN KEY(SNO) REFERENCES STUDENT(SNO),
    FOREIGN KEY(CNO) REFERENCES COURSE (CNO),
    );
```

① 利用 SQL 语句实现向 STUDENT、COURSE、SC 表中插入数据。

STUDENT 表

SNO	SNAME	SEX	BIRTHDAY	CLASS
2012102401	李平	男	1995-04-05	计算机 1 班
2012102402	许蒙	男	1996-01-09	计算机 2 班
2012102403	赵科宇	男	1994-11-19	计算机 1 班
2012102404	许姗姗	女	1997-02-10	计算机 2 班
2012102405	王静	女	1996-05-18	计算机 1 班
2012102406	孟辛	女	1997-10-15	计算机 2 班

COURSE 表

CNO	CNAME
20000011	程序设计基础
20000012	C++程序设计
20000013	工程数学
20000014	Oracle 数据库
20000015	Web 编程

SC 表

SNO	CNO	SEMESTER	SCORE
2012102401	20000011	2	85
2012102402	20000014	6	78
2012102401	20000014	3	90
2012102404	20000012	3	88
2012102405	20000014	6	82
2012102406	20000015	7	65

② 完成下列操作：

查询所有计算机 1 班的学生的学号、姓名。

分别统计各个班级的学生数量。

查询所有姓许的学生信息。

显示所有学生的成绩信息，显示学生姓名、课程名、学习的学期、成绩。

查询 Oracle 数据库课程考试成绩在 80 分以上的学生信息。

插入一条学生信息：“SNO(学号)：2012102407”，“SNAME(姓名)：陈洋”，“SEX(性别)：男”，“BIRTHDAY(出生日期)：1998-02-14”，“CLASS(班级)：计算机 3 班”。

将学号为 2012102405 的学生的 Oracle 数据库课程考试成绩修改为 88。

删除学号为 2012102407 的学生信息。

(2) 根据 Oracle 数据库 scott 模式下的 emp 表和 dept 表，完成下列操作。

① 查询出每种工作的平均工资。

② 查询哪种工作的工资最高。

③ 查询出工资最低的经理的名字。

④ 查询出部门编号为 30 的部门中哪种工作的平均工资最高。

⑤ 查询出名字中带 K 的经理。

⑥ 统计出各个部门的各个工作岗位的平均工资。

本 章 习 题

1. 填空题

(1) 在 Oracle 数据库中，实现连接查询的方法有__________、__________和__________3 种类型。

(2) 在 Oracle 中，常用的集合运算符有__________、__________和__________。

(3) 要删除表 emp 中所有的记录，可以使用__________语句和__________语句。

(4) Oracle 支持事务的隔离级别有__________、__________、__________。

(5) Oracle 数据库中，事务的提交方式有两种方式，分别是__________和__________。

2. 问答题

(1) 简述 SQL 语言的特点。

(2) 简述子查询中，使用 in 和 EXISTS 执行过程之间的差别。

(3) 简述 Oracle 中的事务处理机制。

第 12 章

PL/SQL 程序设计

学习目的与要求：

PL/SQL(Procedural Language/SQL)是 Oracle 在标准 SQL 语言上进行过程性扩展后形成的程序设计语言，是专门用于各种环境下对 Oracle 数据库进行访问和应用开发的语言。

本章将介绍 PL/SQL 程序设计语言的特点和功能、PL/SQL 程序设计基础，还将介绍使用存储过程、函数、包和触发器等进行 PL/SQL 程序设计的应用开发等内容。

12.1 PL/SQL 概述

12.1.1 PL/SQL 简介

在前面的章节中，我们主要是通过 SQL 访问 Oracle 中的数据。通过 SQL 能够对数据库中的数据进行管理。但 SQL 并不能做程序员希望做的所有事情。SQL 有一个先天缺陷，即对输出结果缺乏过程控制：它没有数组处理、循环结构和其他编程语言的特点。为了满足这种要求，Oracle 开发了 PL/SQL 作为对 SQL 的扩展，它对数据库数据的处理有很好的控制，并且在允许运行 Oracle 的任何操作系统平台上均可运行 PL/SQL 程序。

PL/SQL 首先出现在 1985 年的 Oracle 6 中。它主要在 Oracle 用户界面 SQL*Forms 上使用，用于在报表中引入复杂的逻辑；它取代了奇特的逻辑控制步进方法。它还是一种类似于 ADA 和 C 的、相当简单的结构化编程语言。用户可以用 PL/SQL 读取数据、完成逻辑任务、填充数据库、创建存储对象、在数据库内移动数据、甚至还可以创建和显示 Web 页面。到现在，PL/SQL 已完全发展成为一项成熟的技术，Oracle 在很多产品(也就是 Oracle 应用程序)中都使用了 PL/SQL，Oracle 还将 PL/SQL 的 Web 扩展广泛地应用在许多其他的应用程序和产品中。PL/SQL 语言将变量、控制结构、过程和函数等结构化程序设计的要素引入到 SQL 语言中，从而可以实现复杂的业务逻辑。例如：

```
DECLARE
/* 定义变量和常量 */
v_ename emp.ename%type;
v_sal emp.sal%type;
v_deptno emp.deptno%type;
v_sal_tax v_sal%type;
c_tax_rate constant number(3,2) :=0.03;
BEGIN
   /*根据用户输入的员工号查询员工的姓名、部门号和工资*/
   SELECT ename,deptno,sal into v_ename,v_deptno,v_sal
   FROM emp
   WHERE empno=&eno;
   /*如果是 10 号部门的员工，计算所得税，并输出员工信息*/
   IF v_deptno=10 THEN
      v_sal_tax := v_sal * c_tax_rate;
      dbms_output.put_line('员工名字:'||v_ename);
      dbms_output.put_line('员工工资:'||v_sal);
      dbms_output.put_line('员工所得税:'||v_sal_tax);
   END IF;
END;
```

在该程序中，SELECT 语句为非过程化的 SQL 语言，完成对数据库的操作；而变量和常量的声明、IF 语句的逻辑判断，输出语句等则是过程化语言的使用。

在 PL/SQL 程序中，引入了变量、控制结构、函数、过程、包和触发器等一系列数据

库对象，用于复杂的数据库应用程序开发。

PL/SQL 语言具有以下优点。

(1) 具有模块化的结构：PL/SQL 程序以块为单位，每个块就是一个完整的程序，实现特定的功能。PL/SQL 块可以被命名和存储在 Oracle 服务器中，同时也能被其他的 PL/SQL 程序或 SQL 命令调用，任何客户/服务器工具都能访问 PL/SQL 程序，具有很好的可重用性。

(2) 通用性强：是一种高性能的基于事务处理的语言，能运行在任何 Oracle 环境中，支持所有数据处理命令。通过使用 PL/SQL 程序单元，可以处理 SQL 的数据定义和数据控制元素。

(3) 与 SQL 语言无缝集成：支持所有 SQL 数据类型和所有 SQL 函数，同时支持所有 Oracle 对象类型。

(4) 可靠性高：可以使用 Oracle 数据工具管理存储在服务器中的 PL/SQL 程序的安全性。可以授权或撤消数据库其他用户访问 PL/SQL 程序的能力。

(5) 可移植性好：PL/SQL 代码可以使用任何 ASCII 文本编辑器编写，所以对任何 Oracle 能够运行的操作系统都是非常便利的。

(6) 高性能：对于 SQL，Oracle 必须在同一时间处理每一条 SQL 语句，在网络环境下这就意味着每一个独立的调用都必须被 Oracle 服务器处理，这就占用大量的服务器时间，同时导致网络拥挤。而 PL/SQL 是以整个语句块发给服务器，降低了网络拥挤程度。

12.1.2　PL/SQL 的执行过程

PL/SQL 程序的编译和执行是通过 PL/SQL 引擎来完成的。PL/SQL 引擎可以安装在数据库中或者在应用开发工具里，如 Oracle Forms。通常，Oracle 数据库服务器端都安装有 PL/SQL 引擎。

下面以数据库服务器端的 PL/SQL 引擎为例说明 PL/SQL 程序的执行过程，如图 12.1 所示。客户端应用程序向 Oracle 数据库发送一个 PL/SQL 块的过程调用。服务器接收到应用程序的内容后，将其传递给 PL/SQL 引擎，PL/SQL 引擎负责处理 PL/SQL 块中的过程化语句，而将 PL/SQL 块中的 SQL 语句传递给 SQL 语句执行器。

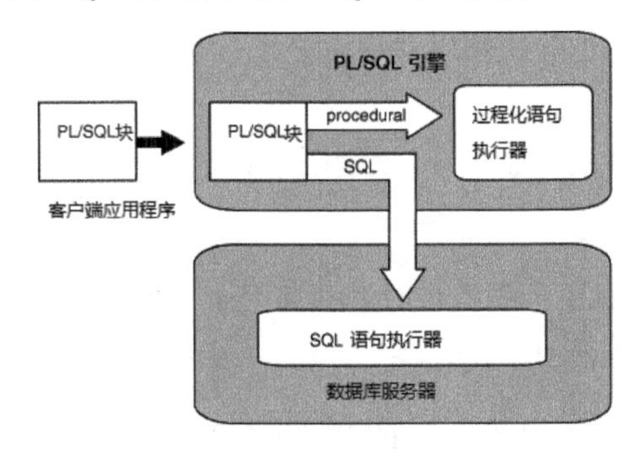

图 12.1　PL/SQL 程序的执行过程

常用的 PL/SQL 开发工具有 PL/SQL Developer、SQL*Plus、Oracle Form 等。本书采用 SQL*Plus 作为开发工具。

12.2 PL/SQL 基础

本节将介绍 PL/SQL 程序设计的基础，包括 PL/SQL 程序的结构、PL/SQL 程序中使用的数据的表现形式和数据之间的运算等，后者又包括字符集、数据类型、变量与常量，运算符和表达式等。

12.2.1 PL/SQL 程序结构

1. PL/SQL 块的结构

PL/SQL 是一种块结构的语言，组成 PL/SQL 程序的单元是逻辑块，一个 PL/SQL 程序包含了一个或多个逻辑块，每个块都可以划分为三个部分。与其他语言相同，变量在使用之前必须声明，PL/SQL 还提供了独立的专门用于处理异常的部分，一个完整的 PL/SQL 块的大体结构如下：

```
DECLARE
    ---声明部分
BEGIN
    ---执行部分
EXCEPTION
    ---异常处理部分
END;
```

(1) 声明部分

声明部分包含了变量和常量的数据类型和初始值。这个部分是由关键字 DECLARE 开始，如果不需要声明变量或常量，那么可以忽略这一部分；需要说明的是，游标的声明也在这一部分。

(2) 执行部分

执行部分是 PL/SQL 块中的指令部分，由关键字 BEGIN 开始，所有的可执行语句都放在这一部分中，其他的 PL/SQL 块也可以放在这一部分中。

(3) 异常处理部分

这一部分是可选的，在这一部分中处理块执行过程中产生的异常。

注意

只有执行部分是必需的，而声明部分和异常部分都是可选的；可以在一个块的执行部分或异常处理部分嵌套其他的 PL/SQL 块；块结构必须以 END;结尾。

例 12.1 下面是一个只包含执行部分的 PL/SQL 块：

```
BEGIN
```

```
   DBMS_OUTPUT.PUT_LINE('welcome to Oracle');
END;
```

例 12.2 下面定义了包含声明部分、执行部分和异常处理部分的 PL/SQL 块：

```
DECLARE
   v_empno employees.employee_id%TYPE := &empno;
   v_sal   employees.salary%TYPE;
BEGIN
   SELECT salary INTO v_sal FROM employees WHERE employee_id = v_empno;
   IF v_sal<=1500 THEN
      UPDATE employees SET salary = salary + 100
        WHERE employee_id=v_empno;
      DBMS_OUTPUT.PUT_LINE('编码为'||v_empno||'员工工资已更新!');
   ELSE
      DBMS_OUTPUT.PUT_LINE('编码为'||v_empno||'员工工资已经超过规定值!');
   END IF;
EXCEPTION
   WHEN NO_DATA_FOUND THEN
      DBMS_OUTPUT.PUT_LINE('数据库中没有编码为'||v_empno||'的员工');
END;
```

上面例子中的 DBMS_OUTPUT.PUT_LINE 语句用于向屏幕输出数据，如果想要在 SQL*Plus 环境中看到输出结果，需要将环境变量 SERVEROUTPUT 设置为 ON。

2. PL/SQL 块分类

PL/SQL 块可以分为以下两类。

- 无名块或匿名块：动态构造，只能执行一次的块，可调用其他程序，但不能被其他程序调用。例 12.1 和例 12.2 中定义的 PL/SQL 块都是匿名块。
- 命名块：是带有名称的块，经过一次编译后可执行多次，包括函数、存储过程、包和触发器等。命名块经过编译后放在服务器中，由应用程序或系统在特定条件下调用执行。在后面的内容中，函数、存储过程的定义都是命名 PL/SQL 块。

12.2.2　PL/SQL 程序的基本要素

本小节主要介绍构成 PL/SQL 程序的最基本的成分。PL/SQL 程序的基本要素包括：PL/SQL 所允许的字符集、标识符、数据类型、变量和常量以及记录等。

1. 字符集

PL/SQL 块的字符集由如下部分组成：

- 大写字母 A～Z 和小写字母 a~z。
- 数字 0~9。
- 各种符号，包括 ( ) + - * / < > = ! ~ ^ ; : . ' @ " # $ _ | { } ? [ ] % & ,。
- 制表符、空格符、回车符等非显示的间空符号。

其中一些字符用于编程，另外一些用做算术运算符或关系运算符。而且在 PL/SQL 字符集中是不区分大小写的。

2. 标识符

在 PL/SQL 程序中用于定义各种对象名称的字符串序列称为标识符。在 PL/SQL 程序中，标识符由一个字母开始，后面可以跟任意多的字母、数字、货币符号($)、下划线(_)、#等符号组成。不允许使用空格、斜线(/)、短横线(-)、&、%等符号，也不能使用 SQL 保留字，最大长度为 30 个字符。

例如，v_empno、X$_21、a1#等都是有效的标识符，而 pl/sql、my book、12-&abc 等都是非法的标识符。

注意

一般不要让变量名声明与表中的字段名完全一样，否则可能得到不正确的结果。

例如：下面的例子将会删除所有的记录，而不是'EricHu'的记录：

```
DECLARE
   ename varchar2(20) :='EricHu';
BEGIN
   DELETE FROM scott.emp WHERE ename=ename;
END;
```

3. 注释

PL/SQL 程序中可以采用两种注释形式：单行注释和多行注释。

- 单行注释：在某一行中以“--”开始，直到该行行尾结束，可以出现在一行的任何地方。
- 多行注释：以“/*”开始，以“*/”结束，中间可以跨越多行。

例如：

```
DECLARE
   --定义变量
   v_ename emp.ename%type;
   v_sal emp.sal%type;
BEGIN
   /*根据用户输入的员工号查询员工的姓名、部门号和工资，然后输出员工姓名
   和员工工资*/
   SELECT ename,deptno,sal into v_ename,v_deptno,v_sal
   FROM emp
   WHERE empno=&eno;
   dbms_output.put_line('员工名字:'||v_ename);
   dbms_output.put_line('员工工资:'||v_sal);
END;
```

使用注释主要是为了提高程序的可读性的，而在程序执行过程中会将注释忽略掉。所以注释要与程序内容相符。

注释不能嵌套使用。

4. 数据类型

PL/SQL 程序中允许使用的数据类型很多，其中包括系统预定义类型和用户自定义类型。常用的 PL/SQL 数据类型包括数字类型、字符类型、日期类型、行标识类型、布尔类型、原始类型、LOB 类型、引用类型、记录类型和集合类型等。

(1) 数字类型

在 PL/SQL 程序中，用于存储整数和浮点数的类型就是数字类型。表 12.1 列出了几种数字类型。

表 12.1　数字类型

数字类型	范　围	类型描述
BINARY_INTEGER	−2147483647～+2147483647	用于存储单字节整数。要求存储长度低于 NUMBER 值。以二进制形式存储，当发生溢出时，自动转换为 NUMBER
NUMBER	1.0E−130～9.99E125	存储数字值，包括整数和浮点数。可以选择精度和刻度方式，语法：number(p,s)，其中 p 为精度，s 为刻度范围。默认的精度是 38
PLS_INTEGER	−2147483647～+2147483647	与 BINARY_INTEGER 基本相同，但采用机器运算时，PLS_INTEGER 提供更好的性能。发生溢出时会产生错误

(2) 字符类型

PL/SQL 中用来存储字符串或字符数据的类型是字符类型。表 12.2 列出了 PL/SQL 中的字符类型。

表 12.2　字符类型

字符类型	PL/SQL 范围	描　述	Oracle 11g 范围
CHAR	1~32767 字节	存储定长字符串，如果长度没有确定，默认是 1。声明方法：CHAR(size)	1~2000 字节
VARCHAR2	1~32767 字节	存储可变长度的字符串。声明方法：VARCHAR2(size)	1~4000 字节
LONG	1~32767 字节	存储可变长度字符串，现已弃用，仅向下兼容	2G 字节
NCHAR	1~32767 字节	存储本地数据库字符集中的定长字符串。声明方法与 CHAR 相似	1~2000 字节
NVARCHAR2	1~32767 字节	存储本地数据库字符集中的可变长字符串。声明方法：NVARCHAR2(size)	1~4000 字节

其中表中的 CHAR、VARCHAR2 是用来存储本地数据库字符集中的字符的，而 NCHAR、N VARCHAR2 是用来存储来自国家字符集中的字符或字符串的。

(3) 日期/区间类型

PL/SQL 中包含了日期类型来存储日期和时间信息，还包含了区间类型来存储两个日期之间的时间间隔。

表 12.3 列出了 PL/SQL 中的日期类型和区间类型。

表 12.3 PL/SQL 中的日期/区间类型

类 型	描 述	PL/SQL 范围	Oracle 11g 范围
DATE	有效的日期(范围)与数据库中的 DATE 类型相同，用来存储日期和时间，包括世纪、年、月、日、时、分、秒，不包括秒的小数部分	January 1, 4712 BC ~ December 31, 9999 AD	从 January 1, 4712 BC 到 December 31, 9999 AD
TIMESTAMP	与 DATE 类型相似，但包括日期时间域中秒的小数部分。用法：TIMESTAMP[(p)]，其中 p 为秒的小数部分的精度		秒的小数部分的精度可接受的值为 0 ~ 9 (默认=6)
TIMESTAMP WITH TIMEZONE	基于当前时区的时间戳。用法：TIMESTAMP[(p)] WITH TIME ZONE		秒的小数部分的精度可接受的值为 0 ~ 9 (默认=6)
TIMESTAMP WITH LOCAL TIMEZONE	基于数据库时区的时间戳。用法：TIMESTAMP[(p)] WITH LOCAL TIME ZONE		秒的小数部分的精度可接受的值为 0 ~ 9 (默认=6)
INTERVAL YEAR TO MONTH	两个时间戳相差的年数和月数。用法：INTERVAL YEAR[(p)] TO MONTH，其中 p 表示年的数值		年的数值可接受的值为 0~9 (默认= 2)
INTERVAL DAY (day_precision) TO SECOND (fractional_seconds _precision)	两个时间戳相差的天数和秒数。用法：INTERVAL DAY[[dp]] TO SECOND[(sp)]，其中 dp 表示时间域中天的最大值，sp 表示秒的小数部分的精度		dp 可为 0~9 (默认= 2) sp 可为 0~9 (默认= 6)

(4) 行标识类型

PL/SQL 中的行标识类型包括 ROWID 和 UROWID(universal rowid)两种。其用法与 Oracle 数据库中的行标识类型相同。ROWID 用于存储行的物理地址。而 UROWID 类型可以存储物理、逻辑或外来的 ROWID。

(5) 布尔类型

PL/SQL 为了表示条件的真假，引入布尔类型(BOOLEAN)，其取值只有 TRUE、FALSE 和 NULL 三个逻辑值。该类型只能在 PL/SQL 中使用。

(6) 原始类型

PL/SQL 中，用于表示原始二进制数据的类型是原始类型，包括 RAW 和 LONG RAW 两种。

- RAW(size)：长度为 size 字节的原始二进制数据。在 PL/SQL 中，最大字节数为 32767B，但在 Oracle 11g 中，最大字节数为 2000B。
- LONG RAW：变长的原始二进制数据。在 PL/SQL 中最大字节数为 32767B，在 Oracle 11g 中最大字节数为 2GB，现已弃用，仅向下兼容。

(7) LOB 类型

LOB 类型包括 BLOB、CLOB、NCLOB 和 BFILE 四种类型，其中 BLOB 存放二进制数据，CLOB、NCLOB 存放文本数据，而 BFILE 存放指向操作系统文件的指针。在 Oracle 11g 中，LOB 类型变量最大可存放 8TB~128TB 的数据量。

上述数据类型都是系统预定义的，称为标量类型。用户还可以自定义数据类型，如记录类型、集合类型等。

(8) %TYPE

在实际应用中，有时需要定义一个类型与某个变量的数据类型或数据库表中某列的数据类型一致的变量，PL/SQL 中提供的%TYPE 可以实现此要求。

例如：

```
DECLARE
   v_ename emp.ename%type;
   v_sal emp.sal%type;
BEGIN
   SELECT ename,deptno,sal into v_ename,v_deptno,v_sal
   FROM emp
   WHERE empno=&eno;
   dbms_output.put_line('员工名字:'||v_ename);
   dbms_output.put_line('员工工资:'||v_sal);
END;
```

例子中定义的 v_ename 和 v_sal 两个变量的类型分别与表 emp 中 ename 列和 sal 列具有相同的数据类型。

5. 常量与变量

在前面的例子中定义的 v_ename、v_sal、v_deptno 等都是变量，c_tax_rate 是常量。变量代表一个有名字的、具有特定属性的一个存储单元，用来存放数据，其中存储单元的数据可以被修改，能被 PL/SQL 块引用。常量可以认为是一个其存储单元的数据不能修改的变量。

如果要在 PL/SQL 程序中使用变量或常量，就必须先在声明部分定义该变量或常量。定义的语法为：

```
variable_name [CONSTANT] databyte [NOT NULL] [DEFAULT|:= expression];
```

其中：

- variable_name：变量或常量的名字，应符合标识符命名规范。
- CONSTANT：定义的是一个常量，常量必须赋初值。
- databyte：PL/SQL 允许使用的数据类型。
- NOT NULL：必须为变量赋初值。
- :=或 DEFAULT：为变量初始化。
- expression：初始化值或表达式。

如果变量定义时没有赋初值，则默认为 NULL。例如，下面给出了各种定义变量和常量的形式：

```
DECLARE
   v_result NUMBER(4):=1400;  /*也可以写 v_result NUMBER(4) DEFAULT 1400;*/
   c_rate CONSTANT NUMBER(3,2):=0.03;
   v_checkout TIMESTAMP(6);
BEGIN
   v_checkout:=sysdate;
   v_result:=v_result+v_result*c_rate;
   dbms_output.put_line('result:'||result);
   dbms_output.put_line(v_checkout);
END;
```

6. 运算符与表达式

PL/SQL 中需要进行运算来对数据进行加工处理，要进行运算就需要有运算符。

PL/SQL 中允许使用的运算符有算术运算符、关系运算符、逻辑运算符和其他运算符，如表 12.4 所示。

表 12.4　PL/SQL 中的运算符

运算符种类	运 算 符	说　明
算术运算符	+ -	正负
	+	加法运算符
	-	减法运算符
	*	乘法运算符
	/	除法运算符
	**	乘幂运算符
关系运算符	<	小于操作符
	<=	小于或等于操作符
	>	大于操作符
	>=	大于或等于操作符
	=	等于操作符
	<> 或 != 或 ^=	不等于操作符

续表

运算符种类	运 算 符	说　明
逻辑运算符	AND	逻辑与
	OR	逻辑或
	NOT	逻辑非
其他运算符	:=	赋值运算符
	IS NULL	判断值是否为空
	LIKE	比较字符串值
	IN	验证操作数在设定的一系列值中
	BETWEEN	验证值是否在范围之内

其中，算术运算符的优先级为(由高到低)：乘幂→正负→乘除→加减；关系运算符的优先级相等；逻辑运算符的优先级为(由高到低)：NOT→AND→OR。

由各种运算符和括号将运算对象连接起来、符合 PL/SQL 语法规则的式子称为 PL/SQL 表达式。其中，运算对象可以包括常量、变量等。表达式中运算符的优先级决定了表达式求值的顺序。

12.2.3　PL/SQL 记录

PL/SQL 中的记录类型类似于 C 语言中的结构数据类型，它把逻辑相关的、分离的、标量类型的变量组成一个整体存储起来，它必须包括至少一个标量类型成员或记录类型成员。记录也可以看成表中的数据行，记录包含的成员可以看作表中的列。

1. 定义记录类型及变量

在 PL/SQL 中，有两种定义记录类型变量的方式，一种是显式定义，在使用记录数据类型变量时，需要先在声明部分先定义记录类型，然后利用该记录类型定义变量，然后在执行部分引用该记录变量本身或其中的成员；另一种是隐式定义，使用%ROWTYPE 命令定义与数据库表、视图、游标有相同结构的记录类型变量。

(1)　显式定义

显式定义记录类型的语法形式为：

```
TYPE record_name IS RECORD(
   field1 data_type1 [NOT NULL] [DEFALUT|:=value1],
   field 2 data_type2 [NOT NULL] [DEFALUT|:= value],
   ...
   field n data_typen [NOT NULL] [DEFALUT|:= valuen]);
```

例 12.3 利用记录类型及记录类型变量，保存书目信息。程序为：

```
DECLARE
   TYPE book_rec IS RECORD(
         author VARCHAR2(30),
```

```
            name VARCHAR2(100),
            ISBN VARCHAR2(30));
    v_book book_rec;
BEGIN
    v_book.auther:='钱能';
    v_book.name:='C++程序设计教程';
    v_book.ISBN:='9787123200918';
    DBMS_OUTPUT.PUT_LINE(v_book.author||'  '||v_book.name
      ||'  '||v_book.ISBN);
END;
```

(2) 隐式定义

在 PL/SQL 中，可以通过%ROWTYPE 直接获取记录类型来定义变量。

例 12.4 利用记录类型及记录类型变量，输出员工信息。程序为：

```
DECLARE
    v_emp emp%rowtype;
BEGIN
    select * into v_emp from emp where empno=&eno;
    dbms_output.put_line('员工名字:'||v_emp.ename);
    dbms_output.put_line('员工工资:'||v_emp.sal);
    dbms_output.put_line('员工职位'||v_emp.job);
END;
```

在这个例子中，我们定义 v_emp 变量的时候直接映射到 emp 表中的所有字段类型，形成一个集合，可以使用“记录类型变量.成员名字”的方式取得该记录的某个字段。

注意

① 相同记录类型的变量可以相互赋值，如 v_emp2:=v_emp1;。

② 不同记录类型的变量，即使成员完全相同也不能相互赋值。

③ 记录类型只能在定义该记录类型的 PL/SQL 块中使用。

2. 记录类型变量的应用

用户可以给记录赋值、将值传递给其他程序。在使用记录类型变量时，用户既可以引用整个记录变量，也可以处理记录内的每个分量，即引用记录变量成员。

(1) 引用记录类型变量

记录类型变量可以在 SELECT INTO 语句、INSERT 语句、UPDATE 语句中使用。上面的例 12.4 中给出了记录类型变量在 SELECT INTO 语句中的使用，下面的例子给出记录类型变量在 DML 语句中的使用。

例 12.5 利用记录类型变量，对部门表中部门号为 60 的部门信息做更改。程序为：

```
DECLARE
    v_dept dept%rowtype;
BEGIN
    v_dept.deptno=60;
    v_dept.loc='Qingdao';
```

```
   v_dept.dname='IT';
   UPDATE dept SET ROW=v_dept WHERE deptno=60;
END;
```

注意

记录类型变量在 SELECT INTO 语句、INSERT 语句、UPDATE 子句中使用时，记录类型变量中分类的个数、顺序、类型应该与查询列表或表中列的个数、顺序和类型一致，否则会出现错误。

(2)　引用记录类型变量成员

也可以在 SELECT INTO 语句、INSERT 语句、UPDATE 语句和 DELETE 语句中引用记录变量的成员。

例 12.6 在员工表中插入一个员工，员工号 1235，姓名‘VINCENT’，该员工的工资、部门和经理的信息与 SCOTT 员工相同。程序为：

```
DECLARE
   v_emp emp%rowtype;
BEGIN
   SELECT * INTO v_emp FROM emp WHERE ename='SCOTT';
   INSERT INTO emp(empno,ename,mgr,sal,dept)
   VALUES(1235, 'VINCENT',v_emp.mgr,v_emp.sal,v_emp.dept);
END;
```

12.3　PL/SQL 控制结构

控制结构是 PL/SQL 对 SQL 的重要扩展。在 PL/SQL 中有三种控制结构：选择结构、循环结构和顺序结构。

12.3.1　选择结构

在 PL/SQL 中，从 Oracle 9i 开始，可以通过 IF 语句和 CASE 语句两种形式来实现选择结构。

1. IF 语句

利用 IF 语句实现选择控制的语法为：

```
IF  condition1  THEN statements1
ELSIF  condition2  THEN statements2
...
ELSE  statementsn
END  IF;
```

例 12.7 查询员工 SCOTT 的工资，如果该员工的工资小于 1000，则输出“scott 工资低于 1000”；若在 1000~2000 之间，则输出“scott 工资在 1000 到 2000 之间”，否则输出“scott 工资高于 2000”。程序如下：

```
declare
   v_sal number(7,2);
begin
   select sal into v_sal from emp where ename='SCOTT';
   dbms_output.put_line('scott salary:'||v_sal);
   if v_sal<100 then
      dbms_output.put_line('scott 工资低于 1000');
   else
      if 1000<=v_sal and v_sal<2000 then
         dbms_output.put_line('scott 工资在 1000 到 2000 之间');
      else
         dbms_output.put_line('scott 工资高于 2000');
      end if;
   end if;
end;
```

注意

由于 PL/SQL 中关系运算的结果是逻辑值，有 TRUE、FALSE 和 NULL 三种可能，因此，在进行选择条件判断时，要考虑条件为 NULL 的情况。

2. CASE 语句

CASE 语句是 Oracle 9i 后新增的选择控制结构，它使得逻辑控制结构变得简单。类似于 C 语言中的 SWITCH 语句。CASE 语句有两种形式：一种是只进行等值比较；另一种是进行多种条件比较。

(1) 等值比较的 CASE 语句

只进行等值比较的 CASE 语句的语法为：

```
CASE test_value
   WHEN value1 THEN  语句 1
   WHEN value2 THEN  语句 2
   ...
   WHEN valuen THEN  语句 n
   ELSE  else_语句
END CASE;
```

CASE 语句判断 test_value 的值是否与某个 value 的值相等，如果相等，则执行其后的语句；如果找不到一个 value 的值与之相等，则执行 ELSE 后的语句。

例 12.8 对五分制学生成绩，输出其对应描述：

```
declare
   v_grade char:='a';
begin
   case v_grade
      when 'a' then
         dbms_output.put_line('excellent');
```

```
        when 'b' then
            dbms_output.put_line('very good');
        when 'c' then
            dbms_output.put_line('good');
        else
            dbms_output.put_line('no such grade');
    end case;
end;
```

(2)　多条件比较的 CASE 语句

可以进行多种条件比较的 CASE 语句，也称为搜索式 CASE 语句。其语法为：

```
CASE
    WHEN 条件表达式 1 THEN
        语句段 1
    WHEN 条件表达式 2 THEN
        语句段 2
    ...
    WHEN 条件表达式 n THEN
        语句段 n
    ELSE
        Else_语句
END CASE;
```

CASE 语句对每一个 WHEN 条件进行判断，当条件为真时，执行其后的语句，操作完后结束 CASE 语句，其他的 WHEN 条件不再判断，之后的操作也不执行；如果所有条件都不为真，则执行 ELSE 后的语句。

IF 语句中的例子也可以改用 CASE 语句来实现，语句为：

```
declare
    v_sal number(7,2);
begin
    select sal into v_sal from emp  where ename='SCOTT';
    dbms_output.put_line('scott 工资:'||v_sal);
    case
        when v_sal<1000 then
            dbms_output.put_line('scott 工资低于 1000');
        when 1000<=v_sal and v_sal<2000 then
            dbms_output.put_line('scott 工资在 1000 到 2000 之间');
        else
            dbms_output.put_line('scott 工资高于 2000');
    end case;
end;
```

12.3.2　循环结构

在 PL/SQL 中，循环结构有三种形式：简单循环、WHILE 循环和 FOR 循环。

1. 简单循环

在 PL/SQL 中，将循环条件包含在循环体中的循环称为简单循环。简单循环的语法形式为：

```
LOOP
   Loop_statements;
   EXIT [WHEN condition];
END LOOP;
```

其中：

- loop_statements：循环执行的语句序列。
- condition：退出循环的条件。
- EXIT WHEN condition：当退出循环的条件为真时，退出循环。

在循环体中一定要包含 EXIT 语句，否则程序会进入死循环状态。

例 12.9 计算 1~100 的整数和：

```
DECLARE
   v_i number:=1;
   v_s number:=0;
BEGIN
   LOOP
      EXIT WHEN v_i>100;
      v_s:=v_s+v_i;
      v_i:=v_i+1;
   END LOOP;
   dbms_output.put_line(v_s);
END;
```

2. WHILE 循环

WHILE 循环是先判断循环条件是否满足，只有满足循环条件才能进入循环体进行循环操作，其语法形式为：

```
WHILE condition LOOP
   Loop_statements;
END LOOP
```

例如，利用 WHILE 循环实现 1~100 的整数和，程序如下：

```
DECLARE
   v_i number:=1;
   v_s number:=0;
BEGIN
   WHILE v_i<=100 loop
      v_s:=v_s+v_i;
      v_i:=v_i+1;
```

```
   END LOOP;
   dbms_output.put_line(v_s);
END;
```

3. FOR 循环

在上面的两种循环中，需要定义循环变量，并不断修改循环变量的值，以达到控制循环次数的目的；而在 FOR 循环中，不需要定义循环变量，系统自动定义一个循环变量，每次循环时该变量值自动增 1 或减 1，来控制循环次数。FOR 循环的语法为：

```
FOR loop_counter IN [REVERSE] low_bound..high_bound LOOP
   Loop_statements;
END LOOP;
```

其中：

- loop_counter：循环变量，不需定义，系统自动声明为 BINARY_INTEGER 变量，在循环体外不能使用。
- low_bound：循环变量的最小值。
- high_bound：循环变量的最大值。
- REVERSE：循环变量从最大值到最小值递减计数，没有此关键字，系统默认循环变量从最小值到最大值递增计数。

在循环变量从最小值递增到最大值或从最大值递减到最小值的过程中，循环变量每取区间中的一个整数值，FOR 循环的循环体语句就执行一次。

例如，使用 FOR 循环来求 1~100 的整数和。程序为：

```
declare
   v_s number:=0;
begin
   for v_i in 1..100 loop
      v_s:=v_s+v_i;
   end loop;
   dbms_output.put_line(v_s);
end;
```

12.3.3　跳转结构

类似于 C 语言，PL/SQL 语言中也有 GOTO 语句，可以实现程序流程的强制跳转。GOTO 语句的语法形式为：

```
GOTO 标签;
```

其中，标签是用“<<”和“>>”括起来的标记。

例如，使用 GOTO 语句来求 1~100 的整数和。程序为：

```
declare
   v_i number:=0;
```

```
    v_s number:=0;
begin
    <<label_1>>  v_i:=v_i+1;
    if v_i<=100 then
        v_s:=v_s+v_i;
        goto label_1;
    end if;
    dbms_output.put_line(v_s);
end;
```

注意

① 使用 GOTO 语句进行流程跳转时，在 PL/SQL 块内部可以跳转，内层块可以跳到外层块，但外层块不能跳到内层块。

② 不能从 IF 语句外部跳到 IF 语句内部，不能从循环体外跳到循环体内，不能从子程序外部跳到子程序内部。

③ 因为 GOTO 语句破坏了程序的结构化，因此建议尽量少用或不用 GOTO 语句。

12.4 异常处理

12.4.1 异常概述

1. Oracle 错误处理机制

开发 PL/SQL 程序时，应该充分考虑程序运行时可能出现的各种出错情况，并尽可能从错误中恢复，否则，程序运行出现错误时，程序不知如何处理就会终止程序的执行，同时显示错误信息。

PL/SQL 程序中的错误可以分为两类，一类是编译错误，由 PL/SQL 编译器发出错误报告，需要程序员对错误进行修改；另一类是运行时错误，由 PL/SQL 的运行时引擎发出错误报告，运行时错误是随着运行环境的变化而随时出现的，难以预防，需要在程序中尽可能地考虑各种可能的错误情况。

Oracle 采用异常和异常处理机制来实现错误处理。一个错误对应一个异常，当错误产生时，就抛出相应的异常。该异常可以被异常处理器捕获，程序转到异常处理部分来处理运行时错误。

2. 异常的定义和类型

程序执行过程中产生的错误情况称为异常。有三种类型的异常。

- 预定义异常：对应于常见的 Oracle 错误，Oracle 预定义的异常大约有 24 个。对这种异常情况的处理，无须在程序中定义，由 Oracle 自动将其引发。
- 非预定义异常：即其他标准的 Oracle 错误。对这种异常情况的处理，需要用户在程序中定义，然后由 Oracle 自动将其引发。

- 用户定义异常：程序执行过程中，出现编程人员认为的非正常情况。对这种异常情况的处理，需要用户在程序中定义，然后显式地在程序中将其引发。

(1) 预定义异常

Oracle 预定义异常与 Oracle 错误之间的对应关系如表 12.5 所示。

表 12.5　Oracle 预定义异常与 Oracle 错误之间的对应关系

异常错误名称	错误代码	描　述
access_into_null	ORA-06530	当开发对象类型应用时，在引用对象属性之前，必须首先初始化对象。如果试图给一个没有初始化的对象属性赋值，就会引发该异常错误
cast_not_found	ORA-06592	在 CASE 语句中没有包含必需的 When 子句，并且没有包含 ELSE 子句
cursor_alread_open	ORA-06511	试图打开一个已经打开的游标。一个游标在被重复打开之前必须关闭。一个游标 FOR 循环会自动打开所涉及的游标，所以在游标循环中不能打开游标
dup_val_on_index	ORA-00001	向有唯一性索引约束的列插入重复值
invalid_cursor	ORA-01001	试图执行一个无效的游标操作
invalid_number	ORA-01722	将字符串转换为数字时失败。在过程性语句中，将引发 VALUE_ERROR 错误
login_denied	ORA-01017	用无效的用户名或口令登录 Oracle
no_data_found	ORA-00100	SELECT INTO 语句没有返回任何行，或者程序引用一个嵌套表中已经被删除的元素，或索引表中一个没有被初始化的元素
not_logged_on	ORA-01012	在没有登录 Oracle 数据的情况下，访问数据库
program_error	ORA-06501	Oracle 内在错误，通常是由 PL/SQL 本身造成的，这种情况下应该通知 Oracle 公司的技术部门
storage_error	ORA-06500	PL/SQL 程序在运行时内存不够或者内存有问题
timeout_on_resource	ORA-00051	Oracle 在等待资源时发生超时现象
Too_many_rows	ORA-01422	SELECT INTO 语句返回多行
value_error	ORA-06502	发生了一个算法、转换、截断或者大小约束错误。如果在一个 SQL 语句中发生这些错误，则会引发 INVALID_ERROR 错误
zero_divide	ORA-01476	发生被 0 除的错误

当表中相应的错误产生时，与错误对应的预定义异常被自动抛出，异常处理器通过捕获该异常，可以对错误进行处理。

(2) 非预定义异常

除了表 12.5 中的预定义异常错误外，还有一些 Oracle 错误没有预定义异常与其关联，需要在语句块的声明部分声明一个异常名称，然后用 pragma exception_init(异常名称，Oracle 错误代码)语法来定义异常与 Oracle 错误代码之间的关联。这样，当执行过程中产生此错误时就会自动抛出异常。

声明异常以及定义异常与 Oracle 错误代码之间的关联，可以使用下面的语句：

```
DECLARE
    --声明异常名称 e_null_error
    e_null_error  EXCEPTION;
    --将异常 e_null_error 与错误号为 ORA-01400 的 Oracle 错误建立关联
    pragma exception_init(e_null_error,-1400);
BEGIN
    ...
    EXCEPTION
    ...
END;
```

(3) 用户定义异常

用户定义异常是指程序执行过程中，出现编程人员认为的非正常情况或不符合业务规则的情况，对这种异常情况的处理，需要用户在程序中定义异常，然后显式地在程序中将其引发，以便进行处理。

12.4.2 异常的处理过程

在 PL/SQL 程序中，异常处理可以分为 3 个步骤。

(1) 定义异常：在声明部分为错误定义异常，包括非预定义异常和用户定义异常。

(2) 抛出异常：在执行过程中，当错误产生时抛出与错误对应的异常。

(3) 捕获并处理异常：在异常处理部分通过异常处理器捕获异常，并进行处理。

1. 定义异常

在 Oracle 的 3 种异常中，除预定义异常由系统定义外，其他两种异常都需要用户定义。定义异常的方法是在 PL/SQL 块的声明部分定义一个 EXCEPTION 类型的变量，语法形式为：

```
exception_name EXCEPTION;
```

如果是非预定义异常，还需要将异常与一个 Oracle 错误建立关联，其语法形式为：

```
PRAGMA EXCEPTION_INIT(exception_name, Oracle_error_code);
```

2. 抛出异常

Oracle 内部错误可以由系统自动识别，当错误产生时，系统会自动抛出与错误对应的异常。但是系统不能识别用户定义错误。因此当用户定义错误产生时，需要用户手动抛出与之对应的异常。用户抛出异常的语法形式为：

```
RAISE user_define_exception;
```

3. 捕获并处理异常

当错误发生后，程序流程转移到异常处理部分。异常处理部分一般放在 PL/SQL 程序体的后半部，由异常处理器和错误处理程序组成。异常处理器的功能是捕获产生错误所抛出的异常，然后交由错误处理程序对错误进行处理。异常处理器的基本形式为：

```
EXCEPTION
WHEN exception1 [OR exception2 ...] THEN <code to handle exception>
WHEN exception3 [OR exception4 ...] THEN <code to handle exception>
WHEN OTHERS THEN <code to handle others exception>
END;
```

注意

一个异常处理器可以捕获多个异常，但一个异常只能被一个异常处理器捕获，并进行处理。

4. 各种异常情况及其处理

(1) 预定义异常

对于预定义异常，只需在 PL/SQL 块的异常处理部分直接引用相应的异常情况名，并对其完成相应的异常错误处理即可。

例 12.10 更新指定员工工资，如工资小于 1500，则加 100。程序为：

```
DECLARE
   v_empno  emp.empno%TYPE := &empno;
   v_sal  emp.sal%TYPE;
BEGIN
   SELECT sal INTO v_sal FROM emp WHERE empno = v_empno;
   IF v_sal<=1500 THEN
      UPDATE emp SET sal = sal + 100 WHERE empno =v_empno;
      DBMS_OUTPUT.PUT_LINE('编码为'||v_empno||'员工工资已更新!');
   ELSE
      DBMS_OUTPUT.PUT_LINE('编码为'||v_empno||'员工工资已经超过规定值!');
   END IF;
   EXCEPTION
   WHEN NO_DATA_FOUND THEN
      DBMS_OUTPUT.PUT_LINE('数据库中没有编码为'||v_empno||'的员工');
   WHEN TOO_MANY_ROWS THEN
      DBMS_OUTPUT.PUT_LINE('程序运行错误!请使用游标');
END;
```

(2) 非预定义异常

对于这类异常情况的处理，首先必须对非定义的 Oracle 错误进行定义。步骤如下。

① 在 PL/SQL 块的定义部分定义异常情况。

② 将其定义好的异常情况，使用 EXCEPTION_INIT 语句与标准的 Oracle 错误联系起来。

③ 在 PL/SQL 块的异常情况处理部分对异常情况做出相应的处理。

例 12.11 删除指定部门的记录信息，以确保该部门没有员工。程序为：

```
DECLARE
   v_deptno dept.deptno %TYPE := &deptno;
   deptno_remaining EXCEPTION;
   PRAGMA EXCEPTION_INIT(deptno_remaining, -2292);
   /* -2292 是违反一致性约束的错误代码 */
BEGIN
   DELETE FROM dept WHERE deptno = v_deptno;
   EXCEPTION
   WHEN deptno_remaining THEN
      DBMS_OUTPUT.PUT_LINE('违反数据完整性约束!');
END;
```

(3) 用户定义异常

对于用户定义异常情况的处理，步骤如下。

① 在 PL/SQL 块的定义部分定义异常情况。

② 使用 RAISE <异常情况>抛出异常。

③ 在 PL/SQL 块的异常情况处理部分对异常情况做出相应的处理。

例 12.12 更新指定员工工资，增加 100。程序为：

```
DECLARE
   v_empno emp. empno %TYPE :=&empno;
   no_result  EXCEPTION;
BEGIN
   UPDATE emp SET sal = sal+100 WHERE empno = v_empno;
   IF SQL%NOT FOUND THEN
      RAISE no_result;
   END IF;
   EXCEPTION
   WHEN no_result THEN
      DBMS_OUTPUT.PUT_LINE('你的数据更新语句失败了!');
END;
```

5. OTHERS 异常处理器

Oracle 还提供了一个特殊的异常处理器 OTHERS，可以捕获所有的异常。

一般地，OTHERS 异常处理器总是作为异常处理的最后一个异常处理器，负责处理那些没有被其他异常处理器捕获的异常。但是 OTHERS 异常处理器不返回错误信息，用户无法判断产生了什么错误而引发的异常。因此，PL/SQL 还提供了如下两个函数，来获取错误信息。

(1) SQLCODE：返回当前错误代码。如果是用户定义错误，则返回值为 1；如果是“ORA-1403: NO DATA FOUND”错误，则返回值为 100；其他 Oracle 内部错误则返回相应的错误号。

(2) SQLERRM：返回当前错误的消息文本。如果是用户定义错误，则返回消息“User-defined Exception”；如果是 Oracle 内部错误，则返回系统内部的错误描述。

例如，在例 12.12 中，如果出现其他错误，则返回错误代码和错误的消息文本：

```
DECLARE
   v_empno emp.empno %TYPE :=&empno;
   no_result  EXCEPTION;
BEGIN
   UPDATE emp SET sal = sal+100 WHERE empno = v_empno;
   IF SQL%NOT FOUND THEN
      RAISE no_result;
   END IF;
   EXCEPTION
   WHEN no_result THEN
      DBMS_OUTPUT.PUT_LINE('你的数据更新语句失败了!');
   WHEN OTHERS THEN
      DBMS_OUTPUT.PUT_LINE(SQLCODE||'---'||SQLERRM);
END;
```

6. 自定义错误代码及其消息文本

对于用户自定义异常，如果用户想要使得特定的错误产生特定的异常错误信息，可以调用 Oracle 提供的包 DBMS_STANDARD 所定义的 RAISE_APPLICATION_ERROR 过程，重新定义异常错误消息。

RAISE_APPLICATION_ERROR 的语法如下：

```
RAISE_APPLICATION_ERROR(error_number,error_message,[keep_errors]);
```

其中：

- error_number：是从-20999 到-20000 之间的参数，这是 Oracle 为用户定义错误的保留号。
- error_message：是相应的提示信息(小于 2048 字节)。
- keep_errors：为可选，如果 keep_errors=TRUE，则新错误将被添加到已经引发的错误列表中。如果 keep_errors=FALSE(默认)，则新错误将替换当前的错误列表。

例如，在下面的程序中，更新指定员工工资，工资加 100：

```
DECLARE
   v_empno emp. empno %TYPE :=&empno;
BEGIN
   UPDATE emp SET sal = sal+100 WHERE empno = v_empno;
   IF SQL%NOT FOUND THEN
      RAISE RAISE_APPLICATION_ERROR(-20167,'update failure!');
   END IF;
   EXCEPTION
   WHEN OTHERS THEN
   DBMS_OUTPUT.PUT_LINE(SQLCODE||'---'||SQLERRM);
END;
```

当在 SQL*Plus 中测试时，一旦没有要更新的行，则抛出这样的异常：

```
ORA-20167: update failure!
```

12.4.3 异常的传播

由于异常错误可以在声明部分和执行部分以及异常错误部分出现，因而在不同部分引发的异常错误也不一样。

1. 执行部分产生异常

当一个异常错误在执行部分引发时，根据当前块是否能对异常进行处理，异常的传播方式有下列两种情况。

(1) 如果当前块对该异常错误设置了处理，则执行它并成功完成该块的执行，然后控制转给外层语句块，继续执行。例如：

```
DECLARE
   v_empno emp. empno %TYPE :=&empno;
BEGIN
   BEGIN
      SELECT * FROM emp WHERE empno = v_empno;
      EXCEPTION
      WHEN NO_DATE_FOUND THEN
         DBMS_OUTPUT.PUT_LINE ('no such employee!');
   END;
   EXCEPTION
   WHEN OTHERS THEN
   DBMS_OUTPUT.PUT_LINE(SQLCODE||'---'||SQLERRM);
END;
```

当在 SQL*Plus 中测试时，一旦没有要选择的行，就会输出“no such employee!”。

(2) 如果没有对当前块异常错误设置定义处理器，则通过在外层语句块中引发该异常来传播异常错误。然后对该外层语句块执行步骤(1)。如果没有外层语句块，则该异常传播到调用环境。例如：

```
DECLARE
   v_empno emp. empno %TYPE :=&empno;
BEGIN
   BEGIN
      SELECT empno INTO v_empno FROM emp WHERE job='CLERK';
      EXCEPTION
      WHEN NO_DATE_FOUND THEN
         DBMS_OUTPUT.PUT_LINE ('no such employee!');
   END ;
   EXCEPTION
   WHEN TOO_MANY_ROWS THEN
      DBMS_OUTPUT.PUT_LINE('There are more than one employee!');
END;
```

执行结果为：

```
There are more than one employee!
```

2. 声明部分和异常处理部分产生异常

如果在声明部分引起异常情况，即在声明部分出现错误，即使当前语句有该异常的异常处理器，该错误也会立刻传播到外层语句块，由外层语句块的异常处理器进行异常处理。例如：

```
BEGIN
   DECLARE
      v_count  number(3): ='hell';
   BEGIN
      v_count:=v_count+1;
      EXCEPTION
      WHEN OTHERS THEN
         DBMS_OUTPUT.PUT_LINE('Exception in inner block!');
   END;
   EXCEPTION
   WHEN OTHERS THEN
      DBMS_OUTPUT.PUT_LINE('Exception in outer block!');
END;
```

执行结果为：

```
Exception in outer block!
```

从执行结果可以看出，无论是在执行部分还是在声明部分或异常处理部分产生的异常，如果在本块中没有得到处理，最终都将向外层块中传播。因此，在程序的最外层块的异常处理中，通常都要定义 OTHERS 异常处理器，来捕获可能漏掉的异常。

12.5 游　　标

在 PL/SQL 中，游标是用来处理用 SELECT 语句从数据库中检索的多行数据的工具。

12.5.1 游标概述

在 PL/SQL 块中执行 SELECT、INSERT、DELETE 和 UPDATE 语句时，Oracle 会在内存中为其分配一个缓冲区，也叫上下文区(Context Area)，用于包含处理过程中的必需信息。游标是指向该区的一个指针。使用游标可以对具有多行数据查询结果的结果集中的每一行数据分别进行单独处理。PL/SQL 中，游标分为显式游标和隐式游标两种。

- 显式游标：由用户声明和操作的一种游标。
- 隐式游标：Oracle 为所有数据操纵语句(包括只返回单行数据的查询语句)自动声明和操作的一种游标。

12.5.2 显式游标

1. 显式游标的操作

显式游标的处理包括定义游标、打开游标、检索游标、关闭游标这 4 个步骤。

(1) 定义游标

游标的定义在 PL/SQL 块的声明部分进行，对游标的定义声明了游标的名字并将该游标与一个 SELECT 语句相关联，并没有生成数据，只是将定义信息保存到数据字典中。定义游标的语法为：

```
CURSOR  cursor_name  IS  select_statement;
```

注意

① 定义游标可以在 WHERE 子句中引用 PL/SQL 变量，但变量必须在游标定义之前定义。

② 游标定义后，可以使用 cursor_name%ROWTYPE 定义记录类型的变量。

③ 在游标定义中的 SELECT<语句>不包含 INTO 子句。

(2) 打开游标

打开游标就是执行游标所对应的 SELECT 语句，将其查询结果放入工作区，并且指针指向工作区的首部，标识游标结果集合。如果游标查询语句中带有 FOR UPDATE 选项，OPEN 语句还将锁定数据库表中游标结果集合对应的数据行。打开游标的语法为：

```
OPEN cursor_name;
```

注意

① 只有打开游标，才真正创建缓冲区，并从数据库检索数据。

② 不能用 OPEN 语句打开一个已经打开的游标。

③ 如果游标定义中的变量值发生变化，只能在下次打开游标时才起作用。

(3) 检索游标

打开游标，将查询结果放入工作区后，需要将游标中的数据以记录为单位检索出来，然后在 PL/SQL 中实现过程化处理。检索游标使用 FETCH ... INTO 语句，其语法为：

```
FETCH cursor_name INTO  variable_list | record_variable;
```

第一次执行 FETCH 语句时，游标指向结果集中的第一条记录，返回该条记录后，自动将游标移动，指向下一条记录，继续处理。当检索到最后一条记录时，如果再次执行 FETCH 语句，将操作失败，并将游标属性%NOTFOUND 置为 TRUE。所以每次执行完 FETCH 语句后，通过检查游标属性%NOTFOUND 就可以判断 FETCH 语句是否执行成功，并返回一个数据行。

注意

① 在检索游标前必须保证游标已经打开。

② 游标指针只能向下移动，不能回退。如果需要，必须关闭游标，重新打开进行检索。

③ INTO 子句中变量个数、顺序、类型必须与游标定义中 SELECT 子句的字段数量、顺序和类型一致。

(4) 关闭游标

当提取和处理完游标结果集合数据后，应及时关闭游标，以释放该游标所占用的系统资源，并使该游标的工作区变成无效。关闭后的游标可以重新打开。关闭游标的语法为：

```
CLOSE cursor_name;
```

例 12.13 查询前 10 名员工的信息：

```
DECLARE
   CURSOR c_cursor
      IS SELECT empno,ename, sal
      FROM emp
      WHERE rownum<11;
   v_emp c_emp%ROWTYPE;
BEGIN
   OPEN c_cursor;
   FETCH c_cursor INTO v_emp;
   WHILE c_cursor%FOUND LOOP
      DBMS_OUTPUT.PUT_LINE(v_emp.ename||'---'||to_char(v_emp.sal));
      FETCH c_cursor INTO v_emp;
   END LOOP;
   CLOSE c_cursor;
END;
```

2. 游标的属性

无论是显式游标还是隐式游标，均有%ISOPEN、%FOUND、%NOTFOUND 和%ROWCOUNT 四种属性。它们描述与游标操作相关的 DML 语句的执行情况，利用游标属性可以判断当前游标状态。游标属性只能用在 PL/SQL 的流程控制语句内，而不能用在 SQL 语句内。游标属性及含义如表 12.6 所示。

表 12.6　游标属性及含义

游标属性	值 类 型	说　明
%ISOPEN	布尔型	当游标打开时，返回 TRUE，否则返回 FALSE
%FOUND	布尔型	当最近一次使用 FETCH 语句成功地从缓冲区中检索到数据时则为 TRUE，否则为 FALSE
%NOTFOUND	布尔型	与%FOUND 相反，当最近一次使用 FETCH 语句没有从缓冲区中检索到数据时则为 TRUE，否则为 FALSE
%ROWCOUNT	数值型	返回从游标缓冲区检索的记录的个数

例 12.14 给工资低于 1200 的员工增加工资 50：

```
DECLARE
   v_empno  emp.empno%TYPE;
   v_sal  emp.sal%TYPE;
   CURSOR c_cursor IS SELECT empno, sal FROM emp;
BEGIN
   OPEN c_cursor;
   LOOP
      FETCH c_cursor INTO v_empno, v_sal;
      EXIT WHEN c_cursor%NOTFOUND;
      IF v_sal<=1200 THEN
         UPDATE emp  SET sal=sal+50 WHERE empno=v_empno;
         DBMS_OUTPUT.PUT_LINE('员工号为'||v_empno||'工资已更新!');
      END IF;
      DBMS_OUTPUT.PUT_LINE('记录数:'|| c_cursor %ROWCOUNT);
   END LOOP;
   CLOSE c_cursor;
END;
```

3. 参数化游标

在定义游标时，可以使用参数，使得在使用游标时，根据参数不同，所得到的结果集也不同，达到动态使用的目的。参数化游标的定义语法为：

```
CURSOR cursor_name[(parameter datatype[, parameter datatype]...)]
   [RETURN datatype]
   IS  select_statement;
```

在执行时打开参数化游标的语法为：

```
OPEN cur_name(value1[,value2...]);
```

注意

定义游标时，只能指定参数的类型，而不能指定参数的长度、精度、刻度。

例 12.15 使用参数化游标检索部门信息：

```
DECLARE
   v_name  dept.dname%TYPE;
   v_loc  dept.loc%TYPE;
   CURSOR c1(v_deptno NUMBER DEFAULT 10) IS
      SELECT dname, loc FROM dept
      WHERE deptno<= v_deptno;
BEGIN
   OPEN c1;
   LOOP
      FETCH c1 INTO v_dname, v_loc;
      EXIT WHEN c1%NOTFOUND;
      DBMS_OUTPUT.PUT_LINE(v_dname||'---'||v_loc);
   END LOOP;
```

```
    CLOSE c1;
END;
```

4. 显式游标的检索

由于游标对应的缓冲区中可能会有多条记录，而 FETCH 语句每次只能处理一条记录，所以需要采用循环的方式从缓冲区中检索数据进行处理。可以采用循环结构中的三种形式来检索游标。例 12.14 和例 12.15 采用的是简单循环检索游标，例 12.13 采用 WHILE 循环检索游标。采用简单循环检索游标时，EXIT WHEN 子句应该是 FETCH ... INTO 语句的下一条语句，采用 WHILE 循环检索游标时，需要在循环体外先执行一次 FETCH 操作，作为第一次循环的条件。

在 PL/SQL 中，也可以采用 FOR 循环检索游标。利用 FOR 循环检索游标时，系统自动执行游标的 OPEN、FETCH、CLOSE 语句和循环语句的功能；当进入循环时，游标 FOR 循环语句自动打开游标，并提取第一行游标数据，当程序处理完当前所提取的数据而进入下一次循环时，游标 FOR 循环语句自动提取下一行数据供程序处理，当提取完结果集合中的所有数据行后，结束循环，并自动关闭游标。

使用的方法为：

```
FOR index_variable IN cursor_name LOOP
    ...
END LOOP;
```

采用 FOR 循环检索游标时，系统首先隐含定义一个数据类型为 cursor_name%ROWTYPE 的循环变量 index_variable，然后自动打开游标，从缓冲区中提取数据并放入 index_variable 中，同时使用%FOUND 属性检查是否检索到数据。当游标缓冲区中所有数据都检索完毕时，系统自动关闭游标。

例 12.16 使用 FOR 循环检索员工的工资信息：

```
DECLARE
    CURSOR c_sal IS SELECT empno, ename, sal
    FROM emp;
BEGIN
    FOR v_emp IN c_sal LOOP
        DBMS_OUTPUT.PUT_LINE(v_emp.empno||'--'||v_emp.ename
          ||'--'||v _emp.sal);
    END LOOP;
END;
```

12.5.3 隐式游标

显式游标主要是用于对查询语句的处理，尤其是在查询结果为多条记录的情况下；而对于非查询语句，如插入、修改、删除操作以及单行的 SELECT ... INTO 语句，则由 Oracle 系统自动地为这些操作设置游标并创建其工作区，这些由系统隐含创建的游标称为隐式游标，也叫 SQL 游标。对于隐式游标的操作，如定义、打开、检索及关闭操作，都由 Oracle 系统自动地完成，无须用户进行处理。用户只能通过隐式游标的相关属性，来完成相应的操作。在隐式游标的工作区中，所存放的数据是与用户自定义的显示游标无关的、最新处理的一条 SQL 语句所包含的数据。

例 12.17 删除 emp 表中某部门的所有员工，如果该部门中已没有员工，则在 dept 表中删除该部门。程序为：

```
DECLARE
   v_deptno deptno%TYPE :=&p_deptno;
BEGIN
   DELETE FROM emp WHERE deptno=v_deptno;
   IF SQL%NOTFOUND THEN
      DELETE FROM dept WHERE deptno=v_deptno;
   END IF;
END;
```

或者使用游标的%ROWCOUNT 属性，程序为：

```
DECLARE
   v_deptno deptno%TYPE :=&p_deptno;
BEGIN
   DELETE FROM emp WHERE deptno=v_deptno;
   IF SQL%ROWCOUNT=0 THEN
      DELETE FROM dept WHERE deptno=v_deptno;
   END IF;
END;
```

12.5.4 游标变量

前面介绍的显式游标都是与一个 SQL 语句相关联，并且在编译包含游标的块时，此语句已经是可知的，是静态的，而游标变量可以在运行时与不同的语句关联，是动态的。游标变量被用于处理多行的查询结果集。在同一个 PL/SQL 块中，游标变量不同于特定的查询绑定，而是在打开游标时才确定所对应的查询。因此，游标变量可依次对应多个查询。

在 PL/SQL 中，使用游标变量包括定义游标引用类型、声明游标变量、打开游标变量、检索游标变量、关闭游标变量等几个基本步骤。

1. 定义游标引用类型及游标变量

(1) 定义游标引用类型

游标变量为一个指针，它属于引用类型，所以在声明游标变量之前，必须先定义游标变量类型。在 PL/SQL 中，可以在块、子程序和包的声明区域内定义游标变量类型。语法格式为：

```
TYPE ref_type_name IS REF CURSOR
 [RETURN return_type];
```

其中：

- ref_type_name：为新定义的游标变量类型名称。
- return_type：为游标变量的返回值类型，它必须为记录变量。

在定义游标变量类型时，可以采用强类型定义和弱类型定义两种。强类型定义必须指定游标变量的返回值类型，而弱类型定义则不说明返回值类型。

(2) 声明游标变量

声明游标变量的基本形式为：

```
cursor_variable_name  ref_type_name;
```

其中，cursor_variable_name 为游标变量名，ref_type_name 为游标变量类型。

例如，下面的程序中，创建了两个强类型游标变量和一个弱类型游标变量：

```
TYPE deptrecord IS RECORD(
      Deptno dept.deptno%TYPE,
      Dname  dept.dname%TYPE,
      Loc dept.loc%TYPE
   );
TYPE deptcurtype IS REF CURSOR RETURN dept%ROWTYPE;
TYPE deptcurtyp1 IS REF CURSOR RETURN deptrecord;
TYPE curtype IS REF CURSOR;
Dept_c1 deptcurtype;
Dept_c2 deptcurtyp1;
Cv curtype;
```

2. 打开游标变量

为了引用已定义的游标变量，需要在打开游标变量时指定该游标变量所对应的查询语句。当执行打开游标操作时，系统就会执行查询语句，将查询结果放入游标变量所指的内存空间中。

打开游标变量时使用的是 OPEN ... FOR 语句。语法为：

```
OPEN  cursor_variable_name FOR select_statement;
```

其中：cursor_variable_name 为游标变量。

OPEN ... FOR 语句可以在关闭当前的游标变量之前重新打开游标变量，而不会导致 CURSOR_ALREADY_OPEN 异常错误。重新打开游标变量时，前一个查询的内存处理区将被释放。如果打开的是强类型游标变量，则查询语句的返回类型必须与游标引用类型定义中 RETURN 子句指定的返回类型相匹配。

3. 检索游标变量

检索游标变量的方法与检索静态游标相似，使用 FETCH ... INTO 语句循环检索游标变量结果集中的记录。语法为：

```
FETCH cursor_variable_name  INTO variable [, variable] ...;
```

其中：cursor_variable_name 为游标变量名称；variable 为普通变量名称。

在检索游标变量时，只能使用简单循环或 WHILE 循环，不能采用 FOR 循环。

4. 关闭游标变量

与静态游标类似，游标变量使用结束后也需要关闭游标变量释放存储空间。语法为：

```
CLOSE cursor_variable_name;
```

如果试图关闭一个未打开的游标变量，则将导致 INVALID_CURSOR 异常错误。

例 12.18 使用游标变量输出员工的姓名、入职日期和职位：

```
DECLARE
   --定义一个与 employees 表中的这几个列相同的记录数据类型
   TYPE emp_record_type IS RECORD(
      rec_name   emp.ename%TYPE,
      rec_hdate   emp.hiredate%TYPE,
      rec_job     emp.job%TYPE);
   --声明一个该记录数据类型的记录变量
   v_emp_record emp_record_type;
   --定义一个游标数据类型
   TYPE emp_cursor_type IS REF CURSOR RETURN emp_record_type;
   --声明一个游标变量
   c1 emp_cursor_type;
BEGIN
   OPEN c1 FOR SELECT ename, hiredate, job
   FROM emp WHERE deptno = 20;
   LOOP
      FETCH c1 INTO v_emp_record;
      EXIT WHEN c1%NOTFOUND;
      DBMS_OUTPUT.PUT_LINE('员工姓名：'||v_emp_record.rec_name
            ||'  入职日期：'||v_emp_record.rec_hdate
            ||'  职位：'||v_emp_record.rec_job);
   END LOOP;
   CLOSE c1;
END;
```

12.6 存储子程序

迄今为止，我们所创建的 PL/SQL 程序都是匿名的，其缺点是在每次执行的时候都要被重新编译，并且没有存储在数据库中，因此不能被其他 PL/SQL 块使用。Oracle 允许在数据库的内部创建并存储编译过的命名 PL/SQL 程序，以便随时调用，这些命名的 PL/SQL 块称为存储子程序。PL/SQL 中的存储子程序包括存储过程和函数。一般地，存储过程用于完成一系列特定的操作，不需要返回值；而函数则用于完成一系列计算任务，并返回一个值。调用时，存储过程可以作为一个独立的表达式被调用，而函数只能作为表达式的一部分被调用。

12.6.1　存储过程

1. 创建存储过程

在 Oracle 服务器上建立存储过程，可以被多个应用程序调用，可以向存储过程传递参数，也可以向存储过程传回参数。创建存储过程的语法为：

```
CREATE [OR REPLACE] PROCEDURE procedure_name
([arg1 [ IN | OUT | IN OUT ]] datetype [DEFAULT|:= value1],
 [arg2 [ IN | OUT | IN OUT ]] datetype [DEFAULT |:=value1]],
 ...
 [argn [ IN | OUT | IN OUT ]] datetype [DEFAULT|:= valuen])
IS | AS
   <声明部分>
BEGIN
   <执行部分>
EXCEPTION
   <可选的异常错误处理程序>
END procedure_name;
```

其中：

- procedure_name：要创建的过程名称。
- OR REPLACE 表示如果名为 procedure_name 的过程存在，就覆盖该过程。
- arg1、arg2、argn 为过程参数名。
- datatype：参数的类型。
- IN、OUT、INOUT：形参的模式。若省略，则为 IN 模式。IN 模式的形参只能将实参传递给形参，进入函数内部，但只能读不能写，函数返回时实参的值不变。OUT 模式的形参会忽略调用时的实参值(或说该形参的初始值总是 NULL)，但在函数内部可以被读或写，函数返回时形参的值会赋给实参。INOUT 具有前两种模式的特性，即调用时，实参的值总是传递给形参，结束时，形参的值传递给实参。调用时，对于 IN 模式的实参，可以是常量、表达式或变量；但对于 OUT 和 IN OUT 模式的实参，必须是变量。

例 12.19 创建一个存储过程，对输入的员工编号查询该员工是否有奖金。程序为：

```
CREATE  OR REPLACE  PROCEDURE query_comm_if_null
(v_no IN emp.empno%type)
AS
   v_comm emp.comm%type;
BEGIN
   SELECT comm INTO v_comm FROM emp WHERE empno=v_no;
   IF v_comm IS NULL or v_comm=0 THEN
      raise_application_error(-20001,'该员工无奖金');
   END IF;
   EXCEPTION
   WHEN NO_DATA_FOUND then
```

```
    dbms_output.put_line('员工不存在:'||v_no);
END query_comm_if_null;
```

创建完存储过程后，就可以在 PL/SQL 块中调用了。例如：

```
DECLARE
   v_empno emp.empno%type;
   CURSOR c_cursor
   IS SELECT empno FROM emp WHERE dept=30;
BEGIN
   OPEN c_cursor;
   FETCH c_cursor INTO v_empno;
   WHILE c_cursor%FOUND LOOP
      query_comm_if_null(v_empno);
      FETCH c_cursor INTO v_empno;
   END LOOP;
   CLOSE c_cursor;
END;
```

在存储过程的创建过程中，对于参数有以下几点说明。

(1) 在声明形参时，不能定义形参的长度或精度、刻度，它们是由实参决定的。

(2) 当存储过程被调用时，参数的传递方式取决于参数的模式，IN 参数为值传递，即实参的值被复制给形参，OUT 和 INOUT 参数为引用传递，即实参指针被传递给形参。

(3) 可以为参数设置默认值，这样当存储过程被调用时如果不给形参传递值，就采用默认值。创建存储过程时，有默认值的参数应该放在参数列表的最后，而且只能为输入参数设置默认值，而不能为输入/输出参数设置默认值。

在上面的例 12.19 中，如果为参数设置默认值，可以改为：

```
CREATE  OR REPLACE  PROCEDURE query_comm_if_null
(v_no IN emp.empno%type DEFAULT 7844)
AS
...
```

通常，存储过程不需要返回值，如果需要返回一个值，可以通过调用函数来实现；但是如果希望返回多个值，可以使用 OUT 或 INOUT 模式的参数来实现。

例 12.20 创建一个存储过程，以员工编号为参数，返回该员工的姓名和工资：

```
CREATE  OR REPLACE  PROCEDURE query_emp
(v_no in emp.empno%type,v_name out emp.ename%type,v_sal out emp.sal%type)
IS
   e_sal_error exception;
BEGIN
   SELECT ename,sal into v_name,v_sal FROM emp WHERE empno=v_no;
   IF v_sal>2500 THEN
      dbms_output.put_line('员工工资已经超过规定值'||v_sal);
      RAISE e_sal_error;
   END IF;
   EXCEPTION
```

```
    WHEN NO_DATA_FOUND THEN
        dbms_output.put_line('该员工不存在'||v_no);
    WHEN e_sal_error THEN
        dbms_output.put_line('员工工资已经超过规定值');
END query_emp;
```

2. 调用存储过程

存储过程建立完成后，以编译的形式存储于数据库服务器端，供应用程序调用。调用存储过程时，实参的个数、类型、顺序必须与形参的个数、类型、顺序相匹配。用户可以在 SQL*Plus、Oracle 开发工具或第三方开发工具中调用和运行存储过程。

(1) 在 SQL*Plus 中调用存储过程

在 SQL*Plus 中，可以使用 EXECUTE 或 CALL 命令调用存储过程。例如，在 SQL*Plus 中调用例 12.19 中定义的存储过程 query_comm_if_null：

```
SQL>EXECUTE query_comm_if_null(1234);
```

或者：

```
SQL>CALL query_comm_if_null(1234);
```

(2) 在 PL/SQL 块中调用存储过程

在 PL/SQL 块中，可以将存储过程作为一个独立的表达式来调用。例如，调用例 12.20 中定义的存储过程 query_emp，程序为：

```
declare
    v_a1 emp.ename%type;
    v_a2 emp.sal%type;
begin
    query_emp(5678,v_a1,v_a2);
    dbms_output.put_line('该员工姓名为'||v_a1);
    dbms_output.put_line('该员工工资为'||v_a2);
end;
```

3. 存储过程的管理

(1) 存储过程的修改

如果需要对创建的存储过程进行修改，可以先删除该存储过程，然后重新创建，但是这需要为新创建的存储过程重新进行权限分配。而存储过程的创建，原本就是删除同名的存储过程，重新创建的过程。所以可以采用 CREATE OR REPLACE PROCEDURE 方式重新创建并覆盖原有的存储过程。

(2) 存储过程的查看

可以通过查询数据字典视图 USER_SOURCE 查看当前用户的存储过程及其源代码。

例如，查询名为 QUERY_EMP 的存储过程的定义。语句为：

```
SQL>Select text from user_source where name='QUERY_EMP';
```

(3) 存储过程的删除

删除存储过程的语法为：

```
SQL>DROP PROCEDURE procedure_name;
```

删除存储过程后，相应的内存空间也被释放了。

12.6.2 函数

1. 创建函数

创建函数与创建存储过程类似，不同之处在于，函数有一个显式的返回值。创建函数的语法为：

```
CREATE [OR REPLACE] FUNCTION function_name
([arg1 [ IN | OUT | IN OUT ]] datetype [DEFAULT|:= value1],
 [arg2 [ IN | OUT | IN OUT ]] datetype [DEFAULT |:=value1]],
...
 [argn [ IN | OUT | IN OUT ]] datetype [DEFAULT|:= valuen])
RETURN return_datatype
IS | AS
   <声明部分>
BEGIN
   <执行部分>
   EXCEPTION
   <可选的异常错误处理程序>
END function_name;
```

其中：

return_datatype：函数返回值类型，但不能规定返回值的长度、精度、刻度等。可以使用%TYPE 说明返回值类型。而函数体中，必须至少包含一个 RETURN 语句，来指明函数返回值，RETURN 后面值的类型应与 return_datatype 类型匹配。

例 12.21 定义函数，获取某部门的工资总和。程序为：

```
CREATE OR REPLACE FUNCTION get_salary
 (v_deptno NUMBER)
 RETURN NUMBER
IS
   V_sum NUMBER;
BEGIN
   SELECT SUM(sal) INTO V_sum
   FROM emp WHERE deptno=v_deptno;
   RETURN v_sum;
   EXCEPTION
   WHEN NO_DATA_FOUND THEN
      DBMS_OUTPUT.PUT_LINE('你需要的数据不存在!');
   WHEN OTHERS THEN
      DBMS_OUTPUT.PUT_LINE(SQLCODE||'---'||SQLERRM);
END get_salary;
```

创建函数时，函数参数的设置与存储过程参数设置相同，可以使用 IN、OUT、INOUT 模式参数，可以设置参数的默认值，不能设置参数的长度、精度、刻度等。通常函数参数采用 IN 模式，如果需要返回多个值时，也可以采用 OUT、INOUT 模式参数。

例 12.22 通过部门编号获取员工工资之和和员工总数，编写函数如下：

```
create or replace function get_sal_count
(v_dept_no in emp.deptno%type,v_emp_cnt out number)
return number
is
   v_sum number(10,2);
begin
   select sum(sal),count(*) into v_sum,v_emp_cnt from emp
   where deptno = v_dept_no;
   return v_sum;
end get_sal_count;
```

2. 调用函数

与存储过程类似，可以在 SQL*Plus 中调用函数，也可以在 PL/SQL 块中调用函数。二者的不同之处在于，存储过程可以作为独立表达式，而函数只能作为表达式的一部分。

例如，在 PL/SQL 块中调用例 12.21 中定义的函数 get_salary：

```
DECLARE
   V_sum NUMBER;
BEGIN
   V_sum :=get_salary(10);
   DBMS_OUTPUT.PUT_LINE('部门号为:10 的工资总和: '||v_sum);
END;
```

也可以在 SQL*Plus 中调用，使用的命令为：

```
SQL>VARIABLE sum NUMBER
SQL>EXECUTE sum=get_salary(10)
```

3. 函数的管理

(1)　函数的修改

可以采用 CREATE OR REPLACE FUNCTION 方式重新创建并覆盖原有的函数。

(2)　函数的查看

可以通过查询数据字典视图 USER_SOURCE 查看当前用户定义的所有函数及其源代码。语句为：

```
SQL>Select name,text from user_source where type='FUNCTION';
```

(3)　函数的删除

函数使用完毕之后，可以使用 DROP FUNCTION 语句来删除函数，以释放函数的内存空间。

删除函数的语法为：

```
SQL>DROP FUNCTION function_name;
```

12.7 触 发 器

12.7.1 触发器的概述

1. 触发器的概念

触发器是一种特殊类型的存储过程，在数据库里以独立的对象存储，它与存储过程和函数不同的是，存储过程与函数需要用户显式调用才执行，而触发器是由一个事件来启动运行的。即触发器是当某个事件发生时自动地隐式运行的。并且，触发器不能接收参数。所以运行触发器就叫触发或点火。Oracle 事件指的是对数据库的表进行的 INSERT、UPDATE 及 DELETE 操作或对视图进行类似的操作。Oracle 将触发器的功能扩展到了触发 Oracle，如数据库的启动与关闭等。所以触发器常用来完成由数据库的完整性约束难以完成的复杂业务规则的约束，或用来监视对数据库的各种操作，实现审计的功能。

2. 触发器的类型

根据触发器作用对象的不同，触发器的类型可分为如下 3 种。

- DML 触发器：对表或视图执行 DML 操作时触发。
- INSTEAD OF 触发器：只定义在视图上，用来替换实际的操作语句。
- 系统触发器：对数据库系统进行操作(如 DDL 语句、启动或关闭数据库等系统事件)时触发。

根据触发器触发频率的不同，触发器又可分为：

- 语句级(Statement)触发器：是指当某触发事件发生时，该触发器只执行一次。
- 行级(Row)触发器：是指当某触发事件发生时，对受到该操作影响的每一行数据，触发器都单独执行一次。

3. 触发器的组成

触发器由触发器头部和触发器体两个部分组成。相关的概念主要包括如下几种。

- 触发事件：引起触发器被触发的事件。 例如 DML 语句(INSERT、UPDATE、DELETE 语句对表或视图执行数据处理操作)、DDL 语句(如 CREATE、ALTER、DROP 语句在数据库中创建、修改、删除模式对象)、数据库系统事件(如系统启动或退出、异常错误)、用户事件(如登录或退出数据库)。
- 触发时间：即该触发器是在触发事件发生之前(BEFORE)还是之后(AFTER)触发，也就是触发事件和该触发器的操作顺序。
- 触发操作：即该触发器被触发之后的目的和意图，正是触发器本身要做的事情。

例如 PL/SQL 块。

- 触发对象：包括表、视图、模式、数据库。只有在这些对象上发生了符合触发条件的触发事件，才会执行触发操作。
- 触发条件：由 WHEN 子句指定一个逻辑表达式。只有当该表达式的值为 TRUE 时，遇到触发事件才会自动执行触发器，使其执行触发操作。
- 触发频率：说明触发器内定义的动作被执行的次数。即语句级(Statement)触发器和行级(Row)触发器。

12.7.2　创建触发器

在 PL/SQL 中使用 CREATE TRIGGER 语句创建触发器，其语法为：

```
CREATE [OR REPLACE] TRIGGER trigger_name
{BEFORE | AFTER}
{INSERT | DELETE | UPDATE [OF column [, column ...]]}
[OR {INSERT | DELETE | UPDATE [OF column [, column ...]]}...]
ON [schema.]table_name | [schema.]view_name
[REFERENCING {OLD [AS] old | NEW [AS] new| PARENT as parent}]
[FOR EACH ROW ]
[WHEN condition]
PL/SQL_BLOCK | CALL procedure_name;
```

其中：

- BEFORE 和 AFTER 指出触发器的触发时序分别为前触发和后触发方式，前触发是在执行触发事件之前触发当前所创建的触发器，后触发是在执行触发事件之后触发当前所创建的触发器。
- FOR EACH ROW 选项说明触发器为行触发器。行触发器与语句触发器的区别表现在：行触发器要求当一个 DML 语句操作影响数据库中的多行数据时，对于其中的每个数据行，只要它们符合触发约束条件，均激活一次触发器；而语句触发器将整个语句操作作为触发事件，当它符合约束条件时，激活一次触发器。当省略 FOR EACH ROW 选项时，BEFORE 和 AFTER 触发器为语句触发器，而 INSTEAD OF 触发器则只能为行触发器。
- REFERENCING 子句说明相关名称，在行触发器的 PL/SQL 块和 WHEN 子句中可以使用的相关名称参照当前的新、旧列值，默认的相关名称分别为 OLD 和 NEW。触发器的 PL/SQL 块中应用相关名称时，必须在它们之前加冒号(:)，但在 WHEN 子句中则不能加冒号。
- WHEN 子句说明触发约束条件。condition 为一个逻辑表达式，其中必须包含相关名称，而不能包含查询语句，也不能调用 PL/SQL 函数。WHEN 子句指定的触发约束条件只能用在 BEFORE 和 AFTER 行触发器中，不能用在 INSTEAD OF 行触发器和其他类型的触发器中。

- PL/SQL_BLOCK 表示当一个基表被修改(INSERT、UPDATE、DELETE)时要执行的存储过程，执行时根据其所依附的基表改动而自动触发，因此与应用程序无关，用数据库触发器可以保证数据的一致性和完整性。

在一张表上最多可建立 12 种类型的触发器，它们是 BEFORE INSERT、BEFORE INSERT FOR EACH ROW、AFTER INSERT、AFTER INSERT FOR EACH ROW、BEFORE UPDATE、BEFORE UPDATE FOR EACH ROW、AFTER UPDATE、AFTER UPDATE FOR EACH ROW、BEFORE DELETE、BEFORE DELETE FOR EACH ROW、AFTER DELETE、AFTER DELETE FOR EACH ROW。对表操作时，可能会触发多个触发器，它们的执行顺序如下。

(1) 执行 BEFORE 语句级触发器。

(2) 对于受语句影响的每一行：

- 执行 BEFORE 行级触发器。
- 执行 DML 语句。
- 执行 AFTER 行级触发器。

(3) 执行 AFTER 语句级触发器。

1. 语句级触发器

默认情况下创建的触发器为语句级触发器，即当触发事件发生后，触发器只执行一次。在语句级触发器中不能对列值进行访问和操作，也不能获取当前行的信息。

例 12.23 为 emp 表创建一个触发器，增加只能上班时间进行 DML 操作的限制：

```
CREATE[OR REPLACE] TRIGGER my_trigger
BEFORE INSERT or UPDATE or DELETE on emp
BEGIN
   IF(TO_CHAR (sysdate,'day') IN('星期六','星期日'))
     OR (TO_CHAR(sysdate,'HH24') NOT BETWEEN 8 AND 18) THEN
       RAISE_APPLICATION_ERROR(-20001,'不是上班时间,不能修改 emp 表');
   END IF;
END;
```

当在上班时间直接执行下面的 SQL 语句时：

```
SQL>UPDATE emp SET comm=800 WHERE deptno=10;
```

执行结果如下：

```
update emp set comm=800 where deptno=10
* ERROR at line 1:
ORA-20001: 不是上班时间,不能修改 emp 表 ORA-06512:
at "SCOTT.MY_TRIGGER", line 4
ORA-04088: error during execution of trigger 'SCOTT.MY_TRIGGER'
```

如果触发器响应多个事件，而且需要根据事件的不同进行不同的操作，则可以在触发器体中使用 3 个条件谓词，如图 12.7 所示。

表 12.7 触发器中的 3 个条件谓词

谓 词	行 为
INSERTING	如果触发语句是 INSERT 语句，则为 TRUE，否则为 FALSE
UPDATING	如果触发语句是 UPDATE 语句，则为 TRUE，否则为 FALSE
DELETING	如果触发语句是 DELETE 语句，则为 TRUE，否则为 FALSE

2. 行级触发器

行级触发器指的是执行 DML 操作时，每操作一个记录，触发器就执行一次，一个 DML 操作涉及多少个记录，触发器就执行多少次。在行级触发器中可以使用 WHEN 条件，进一步控制触发器的执行。在触发器中，可以对当前操作的记录进行访问和操作。

在行级触发器中引入了两个标识符，即:old 和:new，来访问和操作当前被处理记录中的数据。PL/SQL 将:old 和:new 作为 triggering_table%ROWTYPE 类型的两个变量。在不同触发事件中，:old 和:new 具有不同的含义，如表 12.8 所示。

表 12.8 :old 和:new 标识符的含义

触发事件	:old	:new
INSERT	未定义，所有字段都为 NULL	当语句完成时，被插入的记录
UPDATE	更新前原始记录	当语句完成时，更新后的记录
DELETE	记录被删除前的原始值	未定义，所有字段都为 NULL

在触发器体内引用这两个标识符时，只能引用单个字段(如:old.field 或:new.field)，而不能引用整个记录。在 WHEN 子句中引用这两个标识符时，标识符前不需要加“:”。

例 12.24 在 emp 表上创建行级触发器，修改员工工资时，如果修改的是员工职位为“SALESMAN”的员工，保证修改后的工资高于修改前的。程序如下：

```
create or replace trigger tr_emp_sal_comm
before update of sal,comm or delete on emp
for each row when(old.job='SALESMAN')
begin
   case
      when updating('sal') then
         if :new.sal<:old.sal then
            raise_application_error(-20001, '销售人员工资只能涨不能降');
         end if;
      when updating('comm') then
         if :new.comm<:old.comm then
            raise_application_error(-20002,'销售人员补助只能涨不能降');
         end if;
      when deleting then
         raise_application_error(-20003, '不能删除 emp 表的销售人员记录');
   end case;
end;
```

当在 PL/SQL 块中对 emp 表更新职位为“SALESMAN”员工的工资或奖金时，如果发生更新后的工资或奖金比之前少的情况时，就会触发 tr_emp_sal_comm 触发器。例如，执行下面的代码：

```
DECLARE
BEGIN
   UPDATE emp SET comm=800 WHERE job='SALESMAN';
   EXCEPTION
   WHEN others THEN
      dbms_output.put_line(sqlcode);
      dbms_output.put_line(sqlerrm);
END;
```

执行的结果是：

```
UPDATE emp SET comm=800 WHERE job='SALESMAN';
* ERROR at line 1:
ORA-20002: 销售人员补助只能涨不能降
ORA-06512: at "SCOTT. TR_EMP_SAL_COMM ", line 4
ORA-04088: error during execution of trigger 'SCOTT. TR_EMP_SAL_COMM'
```

12.7.3 触发器的管理

1. 禁用或启用触发器

在 PL/SQL 中触发器可以有两种状态。

- 有效状态(ENABLE)：触发事件发生时，处于有效状态的触发器将被触发。
- 无效状态(DISABLE)：触发事件发生时，处于无效状态的触发器将不会被触发。

触发器的这两种状态可以互相转换。语法为：

```
ALTER TIGGER trigger_name [DISABLE | ENABLE];
```

例如，禁用 my_triger 触发器：

```
ALTER TRIGGER my_trigger DISABLE;
```

ALTER TRIGGER 语句一次只能改变一个触发器的状态，而 ALTER TABLE 语句则一次能够改变与指定表相关的所有触发器的使用状态。语法为：

```
ALTER TABLE [schema.]table_name {ENABLE|DISABLE} ALL TRIGGERS;
```

例如，使表 EMP 上的所有 TRIGGER 失效：

```
ALTER TABLE emp DISABLE ALL TRIGGERS;
```

2. 修改触发器

可以使用 CREATE OR REPLACE TRIGGER 语句修改触发器，此时不需要为触发器重新分配权限。

3. 重新编译触发器

如果在触发器内调用其他函数或过程，当这些函数或过程被删除或修改后，触发器的状态将被标识为无效。当 DML 语句激活一个无效触发器时，Oracle 将重新编译触发器代码，如果编译时发现错误，这将导致 DML 语句执行失败。

在 PL/SQL 程序中可以调用 ALTER TRIGGER 语句重新编译已经创建的触发器，格式为：

```
ALTER TRIGGER trigger_name COMPILE
```

4. 删除触发器

当触发器不再需要时，可以删除触发器，语法为：

```
DROP TRIGGER trigger_name;
```

当删除其他用户模式中的触发器名称时，需要具有 DROP ANY TRIGGER 系统权限，当删除建立在数据库上的触发器时，用户需要具有 ADMINISTER DATABASE TRIGGER 系统权限。此外，当删除表或视图时，建立在这些对象上的触发器也随之删除。

5. 查看触发器及其源代码

与触发器相关的数据字典视图包括 USER_TRIGGERS、ALL_TRIGGERS、DBA_TRIGGERS。可以通过查询数据字典视图查看触发器及其源代码等信息。例如：

```
SQL>SELECT trigger_name, trigger_type, table_name,trigger_body
   FROM user_triggers;
```

12.8　包

PL/SQL 程序包(Package)简称包，用于将逻辑相关的 PL/SQL 块或元素(变量、常量、自定义数据类型、过程、函数、异常、游标等)组织在一起，作为一个完整的单元，编译后存储在数据库服务器中，供应用程序调用。包具有面向对象的程序设计语言的特点，是对 PL/SQL 块或元素的封装。程序包类似于面向对象中的类，其中变量相当于类的成员变量，而过程和函数就相当于类中的方法。

在 Oracle 数据库中，包有两类，一类是系统内置的包，每个包是实现特定应用的过程、函数、常量等的集合，例如我们先前一直用的 DBMS_OUTPUT 就是一个用于输出结果的内置包；另一类是根据应用需要由用户创建的包。本节主要介绍用户创建的包。

12.8.1　包的定义和创建

1. 包的组成

包有两个独立的部分：包规范和包体。这两部分独立地存储在数据字典中。

包规范是包与应用程序之间的接口，用于声明包的公用组件，如变量、常量、自定义数据类型、异常、过程、函数、游标等，但只包括过程、函数、游标等的名称或首部。包规范中定义的公有组件不仅可以在包内使用，还可以由包外其他过程、函数使用。需要说明的是，为了实现信息的隐藏，建议不要将所有组件都放在包规范处声明，只应把公共组件放在包规范部分。包的名称是唯一的，但对于两个包中的公有组件的名称可以相同，此时用“包名.公有组件名”的方式加以区分。

包体是包的具体实现细节，实现在包规范中声明的所有公有过程、函数、游标等。当然，也可以在包体中声明仅属于自己的私有过程、函数、游标等。包体部分在开始构建应用程序框架时可暂不需要。一般而言，可以先独立地进行过程和函数的编写，当其较为完善后，再逐步地将其按照逻辑相关性进行打包。创建包体时，有以下几点需要注意：

- 包体只能在包规范被创建或编译后才能进行创建或编译。
- 在包体中实现的过程、函数、游标的名称必须与包规范中的过程、函数、游标一致，包括名称、参数的名称以及参数的模式(IN、OUT、IN OUT)。并建设按包规范中的次序定义包体中具体的实现。
- 在包体中声明的数据类型、变量、常量都是私有的，只能在包体中使用而不能被包体外的应用程序访问与使用。
- 在包体执行部分，可对包规范、包体中声明的公有或私有变量进行初始化或其他设置。

2. 包规范的创建

创建包规范的语法为：

```
CREATE [OR REPLACE] PACKAGE package_name
   IS | AS
[PRAGMA SERIALLY_REUSABLE;]
   [公有数据类型定义[公有数据类型定义]...]
   [公有变量、常量声明[公有变量、常量声明]...]
   [公有游标声明[公有游标声明]...]
   [公有函数声明[公有函数声明]...]
   [公有过程声明[公有过程声明]...]
END [package_name];
```

其中：

PRAGMA SERIALLY_REUSABLE：用于管理内存使用的编译指示，标记包为可连续重用的，被标记的包所分配的内存会放到系统全局区，包的工作区就可以被反复使用。

例如，创建一个包，包括 3 个变量、两个函数和两个存储过程：

```
CREATE OR REPLACE PACKAGE my_pkg
   IS
PRAGMA SERIALLY_REUSABLE;
   v_deptrec dept%rowtype;
   v_sqlcode number;
```

```
   v_sqlerrm varchar2(2048);
   FUNCTION add_dept(v_deptno number, v_deptname varchar2,
     v_deptloc varchar2)
       return number;
   FUNCTION remove_dept(v_deptno number)
       return number;
   PROCEDURE query_dept(v_deptno number);
   PROCEDURE read_dept;
END my_pkg;
```

3. 包体的创建

创建包体的语法为：

```
CREATE [OR REPLACE] PACKAGE BODY package_name
   IS|AS
[PRAGMA SERIALLY_REUSABLE;]
   [私有数据类型定义[私有数据类型定义] ...]
   [私有变量、常量声明[私有变量、常量声明] ...]
   [私有异常错误声明[私有异常错误声明] ...]
   [私有函数声明和定义[私有函数声明和定义] ...]
   [私有函过程声明和定义[私有函过程声明和定义] ...]
   [公有游标定义[公有游标定义] ...]
   [公有函数定义[公有函数定义] ...]
   [公有过程定义[公有过程定义] ...]
BEGIN
   执行部分(初始化部分)
END package_name;
```

注意

① 包体中函数和过程的原型必须与包规范中的声明完全一致。

② 只有创建了包规范，才可以创建包体。

③ 如果包规范中不包含任何函数或过程，则可以不创建包体。

例如，my_pkg 包体定义为：

```
CREATE OR REPLACE PACKAGE BODY my_pkg
IS
PRAGMA SERIALLY_REUSABLE;
   v_flag number;
   CURSOR mycursor IS
   SELECT deptno, dname FROM dept;
   FUNCTION check_dept(v_deptno number) return number
   is
   begin
      SELECT count(*) into v_flag FROM dept
      WHERE deptno = v_deptno;
      IF v_flag >0 THEN
         v_flag :=1 ;
      END IF;
```

```
    RETURN v_flag;
END check_dept;
-- 公有函数定义 add_dept
FUNCTION add_dept(v_deptno number, v_deptname varchar2,
  v_deptloc varchar2)
RETURN number
IS
BEGIN
    IF check_dept(v_deptno) = 0 THEN
        INSERT INTO dept VALUES(v_deptno,v_deptname,v_deptloc);
        RETURN 1;
    else
        RETURN 0;
    END IF;
    EXCEPTION
    WHEN  others THEN
        v_sqlcode := sqlcode;
        v_sqlerrm :=sqlerrm;
        RETURN -1;
END add_dept;
-- 公有函数定义 remove_dept
FUNCTION remove_dept(v_deptno number) RETURN number
IS
BEGIN
    IF check_dept(v_deptno) = 1 THEN
        DELETE FROM dept WHERE deptno=v_deptno;
        RETURN 1;
    else
        RETURN 0;
    END IF;
    EXCEPTION
    WHEN others THEN
        v_sqlcode := sqlcode;
        v_sqlerrm :=sqlerrm;
        RETURN -1;
END remove_dept;
-- 公有过程定义 query_dept
PROCEDURE query_dept(v_deptno number)
IS
BEGIN
    IF check_dept(v_deptno) =1 THEN
        SELECT  * into v_deptrec FROM dept
        WHERE deptno =v_deptno;
    END IF;
    EXCEPTION
    WHEN others THEN
        v_sqlcode :=sqlcode;
        v_sqlerrm := sqlerrm;
END query_dept;
-- 公有过程定义 read_dept
PROCEDURE read_dept
```

```
    IS
        v_deptno number;
        v_dname varchar2(14);
    BEGIN
        FOR c_mycursor IN mycursor LOOP
            v_deptno := c_mycursor.deptno;
            v_dname := c_mycursor.dname;
            dbms_output.put_line(v_deptno||'   '||v_dname);
        END loop;
    END read_dept;
BEGIN  --包体初始化部分，对公有变量进行初始化
    v_sqlcode :=null;
    v_sqlerrm :='初始化消息文本';
END my_pkg;
```

12.8.2　调用包

一旦包创建好之后，就可以调用包中的公有组件了。调用程序包的原理和调用类中的方法的原理一样，调用形式为 package_name.element。但是，在包体中定义而没有在包规范中声明的元素则是私有的，只能在包体中引用。

例如，下面的程序中调用了包 my_pkg 的各个组件：

```
--调用包的公有变量
begin
    my_pkg.v_sqlerrm := 'message';
    DBMS_OUTPUT.PUT_LINE(my_pkg.v_sqlerrm);
end;

--调用包的公有函数
Declare v1 NUMBER;
begin
    v1 :=my_pkg.add_dept(50,'dept1','loc1');
    Dbms_output.put_line(v1);
end;

--调用包的公有过程
begin
    my_pkg.read_dept;
end;
```

12.8.3　包的管理

1. 修改包

当一个包已经过时，想重新定义时，也不必先删除再创建，只需用 CREATE OR REPLACE PACKAGE 重建包规范，通过 CREATE OR REPLACE PACKAGE BODY 重建包体即可。

2. 删除包

与函数和过程一样，当一个包不再使用时，要从内存中删除它。删除包的语法为：

```
SQL>DROP PACKAGE package_name;
```

也可以使用 DROP PACKAGE BODY 语句只删除包体。例如：

```
SQL>DROP PACKAGE BODY my_pkg;
```

3. 查看包及其源代码

可以通过查询数据字典视图 USER_SOURCE 查看当前用户的所有包规范、包体及其源代码。例如：

```
SQL>SELECT name,text FROM user_source WHERE type='PACKAGE';
SQL>SELECT name,text FROM user_source WHERE type='PACKAGE BODY';
```

上机实训

(1) 编写一个 PL/SQL 块，查询名为“SMITH”的员工信息，并输出其员工号、工资和部门号。如果该员工不存在，则插入一条新记录，员工号为 1237，员工名为“SMITH”，工资 1800，部门号为 30。如果存在多个名为 SMITH 的员工，则输出所有名为“SMITH”的员工号、工资和部门号。

(2) 写一个用户自定义异常，对于 DEPT 表中 DEPTNO 在 100 以外的值给予提示：“该 NO 无效”。

(3) 创建一个存储过程，以员工号为参数，修改该员工的工资。若员工属于 10 号部门，则工资增加 150；若员工属于 20 号部门，则工资增加 200；若员工属于 30 号部门，则工资增加 250；若员工属于其他部门，则工资增加 300。

(4) 创建一个函数，以部门号为参数，返回该部门中工资最高的员工名和员工工资。

(5) 创建一个包，包中包含一个函数和一个过程。函数以部门号为参数，返回该部门员工的最高工资；过程以部门号为参数，输出该部门的工资总和及员工总数。

(6) 在 emp 表上创建一个触发器，当插入、删除或修改员工信息时，统计各个部门的人数及平均工资，并输出。

本章习题

1. 填空题

(1) PL/SQL 语言将__________、__________、__________和__________等结构化程序设计的要素引入 SQL 语言中，这样就能够编制比较复杂的 SQL 程序了。

(2) 在 PL/SQL 中，控制结构分为 3 类：__________、__________和__________。

(3) 游标是从数据表中提取出来的数据，以__________的形式存放在内存中。

(4) %ROWCOUNT 属性用于返回游标的__________。

(5) 自定义异常的 3 个步骤为__________、__________和__________。

(6) 根据触发器作用对象的不同，触发器的类型可以分为__________、__________和__________3 种类型。

2. 问答题

(1) 简述 PL/SQL 语言的特点。

(2) 简述游标的作用和游标操作的基本步骤。

(3) 说明游标与游标变量的区别。

(4) 简述用户定义异常的好处，分析用户定义的异常是否越多越好。

(5) 简述过程具体的作用以及带参数过程的作用。

(6) 简述触发器与存储过程之间的关系。

第 13 章 基于 Oracle 的网上购物系统

学习目的与要求：

本章将介绍如何使用 Oracle 11g 技术和 JSP 技术开发一个网上购物系统。重点介绍如何实现网上购物，前台商品的浏览、查询和购买；如何实现后台管理员对商品、用户和订单等各项的管理。系统利用 Oracle 11g 数据库存储商品和用户等数据，利用 JSP 技术从数据库提取数据，从而实现商品、订单信息的动态显示和及时更新。通过对该案例的学习，读者可以熟悉网上购物系统的开发和设计过程。

13.1 系统概述

13.1.1 网上购物系统的应用背景

随着社会的发展和信息技术的进步，全球信息化的趋势越来越明显。任何一家大型企业都不再是局限于某一个地区，都在自觉不自觉地参与到全球化的市场竞争中。企业所处的宏观环境实际上已经不仅仅是通过信息技术员连接起来的狭义网络，而应该将技术环境与经济环境结合在一起考虑，形成一种大网络的概念。企业对信息的掌握程度、信息获取是否及时、信息能否得到充分利用、对信息的反应是否敏感准确，已越来越成为衡量一个企业市场竞争能力的重要因素。

计算机网络的出现给世界带来了巨大的变化，从过去只面向专业部门的信息传送扩展到现代生活的各个角落，为信息的交流和传递做出了难以估量的贡献。人们的工作、学习和生活与网络密不可分。

而网络与商业运行结合形成的电子商务，作为一种新型的交易方式，给消费者的地位和消费观念带来了重要的变革。

电子商务就是买卖双方借助于网络进行交易，包括双方之间交易的谈判和最后金钱的支付，都是通过网络实现的。电子商务作为现代商务活动中新型的交易方式，将带动经济贸易一体化的发展，还将生产厂商、销售厂商以及消费者编织在一起；交易过程中不再受限于地域，只要有网络存在的地方，人们就可以用最快捷的方式进行交易，完全抛弃了过去那种复杂而又低效的交易方式；商贸活动中处理事务的流程更加规范，人力物力可以得到充分的利用，整个过程运行起来也更加严密。所以说，网上购物系统的实现顺应了当前形势发展的需要。

13.1.2 网上购物系统的总体需求

网上购物系统所需要的功能从用户角度进行划分，可以分为前台用户功能和后台管理功能。

用户功能主要提供给购物的用户使用，包括用户的注册、登录，购物车管理，查看订单等；后台管理功能主要提供给系统的管理人员使用，包括对用户、商品、订单的管理。

用户注册后，登录网站的用户可以在线查看、订购商品。这些部分用 JSP 设计页面及连接，使用数据库来建立相关的表，以便于对其进行查看、修改或删除。

在网站设计中，管理员完成对网站的维护与管理的工作。管理员可以对商品信息进行管理，包括新增、修改及删除，也可以对订单信息进行处理，同时管理员也可以对用户信息进行管理。

13.1.3　功能分析

系统由前台用户相关功能和后台管理员管理两大部分组成。

(1) 前台用户相关功能：

- 用户注册、登录。
- 搜索商品并购买。
- 购物车管理。
- 订单查询。
- 个人资料修改。

(2) 后台管理员管理部分的主要功能：

- 管理员登录。
- 商品管理。
- 处理订单。
- 查询用户信息。

13.2　系统功能模块设计

系统的总体框架如图 13.1 所示。系统的前台功能模块如图 13.2 所示。系统的后台功能模块如图 13.3 所示。

图 13.1　系统的总体框架

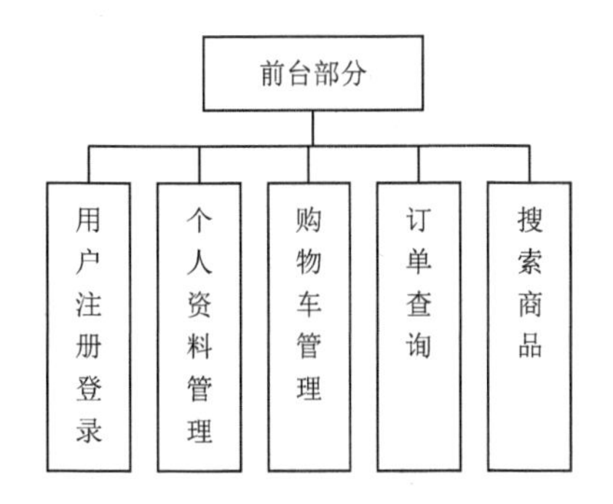

图 13.2　系统的前台功能模块

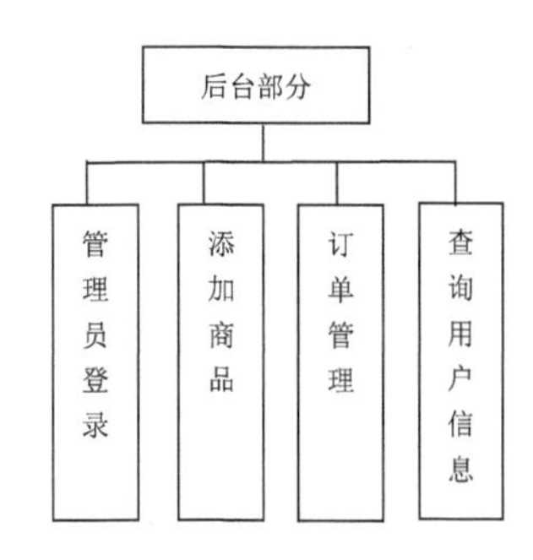

图 13.3　系统的后台功能模块

13.3 系统数据库设计

数据库技术是信息资源管理最有效的手段。数据库设计是指对于一个给定的应用环境，构造最优的数据库模式，建立数据库及其应用系统，有效地存储数据，满足用户信息要求和处理要求。数据库结构设计的好坏将直接对应用系统的效率及实现的效果产生影响。合理的数据库结构设计可以提高数据存储的效率，保证数据的完整性和一致性。设计数据库系统时，应该首先充分了解用户各个方面的需求，包括现有的及将来可能增加的需求。数据库设计一般包括如下几个步骤。

(1) 数据库需求分析。

(2) 数据库概念结构设计。

(3) 数据库逻辑结构设计。

(4) 数据库实施(数据库表的创建)。

13.3.1 数据库需求分析

由于本系统面向的用户有两大类，即普通用户和管理员，所以进行数据库需求分析时必须考虑到这方面的因素。

(1) 对于普通用户来说，他们所关心的就是商品的浏览、商品的搜索、购买商品的过程和个人信息的管理。通过系统的功能分析，针对一般用户的需求，总结出如下需求信息。

① 用户管理模块：为了方便网站的管理，必须有一套完整的用户管理体系。该网站的用户管理模块主要实现用户的注册、登录、找回密码 3 方面功能。

② 购物车模块：在超市购物时，可以根据自己的需要，将很多种商品挑选至购物车或购物篮中，然后到收银台结款。而在网上商城中，当然没有办法使用真正的购物工具，因此，通常都会采用一种被称为“购物车”的技术来模拟现实生活。在网上商城中，所选商品须通过购物车进行暂存，然后生成订单。这种技术使用起来十分方便，不但可以随时添加、查看、修改、清空购物车中的内容，还可以随时去收银台结款。

③ 订单管理模块：用户提交订单后，可通过产生的订单号查询订单信息及执行状态。只需要根据用户录入的订单号，即可在数据表中查询出对应的商品信息。

④ 个人资料管理模块：用户资料修改时，为用户更改个人信息所提供的窗口。为了保护用户信息不受非法侵害，用户只有登录网页后才有权限修改个人资料。

(2) 对于管理员来说，他们关心的是商品的管理、商品种类的管理、订单的处理、用户管理等。通过系统的功能分析，针对管理员的需求，总结出如下需求信息。

① 管理员身份验证模块：为合法用户提供一个后台入口。该模块的功能是对管理员身份能够进行验证。用户输入登录 ID 和密码后，系统将判断登录 ID 及密码的有效性，如果通过验证，则进入后台主页，反之则提示错误。

② 商品管理模块：向商品表插入前台首页展示的商品信息，也就是添加商品信息的功能。

③ 处理订单模块：网站管理者对用户订单的执行和编辑状态。

④ 用户信息管理模块：查询注册的所有用户，对一些非法或失信用户做删除操作。

经过上述功能分析和需求总结，考虑到将来功能的扩展，设计出如下所示的数据项和数据结构。

- 商品信息：包括商品编号、商品名称、商品类型、商品价格、商品介绍、发布时间、是否推荐、商品图片等数据项。
- 用户信息：包括用户编号、用户名、密码、送货地址、注册时间、电话、电子邮箱等数据项。
- 订单信息：包括订单编号、用户编号、支付方式、运送方式、生成订单日期、订单金额、订单状态等数据项。
- 订单详细信息：包括订单编号、商品编号、数量、商品金额等数据项。
- 购物车信息：包括用户编号、商品编号、数量等数据项。
- 管理员信息：包括管理员编号、管理员名称、密码等数据项。

13.3.2　数据库概念结构设计

根据前面的分析结果，可以设计出能够满足用户需要的各种实体，以及它们之间的关系，为后面的逻辑结构设计打下基础。这些实体包括各种具体信息，通过相互之间的作用形成数据的流动。

所设计规划出的实体有：商品实体、用户实体、留言实体、订单实体、管理员实体、公告实体和链接实体。

实体之间的 E-R 模型图如图 13.4 所示。

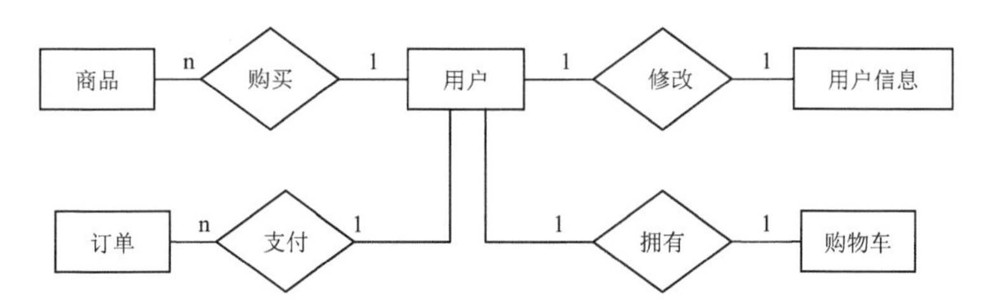

图 13.4　数据库的 E-R 模型图

各个实体对应的 E-R 图如下。

- 商品实体图：如图 13.5 所示。
- 用户实体图：如图 13.6 所示。
- 购物车实体图：如图 13.7 所示。
- 订单 E-R 图：如图 13.8 所示。

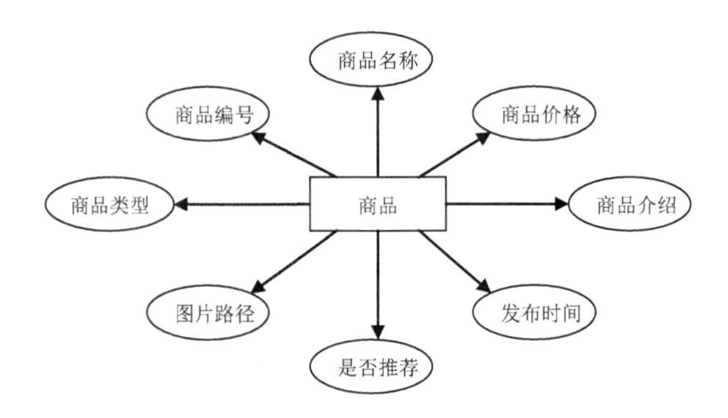

图 13.5　商品实体图

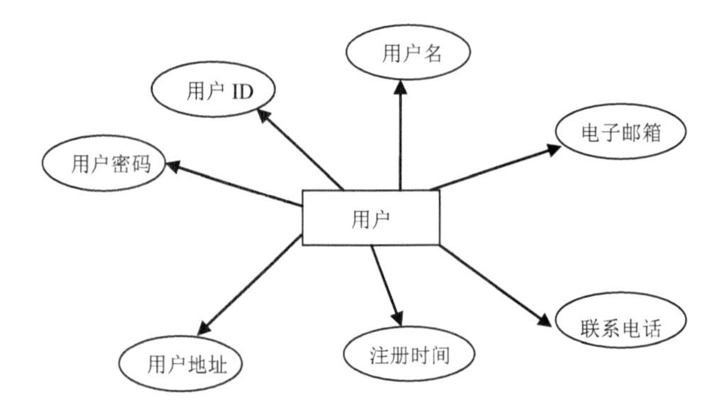

图 13.6　用户实体图

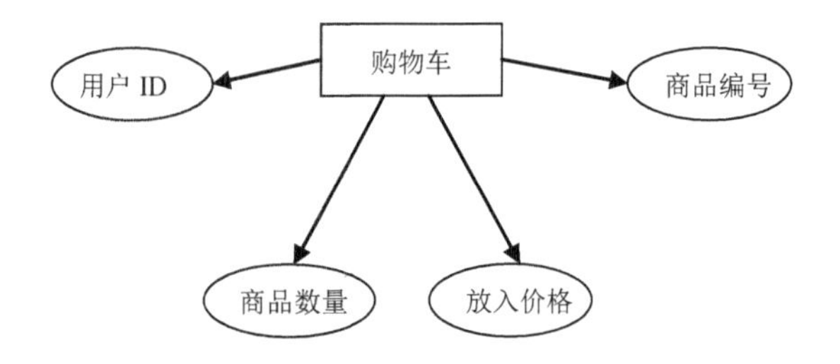

图 13.7　购物车实体图

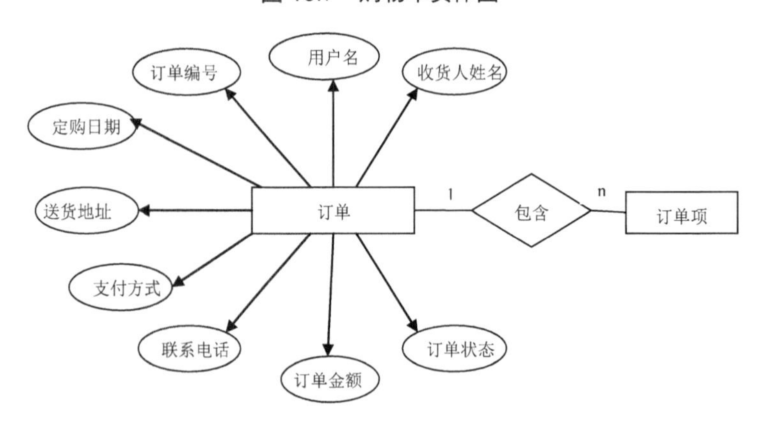

图 13.8　订单实体的 E-R 图

- 订单项实体图：如图 13.9 所示。

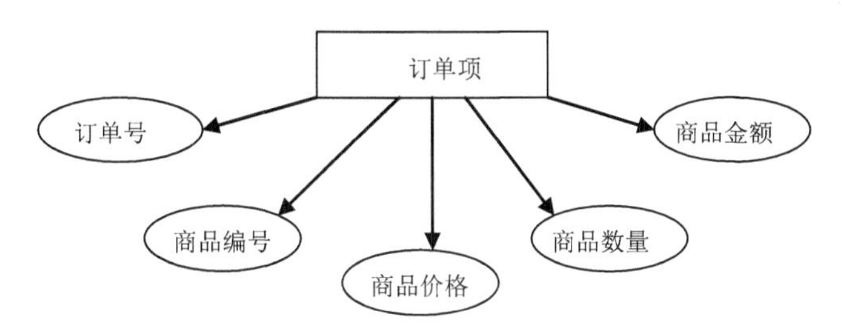

图 13.9　订单项实体图

- 管理员实体图：如图 13.10 所示。

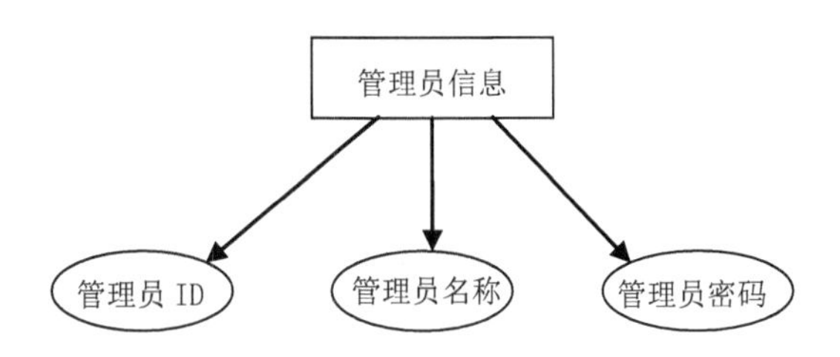

图 13.10　管理员实体图

13.3.3　数据库逻辑结构设计

数据库逻辑结构设计的主要任务：将基本 E-R 图转换为与选用 DBMS 产品所支持的数据模型相符合的逻辑结构。

数据库逻辑结构设计的过程：将概念结构转换为现有 DBMS 支持的关系、网状或层次模型中的某一种数据模型。这里，我们把概念结构转换为关系模型，以二维表格的形式来表示 E-R 图中的实体和关系。转化结果如下。

(1)　商品信息表 Ware

商品信息表 Ware 用来保存商品实体的基础信息。表结构如表 13.1 所示。

表 13.1　Ware 表的结构

字段名称	数据类型	是否为主键	字段描述
Wareid	NUMBER(4)	是	商品编号
Warename	VARCHAR2(50)	否	商品名称
Wareprice	NUMBER(8,2)	否	商品价格
Waretype	VARCHAR2(20)	否	商品类型
Wareinfo	VARCHAR2(500)	否	商品介绍
Wareimg	VARCHAR2 (100)	否	图片路径
Recommend	NUMBER	否	是否推荐
Pubtime	DATETIME	否	发布时间

(2) 用户信息表 User

用户信息表 User 用来保存用户实体的信息。表 User 的结构如表 13.2 所示。

表 13.2　User 表的结构

字段名称	数据类型	是否为主键	字段描述
Userid	NUMBER(4)	是	用户 ID
Username	VARCHAR2(50)	否	用户名
Userpass	VARCHAR2(16)	否	用户密码
Email	VARCHAR2(50)	否	Email
Address	VARCHAR2(80)	否	用户地址
Phone	VARCHAR2(12)	否	联系电话
Registime	DATETIME	否	注册时间

(3) 购物车表 ShopCar

购物车表 ShopCar 用来存放用户即将支付的商品的信息。ShopCar 表的结构如表 13.3 所示。

表 13.3　ShopCar 表的结构

字段名称	数据类型	是否为主键	字段描述
Userid	NUMBER(4)	是	用户 ID
Wareid	NUMBER(4)	是	商品编号
Warenum	NUMBER	否	商品数量
Price	NUMBER(8,2)	否	放入时商品价格

(4) 订单表 Orders

订单表 Orders 用来记录生成的订单实体的信息。表 Orders 的结构如表 13.4 所示。

表 13.4　Orders 表的结构

字段名称	数据类型	是否为主键	字段描述
OrderID	CHAR(10)	是	订单编号
Userid	NUMBER(4)	否	用户 id
Rname	VARCHAR2(50)	否	收货人姓名
Spdate	DATETIME	否	订购日期
Address	VARCHAR2(80)	否	收货地址
Payment	NUMBER	否	支付方式
Tel	VARCHAR2(12)	否	联系电话
Status	NUMBER	否	订单状态
Sum	NUMBER(8,2)	否	订单金额

(5)　订单项表 Order_detail

订单项表 Order_detail 用来记录某一订单中所定购的各项商品的详细信息。表 Order_detail 的结构如表 13.5 所示。

表 13.5　Order_detail 表的结构

字段名称	数据类型	是否为主键	字段描述
Orderid	CHAR(10)	是	订单 id
Wareid	NUMBER(4)	是	商品 id
Price	NUMBER(8,2)	否	商品价格
Wsum	NUMBER(4)	否	商品数量
Wcount	NUMBER(8,2)	否	该项商品金额

(6)　管理员信息表 Admin

管理员信息表 Admin 主要用于记录管理员的信息。表 Admin 的结构如表 13.6 所示。

表 13.6　Admin 的结构

字段名称	数据类型	是否为主键	字段描述
Id	NUMBER(4)	是	管理员 ID
Name	VARCHAR2(30)	否	管理员名
Adminpass	VARCHAR2(16)	否	管理员密码

13.3.4　数据库表的创建

数据库的逻辑结构设计完毕后，就可以开始创建数据库和数据表了。

1. 创建数据库

可以使用数据库配置助手 DCBA 和手工两种方式来创建数据库，我们使用的是手工方式创建购物系统的数据库 shopping。

(1)　编写创建数据库的 SQL 文件，保存为 createShoppingDB.sql：

```
SQL>CREATE DATABASE MYNEWDB
   MAXINSTANCES 4
   MAXLOGHISTORY 1
   MAXLOGFILES 8
   MAXLOGMEMBERS 3
   MAXDATAFILES 10
   LOGFILE GROUP 1 ('D:\oracle\oradata\ shopping \redo01.log') size 100M,
         GROUP 2 ('D:\oracle\oradata\shopping\redo02.log') size 100M,
         GROUP 3 ('D:\oracle\oradata\shopping\redo03.log') size 100M
         DATAFILE 'D:\oracle\oradata\shopping\system.dbf' size 50M
   UNDO TABLESPACE undotbs
   DATAFILE 'D:\oracle\oradata\shopping\undotbs. dbf' size 20M
```

```
    AUTOEXTEND ON NEXT 5120K MAXSIZE UNLIMITED
    DEFAULT TEMPORARY TABLESPACE TEMP
    CHARACTER SET ZHS16GBK
    NATIONAL CHARACTER SET AL16UTF16;
```

(2) 在 SQL*Plus 中执行该脚本文件，创建数据库 shopping：

```
SQL>@createShoppingDB.sql;
```

2. 创建表

首先，编写创建表的 SQL 文件，保存为 createShoppingTable.sql。然后，向文件中添加下列内容。

(1) 商品信息表的建表语句如下：

```
CREATE TABLE Ware
(
    Wareid  NUMBER(4) PRIMARY KEY,
    Warename  VARCHAR2(50) NOT NULL,
    Wareprice  NUMBER(8,2),
    Waretype  VARCHAR(20),
    Wareinfo  VARCHAR2(500),
    Wareimg   VARCHAR2(100),
    Recommend  NUMBER,
    Pubtime   DATETIME
);
```

(2) 用户信息表的建表语句如下：

```
CREATE TABLE User
(
    Userid NUMBER(4) PRIMARY KEY,
    Username VARCHAR2(50) NOT NULL,
    Userpass VARCHAR(16),
    Email VARCHAR2(50),
    Address VARCHAR2(80),
    Phone VARCHAR2(12),
    Registime DATETIME
);
```

(3) 购物车表的建表语句如下：

```
CREATE TABLE ShopCar
(
    Userid NUMBER(4),
    Wareid NUMBER(4),
    Price NUMBER(8,2),
    Warenum NUMBER(4),
    CONSTRAINT SC_PK PRIMARY KEY (Userid,Wareid)
);
```

(4) 订单表的建表语句如下：

```
CREATE TABLE Orders
(
   Orderid CHAR(10) PRIMARY KEY,
   Userid NUMBER(4) NOT NULL,
   Rname VARCHAR2(50),
   Spdate DATETIME,
   Address VARCHAR2(80),
   Payment NUMBER,
   Tel VARCHAR2(12),
   status NUMBER,
   Sum NUMBER(8,2)
);
```

(5) 订单项表的建表语句如下：

```
CREATE TABLE Order_detail
(
   Orderid CHAR(10),
   Wareid NUMBER(4),
   Price NUMBER(8,2),
   Wsum NUMBER(4),
   Wcount NUMBER(8,2)
   CONSTRAINT ORD_PK PRIMARY KEY (Orderid,Wareid)
);
```

(6) 管理员表的建表语句如下：

```
CREATE TABLE Admin
(
   Id  NUMBER(4) PRIMARY KEY,
   Name VARCHAR2(30),
   Adminpass VARCHAR2(16)
);
```

13.3.5　数据库的连接

数据库创建完成后，需要与网页建立动态连接。为方便起见，系统将数据库接口语句写在一个 Java 文件里面，凡是涉及数据操作的 Java 程序只要继承这个类就行了。

数据操作主要有查询和更新两大类，其中后者又可以细分为数据的增加、修改和删除三小类。

在程序里，我们通过调用 Java 自带的 executeQuery 和 executeUpdate 函数分别实现数据的查询和更新任务。

数据库接口 JDBConnection.Java 的源代码如下：

```
/*******************JDBConnection.java****************/
package util;
import java.sql.*;

public class JDBCconnection {
```

```
private final static String dbDriver = "com.oracle.jdbc.Driver";
//初始化用户名和密码
private final static String url =
  "jdbc:oracle:thin@192.128.1.168:1521:shopping";
private final static String userName = "dbuser";
private final static String password = "123";
private Connection con = null;
public JDBCconnection() {
    try {
        Class.forName(dbDriver).newInstance(); //加载数据库驱动
        System.out.println("加载数据库驱动成功");
    } catch (Exception ex) {
        System.out.println("数据库加载失败");
    }
}
//创建数据库连接
public boolean creatConnection() {
    try {
        con = DriverManager.getConnection(url, userName, password);
        con.setAutoCommit(true);
        System.out.print("创建数据库连接成功 \n");

    } catch (SQLException e) {
        System.out.println(e.getMessage());
        System.out.println("creatConnectionError!");
    }
    return true;
}
//对数据库的增加、修改和删除的操作
public boolean executeUpdate(String sql) {
    int result = 0;
    if (con == null) {
        creatConnection();
    }
    try {
        Statement stmt = con.createStatement();
        int result = stmt.executeUpdate(sql);
        return result;
    } catch (SQLException e) {
        System.out.println(e.getMessage());
        System.out.println("executeUpdaterError!");
        return false;
    }
}
//对数据库的查询操作
public ResultSet executeQuery(String sql) {
    ResultSet rs;
    try {
        if (con == null) {
            creatConnection();
        }
```

```
            Statement stmt = con.createStatement(
              ResultSet.TYPE_SCROLL_INSENSITIVE,
              ResultSet.CONCUR_READ_ONLY);
            try {
                rs = stmt.executeQuery(sql);
            } catch (SQLException e) {
                System.out.println(e.getMessage());
                return null;
            }
        } catch (SQLException e) {
            System.out.println(e.getMessage());
            System.out.println("executeQueryError!");
            return null;
        }
        return rs;
    }
    //关闭数据库的操作
    public void closeConnection() {
        if (con != null) {
            try {
                con.close();
            } catch (SQLException e) {
                e.printStackTrace();
                System.out.println("Failed to close connection!");
            } finally {
                con = null;
            }
        }
    }

    public static void main(String[] args)
    {
        JDBCconnection con = new JDBCconnection();
        con.creatConnection();
        ResultSet rs = null;
        try {
            rs = con.executeQuery("select * from Admin");
            while(rs.next())
            {
                System.out.print(rs.getString("adminid"));
            }
        } catch(Exception e) { }
        jdbc1.closeConnection();
    }
}
```

为了测试连接数据库是否成功，可以启用主函数进行测试。如果能够查询出 Admin 表中的数据，就说明数据库连接是成功的。接下来就可以进行网站总体规划了。

13.4 网站总体框架

在进行网站设计开发之前，首先需要对网站的框架进行一个总体的规划，主要包括文件布局、系统主页、类的设计等的规划。

13.4.1 文件布局

在编写代码之前，可以先把网站中可能用到的文件夹创建出来。例如，创建一个名为images 的文件夹，用于保存网站中所需要的图片，这样可以方便以后的开发工作，也可以规范网站的整体架构。购物网站的系统文件夹结构如图 13.11 所示。

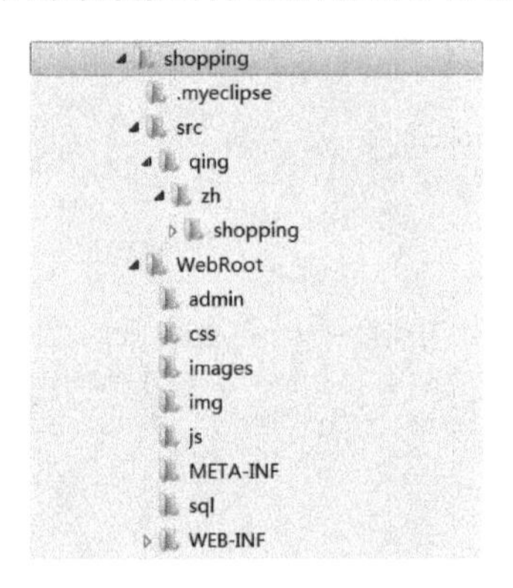

图 13.11 系统文件夹结构

13.4.2 网站首页

网站前台首页的运行结果如图 13.12 所示。

图 13.12 网站前台首页的运行结果

13.5　系统前台主要功能模块的设计

系统前台是购物系统非常重要的模块，主要包括用户注册和登录、购物车模块和生成订单等模块。

13.5.1　用户注册登录模块的设计

当用户第一次登录时，首先要在网站上注册，成为会员，才可以在网站上购物，注册页面必须填写用户的一些基本信息，如用户名、密码、联系电话等。

用户注册页面如图 13.13 所示。

用户登录窗口设置在首页上，主要用来接收用户输入的用户名和密码，并更新用户在网站中的状态信息。用户登录窗口的运行结果如图 13.14 所示。

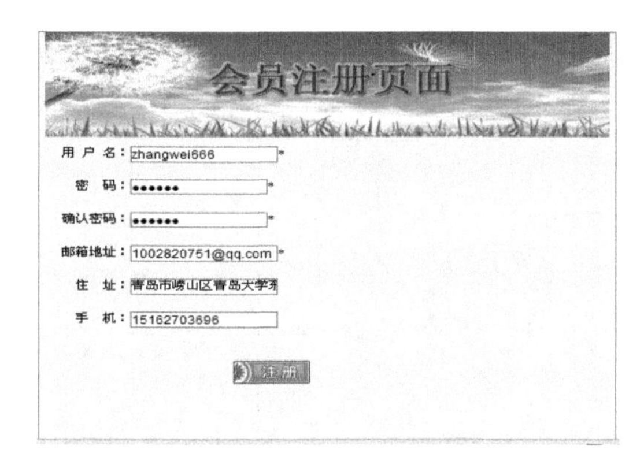

图 13.13　用户注册页面

图 13.14　用户登录窗口

下面我们对登录页面所涉及到的各个层的方法进行详细的说明。

1. 样式层的方法

用户登录页面主要涉及的是用户的信息，与此对应的样式层的类是 UserActionForm，该类中定义的属性都是用户表中的属性。对每个属性，我们都提供了两个方法，分别对应于获取属性值和设置属性值，具体代码如下：

```
/***************UserActionForm.java*****************
//引入包
import org.apache.structs.action.*;
//定义类
public class UserActionForm extends ActionForm {
    private Integer UserID;
    private String Username;
    private String Rname;
    private String Userpass;
    private String Email;
```

```
private String Address;
private String Phone;
private String Question;
private String Result;
private String Registertime;
//构造函数
public UserActionForm() {
    this.UserID = new Integer(-1);
    this.Username = "";
    this.Rname = "";
    this.Userpass = "";
    this.Email = "";
    this.Address = "";
    this.Phone = "";
    this.Question = "";
    this.Result = "";
    this.Registertime = "";
}
//获取 UserID 的值
public Integer getUserID() {
    return UserID;
}
//设置 UserID 的值
public Integer setUserID(Integer UID) {
    this.UserID = UID;
}
//获取 Username 的值
public Integer getUsername() {
    return Username;
}
//设置 Username 的值
public Integer setUsername(String userName) {
    this.Username = userName;
}
//获取 Userpass 的值
public Integer getUserpass() {
    return Userpass;
}
//设置 Userpass 的值
public Integer setUserpass(String pwd) {
    this.Userpass = pwd;
}
//获取 Email 的值
public Integer getEmail() {
    return Email;
}
//设置 Email 的值
public Integer setEmail(String email) {
    this.Email = email;
}
//获取 Address 的值
```

```
    public Integer getAddress() {
        return Address;
    }
    //设置 Address 的值
    public Integer setAddress(String addr) {
        this.Address = addr;
    }
    //获取 Phone 的值
    public Integer getPhone() {
        return Phone;
    }
    //设置 Phone 的值
    public Integer setPhone(String tel) {
        this.Phone = tel;
    }
    //获取 Question 的值
    public Integer getQuestion() {
        return Question;
    }
    //设置 Question 的值
    public Integer setQuestion(String quest) {
        this.Question = quest;
    }
    //获取 Result 的值
    public Integer getResult() {
        return Result;
    }
    //设置 Result 的值
    public Integer setResult(String result) {
        this.Result = result;
    }
    //获取 Registertime 的值
    public Integer getRegistertime() {
        return Registertime;
    }
    //设置 Registertime 的值
    public Integer setRegistertime(String date) {
        this.Registertime = date;
    }
    ...
```

2. 持久层的方法

验证输入的内容是否正确有很多方法，本实例采用的是利用 SQL 语句的方法验证输入账号和密码，判断输入的账号和密码是否正确。

首先定义接口 UserDao.java，在该接口类中给出与用户表中数据操作有关的所有的方法声明。其中与用户登录相关的方法是 userCheck，代码如下：

```
/**************UserDao.java************************/
public interface UserDao {
```

```
    public UserActionForm userCheck(UserActionForm userActionForm);
    public void insert(User user) throws Exception;
    ...
}
/*-----------------------------------------------------*/
```

在 UserDaoImpl 中实现了接口 UserDao 的方法，其中，对应于 userCheck 方法的代码如下：

```
/**************UserDaoImpl.java***********************/
public UserActionForm userCheck(UserActionForm userActionForm) {
    UserActionForm user = null;
    JDBConnection con = new JDBConnection();
    //根据用户输入的账号，获取与之对应的密码
    String sql = "select * from User where UserID='"
      + userActionForm.getUserId() + "'";
    try {
        ResultSet rs = con.executeQuery(sql);
        while(rs.next()) {
            user = new userActionForm();
            user.setUserpass(rs.getString(3));
        }
    }
    catch(SQLException ex) {}
    con.close();
    return user;
}
```

3. 服务层的方法

首先定义服务层的接口类 UserFacade，其中与用户登录相关的方法如下：

```
/*********************UserFacade.java*************/
public interface UserFacade {
    public UserActionForm userCheck(UserActionForm userActionForm);
    ...
}
/*------------------------------------------------------*/
```

在 UserFacadelmpl 中实现了接口类 UserFacade 的方法，其中对应于 userCheck 方法的代码如下：

```
/*********************UserFacadeImpl.java*************/
public Class UserFacadelmpl implements UserFacade {
    private UserDao userDao;
    public UserFacadeImpl() {
        this.userDao = new UserDaoImpl();
    }
    public UserActionForm userCheck(UserActionForm userActionForm) {
        return this.userDao.userCheck(userActionForm);
    }
    ...
```

4. 控制层的方法

与用户登录相关的控制层中的代码如下：

```
/********************UserCheckAction.java*******************/
//核对账号和密码
public class UserCheckAction extends Action {
   private UserFacade userFacade;
   public UserCheckAction() {
      this managerFacade = new UserFacadeImpl();
   }
   public ActionForward perform(ActionMapping actionMapping,
     ActionForm actionForm, HttpServletRequest httpServletRequest,
     HttpServletResponse httpServletResponse)
     throws  UnsupportedEncodingException {
      Chinese chinese = new Chinese();
      UserActionForm userActionForm = (UserActionForm)actionForm;
      userActionForm.setUserName(chinese.str(
        httpServletRequest.getParameter("UserName")));
      UserActionForm User = this.UserFacade.userCheck(userActionForm);
      if(User == null) {
         return actionMapping.findForward("UserWrong");
      }
      else if(!User.getUserPassword().equals(
        httpServletRequest.getParameter("UserPassWord"))) {
         return actionMapping.findForward("UserWrong");
      }
      return actionMapping.findForward("UserRight");
   }
}
```

5. struts-config.xmL 中的配置

以上各层要想协同工作，必须在 struts-config.xml 中给出正确的配置，即建立正确的对应关系，代码如下：

```
/**********************struts-config.xml*****************/
<action name="userActionForm" path="/userCheckAction" scope="request"
  type=com.shopping.webroot.userAction.UserCheckAction validate="true">
   <forward name="userWrong" path="/jsp/userBack/userCheckFail.jsp"/>
   <forward name="userRight" path="/jsp/userBack/userCheckSuccess.jsp"/>
</action>
/*------------------------------------------------------------*/
```

13.5.2　商品搜索模块设计

在前台首页的“搜索”文本框中输入商品名称后，就会搜索出符合条件的所有商品信息，如图 13.15 所示。

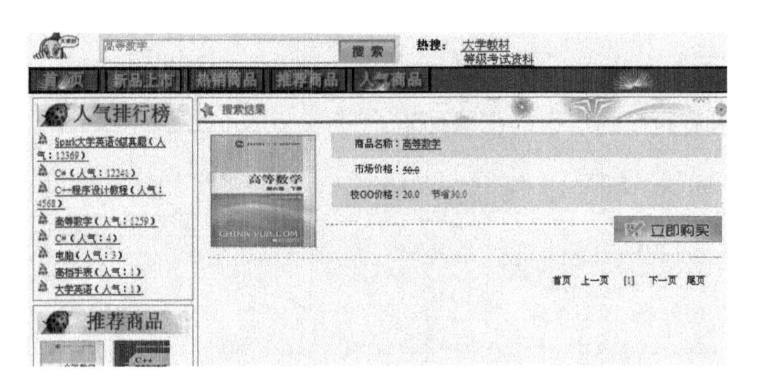

图 13.15　商品搜索页面

商品搜索功能的实现(在持久层、样式层和服务层)方法与上一小节中介绍的方法是相同的，在此就不做过多的介绍，这里重点介绍控制层。

控制层实现商品搜索的具体代码如下：

```
/***********WareSearchAction.java*************/
package qing.zh.action.WareAction;
import org.apache.struts.action.*;
import javax.servlet.http.*;
import qing.zh.service.WareFacade;
import qing.zh.service.WareFacadeImpl;
import java.util.List;
//搜索商品
public class WareSearchAction extends Action {
   private WareFacade wareFacade;
   public WareSearchAction() {
      this.wareFacade = new WareFacadeImpl();
   }
   public ActionForward perform(ActionMapping actionMapping,
     ActionForm actionForm, HttpServletRequest httpServletRequest,
     HttpServletResponse httpServletResponse) {
       List list = this.wareFacade.selectWare(wareActionForm);
       httpServletRequest.setAttribute("wareList", list);
       return actionMapping.findForward("wareSearchAction");
   }
}
```

上面的代码中定义了一个 list 容器对象，把从数据库中查询出来的数据，赋给这个对象；执行查询的方法是 selectWare()，所执行的 SQL 语句为"select * from Ware where WareName=' " + wareActionForm.getWareName() + " ' "。

13.5.3　购物车模块设计

当用户点击商品详细信息下方的“立刻购买”按钮时，便可以将该商品放入购物车中。然后在购物车中就会出现刚刚购买的商品，如图 13.16 所示。

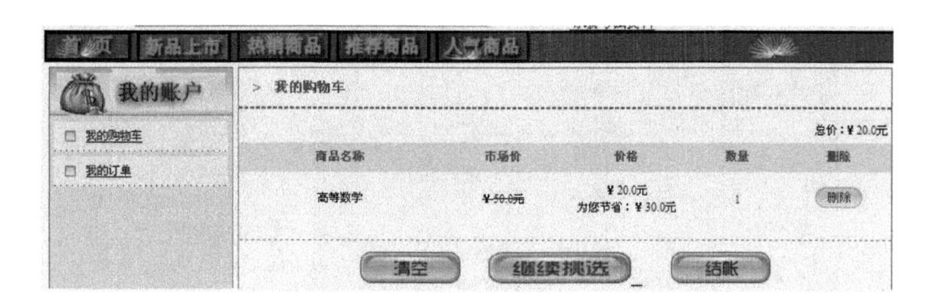

图 13.16　用户购物车页面

将商品放入购物车中的控制层的代码如下：

```
/******************BuyWareAction.java******************/
package qing.zh.action.wareAction;
import org.apache.struts.action.*;
import javax.servlet.http.*;
import qing.zh.domain.WareActionForm;
import qing.zh.service.WareFacade;
import qing.zh.service.WareFacadeImpl;
import qing.zh.tool.Chinese;

public class BuyWareAction extends Action {
   private WareFacade wareFacade;
   public InsertWareAction() {
      this.wareFacade = new WareFacadeImpl();
   }
   public ActionForward perform(ActionMapping actionMapping,
     ActionForm actionForm, HttpServletRequest httpServletRequest,
     HttpServletResponse httpServletResponse) {
      ShopCarForm actionForm = (ShopCarForm)form;
      int w_id = actionForm.getWareId();
      HttpSession session = request.getSession();
      UserActionForm user = UserActionForm.selectById(
        session.getAttribute(Constants.CURRENT_USER));
      //根据给定商品编号，获取商品对象
      WareActionForm ware = new SqlWare();
      List list = ware.listWare(w_id);
      if(!list.isEmpty())
      {
         Object[] rows = (Object[])(list.get(0));
         WareItem ware = (WareItem)rows[0];
         user.buyWare(ware);
      }
      return actionMapping.getInputForward();
   }
   ...
```

在用户购物车页面，用户可以选择清空购物车、继续购买、结账三个选项。选择结账会跳转到订单页面，这里填购买者详细信息，选择支付方式，如图 13.17 所示。

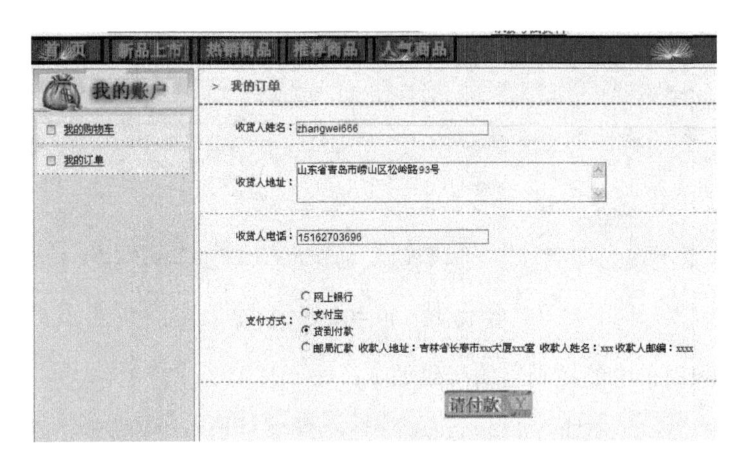

图 13.17 填写订单信息页面

13.5.4 订单查询模块设计

在图 13.17 中选择支付方式并付款，就会生成此交易的订单信息，如图 13.18 所示。

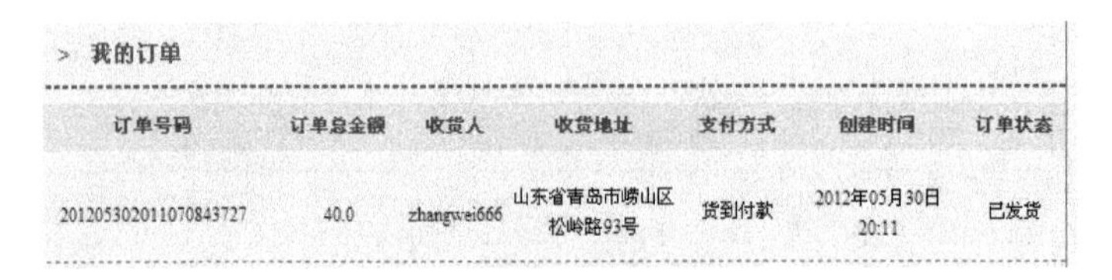

> 我的订单

订单号码	订单总金额	收货人	收货地址	支付方式	创建时间	订单状态
201205302011070843727	40.0	zhangwei666	山东省青岛市崂山区松岭路93号	货到付款	2012年05月30日 20:11	已发货

图 13.18 生成订单页面

13.6 系统后台主要功能模块的设计

购物系统的后台管理模块也是非常重要的，主要包括管理员登录模块、商品管理模块和订单管理模块等。

13.6.1 管理员登录模块

选择 admin.jsp 页面，即可进入管理员登录页面，如图 13.19 所示。

图 13.19 管理员登录页面

管理员登录功能的实现方法与用户登录的方法是相同的，在此就不做过多的介绍了。

13.6.2　商品管理模块

管理员登录之后，就可以实现商品的管理功能了。商品的管理包括商品的添加、修改和删除。

其中商品的添加、修改和删除操作都是类似的。在持久层、样式层和服务层实现的方法与 13.5.1 小节介绍的方法类似。所以这里重点介绍控制层的实现。

商品信息的添加页面如图 13.20 所示。

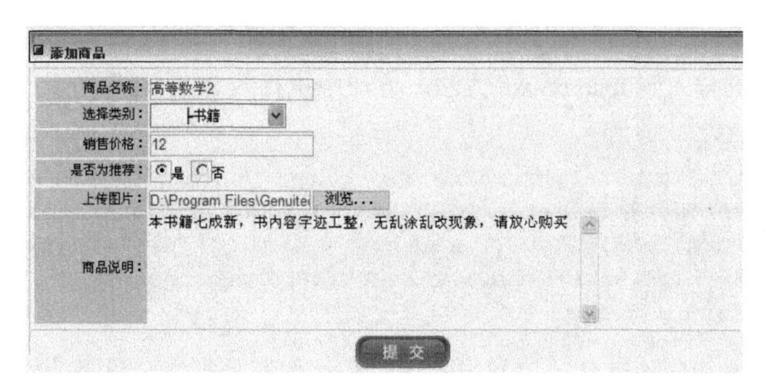

图 13.20　“添加商品”页面

添加商品的控制层代码如下：

```
/******************InsertWareAction.java******************/
package qing.zh.action.wareAction;
import org.apache.struts.action.*;
import javax.servlet.http.*;
import qing.zh.domain.WareActionForm;
import qing.zh.service.WareFacade;
import qing.zh.service.WareFacadeImpl;
import qing.zh.tool.Chinese;
//添加商品信息
public class InsertWareAction extends Action {
   private WareFacade wareFacade;
   public InsertWareAction() {
      this.wareFacade = new WareFacadeImpl();
   }
   public ActionForward perform(ActionMapping actionMapping,
     ActionForm actionForm, HttpServletRequest httpServletRequest,
     HttpServletResponse httpServletResponse) {
      Chinese chinese = new Chinese();
      WareActionForm wareActionForm = (WareActionForm)actionForm;
      wareActionForm.setWareName(chinese.str(
        httpServletRequest.getParameter("Warename")));
      wareActionForm.setWarePrice(Double.valueOf(
        httpServletRequest.getParameter("WarePrice")));
      wareActionForm.setWareType(Integer.valueOf(
```

```
        httpServletRequest.getParameter("WareType")));
      wareActionForm.setWareInfo(chinese.str(
        httpServletRequest.getParameter("WareInfo")));
      wareActionForm.setWareImg(chinese.str(
        httpServletRequest.getParameter("WareImg")));
      wareActionForm.setRecommend(Integer.valueOf (
        httpServletRequest.getParameter("Recommend")));
      wareActionForm.setPubTime(chinese.str(
        httpServletRequest.getParameter("PubTime")));
      this.wareFacade.insertWare(wareActionForm);
      return actionMapping.findForward("insertWareAction");
  }
  ...
```

页面中的数据传入到 InsertWare 方法，方法中执行的 SQL 语句如下：

```
insert into ware
(wareId,wareName,wareType,warePrice,recommend,wareImg,wareInfo)
values(wareActionForm.getWareID(),wareActionForm.getWareName(),
wareActionForm.getWareType(),wareActionForm.getWarePrice(),
wareActionForm.getRecommend(),wareActionForm.getWareImg(),
wareActionForm.getWareInfo());
```

商品信息修改和删除商品的控制层的代码与添加商品类似，只是分别调用持久层接口 WareFacade 中的 updataWare()方法和 deleteWare()方法。

13.6.3 订单管理模块

该模块主要是实现订单信息的查看，通过 select 语句进行订单的查询，然后对选择的订单进行处理。显示订单信息的页面如图 13.21 所示。

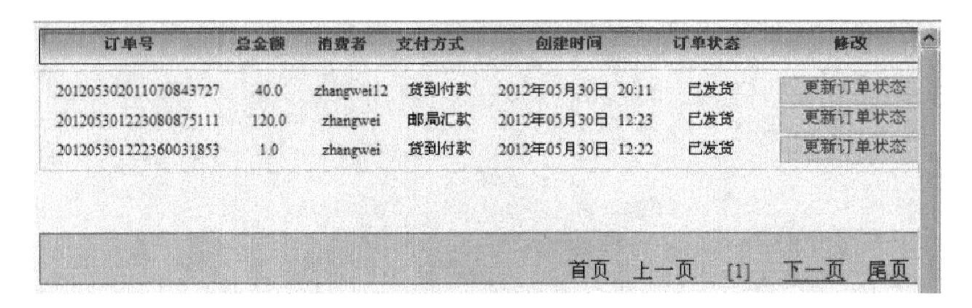

订单号	总金额	消费者	支付方式	创建时间	订单状态	修改
201205302011070843727	40.0	zhangwei12	货到付款	2012年05月30日 20:11	已发货	更新订单状态
201205301223080875111	120.0	zhangwei	邮局汇款	2012年05月30日 12:23	已发货	更新订单状态
201205301222360031853	1.0	zhangwei	货到付款	2012年05月30日 12:22	已发货	更新订单状态

首页 上一页 [1] 下一页 尾页

图 13.21 订单信息管理页面

1. JSP 层的方法

订单管理页面所对应的 JSP 页面的核心代码如下：

```
/********************Orders.jsp**************、
<%@ page contentType="text/html;charset=gb2312"%>
<%@ page import="java.sql.*"%>
<%@ page import="java.util.List"%>
<%@ page import="qing.zh.domain.OrderActionForm"%>
<html>
```

```
    ... //此处省略部分代码
    <%List list=(List)request.getAttribute("OrderList");%>
    ... //此处省略部分代码
    <%for(int i=0; i<list.size(); i++) {
        OrderActionForm orderActionForm = (OrderActionForm)list.get(i);
        //逐个读取列表中的元素，并将它们逐个显示到页面中
    %>
    <tr bgcolor="#E9C2A6">
        <td height="24"><%=orderActionForm.getOrderID()%></td>
        <td><%=orderActionForm.getSum()%></td>
        <td><%=orderActionForm.getUserName()%></td>
        <td><%=orderActionForm.getPayment()%></td>
        <td><%=orderActionForm.getSpdate()%></td>
        <td><%=orderActionForm.getSpif()%></td>
        ... //此处省略部分代码
    </tr>
    ...
</html>
```

2. 持久层的方法

首先定义接口类 OrderDao.java，在该接口类中给出与订单表中数据操作有关的所有的方法声明。其中接口类中与显示订单信息相关的方法是 listOrder。相关代码如下：

```
//接口类的方法声明
/********************OrderDao.java*******************/
package qing.zh.dao;
import java.util.List;
import qing.zh..domain.OrderActionForm;
import java.sql.SQLException;
public interface OrderDao {
    public List listOrder();
}
/*-----------------------------------------------------*/
```

实现接口类的代码如下：

```
/********************OrderDaoImpl.java*****************/
package qing.zh.dao;
import java.util.List;
import qing.zh.domain.OrderActionForm;
import qing.zh.tool.JDBConnection;
import java.util.ArrayList;
import java.sql.ResultSet;
import java.sql.SQLException;

public class OrderDaoImpl implements OrderDao {
    //所有订单的显示
    public List listOrder() {
        JDBConnection con = new JDBConnection();
        OrderActionForm orderForm = null;
```

```
        List list = new ArrayList();
        String sql = "select OrderId,UserName,Spdate,Payment,Sum,status "
          + "from Order,User Where Order.Userid=User.Userid";
        ResultSet rs = con.executeQuery(sql);
        try {
            while(rs.next()) {
                orderForm = new OrderActionForm();
                orderForm.setOrderID(Integer.valueOf(rs.getString(1)));
                orderForm.setSum(Double.valueOf(rs.getString()));
                orderForm.setUserName(rs.getString());
                orderForm.setPayment(Integer.valueOf(rs.getString()));
                orderForm.setSpDate(rs.getString());
                orderForm.setStatus(Integer.valueOf(rs.getString()));
                list.add(orderForm);
            }
        }
        catch(NumberFormatException ex) {}
        catch(SQLException ex) {}
        return list;
    }
}
```

3. 服务层的实现

首先定义服务层的接口类 OrderFacade，其中与显示订单信息相关的方法定义如下：

```
package qing.zh.services;
import java.util.List;
import java.sql.SQLException;
import qing.zh.domain.OrderActionForm;

public interface OrderFacade {
    public List listOrder();
    ...
}
/*----------------------------------------------------*/
```

在 OrderFacade.Impl 中实现了接口类 OrderFacade 的方法，其中对应于 listOrder 方法的代码如下：

```
/**********************OrderFacadeImpl.java**************/
package qing.zh.service;
import java.util.List;
import qing.zh.domain.OrderActionForm;
import qing.zh.dao.OrderDao;
import qing.zh.dao.OrderDaoImpl;
import java.sql.SQLException;

public class OrderFacadelmpl implements OrderFacade {
    private OrderDao OrderDao;
    public OrderFacadeImpl() {
```

```
        this.OrderDao = new OrderDaoImpl();
    }
    public List listOrder() {
        return this.OrderDao.listOrder();
    }
}
/*-----------------------------------------------------------*/
```

4. 控制层的实现

与订单信息显示相关的控制层的代码如下：

```
/********************ListOrderAction.java*******************/
//列出所有的订单信息
package qing.zh.action.orderAction;
import java.util.List;
import qing.zh..domain.OrderActionForm;
import qing.zh.service.OrderFacade;
import qing.zh.service.OrderFacadeImpl;
import javax.servlet.http.*;

public class ListOrderAction extends Action {
    private OrderFacade orderFacade;
    public ListOrderAction() {
        this.orderFacade = new OrderFacadeImpl();
    }

    public ActionForward perform(ActionMapping actionMapping,
      ActionForm actionForm, HttpServletRequest httpServletRequest,
      HttpServletResponse httpServletResponse) {
        OrderActionForm orderActionForm = (OrderActionForm)actionForm;
        List list = this.orderFacade.listOrder();
        httpServletRequest.setAttribute("listOrder", list);
        return actionMapping.findForward("listOrder");
    }
}
```

至此，一个简单的网上购物系统的例子就构造完毕了。

由于篇幅有限，只介绍了部分源码，通过这些代码，读者可以了解使用 JSP 技术是如何构建网站并连接数据库的。

上 机 实 训

利用 Oracle 数据库与 JSP 技术开发一个简单的图书管理系统，包括图书的管理(添加、删除、修改、查询、浏览)、读者管理(注册、修改、查询)和图书的借阅管理(读者借书、读者还书)等基本功能。

本 章 习 题

问答题

(1) 简述基于 Oracle 数据库的应用程序开发的基本过程。

(2) 描述基于 Oracle 数据库进行 B/S 结构应用程序开发的基本技术。

(3) 说明利用 PL/SQL 进行数据库端开发的优点。